高等院校特色规划教材

石油化工过程设备设计
（第二版）

杨晓惠　饶霁阳　主编

石油工业出版社

内 容 提 要

本书是在第一版的基础上,结合近年来教学、科研成果,并参考教材使用反馈情况修订而成。全书分为五章,具体包括绪论、换热设备设计、塔设备设计、反应设备设计、储存设备设计。本书在介绍四大典型过程设备的类型、结构及应用的同时,遵循过程设备设计基本流程,系统介绍了过程设备的设计思路和设计方法,旨在培养学生具备基本的设计能力及解决过程设备实际工程问题的能力。

本书可作为高等院校过程装备与控制工程专业的教材,也可作为从事化工设备设计、运行和科研的工程技术人员的参考用书。

图书在版编目(CIP)数据

石油化工过程设备设计 / 杨晓惠,饶霁阳主编. —— 2版. —— 北京:石油工业出版社,2024.12. —— (高等院校特色规划教材). —— ISBN 978-7-5183-7268-3

Ⅰ. TE960.2

中国国家版本馆 CIP 数据核字第 2024C75K94 号

出版发行:石油工业出版社

(北京朝阳区安华里2区1号楼 100011)

网　　址:www.petropub.com

编辑部:(010)64250991

图书营销中心:(010)64523633

经　销:全国新华书店

排　版:北京密东文创科技有限公司

印　刷:北京中石油彩色印刷有限责任公司

2024年12月第2版　2024年12月第1次印刷

787×1092毫米　开本:1/16　印张:17.5

字数:443千字

定价:45.00元

(如出现印装质量问题,我社图书营销中心负责调换)

版权所有,翻印必究

第二版前言

作为过程工业的重要生产工具，过程设备不仅可用于石油、化工、制药、食品、环保等传统行业，还可用于航空航天、核能工业、海洋科学等高新技术领域，其对于发展国民经济、增强国防力量起着十分重要的作用。

随着科学技术的发展，过程设备逐步向多功能、大型化、成套化和轻量化方向发展。而在过程生产中，过程设备不仅要适应工艺过程所要求的不同压力和温度条件，还要承受内部化学介质的作用，这些介质往往有腐蚀性、毒性和易燃易爆性。因此，为保证高效、安全、绿色生产，过程设备的合理设计显得尤为重要。

本教材针对四大典型过程设备——换热设备、塔设备、反应设备、储存设备，阐述了各类设备的类型、结构及应用特点，并结合过程设备最新设计标准介绍了过程设备设计的基本思路和基本方法，旨在培养学生具备基本的设计能力及解决过程设备实际工程问题的能力。

为适应新的教学需求，本教材在第一版的基础上做了以下修订：

(1) 所有设备设计的相关内容均依据现行的设计标准进行了更新，以便于教学和应用中对新国家标准的贯彻执行。

(2) 对教材内容进行了精简，删除了第一版中第3、5、7章有关国内外各类型换热设备、塔设备和反应设备的简介，并结合国内外最新研究发展，将其融入到相关设备的结构设计中。

(3) 在结合工程设计案例后，对第2、3、4章有关换热设备、塔设备、反应设备的设计内容进行了重新整合、扩充和修订，使读者能够更为清晰地掌握过程设备设计流程，以便更有效地指导读者进行相关设备的设计。

(4) 增加了第5章"储存设备设计"，以使读者对典型过程设备的类型、结构及设计过程了解更为全面。

(5) 对第一版中不恰当的文字和图形进行了修正。

本书由西南石油大学杨晓惠和饶霁阳担任主编。在修订过程中，得到了许多同行和读者的关心、支持和帮助，在此表示衷心的感谢；同时，对所有参考文献的作者表示诚挚的谢意。

由于学识有限，书中难免存在不妥之处，敬请广大读者指正。

编 者
2024 年 12 月

第一版前言

石油天然气化工工业属于过程工业的范畴，而过程工业则是国民经济的基础工业之一，它关系到工业、农业、交通运输业、国防工业等国民经济各个部门以及人民生活各方面的发展。过程工业的设备涉及成套过程装置、过程装备——单元过程设备（如塔、换热器、反应器与储罐等）与单元过程机器（如压缩机、泵与分离机等），均是石油天然气化工工业的基础设备。

过程设备是为工艺过程服务的，它必须在所规定的工艺条件下，在规定的时间内尽可能消耗较少的能源，在尽量小的空间内生产出更多的产品，且在经济上也是合理的。有鉴于此，根据传质、传热与化学反应过程是石油天然气化工工业中基本的工艺过程，在编写本书时重点选择了与此有关的常用的换热设备、塔设备与反应设备的设计作为典型的过程设备设计的内容，进行了有关设计的理论、方法、步骤与结构设计的介绍和分析研究。

在本书编写中，参考了大量的资料，根据科技发展的现状及新技术、新工艺在过程设备中的应用，结合近期教学和科研的成果，遵循学生在学习过程中的认识、了解、熟悉、掌握的基本思维过程，阐述了这些设备设计的基本理论、基本分析思路与设计计算方法，并通过对设备的功能与选型的介绍，突出了在生产实践中的应用。由于这些设备基本都属于压力容器的范畴，一般的设计计算可用"化工容器设计"课程中学到的知识来解决，因而本书重点介绍了这三类设备中一些特殊零部件的受力分析、结构分析、结构强度与稳定性的校核和计算。其中，对于换热设备，主要介绍了常用的管壳式换热器的设计计算理论与方法，进行了相关的结构分析，并对管板、膨胀节的强度计算以及换热器中流体诱发的振动进行了讨论；而对塔设备，则重点针对板式塔与填料塔的传质元件、主要零部件的结构及其促进过程强化的措施进行了分析，阐明了在风载荷、地震载荷与风诱发振动时流体作用力下塔体的强度与稳定性校核的计算方法；考虑到反应器是发生化学反应的场所，是化工产品生产过程中的核心设备，因此在反应设备的编写中，重点介绍了我国目前大量使用的搅拌反应器的主要零部件的结构、结构强度分析与产品设计的基本方法与步骤。本书还对近年来国内外迅速发展的有关换热设备、塔设备与反应设备的最新成果、水平、动向和趋势作了介绍。在编写过程中，本书注意理论与实践的结合，重点突出了在工程实际中的应用，同时介绍了常见设备结构设计中应注意的问题，并特别通过思考题与习题的选编，给学习留下了独立思考的空间，以强化对学生自主学习精神和解决工程实际问题能力的培养。

本书是过程装备与控制工程专业本科生必修的技术基础课程用书（参考学时数为40学时），也可作为科研、设计和生产单位的工程技术人员的参考用书。

本书的第一、四、五、六、七章由西南石油大学杨启明编写，第二、三章由西南石油大学饶霁阳编写，并由杨启明负责统稿。本书的编写工作得到了西南石油大学各级领导与教师的帮助，在编写过程中提出了很多宝贵的意见与建议,在此谨表感谢。此外,在本书的编写中,参考了国内外相关的文献资料,在此特向原著作者表示衷心的感谢。

由于编者的水平有限,书中谬误在所难免,热切希望读者批评指正。

编 者

2012 年 8 月

目 录

第1章　绪论 ··· 1
　1.1　过程工业概述 ·· 1
　1.2　过程设备概述 ·· 2
　1.3　过程设备的特点 ··· 2
　1.4　过程设备设计的基本要求 ·· 3
　内容小结 ·· 6
　思考题 ··· 6

第2章　换热设备设计 ··· 7
　2.1　概述 ··· 7
　2.2　列管式换热器的结构与形式 ·· 15
　2.3　列管式换热器的工艺设计 ··· 29
　2.4　列管式换热器的结构设计 ··· 43
　2.5　列管式换热器的机械设计 ··· 72
　内容小结 ··· 81
　思考题 ··· 81

第3章　塔设备设计 ·· 83
　3.1　概述 ·· 83
　3.2　板式塔的设计 ·· 87
　3.3　填料塔的设计 ··· 126
　3.4　辅助装置的设计 ·· 153
　3.5　塔设备的机械设计计算 ··· 162
　内容小结 ··· 178
　思考题 ·· 179

第4章　反应设备设计 ·· 180
　4.1　概述 ·· 180
　4.2　机械搅拌反应器的结构和设计步骤 ·································· 183
　4.3　搅拌罐体及传热装置的设计 ·· 186
　4.4　搅拌装置的设计 ··· 195
　4.5　传动装置的设计 ··· 210
　4.6　轴封装置的设计 ··· 213
　内容小结 ··· 217
　思考题 ·· 218

— 1 —

第 5 章　储存设备设计 219
5.1　概述 219
5.2　立式圆筒形储罐设计 225
5.3　球罐设计 241
5.4　储罐附件的选型设计 257
内容小结 268
思考题 269

参考文献 270

第1章 绪 论

学习目标

(1)了解过程工业包含的过程、装备以及过程设备的应用情况；
(2)掌握过程设备的特点；
(3)掌握过程设备设计的基本要求。

1.1 过程工业概述

从原材料到产品，要经过一系列物理、化学或者生物的加工处理步骤，以改变物质的状态、结构和性质，这一系列加工处理步骤称为过程。其中，很多生产过程处理的物料均为流程性物料，如气体、液体和粉体等，这类过程的工业生产总称即为过程工业。过程工业遍及几乎所有现代工业生产领域，如化工、石油化工、生物、制药、农药、染料、食品、轻工、热电、核工业、公用工程和环境保护等。所以，过程工业对于发展国民经济及增强国防力量起着重要的作用。

过程工业的任何一个生产装置都需要使用多种机器和设备，如各种型式的压缩机、泵、换热设备、反应设备、塔设备、干燥设备、分离设备、储罐、炉窑、管子和管件等，以完成生产过程中的各种化学反应、热交换、不同成分的分离、各种原料(包括中间产物)的传输、气体压缩、原料和产品的存储等，这些机器和设备统称为过程装备。在过程工业中，过程装备是装置的主体，但只有这些机器和设备还不能完成生产的全过程，它们之间还需要各种管道连接起来才能形成一个完整的系统。为保证各种机器和设备正常运行，在关键部位还要设置各种参数显示和控制装置，如压力表、温度计、流量计、液位计或相应自动检测、控制装置等，这些装置具有自控功能，自动调整有关工艺参数。这样就构成了一个完整的过程工业生产系统，并保持生产正常进行。

现代过程工业主要包含的过程和装备有：

(1)流体动力过程与装备，包括涉及流体动力过程的泵、压缩机、风机、管道、阀门等流体输送、混合等过程和装备。

(2)热量传递过程与装备，包括涉及热量传递、热量交换所需的过程和装备。

(3)质量传递过程与装备，包括干燥、蒸馏、吸收、吸附、萃取、结晶、离子交换等涉及质量传递的过程与装备。

(4)机械操作过程与装备，包括固体粉碎、超细粉碎、固—液体系、液—液体系、气—液体系、固—液—气三相体系的机械混合和分离，以及粉体的分级、混合、造粒等的过程和装备。

(5)热力学过程与装备,包括燃气动力循环、蒸汽动力循环、制冷循环、气体低温液化及分离等过程与装备。

(6)化学反应过程与装备,包括化工反应、生物反应、核反应、环境治理、废水和废气处理、固体废弃物处理及处置等过程和装备。

1.2 过程设备概述

在过程装备中,用于完成物料的粉碎、混合、储存、分离、传热和反应操作等操作过程的设备称为过程设备。没有相应的设备,过程也就无法实现。有的设备进行物理过程(如各种型式的换热器、蒸馏塔、稳定塔、沉降器和过滤器等),有的设备进行化学反应,(如合成炉、聚合釜、裂解炉和反应器等)。总之,涉及过程工业领域的传递过程(能量传递、热量传递和质量传递)和化学反应过程的操作,都必须在过程设备内进行。过程设备有其自身的特点,它们不仅需要适应工艺过程所要求的不同压力和温度条件,而且要承受内部化学介质的作用——这些介质往往有腐蚀性、毒性和易燃易爆性,还要能长期地安全工作,并且要保证密封。

在各类生产装置中,过程设备的投资在整个工程工艺设备费用中占有很大的比例。如在化工和石油化工生产装置中,仅塔设备就占25.4%;在炼油和煤化工生产装置中,塔设备占34.9%。另外,过程设备所耗用的钢材在各类生产装置中也占有很大份额,占用的基建费用相当可观,如管式加热炉所耗用的钢材在重整制氢和裂解等装置的基建费用中约占25%。可见,过程设备的费用在工程项目投资中所占比重非常之大。

1.3 过程设备的特点

随着科学技术的发展,过程设备向多功能、大型化、成套化和轻量化方向发展,呈现出以下特点:

(1)功能原理的多样性。过程设备属典型的非标设备,功能原理多种多样。其原因在于过程设备的用途、介质特性、操作条件、安装位置和生产能力千差万别,往往要根据功能、使用寿命、质量、环境保护等要求,采用不同的工作原理、材料、结构和制造工艺单独设计。例如,传热设备的传热过程可以是传导、对流和辐射中的任一种或几种;搅拌设备中,有的搅拌轴用电动机驱动,有的则用磁力带动。这是过程设备与其他一般机械设备的重大区别之一。

(2)化机电一体化。新设备是新工艺的摇篮,体现了化工单元操作的基本原理,同时,为使过程设备高效、安全地运行,需要控制物料的流量、温度、压力、停留时间等参数,以及检测设备的安全状况。因此,而化机电一体化是过程设备的一个重要特点。

(3)一般为压力容器。过程设备通常是在一定温度和压力下工作,虽然形式繁多,但是一般都是由限制其工作空间且能承受一定压力的外壳和各种各样的内件组成的压力容器。压力容器往往在高温、高压、低温、高真空、强腐蚀等苛刻条件下工作,是一种具有潜在泄漏、爆炸危险的特种设备。

(4)设计寿命较长。由于单台过程设备的投资一般都较大,加上设备均在连续生产的过程中工作,因而设计寿命通常都超过10年,最高的甚至可达20年以上。

(5)承受载荷种类较多。在使用期间,除受到压力、重量等静载荷作用外,还可能受风载荷、地震载荷、冲击载荷等动载荷的作用。

（6）易发生意外事故。由于工作环境苛刻，过程设备一旦发生事故一般就较为严重。一旦意外事故发生，就易造成人员伤亡、企业停产、财产损失和环境污染，对人员、设备与社会的影响都较大，且可能造成较大的经济损失。

（7）各阶段须严格按照相关的法令法规和标准进行。设计、制造、安装与运行必须严格遵循国家颁布的相关法令法规、标准和规范进行。为确保压力容器的安全运行，许多国家都结合本国的国情制定了强制性或推荐性的压力容器规范标准，如中国的 GB/T 150.1～GB/T 150.4—2024《压力容器》、JB 4732—1995《钢制压力容器分析设计标准》、NB/T 47003.1—2022《常压容器 第1部分：钢制焊接常压容器》和技术法规 TSG 21—2016《固定式压力容器安全技术监察规范》等，对其材料、设计、制造、安装、使用、检验和修理改造提出相应的要求。

1.4 过程设备设计的基本要求

由上述分析可知，必须对过程设备的设计提出一些基本要求，以确保其生产安全可靠、寿命长，且尽可能做到经济合理。

1.4.1 安全可靠

为保证过程设备安全可靠地运行，所设计的过程设备应具有足够的能力来承受设计寿命内可能遇到的各种载荷。影响过程设备安全可靠性的主要因素有：材料的强度、韧性和介质的相容性；设备的刚度、抗失稳能力和密封性能等。

1.4.1.1 材料的强度高、韧性好

材料强度是指载荷作用下材料抵抗永久变形和断裂的能力。屈服强度和抗拉强度是钢材常用的强度判据。过程设备是由各种材料制造而成的，其安全性与材料强度紧密相关。在相同的设计条件下，提高材料强度可以增大许用应力，减小过程设备的壁厚，减轻设备重量，从而降低成本，提高综合经济性。对于大型过程设备，采用高强度材料的效果尤为显著。但是，除材料强度外，过程设备的强度还与结构、制造质量等因素有关。过程设备各零部件的强度并不相同，整体强度往往取决于强度最弱的零部件的强度。设计时使过程设备各零部件的强度相等，即采用等强度设计，可以充分利用材料的强度，节省材料，减轻重量。

韧性是指材料断裂前吸收变形能量的能力。由于原材料、制造（特别是焊接）和使用（如疲劳、应力腐蚀）等方面的原因，过程设备常带有各种各样的缺陷，如裂纹、气孔、夹渣等。研究表明，并不是所有缺陷都会危及过程设备的安全运行，只有当缺陷尺寸达到某一临界尺寸时，才会发生快速扩展而导致过程设备损坏。临界尺寸与缺陷所在处的应力水平、材料韧性以及缺陷的形状和方向等因素有关，它随着材料韧性的提高而增大。材料韧性越好，临界尺寸越大，过程设备对缺陷就越不敏感；反之，在载荷作用下，很小的缺陷就有可能快速扩展而导致过程设备损坏。因此，材料韧性是过程设备材料的一个重要指标。

材料韧性一般随着材料强度的提高而降低。这是因为，材料的力学性能相互之间是有一定关联的。一般来说，硬度高的材料强度就大，而塑性好的材料韧性就好。对于同一种材料，在一定范围内硬度越高强度也越大，但由于硬度增加，大多数材料的脆性也同时增加，韧性降低。因此在选择材料时，应特别注意材料强度和韧性的合理匹配。在满足强度要求的前提下，尽可能选用高韧性材料。过分追求强度而忽略韧性是非常危险的，国内外就曾发生多起因韧

性不足引起的过程设备爆炸事故。

除强度外，环境也会影响材料韧性。低温、受中子辐照或在高温高压临氢条件下，都会降低材料的韧性，使材料脆化。掌握材料性能随环境的变化规律，防止材料脆化或将其限制在许可范围内，是提高过程设备可靠性的有效措施之一。

1.4.1.2 材料与介质相容

过程设备的介质往往是腐蚀性强的酸、碱、盐。材料被腐蚀后，不仅会导致壁厚减小，而且有可能改变其组织和性能。因此，材料必须与介质相容。

1.4.1.3 结构有足够的刚度和抗失稳能力

刚度是过程设备在载荷作用下保持原有形状的能力。刚度不足是过程设备过度变形的主要原因之一。例如，螺栓、法兰和垫片组成的连接结构，若法兰因刚度不足而发生过度变形，将导致密封失效而产生泄漏。

失稳是过程设备常见的失效形式之一。承受外压载荷的壳体，当外压载荷增加到某一值时，壳体会突然失去原来的形状，被压扁或出现波纹，载荷卸去后，壳体不能恢复原状，这种现象称为外压壳体的失稳。过程设备应有足够的抗失稳能力。例如，在真空下工作并承受外压的过程设备，若壳体厚度不够或外压太大，将引起失稳破坏。

1.4.1.4 密封性能好

密封性是指过程设备防止介质或空气泄漏的能力。过程设备的泄漏可分为内泄漏和外泄漏。内泄漏是指过程设备内部各腔体间的泄漏，如管壳式换热器中的管程介质通过管板泄漏至壳程。这种泄漏轻者会引起产品污染，重者则会引起爆炸事故。

外泄漏是指介质通过可拆接头或者穿透性缺陷泄漏到周围环境中，或空气漏入过程设备内的泄漏。过程设备内的介质往往具有危害性，外泄漏不仅有可能引起中毒、燃烧和爆炸等事故，而且会造成环境污染。因此，密封是过程设备安全操作的必要条件。

1.4.2 满足过程生产要求

过程生产要求包括：功能要求、寿命要求等。

1.4.2.1 功能要求

为了满足生产的需要，过程设备都有一定的功能要求，如不同塔器生产时对流量、压力与温度等的要求，换热器的传热量和压力降要求，反应器的反应速率要求等。功能要求得不到满足，会影响整个过程的生产效率，造成不必要的经济损失。

1.4.2.2 寿命要求

在石油天然气化工行业中，一般要求高压容器的使用年限不少于20年；塔设备和反应设备不少于15年。腐蚀、疲劳、蠕变等是影响过程设备寿命的主要因素。因此，设计时应综合考虑温度和压力的高低及波动情况、介质的腐蚀性、环境对材料性能的影响、流体与结构的相互作用等，并采取有效措施，确保过程设备在设计寿命内安全可靠地运行。

1.4.3 综合经济性好

过程设备的投资一般较大，因而综合经济性是衡量过程设备性能优劣的重要指标之一。如果过程设备的综合经济性差，就必然减弱在市场中竞争力，最终可能被淘汰，即发生经济失效。过程设备的综合经济性主要体现在以下几个方面：

1.4.3.1 生产效率高、消耗低

过程设备常用单位时间内单位容积（或面积）处理物料或所得产品的数量来衡量其生产

效率,如换热器在单位时间单位容积内的传热量,反应器在单位时间单位容积内的产品数量等。低耗包括两层含义:一是指降低过程设备制造过程中的资源消耗,如原材料、能耗等;二是指降低过程设备使用过程中生产单位质量或体积产品所需的资源消耗。

工艺流程和结构形式都对过程设备的经济性有显著影响。由于工艺流程或催化剂等反应条件的不同,反应设备的生产效率和能耗相差很大。相同工艺流程、相同外壳结构的塔设备,若采用不同的内件,如塔板、液体分布器、填料等,其传质效率会相差很大。从工艺、结构两方面综合考虑,可以提高过程设备的生产效率,降低消耗。

1.4.3.2 结构合理、制造简便

过程设备应结构紧凑,充分利用材料的性能,尽量避免采用复杂或质量难以保证的制造方法,可实现机械化或自动化生产,减轻劳动强度,减少占地面积,缩短制造周期,降低制造成本。

1.4.3.3 易于运输和安装

过程设备往往先在车间内制造,再运至使用单位安装。对于中、小型过程设备,运输和安装较为方便。但对于大型设备,其尺寸和质量都很大,有的质量甚至超过1000t,必须考虑运输的可能性与安装的方便性,如轮船、火车、汽车等运输工具的运载能力和空间大小、码头的深度、桥梁和路面的承载能力、隧道的尺寸、吊装设备的吨位和吊装方法等。

为解决运输中存在的问题,一些高、大、重的过程设备,往往先在车间内加工好部分或全部零部件,再到现场组装和检验。例如,制造大型球罐时,一般先在车间内压制球瓣,再到现场将球瓣拼焊成球罐。

1.4.4 易于操作、维护和控制

1.4.4.1 操作简单

在过程设备的操作过程中,可设置误操作时可发出报警信号或防止误操作的装置。如需要频繁开关端盖的压力容器,在泄压未尽或带压状态下打开,以及端盖未完全闭合前升压,是酿成事故的主要原因之一。若在这种压力容器中设置安全联锁装置,使得在端盖未完全闭合前容器内不能升压,压力未完全泄放前端盖无法开启,这样就可以防止误操作造成事故。

1.4.4.2 可维护性和可修理性好

过程设备通常需要定期检验安全状态、更换易损零部件、清洗易结垢表面,在结构设计时应充分考虑这方面的要求,使之便于清洗、装拆和检修。

1.4.4.3 便于控制

过程设备应带有测量、报警和自动调节装置,能手动或自动检测流量、温度、压力、浓度、液位等状态参数,防止超温、超压和异常振动,降低噪声,适应操作条件的波动。对于失效危害特别严重的过程设备,往往需要实时监控其安全状态,如利用红外技术实时监测设备温度的变化情况、利用声发射技术实时监控裂纹类缺陷的扩展动态等。根据检测结果自动判断过程设备的安全状态,必要时自动采取有效措施,避免事故的发生。

1.4.5 优良的环境性能

随着社会的进步,人们的环保意识日益增强,产品的竞争趋向国际化,过程设备失效外延也在不断扩大,它不仅仅指爆炸、泄漏、生产效率降低等功能失效,还应包括环境失效。如有害物质泄漏至环境中、产生的噪声大,以及设备服役期满后无法清除有害物质、无法翻新或循环利用等也应作为设计考虑的因素。

有害物质的泄漏是过程设备污染环境的主要因素之一。例如,埋地储罐内有害物质的泄漏会污染地下水,化工厂地面设备的跑、冒、滴、漏会污染空气和水。泄漏检测是发现泄漏源、控制有害物质浓度和保护环境的有效措施。有的发达国家已制定出强制性的规范标准,要求一些过程设备必须安装在线泄漏检测装置。

要同时全部满足上述各项要求往往是比较困难的,这些要求既包括了可能性,也涉及经济性等方面的问题,因此在设计过程设备时,应针对具体情况具体分析,在满足主要要求的前提下,尽可能兼顾次要要求。

内 容 小 结

(1)过程工业包含的过程与装备主要有:流体动力过程与装备、热量传递过程与装备、质量传递过程与装备、机械操作过程与装备、热力学过程与装备以及化学反应过程与装备。

(2)在过程装备中,用于完成物料的粉碎、混合、储存、分离、传热和反应操作等操作过程的设备称为过程设备。

(3)过程设备呈现出功能原理多样化、化机电一体化、一般为压力容器、设计寿命较长、承受载荷种类较多、易发生意外事故,以及各阶段须严格按照相关的法令法规和标准进行的特点。

(4)过程设备设计的基本要求是生产安全可靠、寿命长,且尽可能做到经济合理。

思 考 题

1. 什么是过程工业?过程工业的特点是什么?
2. 过程工业包括哪些过程与装备?
3. 过程设备的基本特点是什么?
4. 过程设备设计的基本要求是什么?
5. 为什么说过程设备的材料选用极其重要?举例说明过程设备选材中物理性能、化学性能和加工工艺性能的重要性。

第 2 章 换热设备设计

> 学习目标
>
> (1) 了解换热器在工业生产中的应用;
> (2) 掌握列管式换热器的基本类型、结构及特点;
> (3) 掌握列管式换热器的工艺设计、结构设计和机械设计方法。

2.1 概　　述

2.1.1 换热器的应用

换热器也称热交换器,它是一种将热量从一种介质传递给另一种介质的设备。

在过程工业生产中,绝大部分工艺过程都需要进行加热或冷却,如原料的预热、中间产物的加热或冷却、塔顶产品的冷凝、塔底产物的进一步分离等,均需要排出或补充部分热量来维持反应的连续正常进行。为了使各流体达到工艺所要求的温度,常常通过换热器进行换热,其主要作用在于:(1)使热量从温度较高的流体传递到温度较低的流体,使流体温度达到工艺流程规定的指标;(2)回收余热、废热,提高整个系统的热能总利用率。

换热器广泛应用于石油、化工、动力、原子能、冶金、食品、交通、机械等各行各业。如石油蒸馏装置中的原油预热器及塔顶油气冷却器、煤气炉中的空气预热器、热力发电厂或核电站的循环水冷却塔、空调工程中广泛使用的喷淋室、航空工业中飞机发动机的散热器等。

据统计,在石油天然气化工企业中,用于换热器的费用约占总费用的 10%~20%,在炼油厂中约占总费用的 35%~40%。

2.1.2 换热器的分类

随着科学和生产技术的发展,换热器种类繁多,难以对其进行具体、统一的划分。虽然如此,所有的换热器仍可按照它们的一些共同特征来加以区分。

2.1.2.1 按换热器的用途分

1. 加热器

加热器用于把流体加热到所需的温度,被加热流体在加热过程中不发生相变。一般多采用水蒸气作为加热介质,当温度要求高时,可采用导热油、熔盐等作为加热介质。

2. 冷却器

冷却器用于冷却流体,使其达到所需要的温度。一般多采用冷却水作为冷却介质,当冷却温度低时,可采用氨或氟利昂作为冷却剂。

3. 冷凝器

冷凝器用于冷凝饱和蒸气,使其放出潜热而凝结液化。

4. 蒸发器

蒸发器用于加热液体,使其蒸发气化。

2.1.2.2　按换热器的材料分

1. 金属材料换热器

金属材料换热器主要由金属材料制成,常用的金属材料有碳钢、合金钢、铜及铜合金、铝及铝合金、钛及钛合金等。由于金属材料的热导率较大,故金属换热器的传热效率较高,因此生产中用到的主要是金属材料换热器。

2. 非金属材料换热器

非金属材料换热器主要由非金属材料制成,常用的非金属材料有石墨、玻璃、塑料以及陶瓷等。非金属材料换热器主要用于具有腐蚀性的物料。由于非金属材料的热导率较小,所以其传热效率较低。

2.1.2.3　按热流体与冷流体的流动方向分

1. 顺流式换热器

顺流式换热器如图2-1(a)所示。在该类换热器中,冷热两股流体在传热面两侧同向流动。

2. 逆流式换热器

逆流式换热器如图2-1(b)所示。在该类换热器中,冷热两股流体在传热面两侧以相反的方向流动。

3. 错流式换热器

错流式换热器如图2-1(c)所示。在该类换热器中,冷热两股流体垂直交叉地流过传热面两侧。当交叉次数在四次以上时,可根据两种流体的总流动趋势看成顺流或逆流,如图2-1(d)、(e)所示。

4. 混流式换热器

混流式换热器又称折流式换热器,如图2-1(f)、(g)所示。在该类换热器中,冷热两股流体在流动过程中既有顺流部分,又有逆流部分。

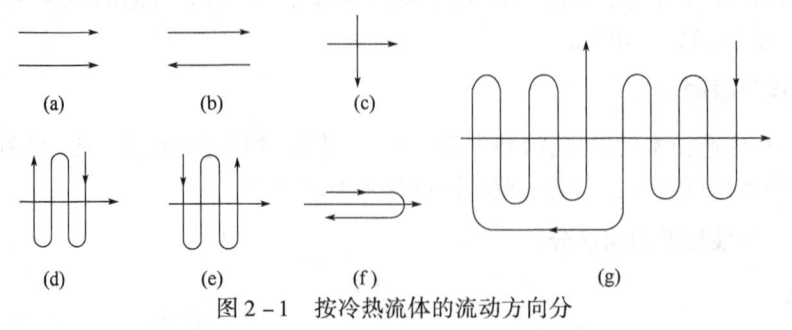

图2-1　按冷热流体的流动方向分

2.1.2.4　按传热方式的不同分

按照传热方式的不同进行分类是换热器最主要的分类方法,根据该方法可将换热器分为直接接触式、蓄热式和间壁式三类。

1. 直接接触式换热器

直接接触式换热器,又称混合式换热器,如图2-2所示,在该类换热器中,冷热两股流体在设备内直接接触混合,从而进行热量交换。如炼油工业中的塔器、流化床等设备常常采用这种方式进行传热。

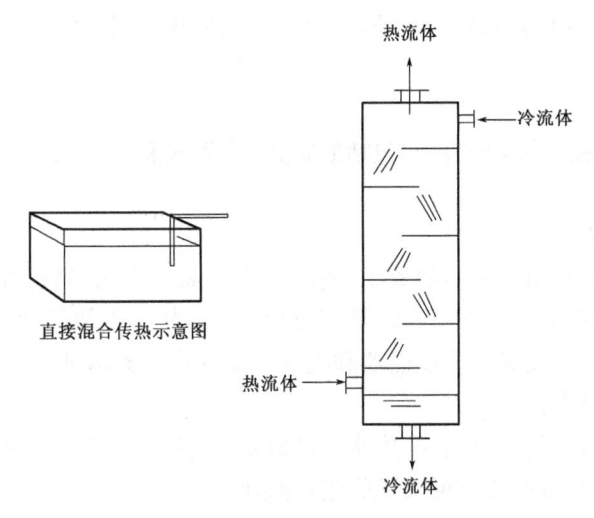

图 2-2　直接接触式换热器

此类换热器传热效率高、传热面积大、结构简单、价格便宜,但不能用于发生反应或有影响的流体之间。

2. 蓄热式换热器

蓄热式换热器的基本结构如图 2-3 所示,该换热器内通常装有固体填充物(如固体填料或多孔性格子砖)作为中间载热体,冷热流体通过载热体来进行热量交换。

该类换热器的换热过程分两个阶段进行:第一阶段,换热器中通入热流体,加热中间载热体;第二阶段,换热器中通入冷流体冷却中间载热体。这两个阶段交替进行,反复进行热量交换。通常用两个蓄热器交替使用,即当热流体进入一器时,冷流体进入另一器。

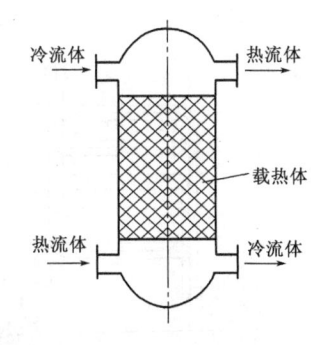

图 2-3　蓄热式换热器

由于冷热两股流体是轮流依次通入中间载热体的,因此冷热流体不可避免地会有少量混合。如果两股流体不允许有混合,则不能采用此类换热器。

此外,蓄热式换热器结构紧凑,价格便宜,单位体积传热面大,故较适合用于气—气热交换的场合。

常用的蓄热式换热器有炼钢平炉的蓄热室、煤气炉中的空气预热器或燃烧室、人造石油厂中的蓄热式裂化炉等。

3. 间壁式换热器

间壁式换热器是工业中应用最为广泛的一类换热器,其传热方式如图 2-4 所示。在这种换热器中,冷、热流体被一固体壁面隔开,通过壁面进行传热。首先热流体通过对流将热量传递给壁面靠近热流体的一侧,热量通过热传导方式进一步传递到壁面靠近冷流体的一侧,最后又通过对流的方式将热量传递给冷流体。

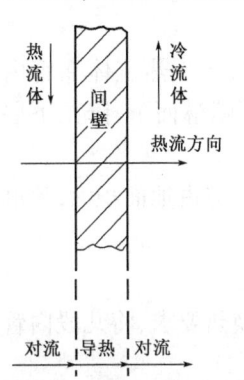

图 2-4　间壁式换热示意图

在此类换热器的换热过程中,两种流体不直接接触,热量由热流体通过壁面传给冷流体,因此克服了直接接触式和蓄热式换热器的缺点。

间壁式换热器按照传热面的结构不同可分为管式换热器、板式换热器以及扩展表面式换热器。

1) 管式换热器

管式换热器的传热面为管子表面,包括蛇管式、套管式和列管式三大类,其中列管式应用最为广泛。

(1) 蛇管式换热器。

蛇管式换热器是由金属或非金属管子,按需要弯曲成所需的形状,如圆形、螺旋形和长的蛇形管。它是最早出现的一种换热设备,具有结构简单和操作方便等优点。按使用状态不同,蛇管式换热器又可分为沉浸式蛇管换热器和喷淋式蛇管换热器两种。

① 沉浸式蛇管换热器。

如图2-5(b)所示,沉浸式蛇管换热器是将金属管弯绕成各种与容器相适应的形状,并浸没在盛有液体的容器内,两股流体通过蛇管进行换热。

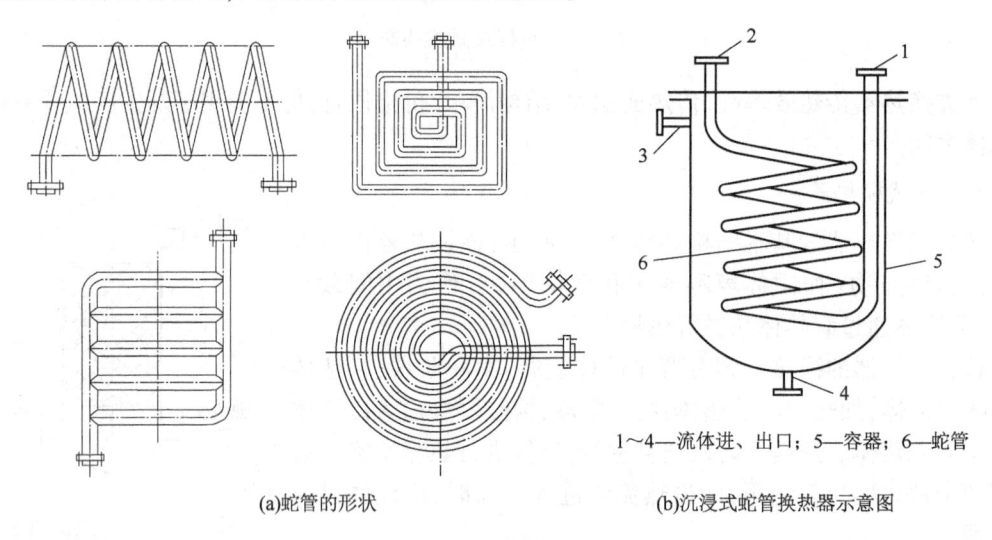

(a)蛇管的形状　　　　　　　(b)沉浸式蛇管换热器示意图

1~4—流体进、出口;5—容器;6—蛇管

图2-5　沉浸式蛇管换热器

沉浸式蛇管换热器的优点是结构简单,且蛇管可承受较高的压力,外表面容易清洗;缺点是容器内液体湍动程度低,管外传热系数小。因此为提高传热系数,常在容器内安装搅拌器。

② 喷淋式蛇管换热器。

喷淋式蛇管换热器如图2-6所示,它是将换热管成排固定在钢架上。热流体在管内流动,冷流体由上方的喷淋装置均匀喷洒在上层蛇管上,并沿着管外表面喷淋而下,降至下层蛇管表面,在最下层收集后由底盘排出。

与沉浸式蛇管相比,喷淋式蛇管管外传热系数大,易于检查和清洗,但占地面积大,喷淋不易均匀。

(2) 套管式换热器。

套管式换热器是由两种不同直径的直管制成的同心套管,并根据换热要求,将几段内管用U形肘管连接而成,如图2-7所示。

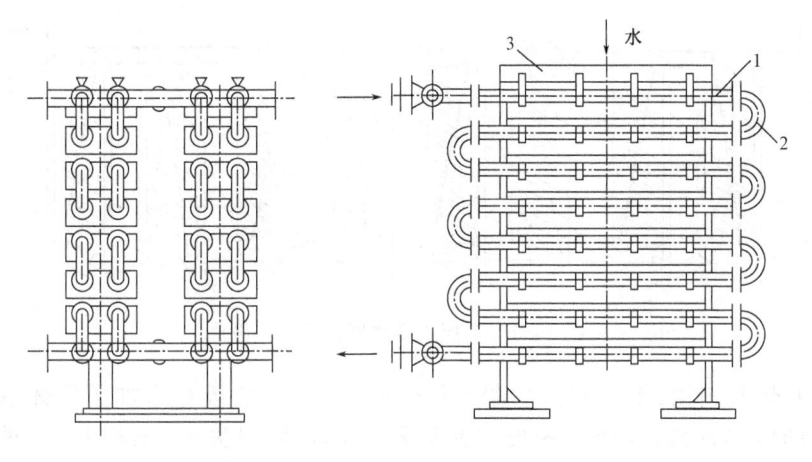

图 2-6　喷淋式蛇管换热器
1—支管；2—U 形管；3—水槽

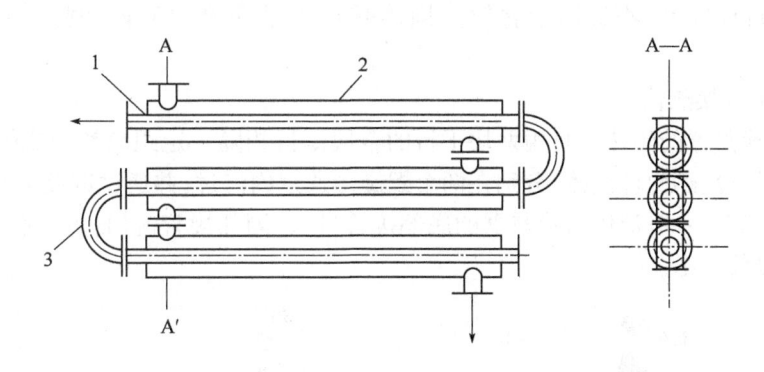

图 2-7　套管式换热器
1—内管；2—外管；3—U 形肘管

套管式换热器的优点是结构简单，加工方便，能耐高压，传热面积可根据需要而增减。其缺点是结构不紧凑，金属消耗量大，接头多而易漏，单位换热器长度具有的传热面积较小。它适用于流量不大，所需传热面积不大及高温、高压流体的换热。

(3) 列管式换热器。

列管式换热器又称管壳式换热器，是最典型的间壁式换热器。它具有结构简单、加工制造比较容易、结构坚固、性能可靠、适用面广等优点，因此在工业上的应用有着悠久的历史，并且至今仍在所有换热器中占据主导地位。该类换热器的具体结构和形式将在本书 2.2 节中详细介绍。

2) 板式换热器

板式换热器的传热面是由板材制造而成的，包括平板式、螺旋板式和板壳式等。

(1) 平板式换热器。

平板式换热器通过压紧装置将波纹板片按一定间隔压紧而成，冷、热介质通过板片周围的四个角孔在板片两侧的表面流动进行传热，其流动方式如图 2-8 所示。板与板之间通过密封垫片（安装于板片上的密封槽内）形成一定间隙，同时保证设备的密封。

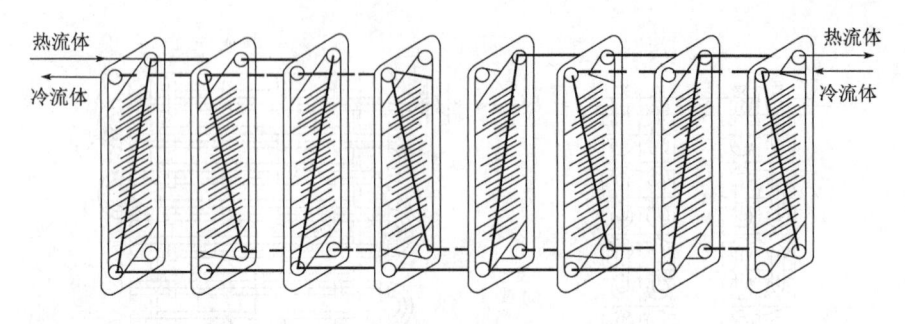

图2-8　平板式换热器流动示意图

与管式换热器相比,平板式换热器的传热面积大,波纹板片增加了流体的湍动程度,因此有较高的传热系数。同时,平板式换热器还具有热损失小、结构紧凑、重量轻、拆装清洗方便等优点。在换热效果相同的前提下,其占地面积仅为列管式换热器的1/5~1/10,重量仅为列管式换热器的1/5。但受密封材料和密封结构的限制,其工作温度和承压能力较低,密封性较差;不适用于含较多固体颗粒和悬浮物的流体;制造加工复杂,成本较高。

(2)螺旋板式换热器。

螺旋板式换热器的传热面是由两块平行的金属薄板相隔一定距离卷制成螺旋形而构成,如图2-9所示,冷、热两种流体,分别在两个螺旋形通道内流过,并通过钢板交换热量,所以钢板即为传热面,其中一股流体从换热器的底部接管进入,侧部接管流出;另一股流体由侧部接管进入,顶部接管流出。

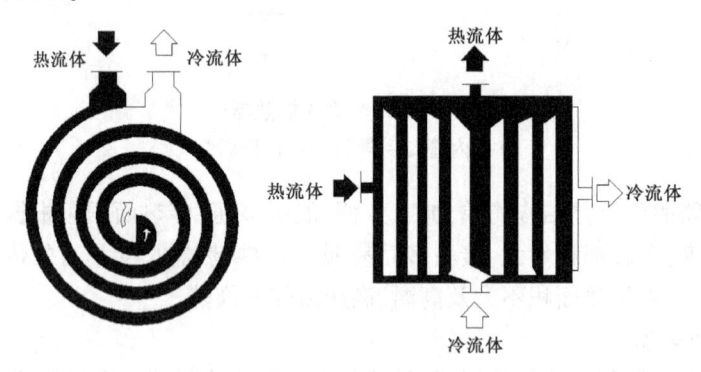

图2-9　螺旋板式换热器

螺旋板式换热器的优点包括:

①结构紧凑,传热效率高。单位体积内的传热面积约为列管式换热器的2~3倍,传热效率比列管式换热器高50%~100%。

②不易结垢。热流体单通道流动,其允许流速相对较大,污垢不易沉积。一旦有介质的污垢物在流道内开始沉淀,该流道的横截面会减小,随后导致流体速度必然有所增加,可将污垢冲掉,起到"自清"的作用。

③温差应力小。冷、热流体通道允许自由伸长和收缩,不会产生较大的热应力,适用于两种介质温差较大的场合。

其缺点包括:

①不耐高压。由于结构的限制,以及螺旋板的刚度、外壳、密封等原因,其使用压力不能太高。目前各国生产的螺旋板换热器的最高工作压力达4MPa。

②机械清洗和维修困难。

(3)板壳式换热器。

板壳式换热器是介于列管式与板式换热器之间的一种结构型式,主要由壳体与板束组成,如图2-10所示。该类换热器的板束通过间距相等、弦长不同的板组合并焊接而成。壳体多数是圆筒形的,有的呈长方形或六边形。

与列管式换热器相比,板壳式换热器的优点是传热效率高,压力降小;结构紧凑,相同传热条件下其体积仅为列管式换热器的30%左右;容易清洗。与板式换热器相比,由于没有密封垫片,较好地解决了耐温、抗压与高效率之间的矛盾。缺点是制造工艺复杂,焊接量大且技术要求高。

3)扩展表面式换热器

扩展表面式换热器是对传统换热管(或板)的表面结构、形状、尺寸及其布置方式等进行了各种改进,以提高其传热效率,如板翅式、各种强化的传热管等。

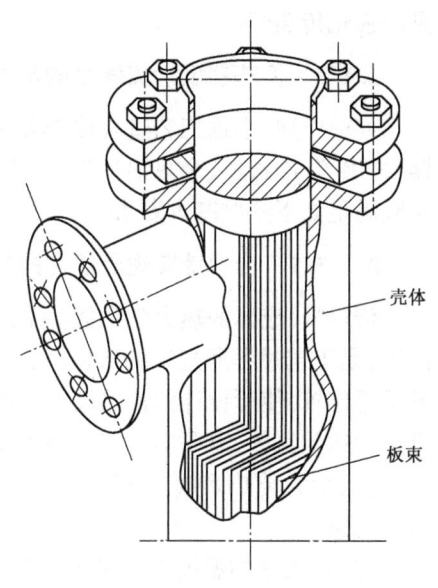

图2-10 板壳式换热器

(1)板翅式换热器。

板翅式换热器的单元体结构如图2-11所示,由上下两块平行的金属隔板、中间放置的波纹状翅片以及两侧的密封封条组成。将各单元体进行适当排列组合,钎焊成整体,即组成换热器的芯体(又称板束),再在板束上配置合适的流体进出口封头,就形成一个完整的板翅式换热器。

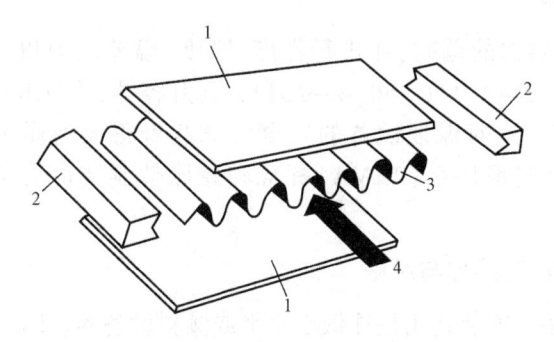

图2-11 板翅式换热器单元体分解图
1—隔板;2—封条;3—翅片;4—流体

板翅式换热器具有传热效率高、结构紧凑、重量轻、适用性广等优点,但也存在流道较小、容易堵塞且不易清洗、结构复杂、制造成本较高等缺点。

(2)强化传热管式换热器。

强化传热管式换热器是在管式换热器的基础上采取某些强化措施提高传热效果。强化的措施主要有改变管子内、外表面结构形状,管外加翅片管,以及管内安装各种形式的内插物。这些措施不仅增大了传热面积而且增加了流体的湍动程度,使传热过程得到强化。常见的强化传热管有翅片管、螺旋槽纹管、缩放管、静态混合器等。本书将在2.2.3.1节中介绍部分常见的强化传热管。

2.1.3 换热器设计应满足的基本要求

如前所述,根据工艺过程或热量回收用途的不同,换热设备可以是加热器、冷却器、蒸发器、再沸器、冷凝器、余热锅炉等,换热设备的种类、型式很多。完善的换热设备在设计或选型时应满足如下一些基本要求。

2.1.3.1 合理地实现所规定的工艺条件

传热量、流体的热力学参数(温度、压力、流量、相态等)与物理化学性质(密度、黏度、腐蚀性等)是工艺过程所规定的条件。设计者应根据这些条件进行热力学和流体力学的计算,经过反复比较,使所设计的换热设备具有尽可能小的传热面积,在单位时间内传递尽可能多的热量。为达此目的,需要实现如下一些基本要求:

(1)增大传热系数。在综合考虑了流体阻力与不发生流体诱发振动的前提下,尽量选择高的流速。

(2)增大平均温度差。对于无相变的流体,尽量采用接近逆流的传热方式。因为这样不仅可增大平均温度差,还有助于减少结构中的温差应力。在条件许可时,可通过适当提高热流体的进口温度或降低冷流体的进口温度来满足这一要求。

(3)妥善布置传热面。例如,在列管式换热器中,采用合适的管间距或排列方式,不仅可以增加单位空间内所安置的传热面积,还可以合理地改善其流动特性。一般来说,错列管束的传热比并列管束的好。此外,如果换热设备中的一侧流体有相变,另一侧流体为气相时,可对气相一侧的传热面上进行改进设计,例如加装翅片等,以达到增大传热面积、进一步提高换热器中的热量传递的目的。

2.1.3.2 安全可靠

换热设备属于压力容器的范畴,在进行强度、刚度、温差应力以及疲劳寿命计算时,应该遵照我国 GB/T 150.1～GB/T 150.4—2011《压力容器》与 GB/T 151—2014《热交换器》等有关规定与标准。这对保证设备的安全可靠起着很大的作用。ASME 锅炉及压力容器规范管式换热器制造商协会(TEMA)标准和膨胀节制造商协会(EJMA)标准等也都有很好参考价值。

2.1.3.3 有利于安装、操作与维修

一般来说,直立设备的安装费用往往低于水平或倾斜设备的。同时,所设计的换热器设备与部件还应有利于运输与装拆,在生产车间中移动时不应受到楼梯、梁、柱等的妨碍。此外,还应根据生产的具体情况和节能的需要在换热器上合理地添置气、液排放口、检查孔和敷设保温层。

如果一台高效的换热设备一旦在生产中出现一些参数波动,就难以控制其正常操作,且可能引起快速结垢或部件的失效,因此,要求在设计时能提出相应的对策,绝不能将该问题的影响传递到下一工序。对易结垢的换热设备,为了缩短清洗造成的停工时间,可通过在流体中加入净化剂或采用快速的清洗方法来减小其影响。有时也可以将换热设备设计为两个部分,当

一部分在清洗时,另一部分仍能维持正常的运行。操作场地应留有足够的空间以便可以在清洗、维修或更换内部构件(如换热管)时,保证在现场进行焊接、堵漏与修理。

2.1.3.4 经济合理

评定换热设备经济性的最终指标是:在一定时间内(通常为一年)的设备寿命周期费用为最小,包括固定费用(设备的购置费、安装费等)和操作费(动力费、清洗费、维修费等)。当设计或选型时,如果有几种换热器都能完成生产任务的需要时,这一指标的合理选择尤为重要。

严格地讲,如果孤立地仅从换热设备本身来进行经济核算以确定最适宜的操作条件与最适宜的尺寸是不够全面的,一般应以整个系统中全部设备为对象进行经济核算或设备的优化。但要解决这样的问题难度很大,需要进行专门的节能与经济性分析。因此,当影响换热设备的各项因素改变后对整个系统的效益影响关系不大时,应按照上述观点单独对换热设备进行经济核算。

2.2 列管式换热器的结构与形式

2.2.1 列管式换热器的基本结构

列管式换热器主要由管箱、管板、换热管、壳体、折流板和其他附件组成,如图2-12所示。

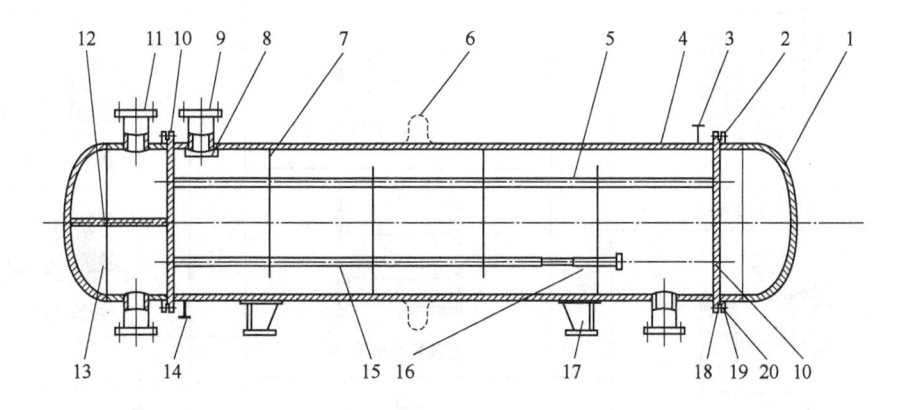

图2-12 列管式换热器结构简图
1—封头;2—法兰;3—排气口;4—壳体;5—换热管;6—波形膨胀节;
7—折流板(或支持板);8—防冲板;9—壳程接管;10—管板;11—管程接管;
12—隔板;13—管箱;14—排液口;15—定距管;16—拉杆;
17—支座;18—垫片;19,20—螺栓、螺母

2.2.1.1 管箱

管箱位于列管式换热器的两端,其主要作用是把通过管道流入的管程流体均匀分布到各换热管中,并把管内流体汇集在一起送出换热器。通常将流体进入端的管箱称为前端管箱,流出端的管箱则称为后端管箱。对于多管程换热器而言,管箱还可以起到改变流体流向的作用。

— 15 —

常用的管箱结构型式主要有 A 型、B 型、C 型和 N 型四种，其结构如图 2-13 左列所示。

其中最为常见的是封头管箱，它主要由封头、筒体短节、管箱法兰及管程接管组成。封头管箱的优点是结构简单、便于制造，适于高压、清洁介质；缺点是检查管子和清洗管程时必须拆下连接管道和管箱。

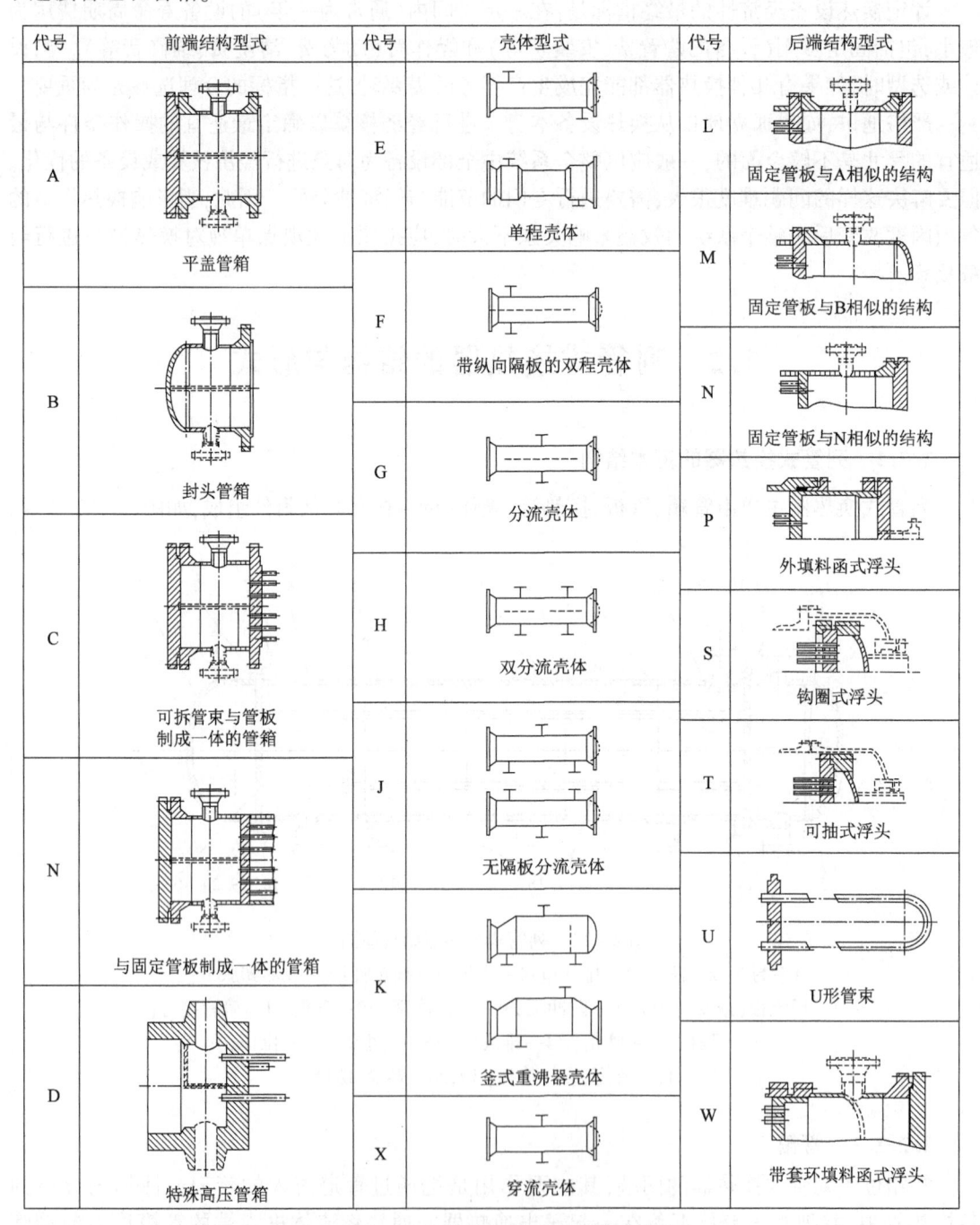

代号	前端结构型式	代号	壳体型式	代号	后端结构型式
A	平盖管箱	E	单程壳体	L	固定管板与A相似的结构
B	封头管箱	F	带纵向隔板的双程壳体	M	固定管板与B相似的结构
C	可拆管束与管板制成一体的管箱	G	分流壳体	N	固定管板与N相似的结构
N	与固定管板制成一体的管箱	H	双分流壳体	P	外填料函式浮头
		J	无隔板分流壳体	S	钩圈式浮头
				T	可抽式浮头
D	特殊高压管箱	K	釜式重沸器壳体	U	U形管束
		X	穿流壳体	W	带套环填料函式浮头

图 2-13 换热器主要部件的分类及代号

2.2.1.2 管板

管板结构大多为平面形圆板结构，圆板中间根据换热管的排列方式开若干个孔，换热管穿过管板孔,通过焊接、胀接或胀焊结合的方式与管板连接。因此,管板主要起固定和定位换热管的作用,同时将管程和壳程的流体分开,避免流体间的混合,并承受管程、壳程介质压力和温度载荷。

2.2.1.3 换热管

换热管是换热器的传热元件,管子材料和厚度根据管程、壳程介质压力、温度和腐蚀性共同决定。常用的换热管材料有碳素钢管、低合金钢管和不锈钢管。若管程或壳程流体腐蚀性较大,应优先考虑选用不锈钢管。

2.2.1.4 壳体

换热器的壳体结构通常为圆柱形筒体,在壳壁上焊有接管,供壳程流体进入和排出之用。

2.2.1.5 折流板

折流板安装在壳体内部,设置折流板的目的是提高壳程流体的流速,增加湍动程度,并使壳程流体垂直冲刷管束,以改善传热,增大壳程流体的传热系数,同时减少结垢。在卧式换热器中,折流板还起到支撑管束、防止其产生振动的作用。

折流板常见的结构形式主要有弓形和圆盘—圆环形,如图 2-14 所示。安装时,弓形折流板的上下缺口、圆盘—圆环形折流板的盘与环均交替排列。

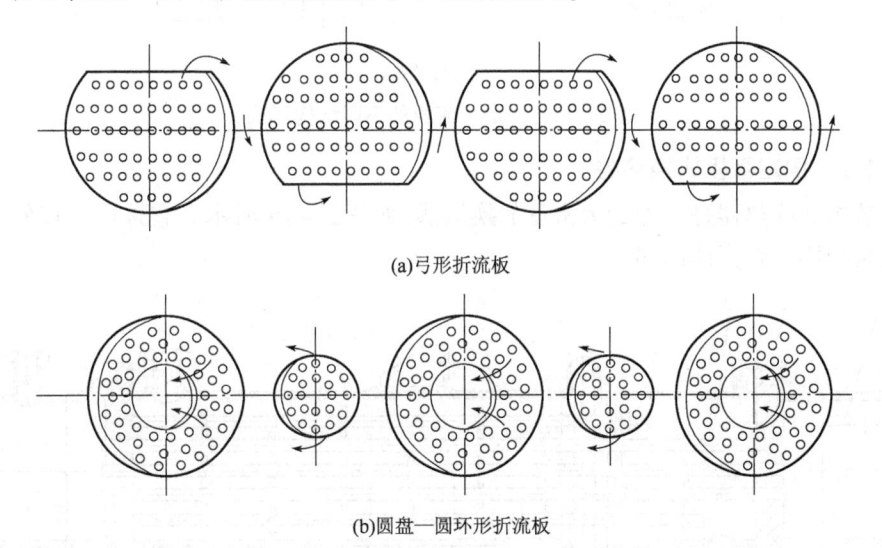

(a)弓形折流板

(b)圆盘—圆环形折流板

图 2-14 折流板主要结构形式

采用弓形折流板时,流体经过圆缺部分后垂直通过管束,流体死区少,且结构简单、安装方便。弓形折流板又可分为单弓形、双弓形和三弓形,如图 2-15 所示。圆盘-圆环形折流板结构较复杂,且清洗困难,仅用于介质压力较高和不结垢的场合。

2.2.1.6 其他附件

其他附件包括流体进出口接管、支座、防冲挡板、膨胀节、拉杆、定距管、分程隔板等,有关内容将在列管式换热器的结构设计中加以分析描述。

2.2.2 常用的列管式换热器

有关换热器的类型前面已经作了介绍,下面主要针对常用的列管式换热器的一些常见类型、性能特点和适用范围加以简单介绍,以供选择时参考。

(a)单弓形

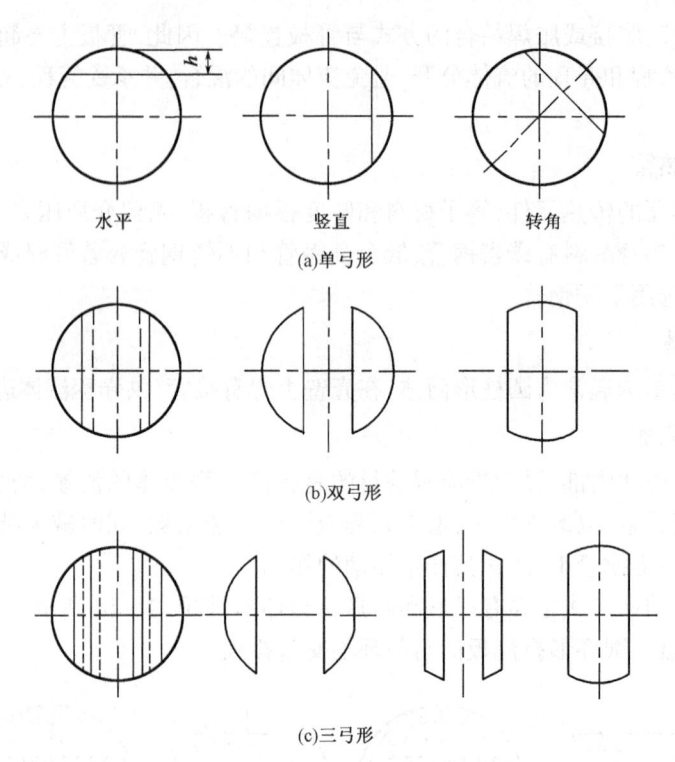

(b)双弓形

(c)三弓形

图 2-15 弓形折流板的不同结构形式

2.2.2.1 固定管板式换热器

固定管板式换热器是一种最为常见的换热器,如图 2-16 所示。它采用焊接的方式将连接管束的管板固定在壳体两端。

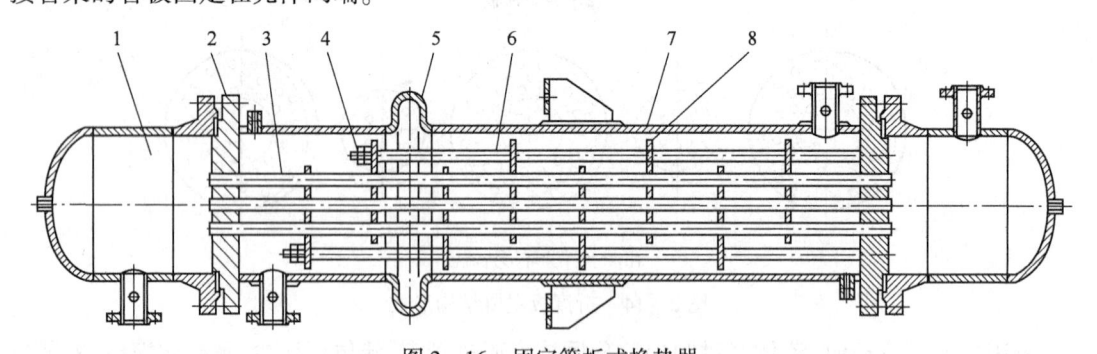

图 2-16 固定管板式换热器
1—管箱;2—管板;3—换热管;4—拉杆;5—膨胀节;
6—定距管;7—壳体;8—折流板或支撑板

固定管板式换热器的特点包括:
(1)结构简单,安装、制造方便,造价较低。
(2)由于它的管板是固定的,检修时管束无法从壳体中拉出,因此这种换热器的换热管外壁难以清洗。
(3)由于管束和壳体呈刚性连接,当管束与壳体的温差较大或材料的线膨胀系数相差较大时,壳体和管束间会产生很大的热应力,严重时会毁坏换热器。

因此,固定管板式换热器仅适用于壳程流体清洁或管外壁污垢可通过化学方法去除,且管程、壳程温差不大或温差虽大但壳程压力不高的场合。

在生产实际中,为减小热应力,可以在固定管板式换热器的壳体上设置膨胀节以进行温度补偿。

膨胀节是一种能自由伸缩的弹性补偿元件,它依靠易变形的挠性构件对管子与壳体的热膨胀差进行补偿,以此来缓解或降低壳体与管子因温差而引起的温差应力。常用的膨胀节结构形式有波形膨胀节、平板膨胀节、Ω形膨胀节和夹壳膨胀节等。

(1)波形膨胀节。

如图2-17所示,波形膨胀节的波形结构简单,补偿性能好,价格便宜,但随着压力升高、将导致设备的直径增大,壁厚增加,补偿性能减少,且占据的空间增大。该膨胀节多用于压力不超过1.6MPa的场合,一般膨胀节的厚度不宜大于6mm。为减小波形膨胀节的流动阻力,常在沿液流方向焊一导流衬板。当要求热补偿量较大时,也可以采用多个波形膨胀节的组合,如图2-18所示。在实际工程应用中,波形膨胀节是应用最广的一种膨胀节。

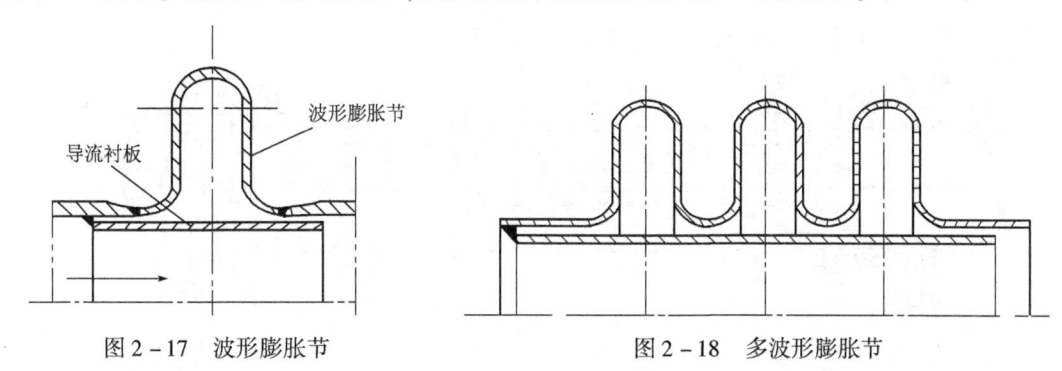

图2-17 波形膨胀节　　图2-18 多波形膨胀节

(2)平板膨胀节。

如图2-19所示,平板膨胀节结构简单,承压能力低,补偿量小,只适用于直径大、温差小及常压、低压或真空系统的设备。

(3)Ω形膨胀节。

如图2-20所示,Ω形膨胀节一般由薄管煨制而成,常用于压力较高的场合。但此结构与壳体焊接处易产生较大应力,且不易焊透,只适用于小直径筒体或应力较小的场合。

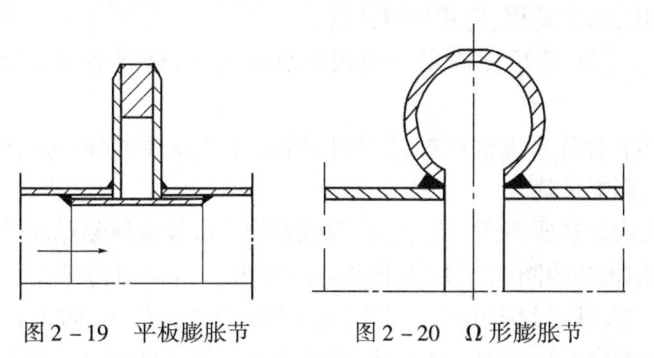

图2-19 平板膨胀节　　图2-20 Ω形膨胀节

(4)夹壳膨胀节。

如图2-21所示,夹壳膨胀节是一种耐压能力较强、补偿能力较大的"高压膨胀节"。在这种结构中,夹壳和加强环的作用是用来承受较高的介质压力,避免膨胀节侧面过量变形,限制膨胀节在受压时发生波壳的弯曲,从而避免应力集中。

膨胀节设置的必要性判断将在2.5.4节中介绍。

(a) 带夹壳的膨胀节　　　　　　　　(b) 带加强环的膨胀节

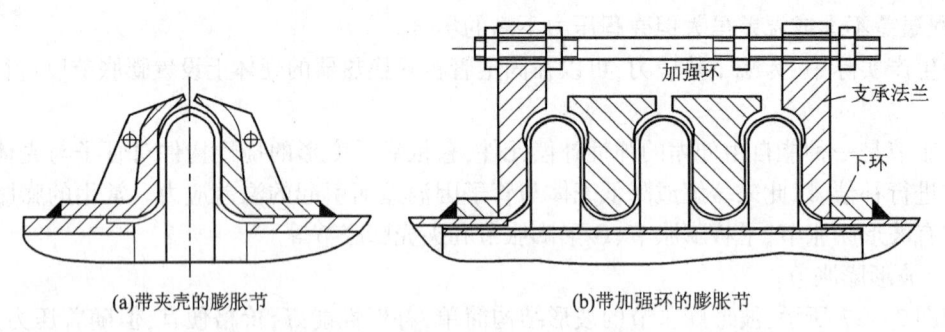

图 2-21　带夹壳和加强环的膨胀节

2.2.2.2　浮头式换热器

浮头式换热器的结构如图 2-22 所示,它的一端管板通过管箱法兰和壳体法兰进行固定(称为固定端),另一端管板可在壳体内自由伸缩,并在这一端管板上加一顶盖后称为"浮头"。

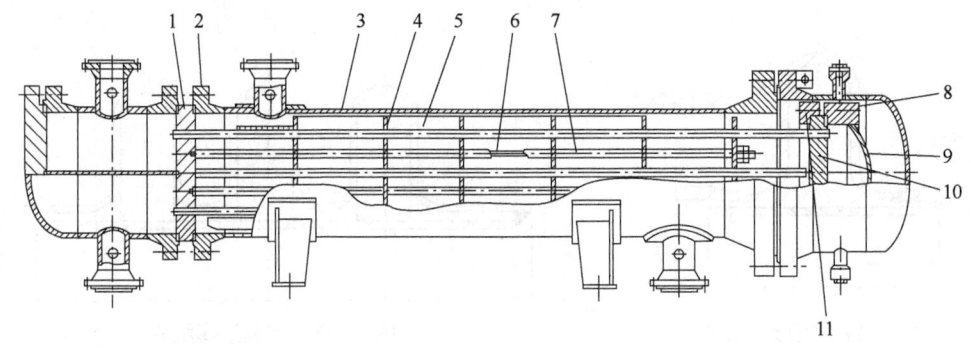

图 2-22　浮头式换热器
1—管板;2—壳体法兰;3—壳体;4—折流板;5—旁路挡板;6—拉杆;
7—定距管;8—浮头法兰;9—球形封头;10—浮动管板;11—钩圈

浮头式换热器的特点包括:

(1) 一端管板可在壳体内自由浮动,管束和壳体的变形不受约束,因此不会产生热应力。

(2) 为了使浮头部分便于安装维修及清洗,浮头端常常设计成可拆结构,使管束可以比较容易地从壳体中抽出,因此管程、壳程均可清洗。

(3) 浮头端结构复杂,造价比固定管板式换热器的高,金属消耗量大,制造安装精度要求高。

(4) 浮头端小盖在操作中无法检查,如发生内漏,无法发现,管束与壳体间较大的环隙,易引起壳程流体短路,影响传热。

综上所述,浮头式换热器适用于管程、壳程温差较大以及流体易结垢的场合。

常用的浮头式结构为钩圈式浮头,如图 2-13 中 S 型后端结构形式。浮头端主要由浮动管板、钩圈、浮头法兰及球形封头组成。其中钩圈主要起密封作用,防止介质间的窜漏。为了便于制造和拆装,钩圈常常采用剖分式结构,要求密封可靠,结构简单、紧凑,便于制造,拆装方便。其常用结构形式如图 2-23 所示。

2.2.2.3　U 形管式换热器

U 形管式换热器的结构如图 2-24 所示。这类换热器的换热管为 U 形管,管子的两端被固定在同一块管板上。

(a)A型钩圈　　　　　　　　　　　　(b)B型钩圈

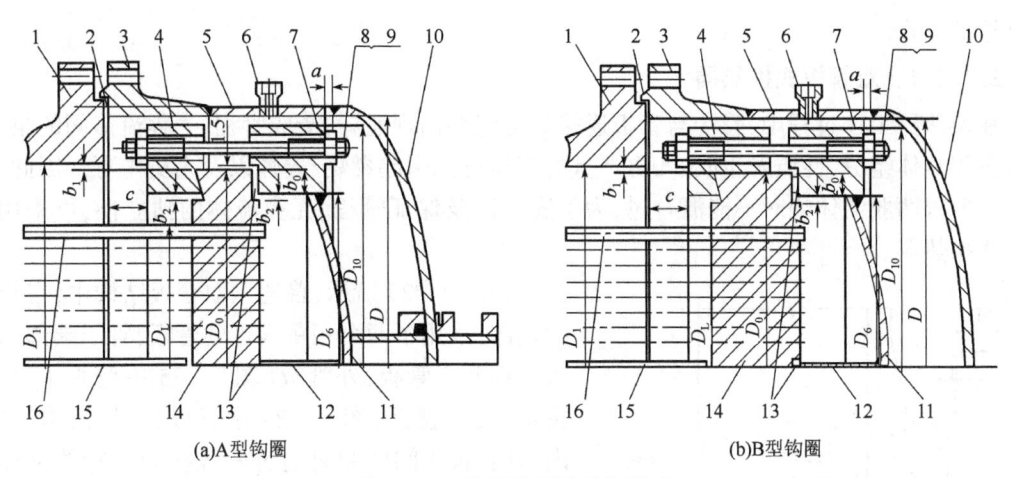

图 2-23　钩圈常用的结构形式

1—外头盖侧法兰；2—外头盖垫片；3—外头盖法兰；4—钩圈；5—短节；6—排气口或放液口；
7—浮头法兰；8—双头螺柱；9—螺母；10—封头；11—球冠形封头；12—分程隔板；13—垫片；
14—浮动管板；15—挡管；16—换热管

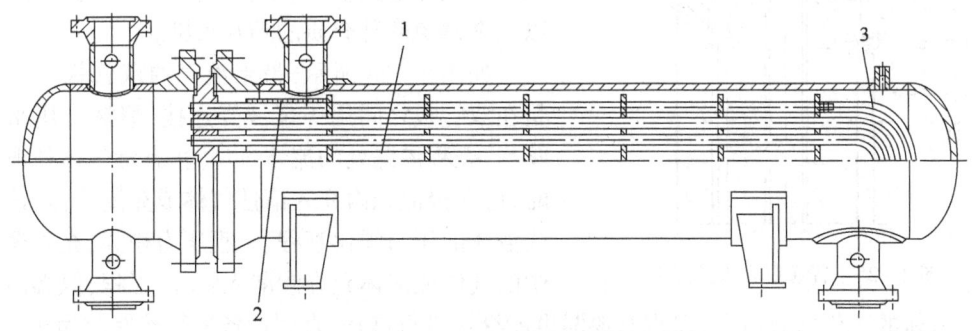

图 2-24　U 形管式换热器

1—中间挡板；2—防冲挡板；3—U 形换热管

U 形管式换热器中，U 形管弯管段的弯曲半径应不小于两根换热管外径，推荐用的换热管最小弯曲半径 $R_{\min}$ 可按表 2-1 选取。

表 2-1　推荐用的换热管最小弯曲半径　　　　　　　　　　　　　　　mm

换热管外径	10	12	14	16	19	20	22	25	30	32	35	38	45	50	55	57
$R_{\min}$	20	24	30	32	40	40	45	50	60	65	70	76	90	100	110	115

U 形管式换热器的特点包括：

(1) 管程与壳程温差较大时，管子与壳体之间以及管子与管子之间都可以自由收缩，因此不会产生热应力。

(2) 结构简单，造价较浮头式低，承压能力强。

(3) 壳程清洗方便，但管内不容易进行机械清洗。

(4) 受弯管曲率半径的限制，管板上排列的管子数少，管板利用率低。

(5) 在管束中心一带存在较大的间隙，壳程流体易形成短路，影响传热效果。

(6) 管子不易更换。当管子泄漏损坏时，只有管束外围处的 U 形管才便于更换，内层换热管坏了不能更换，只能堵管，堵管后会损失换热面积。

综上所述，U 形管式换热器适用于管程、壳程温差较大，或壳程流体易结垢，但管程流体不易结垢的场合。

2.2.2.4 双管板式换热器

在换热器工作过程中,管子与管板连接处可能会出现泄漏,造成管程、壳程流体间的窜漏,导致各程流体组分、性质发生改变,更严重的甚至可能引起燃烧、爆炸以及人员中毒。因此,当工艺上要求两股流体绝对不能混合时,为了安全以及保证管程、壳程流体的独立性,可采用双管板式换热器。

如图2-25所示,普通型双管板结构中,在管束的端部,采用了两个相距很近的管板,管子端部同时胀接到两个管板,外管板(图2-25中管板1)与管箱相连,内管板(图2-25中管板2)与壳体相连,内、外管板之间的距离通过两螺栓间放置的圆环来确定,安装时必须保证两管板间的平行度。这种结构布置可以保证从连接处泄漏的介质只会存在于两管板之间的与外界大气相通的常压空间,不会进入到另一侧介质内。只要管子本身不发生损坏,就可以完全避免两种介质的相互污染。

如图2-26所示,带聚液壳的双管板式换热器是在双管板之间用一聚液壳连接,聚液壳用来收集管程、壳程渗漏处的流体,以防止有毒气体外泄。同时,可在聚液壳内充入惰性气体或充满液体,该气体或液体的压力须比管程、壳程压力稍高,充入聚液壳中的气体或液体允许渗漏入管程、壳程,但必须不影响两侧流体的工作状态(即使发现有渗漏也能继续进行操作,直到设备进行检修时为止)。

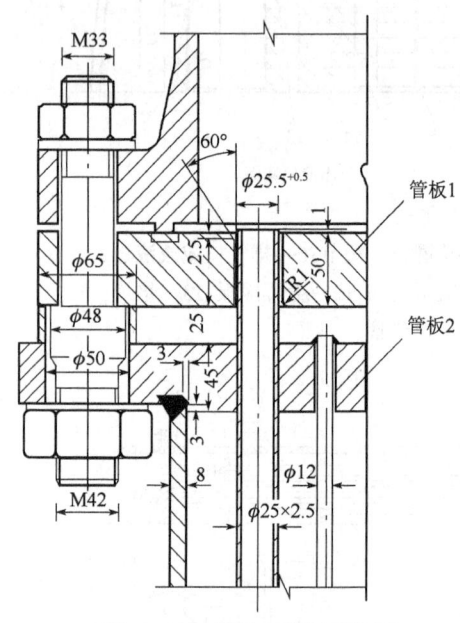

图2-25 普通双管板换热器

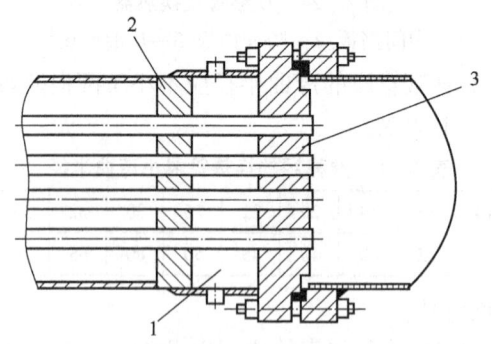

图2-26 带聚液壳的双管板式换热器
1—聚液壳;2—内管板;3—外管板

双管板换热器的管板厚度,根据每块管板两侧所接触的介质压力、温度来进行计算。双管板在制造时,一般采用重叠钻孔,钻头在管板上钻孔,上下管板相同位置上的孔,不会发生位移而产生错孔现象。

2.2.2.5 薄管板换热器

为减小管板两侧流体温差过大而引起的过大热应力,同时避免在开、停车或流体进口温度急剧变化时,由于管子与管板的热膨胀系数不同而导致的连接处破坏,常常在满足强度要求的条件下,尽可能减小管板厚度,此类换热器称为薄管板换热器。

薄管板换热器属于固定管板式换热器,只是它的管板比较薄(厚度一般为8~20mm)。其优点是既可减少温差应力,又可承受机械应力,并且大大节省了管板材料,加工制造也很方便。

图2-27所示为薄管板的四种结构形式。

图2-27(a)所示为贴面式薄管板,管板贴于法兰表面上。当管程通过的是腐蚀性介质时,法兰不与管程介质接触,故可不采用防腐材料。

图2-27(b)所示为嵌入式薄管板,管板嵌入法兰内,并与表面齐平。此结构中,若管程或壳程通入腐蚀性介质,则法兰需采用防腐蚀材料。

图2-27(c)所示为焊入式薄管板,该结构中,管板位于法兰的下面且与筒体焊接。当壳程通入腐蚀介质时,法兰可不采用防腐材料;另外,由于管板与法兰存在一定的距离,故其受法兰上承受的力矩影响较小,同时由于管板与刚度较小的筒体连接,管板的边缘应力也有所降低。

图2-27(d)所示为挠性薄管板结构,由于管板与壳体有一个圆弧过渡连接,且厚度较小,所以管板具有一定的弹性,可以补偿管束和壳体之间的热膨胀,同时过渡圆弧还可以减少管板边缘处的应力集中,该管板也不承受法兰力矩,因而当壳程通入腐蚀性介质时,法兰不会受到腐蚀,但此种结构加工比较复杂。

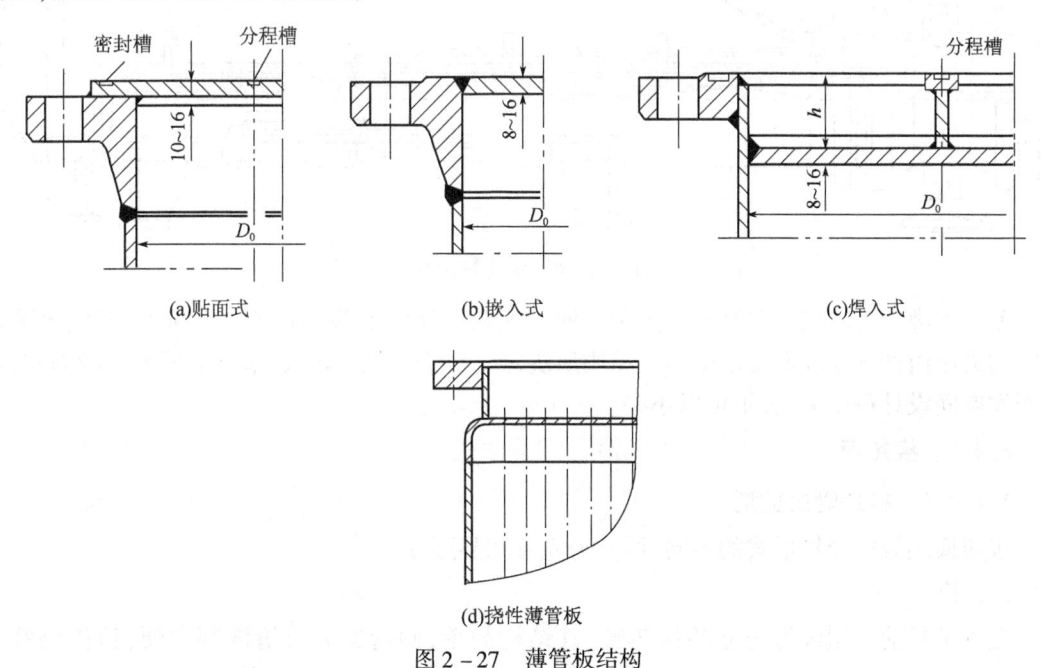

(a)贴面式　　(b)嵌入式　　(c)焊入式

(d)挠性薄管板

图2-27　薄管板结构

图2-28所示为椭圆形管板。它是以椭圆形封头作为管板,与换热器壳体焊接在一起。椭圆形管板的受力情况比平管板的好得多,所以可以做得很薄,有利于降低热应力,故适用于高压、大直径的换热器。

2.2.2.6　釜式重沸器

当壳程介质是蒸气和液体两相流体时,需要为蒸气留有适当的空间。带蒸发空间的釜式重沸器就是为这种兼具传热和蒸发作用的双重工作状态而设计的。这种换热器的管束可以是浮头式、U形管式或固定管板式结构,所以它根据管束类型不同,分别具有浮头式、U形管式或固定管板式的特性。图2-29所示为带浮头的釜式重沸器。

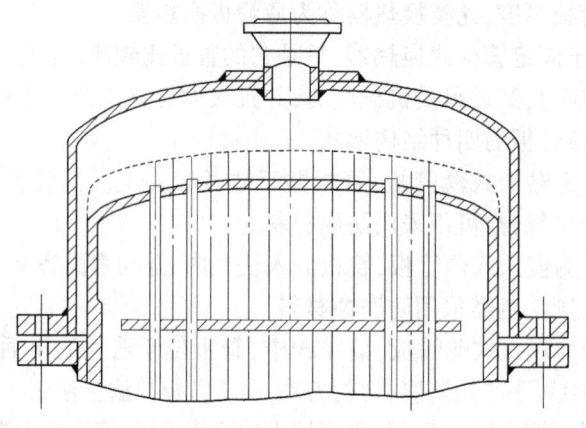

图2-28 椭圆形管板

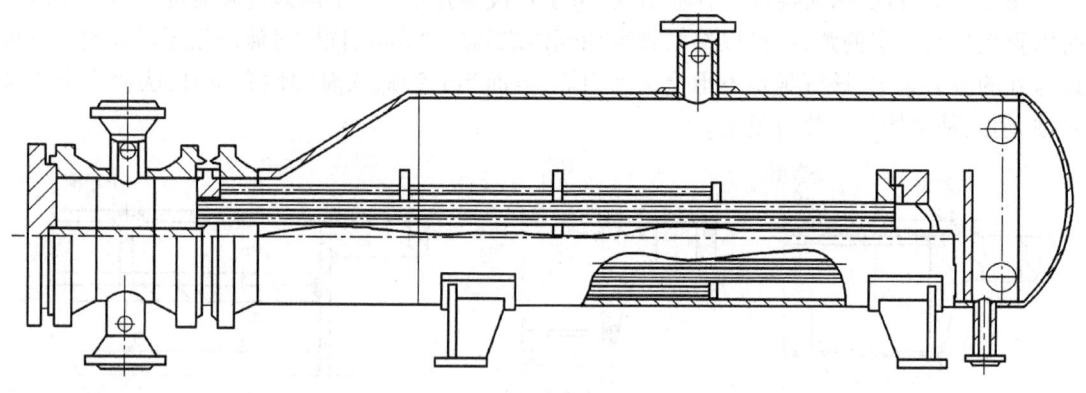

图2-29 釜式重沸器

釜式重沸器在结构上与其他换热器不同之处在于壳体上部设置了一个蒸发空间,该蒸发空间的大小由产气量和所要求的蒸气品质所决定。对于产气量较大、蒸气品质要求较高的,可将蒸发空间设计得较大,否则可以小些。

2.2.3 换热管

2.2.3.1 换热管的类型

按照换热管的结构形式的不同,可分为光管和异形管。

1. 光管

光管是目前应用最为普遍的换热管,其结构简单,制造安装及清洗都方便,但传热效率较低。

2. 异形管

当换热器的传热系数不高时,为了强化传热,可采用异形管,如翅片管、螺纹管等。此类换热器由于换热管截面形状发生变化以及传热面积、流体湍动程度的增大,所以传热效果较好,但存在流体流动阻力大、制造较困难等缺点。

(1)螺旋槽纹管式换热器。

如图2-30所示,螺旋槽纹管是一种具有管内外凸和管外内凹槽的异形管,管壁上的螺旋槽能在有相变和无相变的

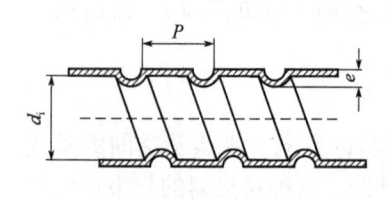

图2-30 螺旋槽纹管

传热中,明显提高管内外的传热系数,起到双边强化的作用。

当流体在管内流动时,受螺旋形槽的引导,靠近壁面的部分流体顺槽旋转,从而有利于减薄流体边界层;另一部分流体则顺壁面做轴向流动,螺旋形的凸起部分使流体产生周期性的扰动,可以加快由壁面至流体主体的热量传递。

螺旋槽纹管主要用于强化管内气体或液体的传热、强化管内液体的沸腾或管内外蒸汽的冷凝。其传热效果比光管好,其传热系数比光管提高约43%。由于管程流体产生强烈地旋转运动,对换热管壁有较强的冲刷作用,故管壁不易结垢,即使结垢,清垢也比较方便。

(2)横纹管。

横纹管是一种用普通圆形光管作毛坯,在管外壁经简单滚轧,制出与轴线垂直的凹槽,同时在管内形成一圈突起的环肋,如图2-31所示。

当管内流体流经横向环肋时,管壁附近形成轴向涡旋,从而增加了边界层的扰动,有利于热量通过边界层的传递。当涡流即将消失时,流体又流经下一个横肋,因而不断产生轴向涡流,保证具有保持连续且稳定的强化作用的效果。

横纹管是一种具有较低流阻,强化传热效果较好,抗污垢与腐蚀能力较强,适用性较广的一种高效传热元件。其传热性能比螺旋槽纹管好,在同样传热效果下,其阻力小于螺旋槽纹管的阻力。

(3)螺旋管。

如图2-32所示,在螺旋管式换热器中,螺旋管是通过将一根或多根传热管卷制成同心螺旋状而制成的。工作时流体在螺旋管及环形空间内流动,壳程流体通过螺旋管壁与管程流体进行热交换。

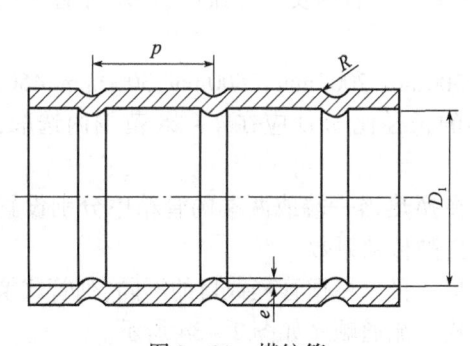

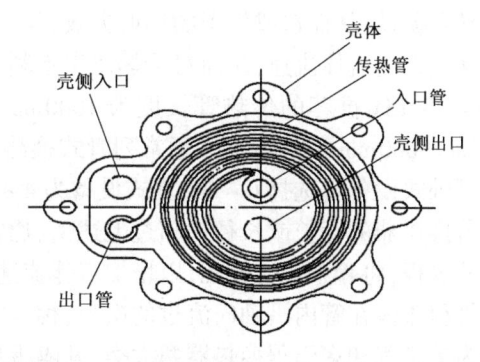

图2-31 横纹管　　图2-32 螺旋管式换热器的平面布置图

螺旋管能适用于较小流量或者所需传热面积较小的场合。由于螺旋管中的传热系数大于直管的,所以可用于高黏度流体的加热或冷却;因传热管呈蛇形盘管状,具有类似于弹簧的自补偿作用,所以不会出现因热应力而造成的破坏漏失;同时,由于这种换热器的结构紧凑,容易安装,因而占地面积较小。其缺点是对管程的清洗存在一定的困难。

(4)翅片管。

当流体的传热系数较小时,可在管子表面加装翅片,以增加传热面积,减小传热热阻。管子形状可以是圆形的,也可以是矩形的或椭圆形的。翅片应置于传热系数较小的一侧。与此同时,翅片可置于管外,也可置于管内,必要时还可采用内、外都有翅片的管子,如图2-33所示。

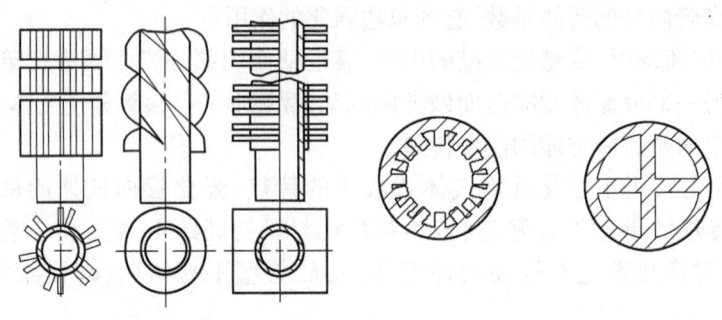

(a)外翅片管　　　　　　(b)内翅片管

图2-33　翅片管的形式

翅片管不适用于高表面张力的液体冷凝和会产生严重结垢的场合,尤其不适用于需要机械清洗、携带大量颗粒流体流动的场合。

(5)多孔表面换热管。

研究表明,在管子的外表面或内表面上覆盖一层多孔性的金属烧结层可以较大地增加传热的表面积,根据这种原理制出了多孔表面换热管。这种管的表面比较粗糙,厚度为0.25~0.5mm,孔隙率为50%~65%。若用于液体沸腾传热,则可以在很小的温差(0.6~1℃)条件下得到较高的沸腾传热系数,比光管高出5~8倍。随着覆盖层金属微粒尺寸的减小及层数的增加,传热效果更好。

2.2.3.2　管束分程

1. 按管程分

当工艺要求管壳式换热器有较大传热面积时,可采用增加管长或者增加管子数量的方法。但增加管长是有限度的,若管长过长,由于受到加工、安装与维修等方面的限制,可能会因流体冲击导致振动,从而造成管子的早期失效,且不利于换热器的安装和维护;而增加管子数量势必会降低管内流体流速,从而对传热产生不利影响。

GB/T 151推荐的传热管长度为1000mm、1500mm、2000mm、2500mm、3000mm、4500mm、7500mm、9000mm、12000mm。通常列管式换热器的长径比L/D应在4~25范围内选取,一般情况下卧式设备可选择6~10;立式设备为4~6。

若换热器的管长或长径比超过上述值,通常在换热器一端或两端的管箱中分别设置一定数量的隔板,将管束进行分程,以增加流体流速,提高传热系数。

管程流体在管内沿轴向流过的次数,称为管程数目。根据管程数目的不同,列管式换热器可分为单管程和多管程换热器两大类,其隔板形式与流通顺序如图2-34所示。

在管束分程时,需要遵循以下原则:

(1)管程数目不能太多,否则会使分程结构复杂,加工制造困难和流体阻力增大。

(2)要尽量采用偶数管程(单管程除外)。因为偶数管程的换热器,管程的进出口都可设置在前端管箱上,无论设计、制造、检修或操作,都比较方便。

(3)各程管子数目应大致相等,以减少流体阻力。

(4)相邻管程之间温差不超过28℃左右为宜。当管程流体进、出口温度变化很大时,应尽量避免将流体温差较大的两部分管束设计在相邻位置,其原因在于这样的设计可能导致管束与管板间产生很大的温差应力。当程数小于4时,采用平行的隔板更为有利。

(5)隔板形式要尽可能简单、焊缝尽量少,各程之间的密封长度要尽量短,以便于加工、制造和密封。

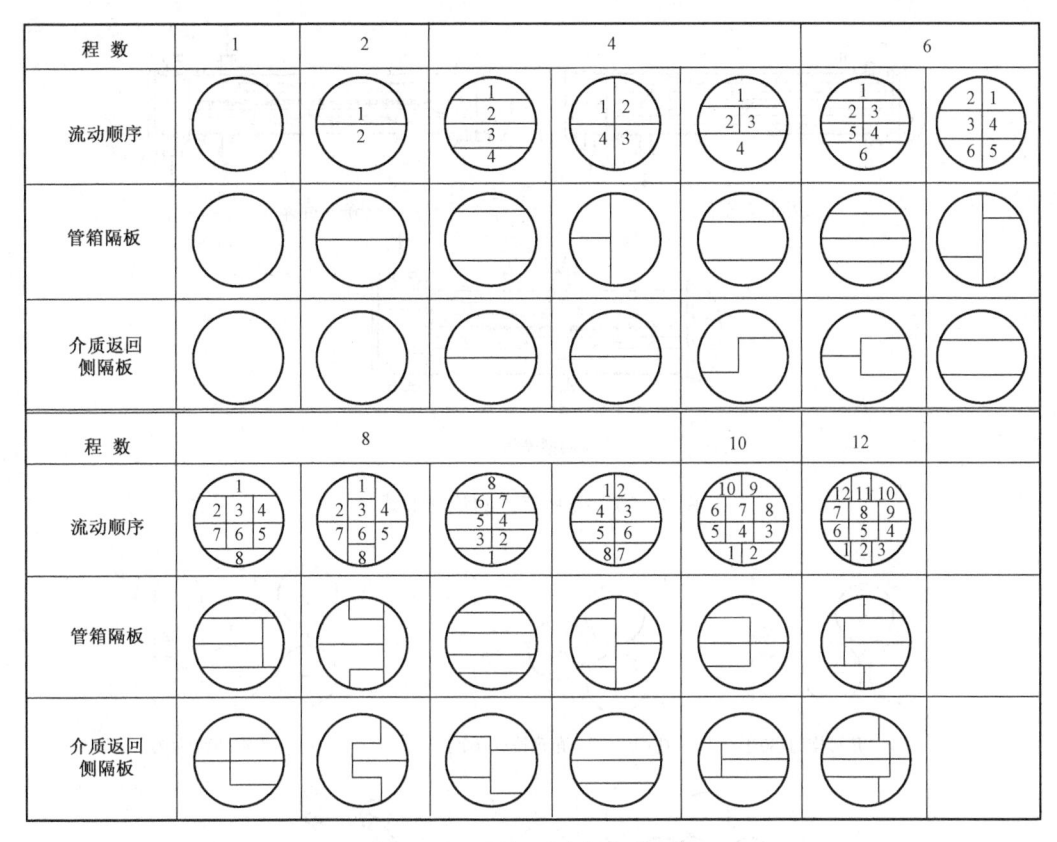

程 数	1	2	4		6	
流动顺序						
管箱隔板						
介质返回侧隔板						

程 数	8			10	12	
流动顺序						
管箱隔板						
介质返回侧隔板						

图 2-34 隔板形式与流通顺序

2. 按壳程分

为提高壳程流体的流速,也可在与管束轴线平行的方向上放置纵向隔板,使壳程分为多程。壳程数即为壳程流体在壳程内沿换热管方向往返的次数。分程可使壳程流体流速增大,流程增长,扰动加剧,有助于强化传热。但是,壳程分程会使壳程流动阻力增大,且制造安装较困难,故工程上应用不多,一般的换热器壳程数很少超过两程。

按照壳程数目的不同,可将壳体分为单壳程、多壳程以及分流式壳程三种类型,GB/T 151 对不同的壳体结构分别用大写字母 E、F、G、H、J、K、X 表示,具体如图 2-13 所示。其中部分结构的流动形式如图 2-35 所示。

2.2.3.3 换热管的排列

换热管的排列应使其在整个换热器截面上均匀地分布,同时还要考虑流体性质、管箱结构和加工制造等方面的问题。

换热管在管板上的排列有五种基本形式,即正三角形排列、转角正三角形排列、正方形排列、转角正方形排列和同心圆排列,如图 2-36 所示。

1. 正三角形、转角正三角形排列

正三角形排列在单位面积上布管较多,结构紧凑,且管外表面传热系数较大,因此是目前应用较为广泛的一种排列方式。但采用此种排列方式管外机械清洗较为困难,因此适用于壳程介质较清洁的场合。

— 27 —

(a)E型壳体

(b)F型壳体

(c)G型壳体

图 2-35　壳程流体的流动形式

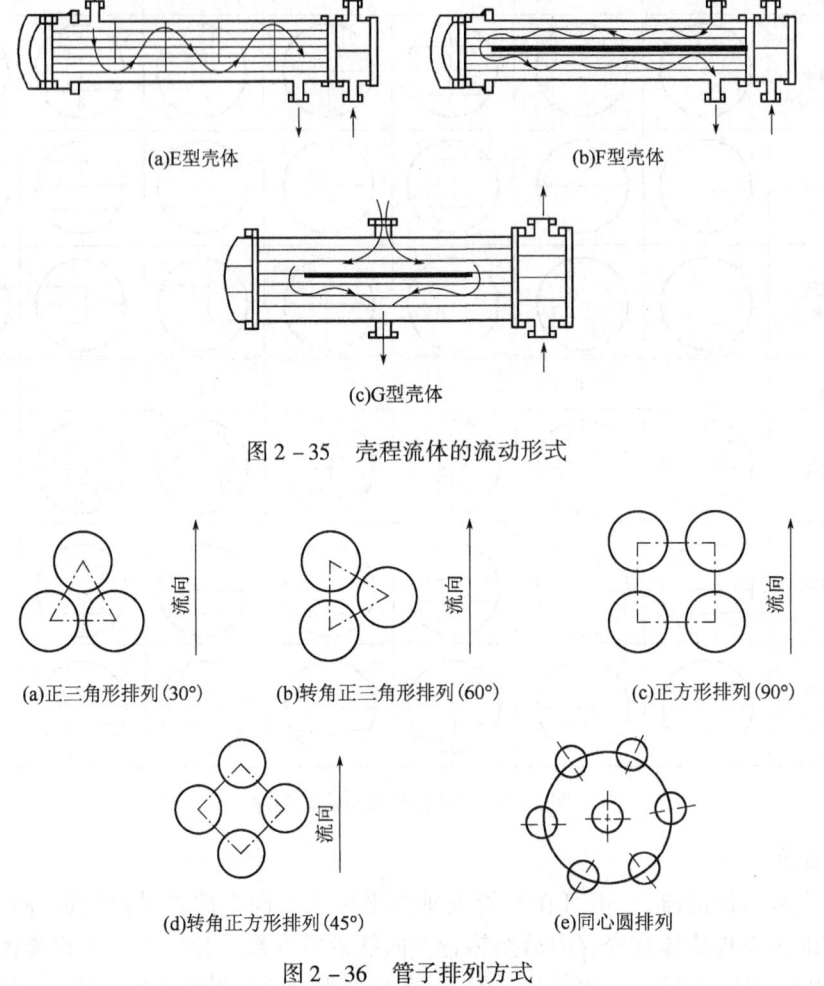

(a)正三角形排列(30°)　　(b)转角正三角形排列(60°)　　(c)正方形排列(90°)

(d)转角正方形排列(45°)　　(e)同心圆排列

图 2-36　管子排列方式

注：流向垂直于折流板缺口

转角正三角形排列的排管比正三角形排列少，易清洗，但其对流体的湍动效果不如正三角形排列，因此传热效果也不如正三角形排列。

2. 正方形和转角正方形排列

正方形和转角正方形排列在相同的管板面积上布管少，但易于用机械清洗管外壁。因此，当管子外部需要进行机械清洗时，可以采用这两种排列方式。其中转角正方形排列对流体的湍动效果相对较好。

3. 同心圆排列

同心圆排列的优点在于靠近壳体的地方管子分布比较均匀，常用于小壳径换热器，因为在壳体直径很小的换热器中可排列的管子数目比正三角形排列多。

对于多管程换热器，为了充分利用壳体的空间，一般采用组合排列的方法。为提高传热效果，边缘处可采用同心圆排列，每一程内则常采用正三角形排列，而各程之间为了便于安装隔板，可采用正方形排列方法。

2.3 列管式换热器的工艺设计

列管式换热器的设计、制造、检验与验收必须遵循中华人民共和国国家标准《热交换器》(GB/T 151—2014)执行。该标准规定了金属制热交换器的通用要求,并规定了管壳式换热器材料、设计、制造、检验、验收及其安装、使用的要求。

由于篇幅有限,本书主要介绍了无相变列管式换热器的设计方法,对于有相变的换热器则进行了适当分析,对不足部分可以参考相关的资料加以了解。

列管式换热器的设计主要包括工艺设计、结构设计和机械设计三大部分。下面主要介绍工艺设计的相关内容。

列管式换热器的工艺设计主要包括以下内容:
(1)确定设计方案;
(2)初步确定换热器的结构和尺寸,包括确定物性数据、估算传热面积、确定工艺结构尺寸(如管径、管长、管子数目、管程数、壳程数、壳体内径等);
(3)核算换热器的传热能力和流体阻力;
(4)确定换热器的工艺结构。

2.3.1 设计方案的确定

选择设计方案的基本原则是:要保证达到工艺要求的热流量,操作安全可靠,结构简单,可维护性好,尽可能节省操作费用和设备投资。由此可见,所选的设计方案应主要包括如下几个内容。

2.3.1.1 选择换热器的类型

根据设计任务中给定的换热器应满足的操作压力、温度以及工艺流体的性质,初步选择换热器的类型。

2.3.1.2 确定流程安排

在列管式换热器设计中,对换热器的冷、热流的流程,需要进行合理的安排,一般遵循如下准则:

(1)易结垢的流体应走易清洗的一侧。对于固定管板式,一般使易结垢的流体走管程,而对U形管换热器,易结垢的流体一般应走壳程;

(2)在设计上有时需要提高流体速度来提高其表面传热系数,这种情况下应将需要提高流速的流体放在管程;

(3)具有腐蚀性的流体应该走管程,这样可以防止流体腐蚀壳程后直接进入大气中,同时还可节约耐腐蚀材料的用量,降低换热器的投资成本;

(4)压力高的流体走管程;

(5)具有饱和蒸气冷凝的换热器,应使饱和蒸气走壳程,以便于排出冷凝液;

(6)为提高流体的传热系数,黏度大的液体应走壳程。

在进行流程安排时,上述要求往往不能同时满足,在设计中应考虑其中的主要问题,首先满足较为重要的要求,同时尽可能兼顾其他要求。

2.3.1.3 选择合适的加热剂(或冷却剂)

一般情况下,如何选用加热剂(或冷却剂)的流体应根据实际情况确定。在满足热流量的要求下,加热剂(或冷却剂)的选择主要考虑其来源、价格及安全性问题。在过程工业生产中,常用水做冷却剂,饱和水蒸气作加热剂。特殊情况下需要设计者自行选择。

2.3.1.4 确定适宜的冷热流体的进出口温度

工艺流体以及加热剂(或冷却剂)的进口温度通常是由工艺条件所决定的,但有时出口温度也可由设计者确定。该温度的正确选用将直接影响加热剂(或冷却剂)的用量和换热器的大小,因而这个温度的确定有一个经济上的优化问题。

另外,还应考虑到温度对污垢的影响,比如未经处理的河水做冷却剂,出口温度就不得超过50℃,否则结垢现象明显增强。

2.3.2 工艺结构设计计算

2.3.2.1 确定物性数据

无相变时,定性温度一般取流体在换热器进出口温度的平均值;有相变时,该定性温度需根据实际情况选取流体不同相的各自平均温度。

根据定性温度,便可在设计手册中分别查取管程和壳程流体的相关物性参数,如密度、比定压热容、热导率、动力黏度、普朗特数等。

如流体为混合物,则应分别查出混合物中各组分的有关物性数据,然后按照相应的加和方法求出混合气体的物性数据。

2.3.2.2 估算传热面积

1. 热流量的确定

换热器的热流量是指在确定的物流进口条件下,使其达到规定的出口状态,冷热流体间所交换的热量,或是通过冷热流体的间壁所传递的热量。

首先根据已给定的工艺条件,在忽略热损失的条件下,计算出热流量,然后根据热流体放出的热量与冷流体吸收的热量相等,计算出加热剂(或冷却剂)的用量。

对于无相变的流体,换热器的热流量由下式确定:

$$Q = mc_p \Delta t \tag{2-1}$$

式中　Q——热流量,W;

　　　m——工艺流体或加热剂(或冷却剂)的质量流量,kg/s;

　　　c_p——工艺流体或加热剂(或冷却剂)的比定压热容,J/(kg·K);

　　　Δt——工艺流体或加热剂(或冷却剂)的温度变化,K。

对于有相变化的单组分饱和水蒸气的冷凝过程则可根据下式确定:

$$Q = Dr \tag{2-2}$$

式中　D——蒸汽的冷凝质量流量,kg/s;

　　　r——饱和蒸汽的冷凝热,J/kg。

在实际计算中,常可忽略热损失。但当换热器壳体保温后仍与环境温度相差较大时,则其冷(热)损失不可忽略不计,在计算热(冷)流量时,应计入冷(热)损失量(一般可取换热器热流量的3%~5%),以保证换热器设计的可靠性,使之满足生产要求。

2. 平均传热温差的计算

对于并流和逆流,平均传热温差均可用换热器两端流体温度的对数平均温差表示:

$$\Delta t_m = \frac{\Delta t_1 - \Delta t_2}{\ln \dfrac{\Delta t_1}{\Delta t_2}} \tag{2-3}$$

式中 Δt_m——逆流或并流的平均传热温差,K;

Δt_1、Δt_2——换热器两端冷、热流体的温差,如图2-37所示。

对于并流,$\Delta t_1 = T_1 - t_1$,$\Delta t_2 = T_2 - t_2$;对于逆流,$\Delta t_1 = T_1 - t_2$,$\Delta t_2 = T_2 - t_1$。

其中,t_1、t_2为冷流体的进出口温度;T_1、T_2为热流体的进出口温度。

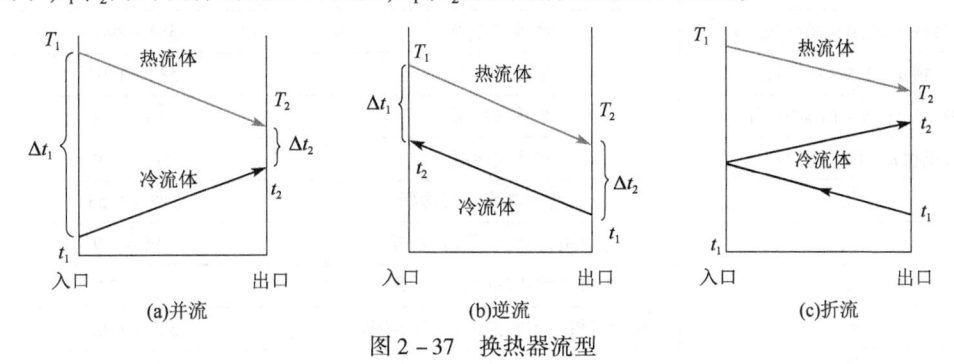

图2-37 换热器流型

在错流和折流的情况下,平均传热温差可先按纯逆流情况计算,然后加以校正,即

$$\Delta t_m = \varepsilon_{\Delta t} \Delta t_{m逆} \quad (2-4)$$

式中 Δt_m——折流情况下的平均传热温差,K;

$\varepsilon_{\Delta t}$——温差校正系数;

$\Delta t_{m逆}$——逆流情况下的平均传热温差,K。

在工程上,若无特殊需求,通常均采用逆流传热。

3. 传热面积的估算

传热面积的估算公式为

$$A_p = \frac{Q}{K \cdot \Delta t_m} \quad (2-5)$$

式中 A_p——估算的传热面积,m^2;

K——假设的传热系数,$W/(m^2 \cdot K)$,可根据冷热流体的具体情况,参考表2-2取一大致的范围,如果对所得数据不满意,还可以通过修改假设的K值再进行估算;

Δt_m——平均传热温差,K。

表2-2 可选取的 K 值范围

管内(管程)	管间(壳程)	传热系数K,$W/(m^2 \cdot K)$
水(0.9~1.5m/s)	净水(0.3~0.6m/s)	582~698
水	水(流速较高时)	814~1163
冷水	轻有机物 $\mu < 0.5 \times 10^{-3} Pa \cdot s$	464~814
冷水	中有机物 $\mu < (0.5~1) \times 10^{-3} Pa \cdot s$	290~698
冷水	重有机物 $\mu > 1 \times 10^{-3} Pa \cdot s$	116~467
盐水	轻有机物 $\mu < 0.5 \times 10^{-3} Pa \cdot s$	233~582
有机溶剂	有机溶剂$(0.3~0.55) \times 10^{-3} m/s$	198~233
轻有机物 $\mu < 0.5 \times 10^{-3} Pa \cdot s$	轻有机物 $\mu < 0.5 \times 10^{-3} Pa \cdot s$	233~465
中有机物 $\mu < (0.5~1) \times 10^{-3} Pa \cdot s$	中有机物 $\mu < (0.5~1) \times 10^{-3} Pa \cdot s$	116~349
重有机物 $\mu > 1 \times 10^{-3} Pa \cdot s$	重有机物 $\mu > 1 \times 10^{-3} Pa \cdot s$	58~233
水(1 m/s)	水蒸气(有压力)冷凝	2326~4652

续表

管内(管程)	管间(壳程)	传热系数 K,W/($m^2 \cdot K$)
水(1 m/s)	水蒸气(常压或负压)冷凝	1745 ~ 3489
水溶液 $\mu < 2.0 \times 10^{-3}$ Pa·s	水蒸气冷凝	1163 ~ 4071
水溶液 $\mu > 2.0 \times 10^{-3}$ Pa·s	水蒸气冷凝	582 ~ 2908
有机物 $\mu < 0.5 \times 10^{-3}$ Pa·s	水蒸气冷凝	582 ~ 1193
有机物 $\mu = (0.5 \sim 1) \times 10^{-3}$ Pa·s	水蒸气冷凝	291 ~ 582
有机物 $\mu > 1 \times 10^{-3}$ Pa·s	水蒸气冷凝	116 ~ 349
水	有机物蒸汽水蒸气冷凝	582 ~ 1163
水	重有机物蒸汽(常压)冷凝	116 ~ 349
水	重有机物蒸汽(负压)冷凝	58 ~ 174
水	饱和有机溶剂物蒸汽(常压)冷凝	582 ~ 1163
水	SO_2 冷凝	814 ~ 1163
水	NH_3 冷凝	698 ~ 930
水	氟利昂冷凝	756
水	气体	17 ~ 280
水沸腾	水蒸气冷凝	2000 ~ 4250
轻油沸腾	水蒸气冷凝	455 ~ 1020
气体	水蒸气冷凝	30 ~ 300
水	轻油	340 ~ 910
水	重油	60 ~ 280

2.3.2.3 换热器工艺结构尺寸的确定

1. 选择管径及管内流速

换热管为换热器的主要换热元件,其尺寸和形状对传热有很大的影响。若选择较小的管径,管内表面传热系数可以提高,而且对于同样的传热面积来说,可减少壳体直径。但管径小,流动阻力大,机械清洗困难。因此,在设计时可根据具体情况选用适宜的管径。目前国内常用的换热管规格见表2-3。其中最常用的规格为 $\phi19 \times 2$、$\phi25 \times 2$、$\phi25 \times 2.5$、$\phi38 \times 2.5$ 等。

表2-3 常用换热管的规格   mm

外径	10	14	19	25		32	38		45		57	
壁厚	1.5	2	2	2	2.5	2	3	2.5	3	2.5	3	2.5	3.5

管内流速的大小对于表面传热系数及压力降的影响较大,一般要求所选择的流速应使流体处于稳定的湍流状态,即 $Re > 10000$。

列管式换热器常见的流速范围见表2-4~表2-6。

表2-4 列管式换热器中不同黏度流体的最大流速 u_{max}

液体黏度,Pa·s	最大流速,m/s	液体黏度,Pa·s	最大流速,m/s
>1.5	0.6	0.001 ~ 0.035	1.8
0.5 ~ 1.0	0.75	<0.001	2.4
0.1 ~ 0.5	1.1	烃类	3.0
0.035 ~ 0.1	1.5		

表2-5 列管式换热器的常用流速 u

流体类型	管内,m/s	管间,m/s
一般液体	0.5~3	0.2~1.5
河水、海水等易结垢的液体	>1	>0.5
气体	5~30	3~15

表2-6 列管式换热器易燃易爆液体允许的安全流速 u

液体名称	安全流速
乙醚、二硫化碳、苯	<1
甲醇、乙醇、汽油	<2~3
丙酮	<10

2. 计算管程数和传热管总数

选定了管径和管内流速后,可依下式确定换热器的单程管子数:

$$n_s = \frac{V}{\frac{\pi}{4}d_i^2 u} \tag{2-6}$$

式中 n_s——单程管子数;

V——管程流体的体积流量,m^3/s;

d_i——传热管内径,m;

u——管内流体流速,m/s。

据此可以求得按单程换热器计算所得的管子长度如下:

$$L = \frac{A_p}{n_s \pi d_0} \tag{2-7}$$

式中 L——按单程计算的管子长度,mm;

A_p——估算的传热面积,mm^2;

d_0——管子外径,mm。

如前所述,如果按单程管子计算出的管子太长,则应采用多管程,此时应按实际情况选择每程管子的长度。在选取管长时应使换热器具有适宜的长径比,列管式换热器的长径比可在4~25范围内选取,一般情况下卧式换热器可选择6~10,立式换热器的长径比可为4~6。

确定了每程管子的长度之后,即可求得管程数。

$$N_p = \frac{L}{l} \tag{2-8}$$

式中 l——所选取的每程管子的长度,mm;

N_p——管程数(必须是整数)。

由此可计算出换热器的总传热管数:

$$N_T = N_p \times n_s \tag{2-9}$$

式中 N_T——换热器的总管数。

3. 确定换热管的排列

确定管程数后,即可进行管子的排列,在排管时需注意合理选取管心距的大小。

管板上两管子中心的距离称为管心距。管心距的大小取决于管板的强度、清洗管子外表面时所需的空隙、管子在管板上的固定方法等。

当管子采用焊接方法固定时,相邻两管的焊缝靠得太近,会相互受到影响,使焊接质量难以保证。而用胀接法固定时,过小的管心距会造成管板在胀接时由于挤压力的作用发生变形,失去管子与管板之间的连接力。

根据生产实际经验,当管子外径为 d_0 时,管心距 a 一般采用:

焊接法　$a = 1.25 d_0$；

胀接法　$a = (1.30 \sim 1.50) d_0$；

小直径的管子　$a \geqslant d_0 + 10 \mathrm{mm}$；

最外层管中心至壳体内表面的距离 $\geqslant 1/2 d_0 + 10 \mathrm{mm}$；

多管程结构中,隔板占有管板部分面积。一般情况下,隔板中心到离其最近一排的管中心的距离 S 可用下式计算：

$$S = \frac{a}{2} + 6 \qquad (2-10)$$

于是可求得相邻管程管子的管心距为 $2S$,如图 2-38 所示。通常换热器中换热管布置的管心距见表 2-7。

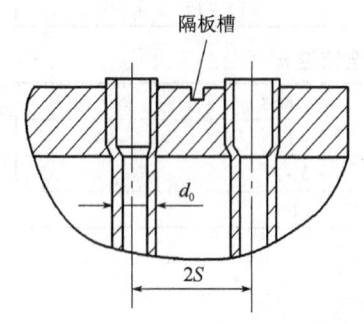

图 2-38　隔板槽两侧管心距

表 2-7　常用管心距

管外径,mm	管心距,mm	各程相邻管的管心距,mm
19	25	38
25	32	44
32	40	52
38	48	60

4. 确定平均传热温差和壳程数

根据冷、热流体的进出口温度按照式(2-11)、式(2-12)分别计算出 R、P 值,再通过温差校正系数图所限定的条件由图 2-39 至图 2-42 分别查出 $\varepsilon_{\Delta t}$,如果查出的值 <0.8,为使操作稳定,应增加壳程数,以提高 $\varepsilon_{\Delta t}$ 值。

$$R = \frac{热流体的温降}{冷流体的温升} = \frac{T_1 - T_2}{t_2 - t_1} \qquad (2-11)$$

$$P = \frac{冷流体的温升}{两流体的最初温差} = \frac{t_2 - t_1}{T_1 - t_1} \qquad (2-12)$$

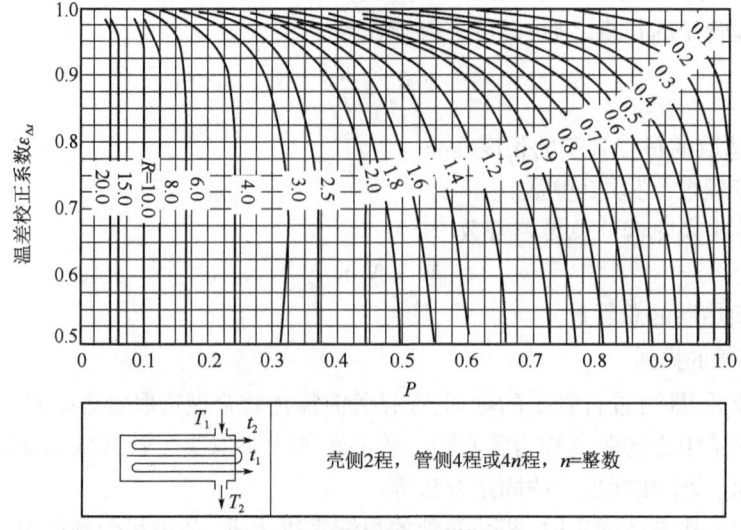

壳侧2程,管侧4程或4n程,n=整数

图 2-39　温差校正系数图 1

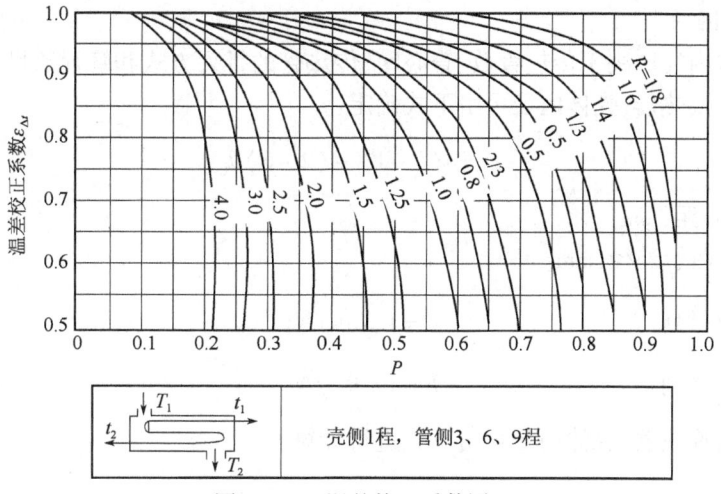

图 2-40　温差校正系数图 2

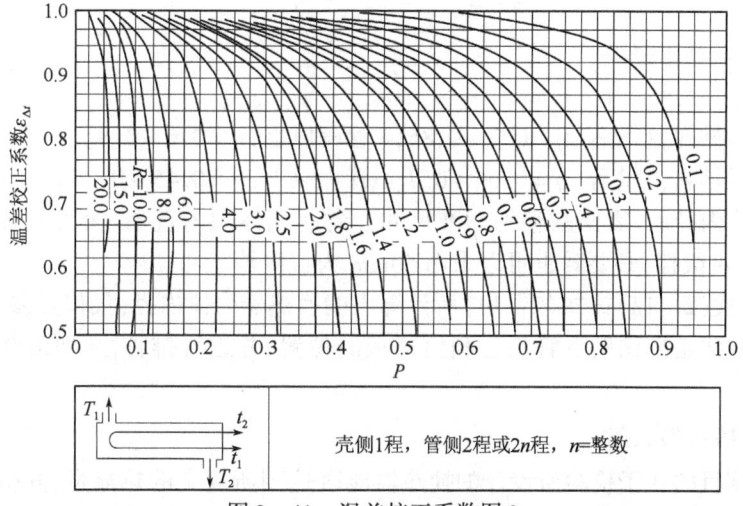

图 2-41　温差校正系数图 3

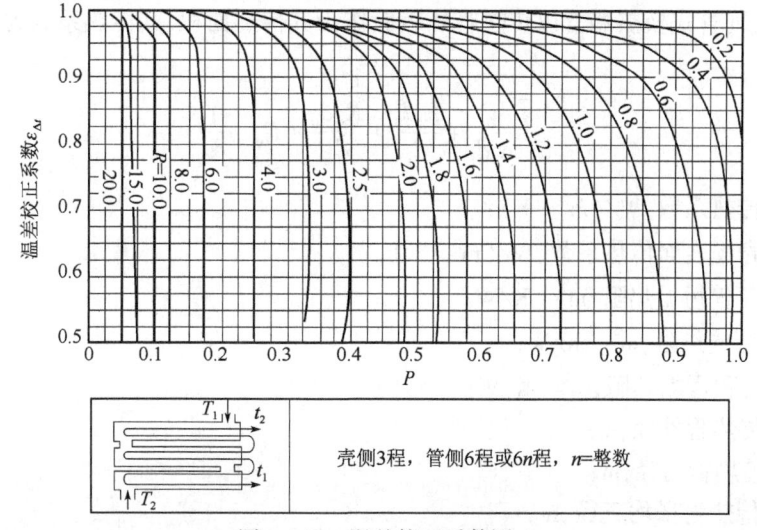

图 2-42　温差校正系数图 4

5. 确定壳体内径

换热器壳体内径取决于传热管数、管心距、传热管的排列方式和管程数目。

对于单管程换热器,壳体内径可由下式确定：

$$D = a(b-1) + (2 \sim 3)d_0 \tag{2-13}$$

式中　a——管心距,mm；
　　　d_0——传热管外径,mm。

对于三角形排列　　　　　$b = 1.10\sqrt{N_T}$ 　　　　　(2-13a)

对于正方形排列　　　　　$b = 1.19\sqrt{N_T}$ 　　　　　(2-13b)

对于多管程换热器,壳体内径可由下式进行计算：

$$D = 1.05a\sqrt{\frac{N_T}{\eta}} \tag{2-14}$$

式中　η——管板利用率。

η 的取值范围大致如下：

对正三角形排列,2 管程,$\eta = 0.7 \sim 0.85$,4 管程以上,$\eta = 0.6 \sim 0.8$。

对于正方形排列,2 管程,$\eta = 0.66 \sim 0.7$,4 管程以上,$\eta = 0.45 \sim 0.75$。

估算出壳体内径后,需要圆整到标准尺寸。卷制壳体的内直径(公称直径)以 400mm 为基数,100mm 为进级档,必要时也可以采用 50mm 为进级档。

必须指出,式(2-13)或式(2-14)所计算出的换热器壳体内径,仅仅是参考,确定壳体内径的最可靠的方法是按比例在管板上画出隔板的位置,并进行排管,从而最终确定出壳体的内径。

2.3.2.4 核算热流量

热流量核算目的在于检验所设计的换热器能否达到所规定的热流量,并留有一定传热面积裕度。

在工程上,列管式换热器常以传热管外表面作为其传热面积,其传热系数为

$$K_c = \frac{1}{\dfrac{d_0}{\alpha_i d_i} + \dfrac{R_i d_0}{d_i} + \dfrac{R_w d_0}{d_m} + R_0 + \dfrac{1}{\alpha_0}} \tag{2-15}$$

式中　K_c——传热系数,$W/(m^2 \cdot K)$；
　　　α_0——壳程表面传热系数,$W/(m^2 \cdot K)$；
　　　R_0——壳程污垢热阻,$m^2 \cdot K/W$；
　　　R_w——管壁热阻,$m^2 \cdot K/W$；
　　　R_i——管程污垢热阻,$m^2 \cdot K/W$；
　　　d_0——传热管外径,m；
　　　d_i——传热管内径,m；
　　　d_m——传热管平均直径,m；
　　　α_i——管程表面传热系数,$W/(m^2 \cdot K)$。

1. 壳程表面传热系数

1) 壳程流体无相变

根据克恩法,壳程表面传热系数为

$$a_0 = 0.36 \frac{\lambda}{d_e} Re_0^{0.55} Pr^{\frac{1}{3}} \left(\frac{\mu}{\mu_w}\right)^{0.14} \qquad (2-16)$$

式中 λ——壳程流体的热导率,W/(m·K);

d_e——当量直径,m;

Re_0——管外流动雷诺数;

Pr——普朗特数;

μ——流体在定性温度下的黏度,Pa·s;

μ_w——流体在壁温下的黏度,Pa·s。

上式适用条件是 $Re = 2 \times (10^3 \sim 10^6)$,弓形折流板圆缺高度为直径的1/4。

若圆缺高度为其他值时,由图2-43求出传热因子 j_{H0},并用下式求出壳程表面系数

$$a_0 = j_{H0} \frac{\lambda}{d_e} (Pr)^{\frac{1}{3}} \left(\frac{\mu}{\mu_w}\right)^{0.14} \qquad (2-16a)$$

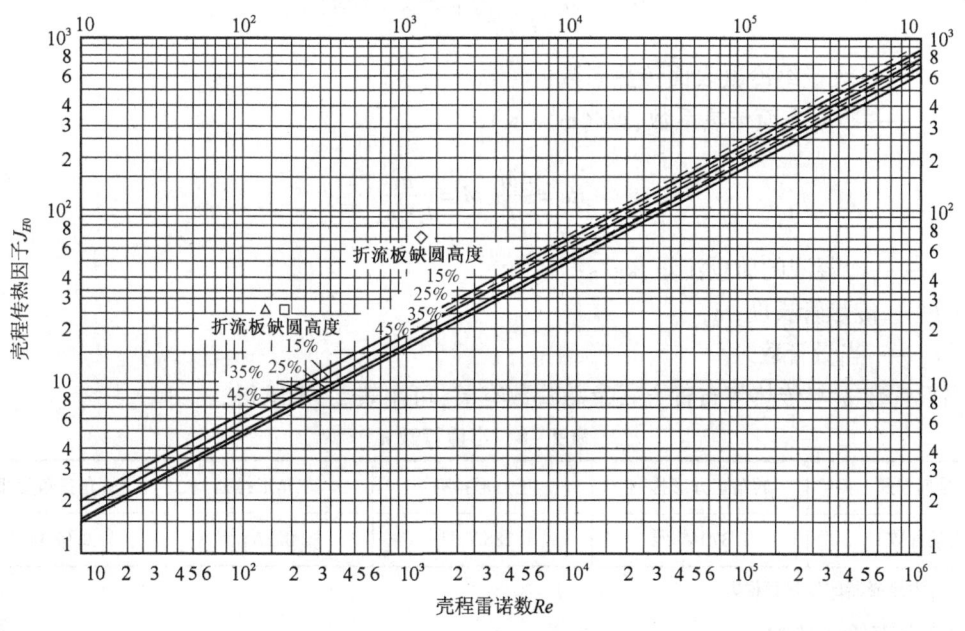

图2-43 壳程表面传热系数图

△—管子呈三角形排列;□—管子呈正方形排列;

◇—管子呈正方形斜转45°排列;图标系列中缺圆度高度一般在25%

正方形排列时

$$d_e = \frac{4\left(a^2 - \frac{\pi}{4}d_0^2\right)}{\pi d_0} \qquad (2-16b)$$

三角形排列时

$$d_e = \frac{4\left(\frac{\sqrt{3}}{2}a^2 - \frac{\pi}{4}d_0^2\right)}{\pi d_0} \qquad (2-16c)$$

雷诺数：
$$Re_0 = d_e u_0 \frac{\rho}{\mu}$$

其中
$$u_0 = \frac{V_0}{S_0}$$

$$S_0 = B \cdot D \left(1 - \frac{d_0}{a}\right)$$

式中 V_0——壳程流体的体积流量，m^3/s；
S_0——壳程流通截面积，m^2； (2-16d)
B——折流板间距，m；
D——壳体内径，m；
d_0——管子外径，m；
a——管心距，m。

2) 壳程为饱和蒸气冷凝
(1) 水平管束冷凝：

$$\alpha^* = \alpha_0 \left(\frac{\mu^2}{\rho^2 g \lambda^3}\right)^{\frac{1}{3}} \approx 1.51 Re^{\frac{1}{3}} \qquad (2-17)$$

式中 α^*——无量纲冷凝表面传热系数；
α_0——冷凝表面传热系数，$W/(m^2 \cdot K)$。

$$Re = \frac{4M}{\mu}, M = \frac{m}{l \cdot n_s}$$

式中 m——冷凝液的质量流量，kg/s；
l——传热管长度，m；
n_s——当量管数。

当量管数 n_s 与传热管布置方式及总管数有关，可用表 2-8 求得。

表 2-8 当量管数 n_s

排列方式	转角正方形排列	正方形排列	三角形排列	转角三角形排列
当量管数 n_s	$1.370 N_T^{0.518}$	$1.288 N_T^{0.480}$	$1.022 N_T^{0.519}$	$2.08 N_T^{0.495}$

注：N_T 为冷凝器的传热管根数。

(2) 垂直管束冷凝：

$$\alpha^* = \alpha_0 \left(\frac{\mu^2}{\rho^2 g \lambda^3}\right)^{\frac{1}{3}} \approx 1.88 Re^{-\frac{1}{3}} \qquad (2-18)$$

其中
$$Re = \frac{4M}{\mu}, M = \frac{m}{\pi d_0 N_T}$$

式(2-17)、式(2-18)仅适用于液膜沿管壁呈层流流动，即 $Re \leq 2100$。

2. 管程表面传热系数

管程无相变时，其传热系数为

$$\alpha_i = 0.023 \frac{\lambda_i}{d_i} Re^{0.8} Pr^n \tag{2-19}$$

当流体被加热时,$n=0.4$;当流体被冷却时,$n=0.3$。

上式适用条件为:

低黏度流体($\mu < 2 \times 10^{-3} Pa \cdot s$);雷诺数 $Re > 10000$;普朗特数 Pr 在 0.6~160 之间;管子长径比 $l/d > 50$;定性温度可取流体进出口温度的算术平均值;特征尺寸取传热管内径 d_i。

其他情况下的圆管内表面传热系数的计算方法可参考相关文献。

3. 污垢热阻和管壁热阻

1) 污垢热阻

常见物料的污垢热阻见表 2-9 和表 2-10。

表 2-9 各种水污垢热阻的大致范围

流体		污垢热阻	
		$m^2 \cdot K/kW$	$m^2 \cdot h \cdot K/kcal$
水	蒸馏水	0.09	0.000105
	海水	0.09	0.000105
	清净的河水	0.21	0.000244
	未处理的凉水塔用水	0.58	0.000675
	已处理的凉水塔用水	0.26	0.000302
	已处理锅炉用水	0.26	0.000302
	硬水,井水	0.58	0.000675

表 2-10 其他一些物料的污垢热阻大致数值范围

流体	污垢热阻	
	$m^2 \cdot K/kW$	$m^2 \cdot h \cdot K/kcal$
水蒸气(优质、不含油)	0.052	0.0000605
水蒸气(劣质、不含油)	0.09	0.000105
处理过的盐水	0.264	0.00030
有机物	0.176	0.000205
燃烧油	1.056	0.00123
焦油	1.76	0.00205
空气	0.26~0.53	0.000302~0.000617
溶剂蒸气	0.14	0.000163

2) 管壁热阻

管壁热阻取决于传热管壁厚度和材料,其值为

$$R_w = \frac{b}{\lambda_w} \tag{2-20}$$

式中　b——传热管壁厚,m;

　　　λ_w——管壁导热系数,W/(m·K)。

常用金属的传热系数如表 2-11 所示。

表 2-11　常用金属的传热系数　　　　W/(m·K)

温度,℃	0	100	200	300	400
铝	227.95	227.95	227.95	227.95	227.95
铜	383.79	379.14	372.16	367.51	362.86
铅	35.12	33.38	31.40	29.77	—
镍	93.04	82.57	73.27	63.97	59.31
银	414.03	409.38	373.32	361.69	359.37
碳钢	52.34	48.85	44.19	41.87	34.89
不锈钢	16.28	17.45	17.45	18.49	—

4. 换热器的面积裕度

在规定热流量下,计算了传热系数 K_c 和平均传热温差后,则与 K_c 对应的计算传热面积为

$$A_c = \frac{Q}{K_c \Delta t_m} \tag{2-21}$$

根据 A_c、A_p 可求出该换热器的面积裕度为

$$H = \frac{A_p - A_c}{A_c} \tag{2-22}$$

式中　H——换热器面积裕度;
　　　A_p——实际传热面积,m²;
　　　A_c——计算传热面积,m²。

为保证换热器操作的可靠性,一般建议换热器的面积裕度在 10%~20%。满足此要求,则所设计的换热器较为合适,否则应重新估算传热系数,重复上述设计过程,直到满足要求为止。

2.3.2.5　校核传热管和壳体壁温

在某些情况下,表面传热系数与壁温有关,此时计算表面传热系数需先假设壁温,求得表面传热系数后,再进一步核算壁温。与此同时,核算壁温还可以检验所选换热器的结构型式是否合适,是否需加温度补偿装置。

对于稳定的传热过程,若忽略污垢热阻,则有

$$Q = \alpha_h A_h (T_m - T_w) = \alpha_c A_c (t_w - t_m) \tag{2-23}$$

式中　Q——换热器热流量,W;
　　　T_m——热流体平均温度,℃;
　　　T_w——热流体管壁温度,℃;
　　　t_m——冷流体平均温度,℃;
　　　t_w——冷流体管壁温度,℃;
　　　α_h——热流体侧的表面传热系数,W/(m²·K);

α_c——冷流体侧的表面传热膜系数，W/(m²·K)；
A_h——热流体侧的传热面积，m²；
A_c——冷流体侧的传热面积，m²。

由此可得

$$T_w = T_m - \frac{Q}{\alpha_h A_h} \tag{2-24}$$

$$t_w = t_m + \frac{Q}{\alpha_c A_c} \tag{2-24a}$$

若考虑污垢热阻影响，则

$$T_w = T_m - \frac{Q}{A_h}\left(\frac{1}{\alpha_h} + R_h\right) \tag{2-25}$$

$$t_w = t_m + \frac{Q}{A_c}\left(\frac{1}{\alpha_c} + R_c\right) \tag{2-25a}$$

式中 R_h, R_c——热流体和冷流体污垢热阻，m²·K/W。

一般情况下，管壁温度 t 可取为

$$t = \frac{t_w + T_w}{2} \tag{2-26}$$

当管壁热阻较小，可以忽略不计时，管壁温度为

$$t_w = \frac{T_m\left(\frac{1}{a_c} + R_c\right) + t_m\left(\frac{1}{a_h} + R_h\right)}{\frac{1}{a_c} + R_c + \frac{1}{a_h} + R_h} \tag{2-26a}$$

液体平均温度（过渡流及湍流）为

$$T_m = 0.4T_1 + 0.6T_2 \tag{2-27}$$

$$t_m = 0.4t_2 + 0.6t_1 \tag{2-27a}$$

液体（层流阶段）及气体平均温度为

$$T_m = \frac{1}{2}(T_1 + T_2) \tag{2-28}$$

$$t_m = \frac{1}{2}(t_1 + t_2) \tag{2-28a}$$

式中 T_1——热流体进口温度，℃；
T_2——热流体出口温度，℃；
t_1——冷流体进口温度，℃；
t_2——冷流体出口温度，℃。

壳体壁温的计算方法与传热管壁温类似，但当壳体外部有良好的保温，或壳程流体接近环境温度时，壳体壁温可近似取壳程流体的平均温度。

2.3.2.6 计算换热器的流体阻力

流体流经换热器，其阻力应在允许的范围内。如果流动阻力过大，则将大大增加能耗，应修正前述设计。

表 2-12 所示为列管式换热器允许流体阻力。允许的流体阻力与换热器的操作压力有

关,操作压力大,允许流体阻力可相应大些。若阻力不符合要求,则需调整流速,再确定管程数或折流板的间距,或选择另一规格的换热器,重新计算阻力直至满足要求为止。

表 2-12　列管式换热器允许阻力范围　　　　　　　　　　　　MPa

换热器的压力 p(表压),MPa	0~0.01	0.01~0.07	0.02~1	1~3	3~8
建议允许压降	$0.1p$	$0.5p$	0.035	0.035~0.18	0.18~0.25

换热器内流体阻力的大小与多种因素有关,如流体无相变、换热器的结构形式、流速的大小等。而且壳程和管程的流体阻力计算方法有较大的不同。计算中应根据实际情况选用相应的公式。

对于流体无相变的换热器,可用下述方法计算流体阻力。

1. 管程阻力

管程阻力等于流体流经传热管直管阻力和换热器管程局部阻力之和,即

$$\Delta p_\mathrm{t} = (\Delta p_\mathrm{i} + \Delta p_\mathrm{r}) N_\mathrm{s} N_\mathrm{p} F_\mathrm{s} \tag{2-29}$$

式中　Δp_t——管程总阻力;

Δp_i——单管程直管阻力;

Δp_r——局部阻力;

N_s——壳程数;

N_p——管程数;

F_s——管程结垢校正系数,可近似取 1.5。

其中,直管阻力和局部阻力为

$$\Delta p_\mathrm{i} = \lambda_\mathrm{i} \frac{l}{d_\mathrm{i}} \frac{\rho u^2}{2} \tag{2-29a}$$

$$\Delta p_\mathrm{r} = \xi \frac{\rho u^2}{2} \tag{2-29b}$$

式中　λ_i——摩擦系数;

l——传热管长度,m;

d_i——传热管内径,m;

u——管程流体流速,m/s;

ρ——流体密度,kg/m³;

ξ——局部阻力系数,一般情况下取 3。

2. 壳程阻力

当壳程装有弓形折流板时,计算流体阻力的方法较多。工程计算中常用的方法是埃索法。其思路与其他计算方法相似,但计算结果稍微粗糙一点,但基本符合工程需要。

埃索法的计算公式为

$$\Delta p_\mathrm{s} = (\Delta p_0 + \Delta p_\mathrm{i}) F_\mathrm{s} N_\mathrm{s} \tag{2-30}$$

式中　Δp_s——壳程总阻力,Pa;

Δp_0——流体流过管束的阻力,Pa;

Δp_i——流体流过折流板缺口阻力,Pa;

F_s——壳程结垢校正系数(对液体为 1.15,对气体为 1.0);

N_s——壳程数。

其中

$$\Delta p_0 = F f_0 N_{TC}(N_B + 1)\frac{\rho u_0^2}{2} \quad (2-30a)$$

$$\Delta p_i = N_B\left(3.5 - \frac{2B}{D}\right)\frac{\rho u_0^2}{2} \quad (2-30b)$$

$$f_0 = 5 \times Re_0^{-0.228} \ (Re_0 > 500)$$

正三角形排列时 $\qquad N_{TC} = 1.1 N_T^{0.5}$

正方形排列时 $\qquad N_{TC} = 1.19 N_T^{0.5}$

式中 N_T——每一壳程的管子总数；

N_B——折流板数；

D——换热器壳体内径，m；

B——折流板间距，m；

u_0——壳程流体横过管束的最小流速[按流通面积 $S_0 = B(D - N_{TC}d_0)$ 计算]，m/s；

F——管子排列形式对阻力的影响(正方形旋转45°时为0.4，正三角形排列时为0.5)；

f_0——壳程流体摩擦因子。

2.4 列管式换热器的结构设计

列管式换热器的结构设计是根据GB/T 151—2014《热交换器》的相关规定，确定换热器相关零部件(如折流板、管板、管箱、分程隔板等)的结构形式、结构尺寸、零部件之间的连接方式等。

2.4.1 折流板或支承板

如前所述，弓形折流板结构简单，性能优良，在实际换热器中最为常见。因此本书着重介绍弓形折流板的相关结构设计。

2.4.1.1 弓形折流板的尺寸

1. 弓形折流板的切口高度

切口高度应使流体通过切口时与横过管束时的流速相近，切口大小是按切去的弓形弦高占壳体内径的百分比来确定的。弓形折流板的切口高度 h(图2-44)常为壳体内径的20%～25%。经验证明，20%的切口最为适宜。

其切口形式有水平切口、垂直切口和倾斜切口，如图2-45所示。对于卧式换热器，在折流板最高或最低位置设置一角度为90°、高度为15～20mm的小缺口，以供排气、排液使用。

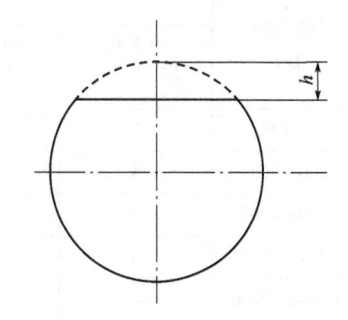

图2-44 弓形折流板切口高度

切口上下布置[水平切口，图2-45中(a)、(b)]，有利于提高流体的扰动程度，增大传热系数。

切口左右布置[垂直切口，图2-45中(c)]，有利于带悬浮物或结垢严重流体的流动。

切口倾斜布置[倾斜切口，图2-45(a)中的转角布置]，有利于传热，但不利于脏污流体的流动。

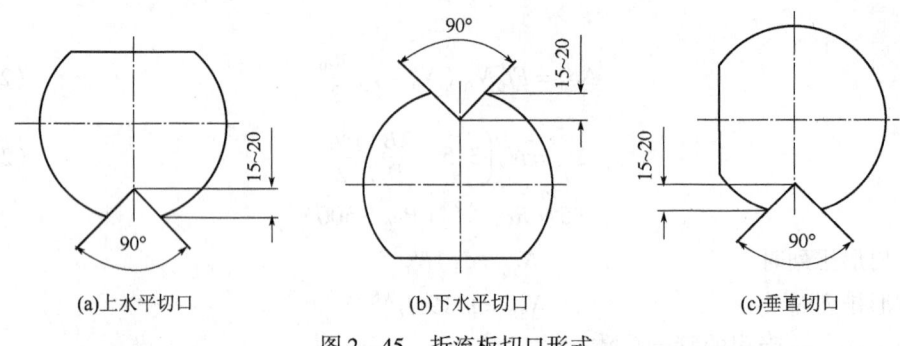

(a)上水平切口　　　　　　　(b)下水平切口　　　　　　　(c)垂直切口

图 2-45　折流板切口形式

2. 折流板间距

为保证传热效果，折流板的间距应合理选择。若间距过小，会增加流动阻力，且难以检修和清洗；间距过大，则使流体难以垂直流过管束，换热系数下降。

为了保证设计的合理性，一般情况下，相邻折流板之间最大间距不超过表 2-13 规定的值，且不大于壳体内径 D_i；最小间距取壳体内径的 20% 或 50mm 中的最大值。

表 2-13　折流板或支承板的最大间距　　mm

换热器外直径		10	12	14	16	19	25	32	38	45	57
最大无支承跨距	钢管	900	1000	1100	1300	1500	1850	2200	2500	2750	3750
	有色金属管	750	850	950	1100	1300	1600	1900	2200	2400	2750

若换热器壳程介质有相变，则无须设置折流板，但若换热器无支承跨距超过表 2-13 的规定时，需设置支承板，用来支承换热管，防止换热管产生过大的挠度或诱导振动。

浮头式换热器的浮头端必须设置支承板，支承板可采用加厚的环板。

3. 折流板的厚度

折流板的厚度与壳体直径、换热管无支承长度有关，其数值不得小于表 2-14 的规定。

表 2-14　折流板与支承板的最小厚度　　mm

公称直径 DN	折流板或支承板间的换热管无支撑跨距 L					
	≤300	>300~600	>600~900	>900~1200	>1200~1500	>1500
	折流板或支持板最小厚度					
<400	3	4	5	8	10	10
400~700	4	5	6	10	10	12
>700~900	5	6	8	10	12	16
>900~1500	6	8	10	12	16	16
>1500~2000	—	10	12	16	20	20
>2000~2600	—	12	14	18	22	24
>2600~3200	—	14	18	22	24	26
>3200~4000	—	—	20	24	26	28

4. 折流板外径

在保证顺利装入的前提下，为减少壳程中旁路损失，折流板与壳体之间的间隙越小越好。一般浮头式和 U 形管式换热器由于经常拆装管束，其间隙可允许比固定管板式大 1mm 左右。

折流板外径及允许偏差见表2-15。

表2-15 折流板与支承板外径及允许偏差　　　　　　　　　　　　　　　　mm

DN	<400	400~<500	500~<900	900~<1300	1300~<1700	1700~<2100	2100~<2300	2300~≤2600	>2600~3200	>3200~4000
名义外径	DN-2.5	DN-3.5	DN-4.5	DN-6	DN-7	DN-8.5	DN-12	DN-14	DN-16	DN-18
允许偏差	0 / -0.5	0 / -0.5	0 / -0.8	0 / -0.8	0 / -1.0	0 / -1.0	0 / -1.4	0 / -1.6	0 / -1.8	0 / -2.0

注：(1) DN≤400mm管材作圆筒时，折流板的名义外径为管材实测最小内径减2mm。
　　(2) 对传热影响不大时，折流板的名义外径的允许偏差可比本表中值大1倍。
　　(3) 采用内导流结构时，折流板的名义外径可适当放大。
　　(4) 对于浮头式热交换器，折流板和支持板的名义外径不得小于浮动管板外径。

5. 折流板管孔直径

按GB/T 151—2014《热交换器》规定，当换热器管束为Ⅰ级时，折流板管孔直径及允许偏差按表2-16规定检验；当换热器管束为Ⅱ级时，按表2-17规定检验。

表2-16　Ⅰ级管束折流板和支承板管孔直径及允许偏差　　　　　　　　　　mm

换热管外径d、最大无支撑跨距L_{max}	$d≤32$且$L_{max}>900$	$d>32$或$L_{max}≤900$
管孔直径	$d+0.40$	$d+0.70$
允许偏差	+0.30 / 0	+0.30 / 0

表2-17　Ⅱ级管束折流板和支承板管孔直径及允许偏差　　　　　　　　　　mm

换热管外径d、最大无支撑跨距L_{max}	$d≤32$且$L_{max}>900$	$d>32$或$L_{max}≤900$
管孔直径	$d+0.50$	$d+0.70$
允许偏差	+0.40 / 0	+0.40 / 0

2.4.1.2　折流板的固定

1. 折流板的固定形式

折流板与支承板一般通过拉杆与定距管等元件使其与管板固定，常见的固定形式主要有以下两种。

1) 拉杆定距管结构

如图2-46(a)所示，拉杆一端用螺纹拧入管板，每两块折流板之间的间距用定距管固定，最后一块折流板用两个螺母固定。这种形式易于调节折流板之间的夹紧程度，是列管换热器最常用的形式。此结构适用于换热管外径$d_0≥19$mm的管束。

除此结构外，也有的拉杆定距管结构是每根拉杆上最后一块折流板与拉杆焊接，如图2-46(b)所示。

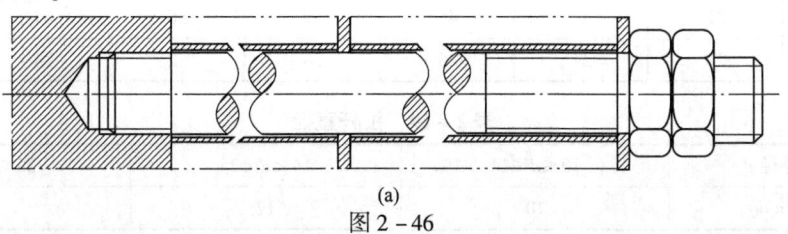

(a)
图2-46

(b)

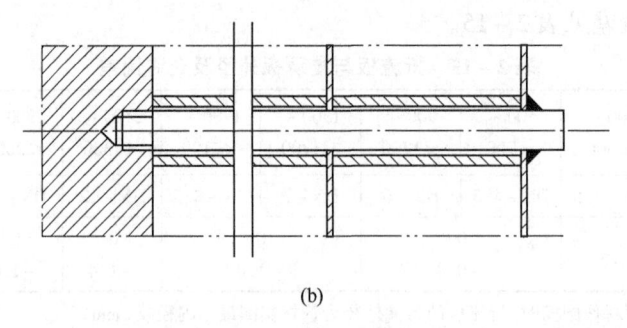

图 2-46 拉杆定距管结构

2) 全焊接结构

拉杆一端插入管板并与管板焊接,每块折流板间距固定后,与拉杆焊接固定,如图 2-47 所示。常用于拉杆与折流板为不锈钢结构或换热管外径 $d_0 \leqslant 14\text{mm}$ 的管束。

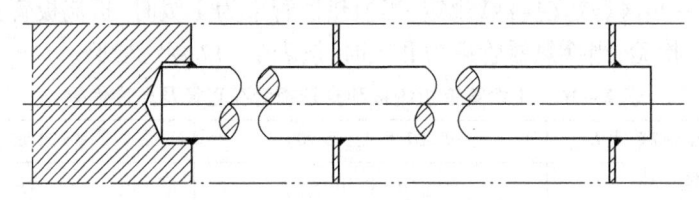

图 2-47 全焊接结构

2. 拉杆直径、数量和尺寸

为了便于安装和调整,应尽量将拉杆均匀布置在管束的外边缘。

流体在换热器内流动时压力可能发生变化,导致拉杆承受一定的轴向力,因此在拉杆设计时需考虑拉杆的直径和数量。

根据 GB/T 151—2014《热交换器》,拉杆的数量和直径见表 2-18 和表 2-19。

表 2-18 拉杆数量　　　　　　　　　　　　　　　　　　　　　　个

拉杆直径 d_0 mm	热交换器公称直径 DN,mm								
	<400	400~<700	700~<900	900~<1300	1300~<1500	1500~<1800	1800~<2000	2000~<2300	2300~<2600
10	4	6	10	12	16	18	24	32	40
12	4	4	8	10	12	14	18	24	28
16	4	4	6	6	8	10	12	14	16

拉杆直径 d_0 mm	热交换器公称直径 DN,mm						
	2600~<2800	2800~<3000	3000~<3200	3200~<3400	3400~<3600	3600~<3800	3800~<4000
10	48	56	64	72	80	88	98
12	32	40	44	52	56	64	68
16	20	24	26	28	32	36	40

表 2-19 拉杆直径　　　　　　　　　　　mm

换热管外径 d	$10 \leqslant d \leqslant 14$	$14 < d < 25$	$25 \leqslant d \leqslant 57$
拉杆直径 d_0	10	12	16

在保证拉杆总截面积大于或等于表2–17所给定的值的前提下,拉杆直径和数量可以变动,但其直径不得小于10mm,数量不得少于4根。

螺纹拉杆尺寸按图2–48和表2–20确定。

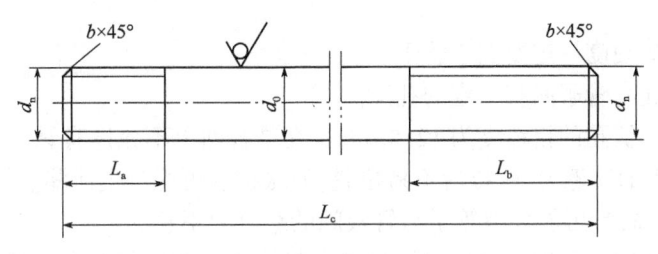

图2–48 拉杆尺寸

表2–20 螺纹拉杆尺寸   mm

拉杆直径 d_0	拉杆螺纹公称直径 d_a	L_n	L_b	b
10	10	13	≥40	1.5
12	12	16	≥50	2.0
16	16	22	≥60	2.0

3. 拉杆孔

当拉杆与管板采用焊接连接时,拉杆孔的深度和直径均取 $d_0+1.0$,d_0 为拉杆直径;当拉杆与管板采用螺纹连接时,拉杆孔的深度为 $1.5d_n$。

2.4.2 主要零部件之间的连接

2.4.2.1 管子与管板的连接

换热管与管板是换热器的主要部件之一,管子与管板之间连接方式的好坏,直接影响到换热器的传热性能。

由于管子穿过管板的管孔,管子与管板间必然存在间隙,在操作时如果介质通过此间隙发生泄漏,则可能造成两种流体的混合,甚至存在引起燃烧、爆炸的危险。因此,为防止管子和管板连接处的破坏,保证换热器的正常运行,必须选用正确的管心距、连接方式以及制造工艺,以确保连接处介质紧密不漏,同时还应使连接处具有承受介质压力的充分结合力。

目前,较为常用的管子与管板连接方式有强度胀接、强度焊接和胀焊结合三种方式。

1. 强度胀接

胀接是靠管子的变形来达到密封和压紧的一种连接方法,而强度胀接是指为保证管子与管板连接的密封性能及抗拉脱强度的胀接方法。常见的胀接有非均匀胀接(机械滚珠胀接)和均匀胀接胀接(液压胀接、橡胶胀接、爆炸胀接等)。

机械滚珠胀接将滚珠胀管器伸入管子内,利用电动或风动等动力使心轴旋转并挤入管内迫使管子扩张产生塑性变形,而管板只发生弹性变形。取出胀管器后,管板产生弹性恢复,而管子发生的塑性变形则不能恢复,使管子与管板间产生一定的挤压力而贴合在一起,从而达到连接与密封的目的。

采用强度胀接方式连接的优点是结构简单、管子更换和修补容易,但由于在高温下容易发生管子的塑性变形应力松弛失效,其抗拉脱能力也不如焊接方式,因此胀接的温度和压力受到一定的限制。

强度胀接适用于设计压力不高于4MPa,设计温度不高于300℃,操作中无剧烈振动,无过大温度波动,无明显应力腐蚀倾向的场合。

为了提高胀管的质量,保证连接的紧密性和足够的抗拉脱能力,在进行胀接时需注意以下几点:

(1)管板材料的硬度一定要高于管子。

(2)保证管板孔与管子间有一定的孔隙。

(3)一般要求管板孔的粗糙度为12.5μm,且在结合面上不允许有纵向的槽痕。结合面越粗糙,可以产生较大的摩擦力,胀接后不易拉脱,但胀接后可能产生泄漏。结合面太光滑,则表面加工精度要求较高,且可能导致管子与管板间的结合力不够。

(4)保证一定的胀接长度。强度胀接的最小胀接长度应取管板名义厚度减去3 mm的差值与50 mm二者的小值,超出最小胀接长度l的范围可采用贴胀;当有要求时,也可全长采用强度胀接。

胀接时,管板上的孔一般有以下两种形式:

(1)孔壁不开槽。如图2-49所示,这种结构加工较为方便,主要用于压力较小时。

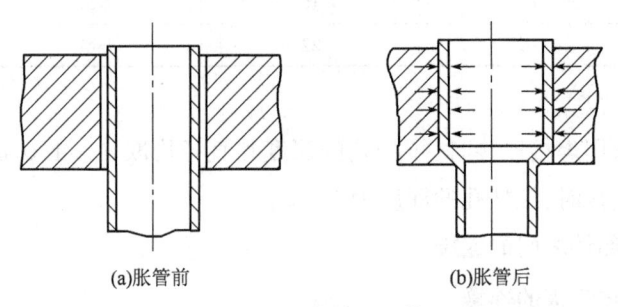

(a)胀管前　　(b)胀管后

图2-49　孔壁不开槽

(2)孔壁开槽。如图2-50所示,胀管后管壁嵌入槽中,增加了相互间连接的强度和紧密性,此结构常用于压力较高、密封性能要求较高的场合。

当管板厚度小于25mm时,一般采用单槽,如图2-50(a)所示;当管板厚度大于25mm时可采用双槽,如图2-50(b)所示;图2-50(c)所示的结构则常用于厚管板及避免间隙腐蚀的场合;采用复合管板时,宜在覆层上开槽。

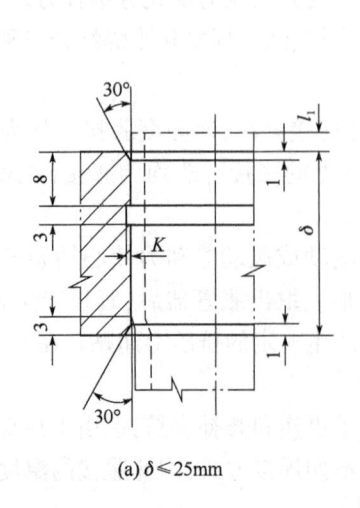

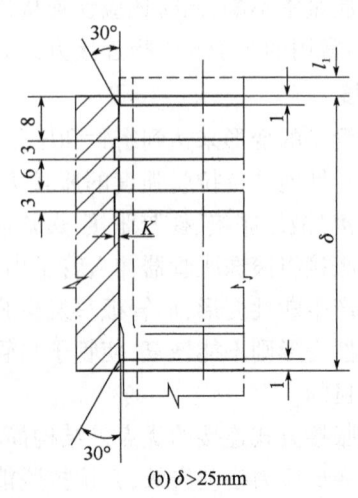

(a) $\delta \leqslant 25$mm　　(b) $\delta > 25$mm

图2-50

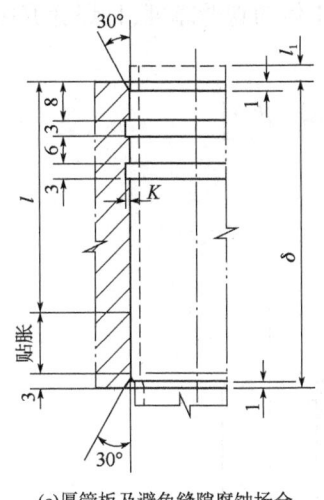

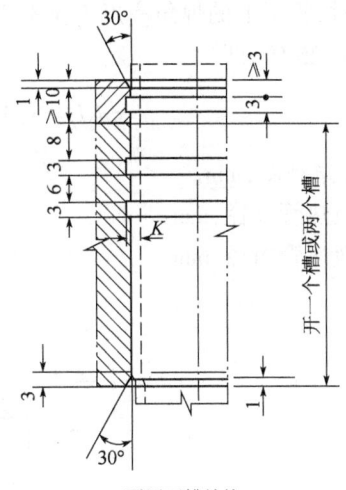

(c)厚管板及避免缝隙腐蚀场合　　　　(d)覆层开槽结构

图 2-50　孔壁开槽

当换热管与管板采用强度胀接时,其结构尺寸见表 2-21,管板的最小厚度 δ_{min}(不包括腐蚀裕量)见表 2-22。

表 2-21　强度胀接结构尺寸　　　　　　　　　　　　　　　　　　　mm

换热管外径 d	<14	16~25	30~38	45~57
伸出长度 l	3^{+1}	3^{+1}	4^{+1}	5^{+1}
槽深 K	可不开槽	0.5	0.6	0.8

表 2-22　管板与换热器胀接时管板的最小厚度　　　　　　　　　　　mm

	换热管外径 d	10	14	19	25	32	38	45	57
δ_{min}	用于炼油工业及易燃易爆有毒介质等严格场合			20	25	32	38	45	57
	用于无害介质的一般场合	10		15	20	24	26	32	36

2. 强度焊接

强度焊接是指管子与管板之间通过焊接的方式来保证连接的密封性能及抗拉脱强度。

强度焊接的优点包括:(1)加工制造方便,管孔不需要开槽,也不要求管子与管板材料之间有硬度差,对管孔的粗糙度要求也不高,管子端部不需要退火和磨光。(2)强度焊接结构强度高,抗拉脱能力强。(3)密封性能好,在高温高压下仍能保持连接的紧密性。

强度焊接的缺点包括:(1)管子与管板孔之间存在间隙,容易产生间隙腐蚀。(2)管子和管板在焊接后存在残余应力,运行中可能产生应力腐蚀或疲劳破坏。因此,强度焊不适用于有较大振动及有间隙腐蚀的场合。

强度焊接常用于以下场合:(1)温度高于 300℃ 或压力大于 4MPa 的场合。(2)要求接头严密不漏的场合,如处理易燃、易爆、有毒等危险物质的换热器中。(3)管板厚度小于胀接时所需要的最小厚度时。(4)管距太小或换热管直径太小而难以胀接时。

强度焊的一般结构形式和尺寸见图 2-51 和表 2-23。图 2-51 所示焊接结构中管板孔周边开有 2mm×45° 的坡口。

强度焊接时,管子上的焊角高度 l_2 应不小于 1.4 倍的管壁厚度,且焊缝剪切断面应不低于管子横截面的 1.25 倍,即

$$\pi d_2 l_2 \geqslant 1.25 \left[\frac{\pi}{4}(d_2^2 - d_1^2) \right] \tag{2-31}$$

式中　l_2——焊角高度,mm。
　　　d_2——换热管外径,mm;
　　　d_1——换热管内径,mm。

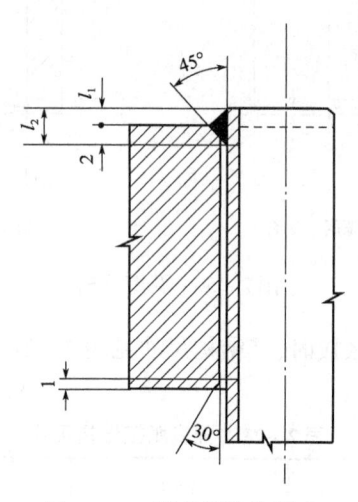

图 2-51　强度焊结构形式

表 2-23　强度焊结构尺寸　　　　　　　　　　　　　　　　　　　　mm

换热管规格(外径×壁厚)	10×1.5	14×2	19×2	25×2.5	32×3	38×3	45×3	57×3.5
换热管伸出长度 l_1	0.5 $^{+0.5}$	1.0 $^{+0.5}$	1.0 $^{+0.5}$	1.5 $^{+0.5}$	2.5 $^{+0.5}$	2.5 $^{+0.5}$	2.5 $^{+0.5}$	3 $^{+0.5}$

注:(1)当工艺要求管端伸出长度小于表中所列值时,可适当加大管板焊缝坡口深度,以保证焊角高度 l_2 不小于 1.4 倍管壁厚度;
　　(2)换热管壁厚超标时,l_1 值可适当调整。

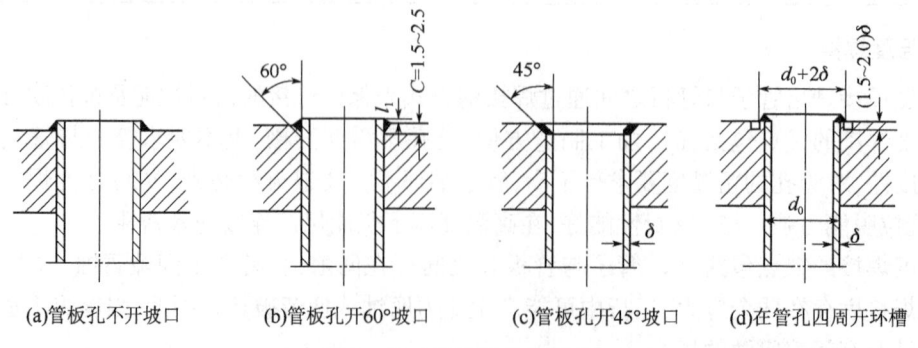

(a)管板孔不开坡口　　(b)管板孔开60°坡口　　(c)管板孔开45°坡口　　(d)在管孔四周开环槽

图 2-52　焊接接头的结构

常见的焊接接头结构如图 2-52 所示。图 2-52(a)中的管板孔不开坡口,焊缝金属只与管板表面和管子凸出来的侧面相接,熔池面积小,焊缝质量差,连接强度不够,只适用于压力较低和管壁较薄的情况。图 2-52(b)中的管板孔开60°的坡口,焊缝与被焊金属连接面积大,焊接结构好,较常使用。图 2-52(c)所示的结构中,管端不突出于管板,适用于立式热交换器,

可以防止管板表面上积液,造成不必要的腐蚀破坏。图2-52(d)中的管板孔四周加开一个环槽,可有效减小焊接应力,适用于薄管壁和管板在焊接后不允许产生较大变形的情况。

3. 胀焊结合

胀接和焊接在应用时有各自的优缺点,但在某些情况下,如高温高压下处理有毒易燃易爆物质,同时还承受间隙腐蚀、疲劳等场合,采用单一的胀接或焊接方式已经不能满足需要,此时则需要采用胀焊结合的连接方式。

这种连接方式适用于对密封性能要求较高,承受振动或疲劳载荷,有间隙腐蚀倾向或采用复合管板的场合。

胀焊结合的常见形式主要包括强度焊+贴胀、强度胀+密封焊、强度焊+强度胀三种。其中,"贴胀"是为消除换热管与管板孔之间间隙、但并不承受拉脱力的轻度胀接。"密封焊"是指能保证换热管与管板连接处密封性能的焊接,不保证强度。贴胀和密封焊一般都不单独使用。

(1)强度焊+贴胀,如图2-53所示,其中强度焊用于承受拉脱力并保证密封,贴胀用于消除管子与管孔间的缝隙,从而消除间隙腐蚀。

(2)强度胀+密封焊,如图2-54所示,其中强度胀用于承受拉脱力,密封焊用于增加密封的可靠性。

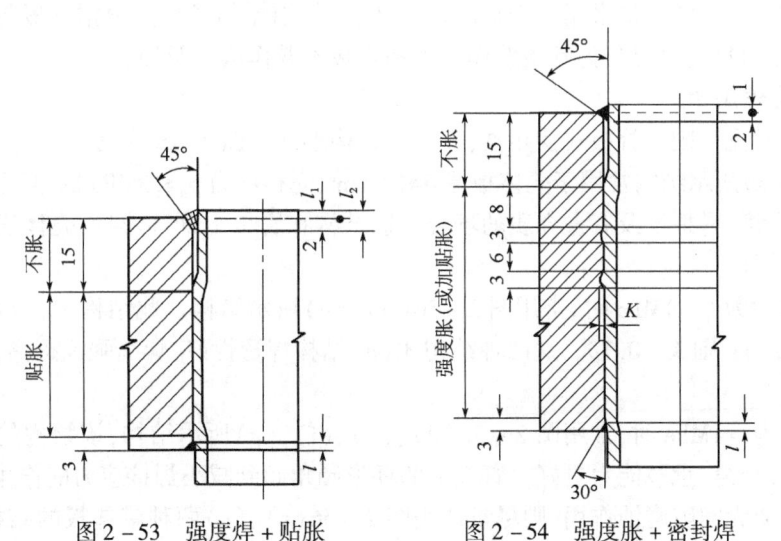

图2-53 强度焊+贴胀　　图2-54 强度胀+密封焊

(3)强度焊+强度胀,其结构可参照图2-54,只是将焊缝尺寸按强度焊的结构取值。

除上述方法外,根据使用场合的要求,还可采用"强度胀+贴胀+密封焊"或"强度焊+强度胀+贴胀"的结构形式。

对于胀、焊的先后顺序,虽无统一规定,但一般认为以先焊后胀为宜。因为当采用胀管器胀管时需用润滑油,胀后难以洗净,残存的润滑油在焊接受热时生成气体,使焊缝产生气孔,严重影响焊缝质量。

2.4.2.2 管板与壳体的连接

管板与壳体的连接可分为可拆连接和不可拆连接两种。这两种连接方式分别适用于不同的加工工艺、换热器类型和用途。

1. 可拆连接

可拆连接主要是针对浮头式、U形管式、填料函式及滑动管板式换热器中固定端的管板，该管板被夹持于管箱法兰与壳体法兰之间，通过螺栓连接，如图2-55所示。可拆连接便于将管束抽出壳程进行清洗。

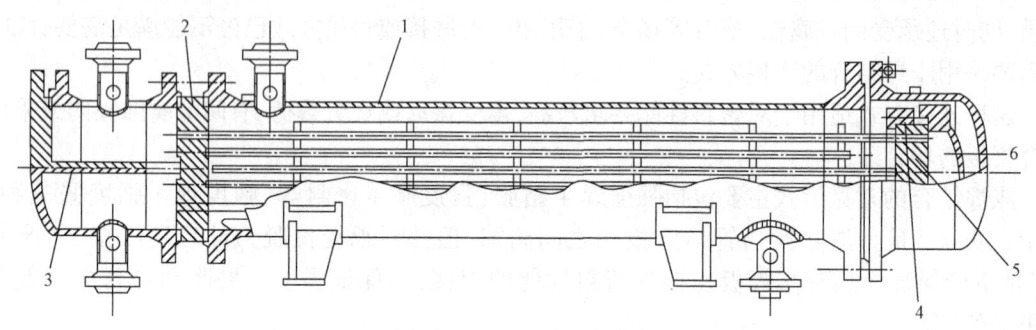

图2-55 浮头式换热器的管板与壳体的可拆连接
1—壳体；2—固定端管板；3—隔板；4—钩圈；5—浮动管板；6—浮头盖

2. 不可拆连接

不可拆连接是将管板直接焊接在壳体上。在固定管板式换热器中，管板与壳体的连接均采用焊接的方法。此类连接常用于壳程流体清洁、不易结垢的场合。根据管板与管箱侧连接方式的不同，不可拆连接可分为管板兼作法兰和管板不兼作法兰两种。

1) 管板兼作法兰

此类结构常见于固定管板式换热器，其常见结构形式如图2-56所示。

图2-56(a)所示结构常用于壳体板厚$\delta \leq 12mm$、壳程压力$p_s \leq 1MPa$的，且不宜用于壳程介质为易燃、易爆、易挥发及有毒介质的场合。该结构在管板上开环形槽，壳体嵌入槽内后施焊，壳体对中性好。

当壳程压力为1～4MPa时，常用图2-56(b)、(c)所示结构。此结构中，若$\delta \leq 12mm$，则$K=\delta$；若$\delta > 12mm$，则$K=0.7\delta$。这两种结构比(a)结构焊透性好，焊缝强度提高，因此使用压力相应提高。

当壳程压力>4MPa时，常用图2-56(d)、(e)、(f)、(g)所示结构，该结构的管板上带有凸肩，采用对接焊缝，承载能力更好。管板上的环形圆角起到减小焊接应力的作用。

若壳程介质无间隙腐蚀作用，则尽量选用图2-56(c)、(e)两种带垫板的结构形式，它可以保证焊缝焊透，焊接质量更好；反之则需选用不带垫板的结构。

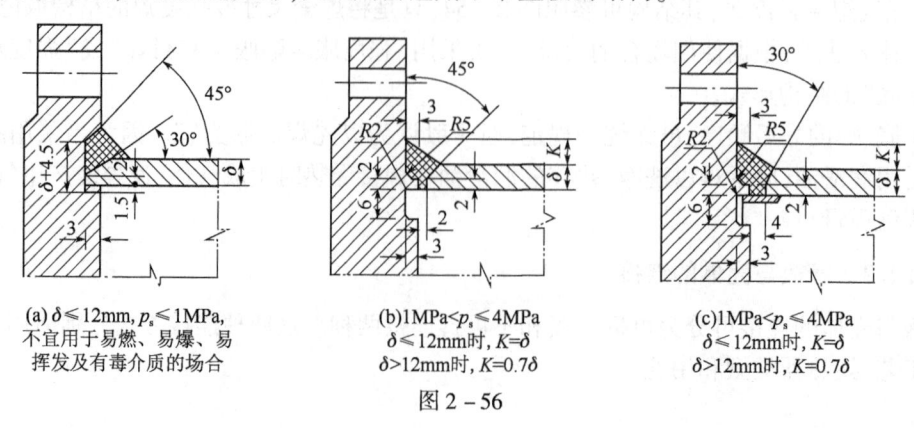

(a) $\delta \leq 12mm$, $p_s \leq 1MPa$, 不宜用于易燃、易爆、易挥发及有毒介质的场合

(b) $1MPa < p_s \leq 4MPa$
$\delta \leq 12mm$时，$K=\delta$
$\delta > 12mm$时，$K=0.7\delta$

(c) $1MPa < p_s \leq 4MPa$
$\delta \leq 12mm$时，$K=\delta$
$\delta > 12mm$时，$K=0.7\delta$

图2-56

(d) $p_s>4\text{MPa}$ (e) $p_s>4\text{MPa}$

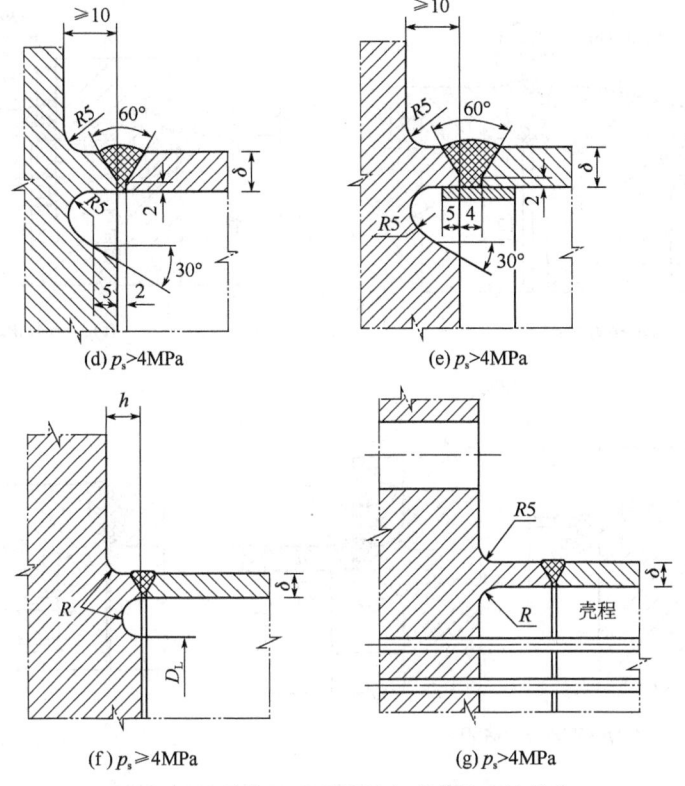

(f) $p_s\geqslant4\text{MPa}$ (g) $p_s\geqslant4\text{MPa}$

图 2-56 兼作法兰的管板与壳体的连接结构

2) 管板不兼作法兰

该结构常见于管侧压力很高或密封性能要求也较高的高温高压换热器中,其结构形式如图 2-57 所示。

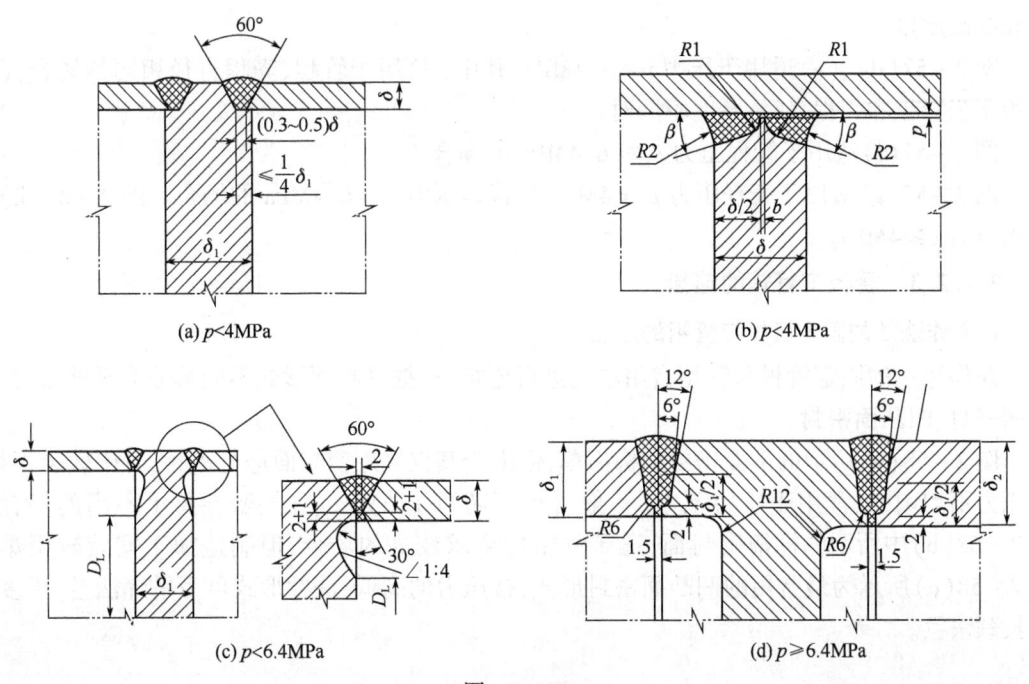

(a) $p<4\text{MPa}$ (b) $p<4\text{MPa}$

(c) $p<6.4\text{MPa}$ (d) $p\geqslant6.4\text{MPa}$

图 2-57

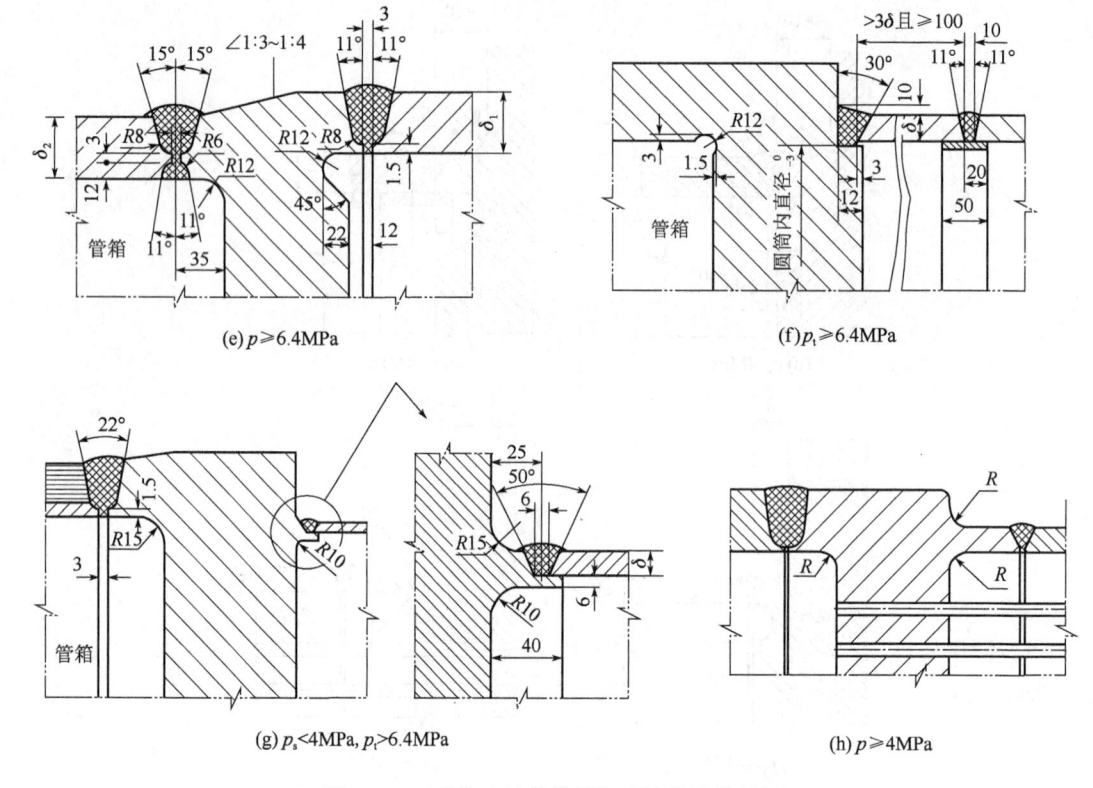

图 2-57 不带法兰的管板与壳体的连接结构

图 2-57(a)、(b)所示结构适用于使用压力 $p<4\mathrm{MPa}$ 的场合。其中(a)适用于壳体直径较小的情况，(b)则适用于壳体直径较大、管板厚度较大的情况。

图 2-57(c)所示结构常用于使用压力 $p<6.4\mathrm{MPa}$ 的场合，该结构通过对管板的处理来改善和提高质量。

图 2-57(d)、(e)适用于压力 $p\geqslant 6.4\mathrm{MPa}$，其中(d)用于管程、壳程直径相同的场合；(e)则用于当管程和壳程直径、厚度不同时。

图 2-57(f)适用于管程压力 $p_\mathrm{t}\geqslant 6.4\mathrm{MPa}$ 的场合。

图 2-57(g)适用于壳程压力 $p_\mathrm{s}<4\mathrm{MPa}$ 且管程压力 $p_\mathrm{t}>6.4\mathrm{MPa}$ 的场合。图 2-60(h)的使用压力 $p\geqslant 4\mathrm{MPa}$。

2.4.2.3 管板与管箱的连接

1. 兼作法兰的固定管板与管箱的连接

兼作法兰的固定管板与管箱常用法兰进行连接，根据密封面形式不同可分为平面密封、榫槽面密封、凹凸面密封。

图 2-58(a)所示的平面密封结构简单，但由于其仅采用密封面进行密封，对中效果不好，受压力不均匀，故常用于压力不大(一般管程不超过 1.6MPa)且气密性要求不高的场合。图 2-58(b)中所示的榫槽密封面，适于气密性要求较高的场合，但制造加工安装较困难。图 2-58(c)所示为最常用的凹凸面密封形式，视压力的高低，法兰形式可为平焊法兰，更多的为长颈法兰。

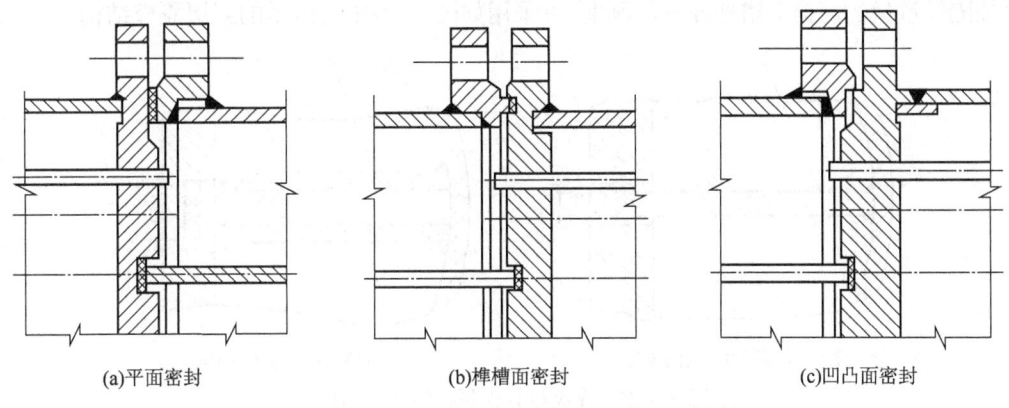

(a)平面密封　　　　　　　(b)榫槽面密封　　　　　　(c)凹凸面密封

图 2-58　兼作法兰的固定管板与管箱的连接

2. 可拆管板与管箱的连接

可拆管板与管箱、壳体常通过法兰进行连接,如图 2-59 所示。图中(a)的管程和壳程均可拆下清洗;图中(b)则适用于管程需要经常拆洗的场合;图中(c)适用于壳程需要经常拆洗的场合。

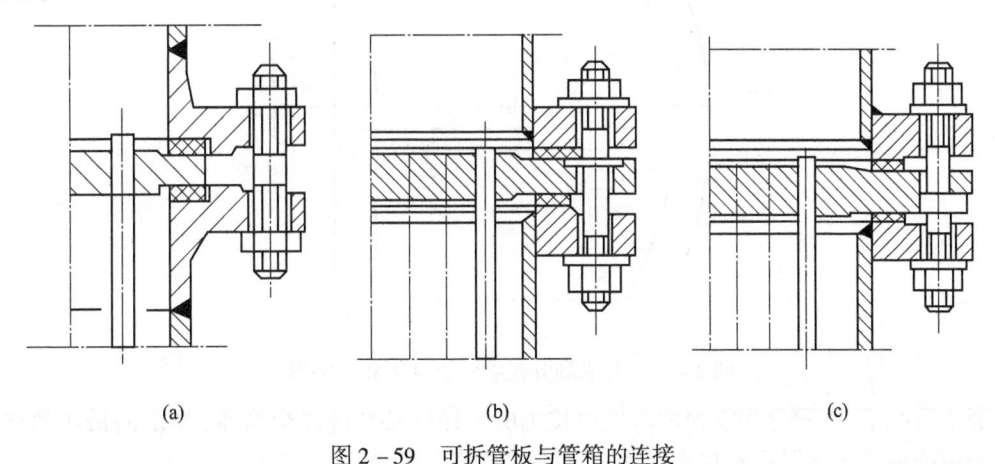

(a)　　　　　　　　　　(b)　　　　　　　　　　(c)

图 2-59　可拆管板与管箱的连接

2.4.2.4　管板与分程隔板的连接

如前所述,在换热器中,提高流体的传热系数的措施中,可以采用隔板来增加程数以提高流体速度,在流量较小时,也可以用隔板增加程数来提高换热器的利用率,将一个换热器当作几个来用。根据隔板所处位置的不同,可分为管程分程隔板和壳程分程隔板。

1. 管程分程隔板

管程分程隔板的作用是将管内流体分程,从而提高管程流速,增大管程传热系数。

安装时,分程隔板的密封面与管箱法兰的必须处于同一基准面,管板密封面与分程槽面必须处于同一基准面。对于较为常见的封头管箱而言,分程时,分程隔板的材料应与封头、管箱短节相同,除密封面外,隔板应满焊于管箱上。

为了在管板上安装分程隔板,在管板上分程处应开隔板槽,分程隔板与管板间通过密封垫片进行密封,其结构如图 2-60 所示。管程分程隔板有单层和双层两种。其中单层隔板最为常用,如图 2-60(a)所示,隔板槽的宽度应比隔板端部厚度大2mm。当换热器直径较大时,为了在

— 55 —

不增加隔板重量的前提下增加隔板的刚度,可采用如图2-60(b)所示的双层隔板结构。

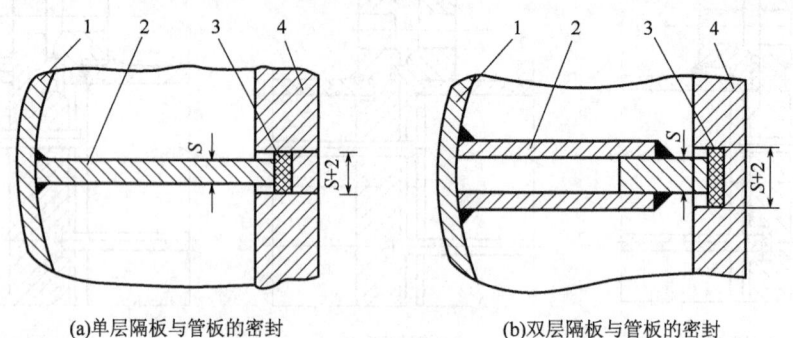

(a)单层隔板与管板的密封　　　　(b)双层隔板与管板的密封

图2-60　管板与分程隔板的连接结构

1—封头;2—管程分程隔板;3—密封垫片;4—管板

分程隔板槽的深度应大于垫片厚度,且不宜小于4 mm。隔板槽倒角不应妨碍垫片的安装,隔板槽的拐角处的倒角为45°,倒角尺寸 b 为分程垫片圆角半径 R_g + (1~2) mm,如图2-61所示。

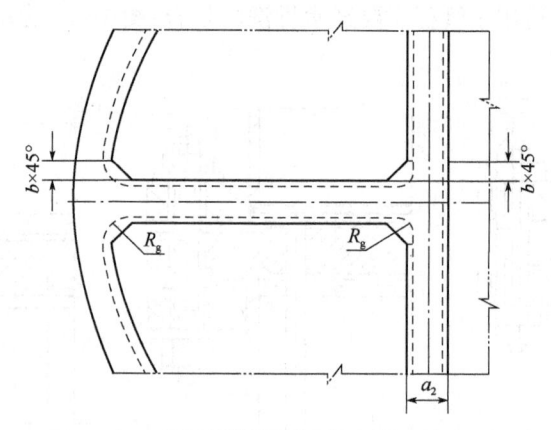

图2-61　管板的分程隔板槽(4管程十字形)

通常情况下,管程分程隔板的厚度可按 GB/T 151—2014《热交换器》规定的最小值选取。分程隔板的最小名义厚度不得小于表2-24的数值。

表2-24　管程分程隔板的最小名义厚度　　　　　　　　　　mm

DN	碳素钢和低合金钢	高合金钢
≤600	10	6
>600~1200	12	10
>1200~1800	14	11
>1800~2600	16	12
>2600~3200	18	14
>3200~4000	20	16

当分程隔板两侧压差或管箱直径较大时,分程隔板的计算厚度可按下式计算:

$$\delta = b\sqrt{\frac{\Delta pB}{1.5[\sigma]^t}} \qquad (2-32)$$

式中 δ——分程隔板计算厚度,mm;

b——隔板结构尺寸(表2-24),mm;

B——尺寸系数,按表2-24查取(中间值用内插法查);

Δp——隔板两侧压力差值,MPa;

$[\sigma]^t$——隔板材料设计温度下的许用应力,MPa。

表2-25第一栏适用于隔板与管箱满焊的情况,如带封头管箱的分程隔板;第二、三栏适用于两边焊接的分程隔板,如带平盖封头管箱的分程隔板。

表2-25 分程隔板尺寸系数 B

三边固定一边简支		长边固定,短边简支		短边固定,长边简支	
a/b	B	a/b	B	a/b	B
0.25	0.020	1.0	0.4182	1.0	0.4182
0.5	0.081	1.2	0.4626	1.2	0.5208
0.75	0.173	1.4	0.4860	1.4	0.5988
1.0	0.307	1.6	0.4968	1.6	0.6540
1.5	0.539	1.8	0.4971	1.8	0.6912
2.0	0.657	2.0	0.4973	2.0	0.7146
3.0	0.718	>2.0	0.5000	>2.0	0.7500

承受脉动流体或隔板两侧压差很大时,隔板的厚度应适当增厚。厚度大于10mm的分程隔板,隔板端部可按图2-62削薄。

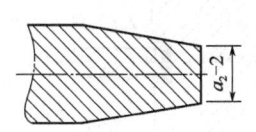

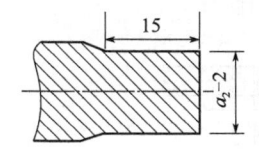

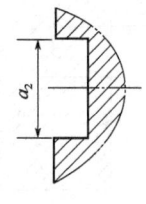

图2-62 分程隔板端部与隔板槽的尺寸匹配

当管程介质为易燃、易爆,有毒、有腐蚀性等情况下,为了停车、检修时排尽残留液体,应在处于水平位置的分程隔板上开设直径为6mm的排净孔,如图2-63所示。

2. 壳程分程隔板

壳程数目增加,可提高壳程流体的传热系数,但壳程数越多,制造越困难,阻力降越大,因此当壳体侧传热系数较小时,常采用双壳程结构。此结构的分程隔板是在壳体内安装一平行于传热管的纵向隔板,使得壳程流体形成双壳程,如图2-64

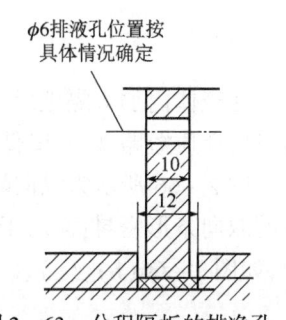

图2-63 分程隔板的排净孔

所示。纵向隔板的一般厚度为：碳钢和合金钢6~8mm；合金钢不小于3mm。

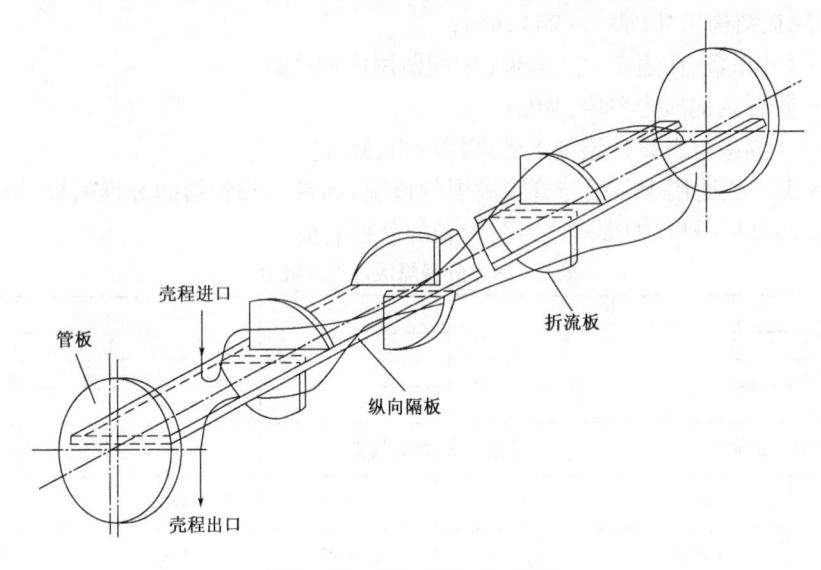

图2-64 纵向隔板(双壳程)

纵向隔板与管板的连接形式可分为固定连接与可拆连接，如图2-65所示。

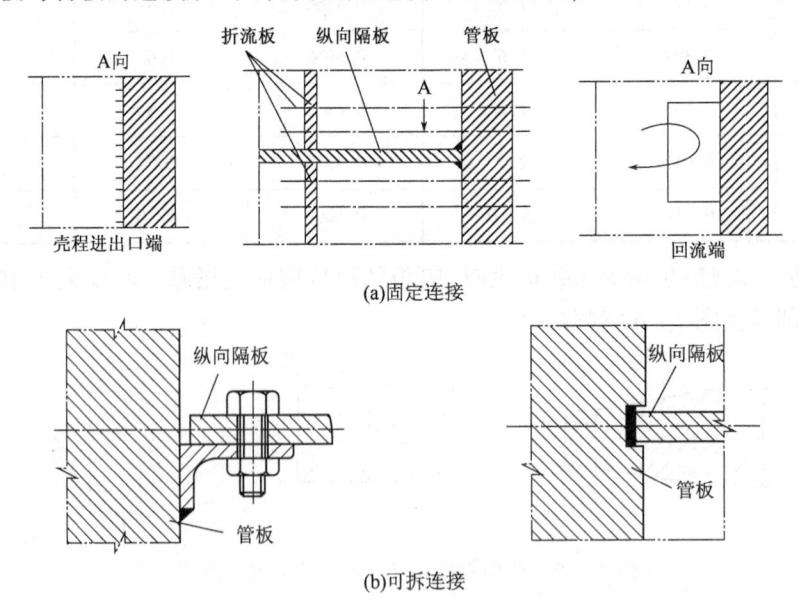

图2-65 纵向隔板与管板的连接结构

在壳体内加入隔板后，使隔板与壳体内壁及隔板与管板面接触部分可能存在空隙，因而容易发生介质短路现象，降低传热效率，所以纵向隔板与壳体内壁的密封要求严密。

图2-66所示为纵向隔板与壳体的密封结构。对于可拆卸管束，可设置如图2-66(a)所示的双向条形密封；而对于固定管板式换热器，纵向隔板可直接与壳程圆筒焊接或插入密封槽中，如图2-66(b)、(c)、(d)所示。

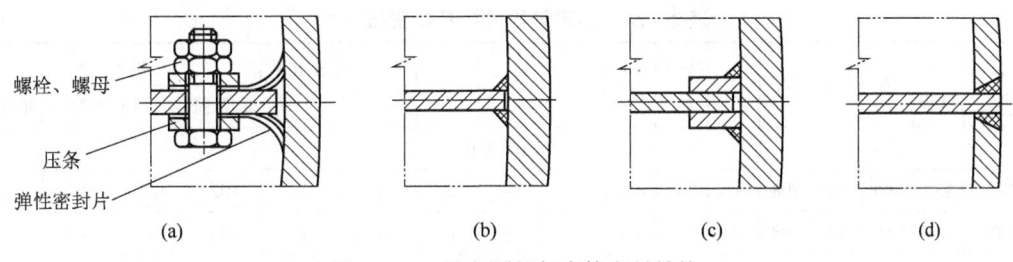

图 2-66 纵向隔板与壳体密封结构

2.4.3 管板

管板是列管式换热器中最重要的零部件之一,它的正确设计对换热器的安全性和可靠性至关重要。

2.4.3.1 固定管板兼作法兰的尺寸确定

这种形式的管板主要是用在固定管板式换热器上。这种管板结构尺寸的确定先按设计压力、壳体内径来选择或设计法兰,然后根据法兰相应结构尺寸确定管板的最大外径、密封面位置、宽度、螺栓直径、位置、个数等,也可按表 2-26 查出固定管板式换热器的管板相关尺寸。表中的管板尺寸参数的物理意义如图 2-67 所示。

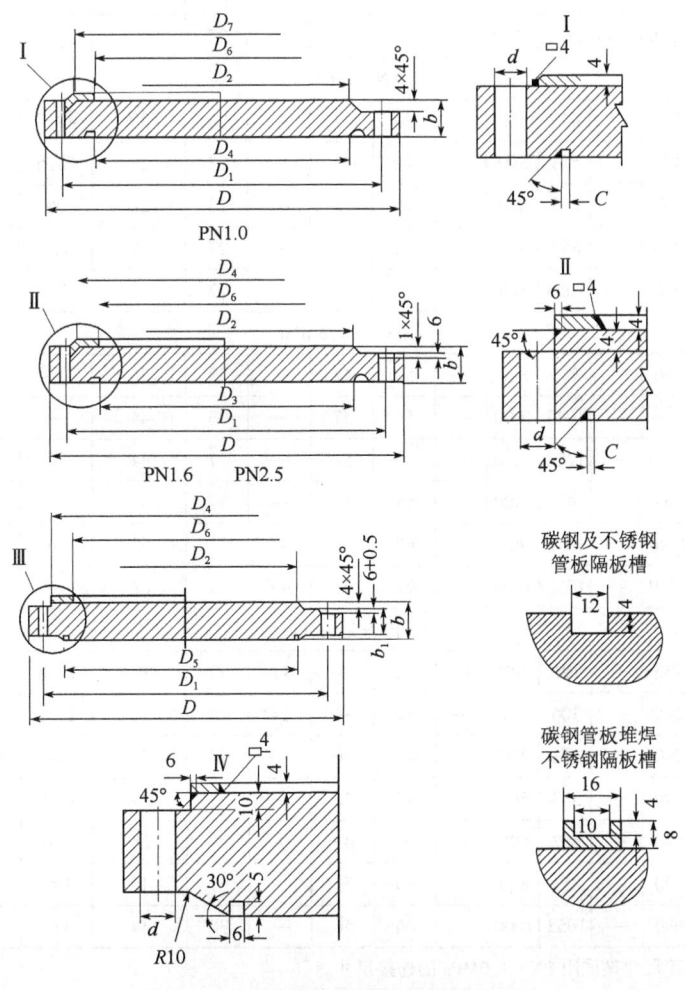

图 2-67 固定管板式换热器管板尺寸

表 2-26　固定管板式换热器管板尺寸　　　　　　　　　　　　　　　　　mm

公称直径 DN	D 1130	D_1	D_2	D_3	D_4	$D_5=D_6$	D_7	b	b_1	c	d	螺栓孔数 n	重量,kg 单管程	二管程	四管程	重沸器
PN = 0.6MPa																
800	930	890	790	798	—	800	850	32	—	10	23	32	102	103	107	91.5
1000	1130	1090	990	998	—	1000	1050	36	—	12	23	36	133	142	145	139
1200	1330	1290	1190	1198	—	1200	1250	40	—	12	23	44	—	—	—	219
1400	1530	1490	1390	1398	—	1400	1450	40	—	12	23	52	—	—	—	278
1600	1730	1690	1590	1598	—	1600	1650	44	—	12	23	60	—	—	—	388
1800	1960	1910	1790	1798	—	1800	1850	50	—	14	27	64	—	—	—	597
PN = 1.0MPa																
400	515	480	390	398	438	400	—	30	—	10	18	20	—	—	—	31.4
600	730	690	590	598	643	600	—	36	—	10	23	28	75	77	79	72.4
800	930	890	790	798	843	800	—	40	—	10	23	36	123	130	136	129
1000	1130	1090	990	998	1043	1000	—	44	—	12	23	44	200	205	209	193
1200	1360	1310	1190	1198	1252	1200	—	48	—	12	27	44	—	—	—	310
1400	1560	1510	1390	1398	1452	1400	—	50	—	12	27	52	—	—	—	409
PN = 1.6MPa																
400	530	490	390	—	443	400	—	40	33	—	23	20	42.7	43	45.2	43.5
500	630	590	490	—	543	500	—	40	33	—	23	28	58.5	59.6	61.5	—
600	730	690	590	—	643	600	—	46	38	—	23	28	98	100	103	87
800	960	915	790	—	853	800	—	50	42	—	27	36	164	165	173	—
1000	1160	1115	990	—	1053	1000	—	56	47	—	27	44	265	265	267	—
PN* = 1.6MPa																
800	930	890	790	—	843	800	—	50	42	—	23	36	—	—	—	167
1000	1130	1090	990	—	1043	1000	—	56	47	—	23	44	—	—	—	252
1200	1360	1310	1190	—	1252	1200	—	60	51	—	27	44	—	—	—	364
1400	1560	1510	1390	—	1452	1400	—	65	55	—	27	52	—	—	—	486
1600	1760	1710	1590	—	1652	1600	—	68	58	—	27	60	—	—	—	668
1800	1960	1910	1790	—	1852	1800	—	72	61	—	27	68	—	—	—	830
PN = 2.5MPa																
159	270	228	135	—	186	147	—	28	—	11	22	12	12.8	—	—	—
273	400	352	245	—	306	257	—	32	—	14	26	12	25.1	26	—	—
400	540	500	390	—	453	400	—	44	36	—	23	24	49	49.5	52	—
500	660	615	490	—	553	500	—	44	36	—	27	24	71.6	72.5	74.1	—
600	760	715	590	—	653	600	—	50	41	—	27	28	106	107	110	—
800	960	915	790	—	853	800	—	60	51	—	27	40	196	199	208	—
1000	1185	1140	990	—	1053	1000	—	66	56	—	30	44	331	338	340	—

* 此压力下管板连接尺寸是采用 PN = 1.0MPa 的连接尺寸。

— 60 —

2.4.3.2 不兼作法兰的固定端管板外径的确定

不兼作法兰的固定端管板主要指浮头式、填料函式、U形管式换热器和釜式重沸器的前管板,它是由壳体法兰和管箱法兰夹持的管板,如图2-68所示。这种管板只需要确定最大外径及密封面宽度,一般是先定浮动管板(即图2-69中的管板)的直径,进而确定壳体内径,再由壳体内径结合操作压力、温度选择相应法兰,再由法兰的密封面确定管板密封面宽度及管板最大直径。

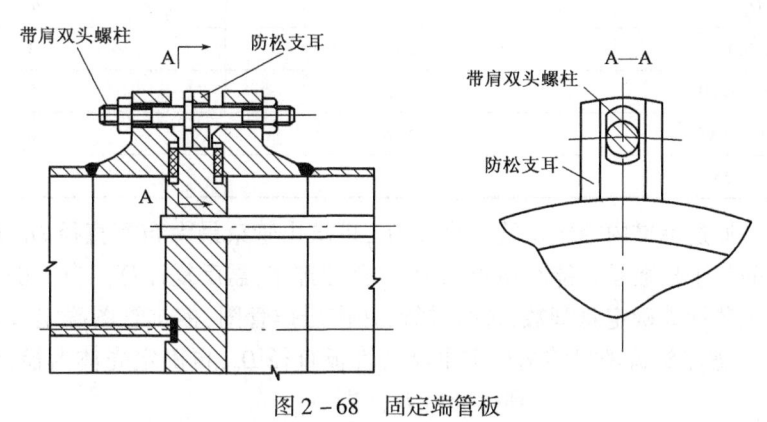

图2-68 固定端管板

2.4.3.3 浮头式换热器中浮动管板外径的确定

采用标准内径作为壳体内径时,浮动管板外径为

$$D_0 = D_i - 2b_1 \tag{2-33}$$

最大布管圆直径为

$$D_L = D_0 - 2(b + b_2) = D_i - 2(b + b_1 + b_2) \tag{2-34}$$

其中 $\qquad b_2 = b_n + 1.5$

式中 b——如图2-69所示,其值按表2-27选取,mm;
 b_1——如图2-69所示,其值按表2-28选取,mm;
 b_2——如图2-69所示,mm;
 b_n——垫片宽度,其值按表2-28选取,mm;
 D_L——最大布管圆直径,mm;
 D_0——浮头管板外径,mm;
 D_i——壳体内径,mm。

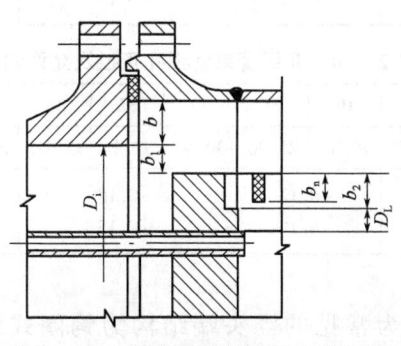

图2-69 浮动管板结构尺寸分布图

表 2-27 b 值的选取   mm

D_i	b
<1000	>3
1000~2600	>4

表 2-28 b_n 和 b_1 值的选取   mm

D_i	b_n	b_1
≤700	≥10	3
>700~1200	≥13	5
>1200~2000	≥16	6
>2000~2600	≥20	7

这种方法是通过标准内径求出管板直径 D_0,再求出管束最大布管直径 D_L,问题是根据传热面积所确定的管子根数是否能在所求的 D_L 中合理排布,需反复计算。自由随机确定壳体内径方法是先按工艺计算确定总管数,进行排管,并作出排管图,依排管图确定管束最大布管外径 D_L,由 D_L 再考虑浮头盖密封结构后定出浮动管板直径 D_0,再确定壳体内径,最后将内径圆整到标准值 D_i。即

$$D_0 = D_L + 2b + 2(b_n + 1.5), \quad D_i = D_0 + 2b_1 \quad (2-35)$$

对于固定管板式和 U 形管式换热器而言,其布管限定圆直径为

$$D_L = D_i - 2b_3 \quad (2-36)$$

式中 b_3——固定管板换热器或 U 形管换热器管束最外层换热管外表面至壳体内壁的最短距离,如图 2-70 所示,$b_3 = 0.25d_0$,且不小于 10mm,d_0 为换热管外径。

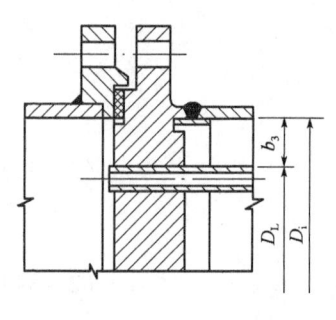

图 2-70 b_3 的确定

2.4.3.4 管板孔直径和允许偏差

表 2-29、表 2-30 为管板孔直径及允许偏差。

表 2-29 I 级管束管板孔直径及允许偏差   mm

换热管外径	14	16	19	25	30	32	35	38	45	50	55	57
管孔直径	14.25	16.25	19.25	25.25	30.35	32.40	35.40	38.45	45.50	50.55	55.65	57.65
允许偏差	+0.05 −0.10	+0.10 −0.10	+0.10 −0.10	+0.10 −0.15	+0.10 −0.15	+0.10 −0.20	+0.10 −0.20	+0.15 −0.25	+0.15 −0.25

表 2-30 II 级管束管板孔直径及允许偏差   mm

换热管外径	14	16	19	25	30	32	35	38	45	50	55	57
管孔直径	14.30	16.30	19.30	25.30	30.40	32.45	35.415	38.50	45.55	50.60	55.70	57.70
允许偏差	+0.05 −0.10	+0.10 −0.10	+0.10 −0.10	+0.10 −0.15	+0.10 −0.15	+0.10 −0.20	+0.10 −0.20	+0.15 −0.25	+0.15 −0.25

2.4.4 钩圈式浮头

在浮头式换热器中,最为常见的浮头端结构为钩圈式浮头,其结构及相关尺寸见图 2-71,浮头盖推荐采用球冠形封头。

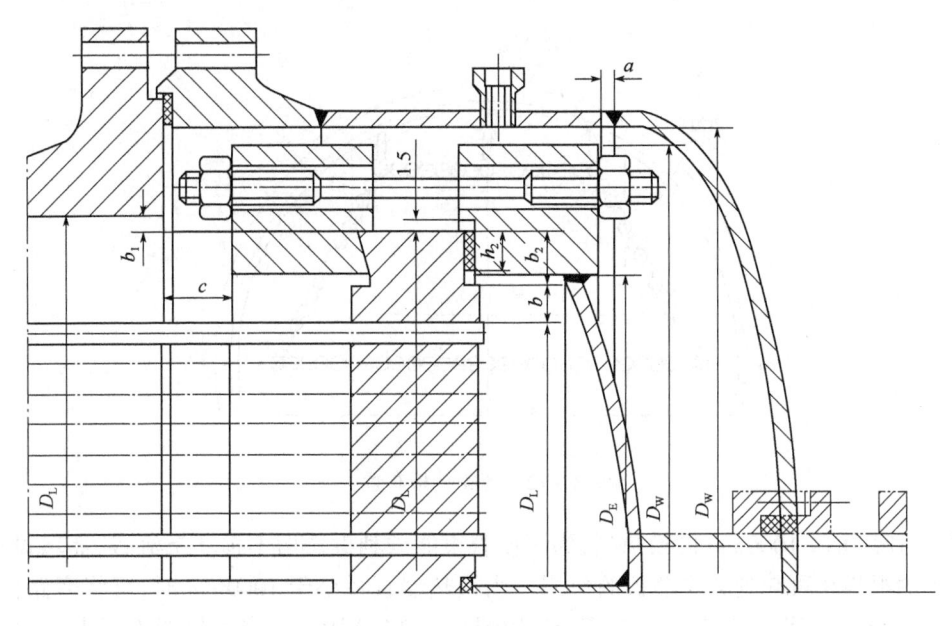

图 2-71 钩圈式浮头

浮头法兰和钩圈的内径为

$$D_{fi} = D_i - 2(b_1 + b_2) + 3 \tag{2-37}$$

外头盖内径为

$$D_w \geq D_i + 100 \tag{2-38}$$

浮头法兰和钩圈的外径为

$$D_{f0} = D_w - 20 \tag{2-39}$$

浮头法兰端面到外头盖圆筒端部的轴向尺寸 a，应根据管束和壳体的伸缩量来确定；安装及拧紧螺母所需的空间尺寸 c，应考虑在各种情况下的热膨胀量，不宜小于60mm。

多管程的浮头盖，其内侧最小深度应使相邻管程之间的横跨流通面积不小于每程换热管流通面积的1.3倍。单管程的浮头盖[如图2-71(a)中的虚线部分]，其接管中心线处的最小深度不应小于接管内径的1/3。

2.4.5 防短路结构

为了防止壳程流体在某些区域发生短路，降低传热效率，需要采用防短路结构。需要防短路的场合，当短路宽度超过16mm时，应设置防短路结构。常用的防短路结构主要有旁路挡板、挡管(或称假管)和中间挡板。

2.4.5.1 旁路挡板

当壳体与管束间的环隙过大时，流体可能通过该环隙发生短路，此时就需通过加装旁路挡板的方式来消除这种影响。旁路挡板可用钢板或扁钢制成规则的长条状，其厚度一般与折流板相同，长度等于折流板的间距。

当相邻两折流板的缺口间距小于6个管心距时，管束外围设置一对旁路挡板；超过6个管心距时，每增加5~7个管心距增设一对旁路挡板，如图2-72所示。

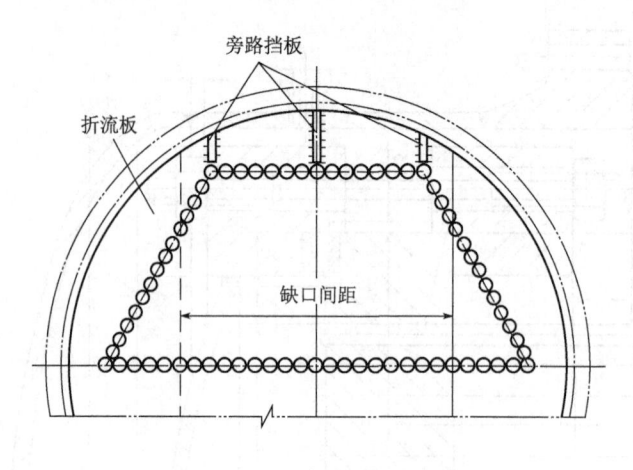

图 2-72 旁路挡板布置

对于直径 DN≥1000mm 的换热器,为了使管束能顺利拆装而不损坏折流板,需增设滑板,换热器中的滑板也可起到旁路挡板的作用。当换热器直径小于 1000mm 时,可将旁路挡板分段焊接在折流板之间,折流板上无需开槽,如图 2-73(a)所示。当换热器直径大于 1000mm 时,可将挡板和滑板嵌入到两边铣好凹槽的折流板内,并焊接在一块折流板上,如图 2-73(b)所示。

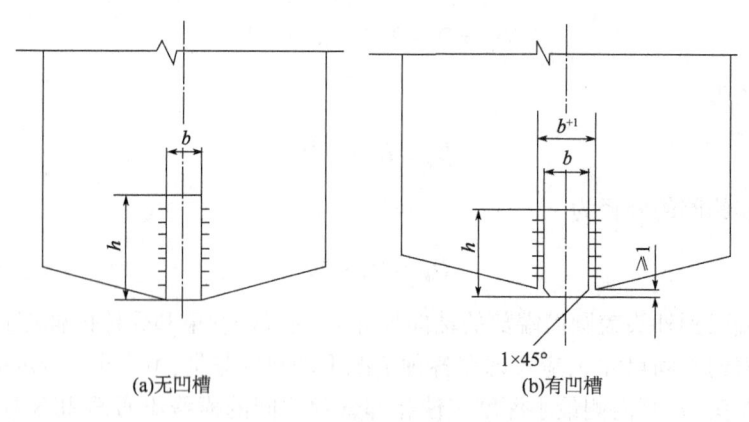

(a)无凹槽 (b)有凹槽

图 2-73 旁路挡板的安装形式

2.4.5.2 挡管

当换热器为多管程时,为安装分程隔板,在隔板处不能排列换热管,因而部分流体将通过此间隙而产生短路流,此时可在分程隔板槽的背面即两块管板之间安装挡管,如图 2-74 所示。挡管与换热管的规格相同,是一端或两端堵死的管子,管内没有流体通过,因此不起换热作用。挡管不穿过管板,常与折流板点焊固定,通常每隔 4~6 个管心距设置一根,且不能设置在折流板的缺口处。

2.4.5.3 中间挡板

在 U 形管式换热器中,U 形管束中心存在较大间隙,流体易短路,因此常在 U 形管束的中间通道处设置中间挡板。中间挡板一般与折流板点焊固定,如图 2-75 所示。中间挡板应每隔 4~6 个管心距设置一根,且不能设置在折流板的缺口处。

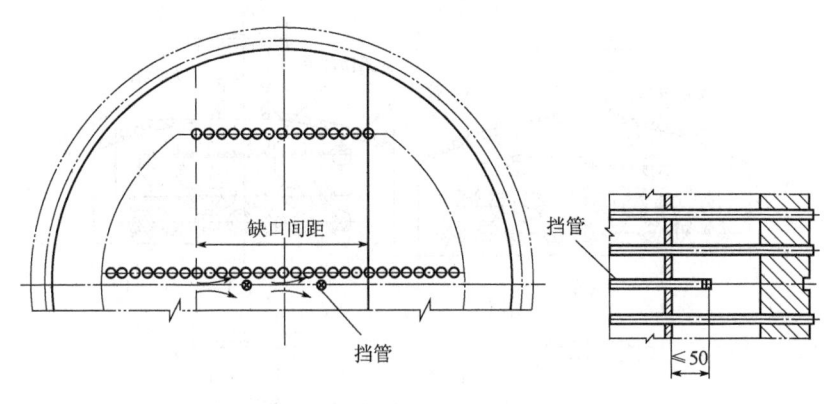

图 2-74 挡管结构

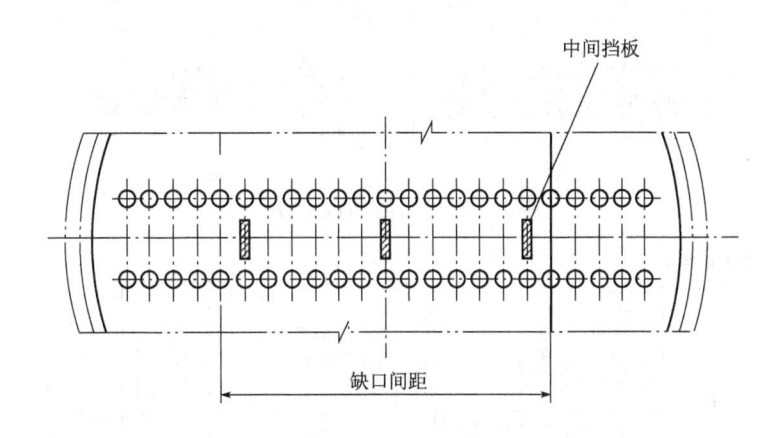

图 2-75 中间挡板布置

2.4.6 防冲挡板

为了防止壳程物料进口处流体对换热管表面的冲刷,引起侵蚀振动,应在壳程流体入口设置防冲挡板,以保护换热管。

2.4.6.1 设置防冲挡板的条件

符合下列场合之一时,应在壳程进口管处设置防冲板或导流筒:

(1) 非磨蚀的单相流体,$\rho v^2 > 2230$ kg/(m·s^2);
(2) 有磨蚀的液体,包括沸点下的液体,$\rho v^2 > 740$ kg/(m·s^2);
(3) 有磨蚀的气体、蒸汽(气)及气液混合物。

注:ρ——壳程进口管的流体密度,kg/m^2;v——壳程进口管的流体速度,m/s。

2.4.6.2 防冲挡板的安装方式

常见的防冲挡板安装方式如图 2-76 所示。其中,图 2-76(a)、(b)、(c)为防冲挡板焊接于拉杆或定距管上,图 2-76(d)为防冲板焊在壳体上。

防冲挡板焊在壳体上时,应使防冲挡板的周边与壳体内壁形成的流通截面积为壳程进口接管截面积的 1~1.25 倍,即使接管与壳体内表面形成的马鞍形和防冲挡板平面间形成圆柱形侧面积。当需要加大流道时,可在挡板上开孔或开槽,如图 2-77 所示。

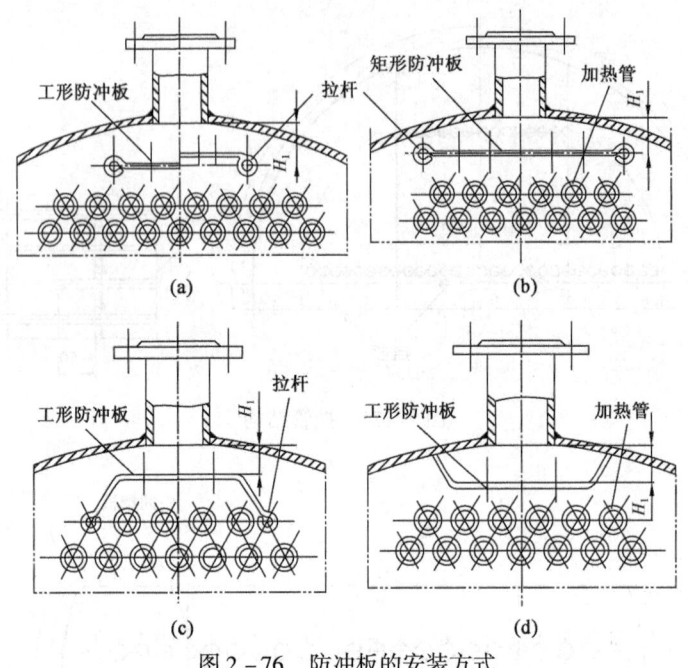

图 2-76 防冲板的安装方式

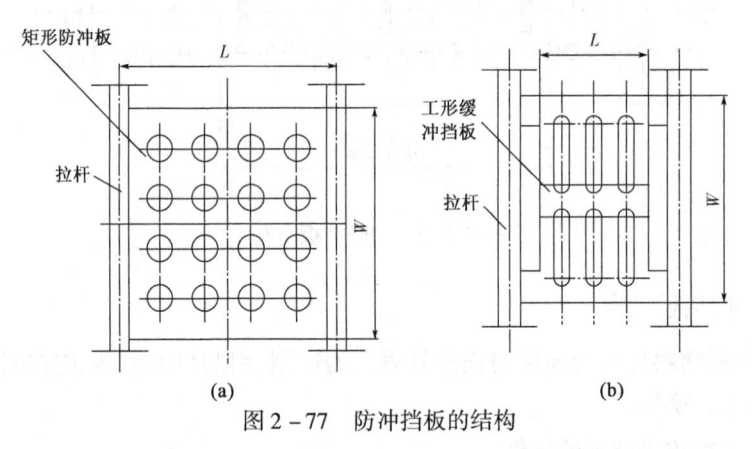

图 2-77 防冲挡板的结构

2.4.6.3 安装位置和结构尺寸的确定

当接管管径确定以后,接下来就需要确定防冲挡板与壳体内壁的距离 H_1。一般规定 $H_1 = \left(\frac{1}{4} \sim \frac{1}{3}\right)d$,$d$ 为接管外径。一般要求防冲挡板的直径 W 或边长 L 应大于 $(d+50)\,\mathrm{mm}$。

防冲挡板的最小厚度:对于碳钢、低合金钢取 4.5mm;对于不锈钢取 3mm。

2.4.6.4 导流筒的设置

当壳程进、出进接管距离管板较远,流体停滞区过大时,应设置导流筒,如图 2-78 所示。导流筒不仅其防冲挡板的作用,还可以减少流体停滞区,增加换热管的有效长度。

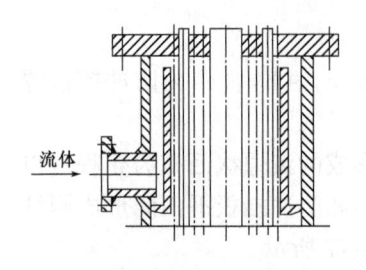

图 2-78 导流筒

2.4.7 接管

2.4.7.1 接管的一般要求

接管一般需满足以下要求:

(1)接管(含焊缝)应与壳体内表面平齐;
(2)接管应尽量沿径向或轴相布置,以方便配管与检修;
(3)设计温度在300℃以上时,不得使用平焊法兰,必须采用整体法兰;
(4)对利用接管(或接口)仍不能排液和放气的换热器,应在管程和壳程的最高点设置放气口,最低点设置排液口,其最小公称尺寸为20mm;
(5)操作允许时,一般是在高温、高压或不允许介质泄漏的场合,接管与外部管线的连接可以采用焊接;
(6)必要时可设置温度计接口,压力表及液面计接口。
(7)接管与壳体的结构参考 GB/T 150.3—2024《压力容器 第3部分:设计》附录 D 中 D.3"接管、凸缘与壳体的连接"的相关形式。

2.4.7.2 接管直径的确定

接管直径的大小取决于介质的特性、流体的流速、处理量、结构协调性要求及强度的要求。在选取接管内流体的流速时,需要综合考虑如下几种因素:

(1)使接管内的流速为相应管、壳程流速的1.2~1.4倍。
(2)在考虑压降允许的条件下,使接管内流速为下值:

管程接管 $\rho v^2 < 3300 \text{kg/(m·s}^2)$

壳程接管 $\rho v^2 < 2200 \text{kg/(m·s}^2)$

(3)管、壳程接管内的流速可参考表2-31、表2-32来选取。

表2-31 管程接管流速 m/s

上水道			空气		煤气	水蒸气	
长距离	中距离	短距离	低压管	高压管		饱和汽管	过热汽管
0.5~0.7	~1.0	0.5~2.0	10~15	20~25	2~6	12~10	40~80

表2-32 壳程接管最大允许流速

介质	液体						气体
黏度,10^{-3}Pa·s	<1	1~35	35~100	100~500	500~1000	>1500	
最大允许流速,m/s	2.5	2.0	1.5	0.75	0.7	0.6	壳程气体的最大允许速度的1.2~1.4倍

选取合适的流速后,可根据以下公式计算出接管直径,然后按相应的钢管标准选定接管的公称直径。

$$d = \sqrt{\frac{4q_V}{\pi u}} = \sqrt{\frac{q_V}{0.785u}} \tag{2-40}$$

式中 d——接管内径,m;

q_V——流体体积流量,m³/s;

u——接管内流速,m/s。

(4)由以上按合理的速度选取管径后,同时应考虑外形结构的匀称、合理、协调以及强调要求后,还应使管径限制在 $d_0 = \left(\frac{1}{3} \sim \frac{1}{4}\right) D_i$。

2.4.7.3 接管高度(伸出长度)确定

确定接管伸出壳体(或者管厢壳体)外壁的长度,主要需要考虑法兰形式、焊接操作条件、螺栓拆装、有无保温及保温层厚度等因素。接管的最小安装高度应符合下式的计算值:

$$l = h + h_1 + \delta + 15 \tag{2-41}$$

式中 l ——接管的最小安装高度,mm;

h ——接管法兰厚度,mm;

h_1 ——接管法兰螺母的厚度,mm;

δ ——保温层厚度,mm。

上述估算后应该圆整到标准尺寸,常见接管高度为150mm、200mm、250mm、300mm。

2.4.7.4 接管位置的最小尺寸

1. 壳程接管位置最小尺寸

壳程接管位置最小尺寸,可按图2-79根据下式估算。

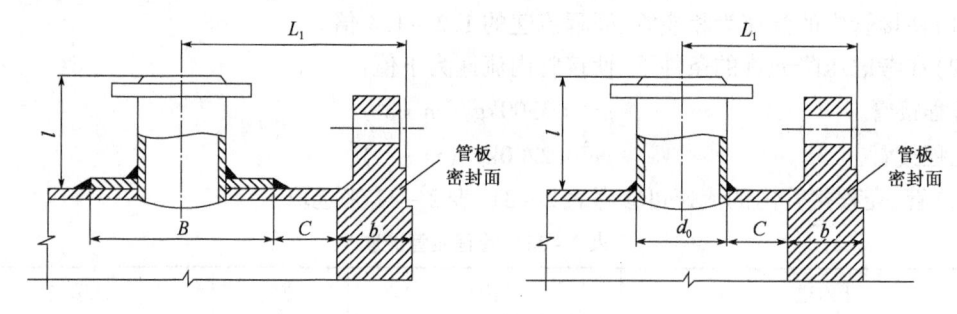

图2-79 壳程接管位置

对带补强圈的:

$$L_1 \geqslant \frac{B}{2} + (b-4) + C \tag{2-42}$$

对无补强圈的:

$$L_1 \geqslant \frac{d_0}{2} + (b-4) + C \tag{2-43}$$

2. 管箱接管最小尺寸

管箱接管最小尺寸,可按图2-80根据下式估算。

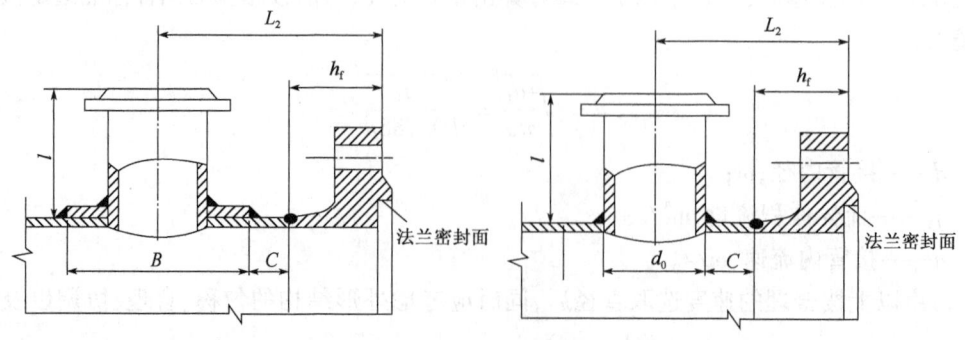

图2-80 管箱接管位置

对带补强圈的：

$$L_2 \geqslant \frac{B}{2} + h_\text{f} + C \tag{2-44}$$

对无补强圈的：

$$L_2 \geqslant \frac{d_0}{2} + h_\text{f} + C \tag{2-45}$$

考虑焊缝影响,上述四个公式中取 $C \geqslant 3$ 倍壳体壁厚且不小于 50~100mm。

3. 对接管法兰的要求

对带凹凸形或楔槽形密封面的法兰,密封面向下的,一般应设计成凸面或楔面,其他朝向的,则设计成凹面或槽面,且在同一设备上配合使用。

接管法兰螺栓孔不应和壳体主轴中心线相重合,应对称地分布在主轴中心线的两侧,也就是以中心线为基准布置对称法兰螺栓孔。

2.4.8 支座

2.4.8.1 鞍式支座

对于卧式换热器常常采用鞍式支座(简称鞍座)进行支承。如图 2-81 所示,鞍座主要由腹板、筋板和底板焊接而成。在与设备筒体相连处,有带加强垫板和不带加强垫板两种结构。鞍座的主体材料、使用温度范围及许用应力见表 2-33,加强垫板的材料应与换热器壳体材料相一致。

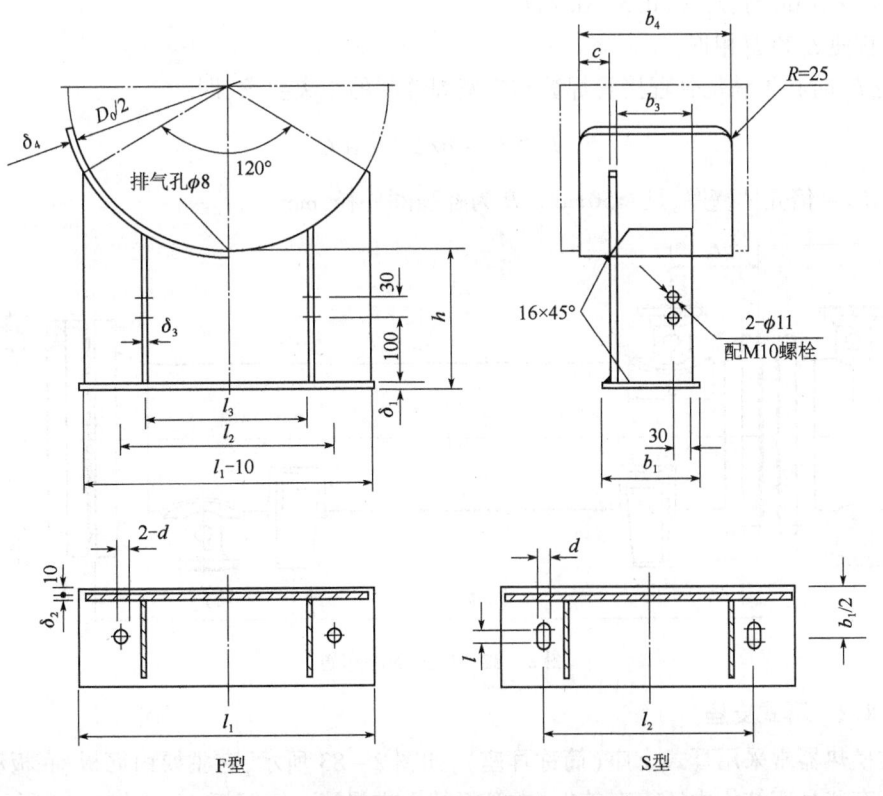

图 2-81 鞍座结构简图(重型,120°包角)

表 2-33 鞍座的主体材料

材料	设计温度,℃	许用应力,MPa
Q235B	-20~200	147
Q345B	-20~200	170
Q345R	-40~200	170

列管式换热器通常采用两个鞍式支座进行支承,如图 2-82 所示。换热器在运行时,随着温度的变化会产生热胀冷缩,若两个鞍座都固定,则会在器壁产生热应力。为避免热应力对设备的破坏,通常将一个鞍座设计为固定鞍座(代号为 F),另一个为滑动鞍座(代号为 S)。固定鞍座与滑动鞍座的区别仅在于底板上地脚螺栓孔的形状不同。滑动式底板上的螺栓孔为长圆形,安装地脚螺栓时采用两个螺母,第一个螺母拧紧后倒退一圈,然后用第二个螺母锁紧,以保证换热器在温度变化时,鞍座能在基础面上自由滑动。

鞍支的尺寸可根据 NB/T 47065.1—2018《容器支座 第 1 部分:鞍式支座》选用,换热器优先选用 120°包角或 150°包角的重型鞍座。选用标准鞍座时,常根据换热器的公称直径及载荷大小进行选择。其承载能力,一般不必进行验算。若另外设计鞍座或在特殊情况下需要对该标准的鞍座进行验算,则可按有关规定进行载荷分析、筒体应力计算与校核来确定。

卧式换热器鞍式支座的布置(图 2-82)应按下列原则确定:
(1)当换热器的公称长度 $L \leqslant 3m$ 时,鞍座间距 $L_B = (0.4 \sim 0.6)L$;
(2)当 $L > 3m$ 时,$L_B = (0.5 \sim 0.7)L$;
(3)宜使 L_c 和 L_c' 相近。

确定 L_c 时必须满足壳程接管焊缝与支座焊缝间的距离要求,即

$$L_c \geqslant L_1 + B/2 + b_a + C \tag{2-46}$$

式中:取 $C \geqslant 4$ 倍壳体壁厚,且 $\geqslant 50mm$。B 为补强圈外径,mm。

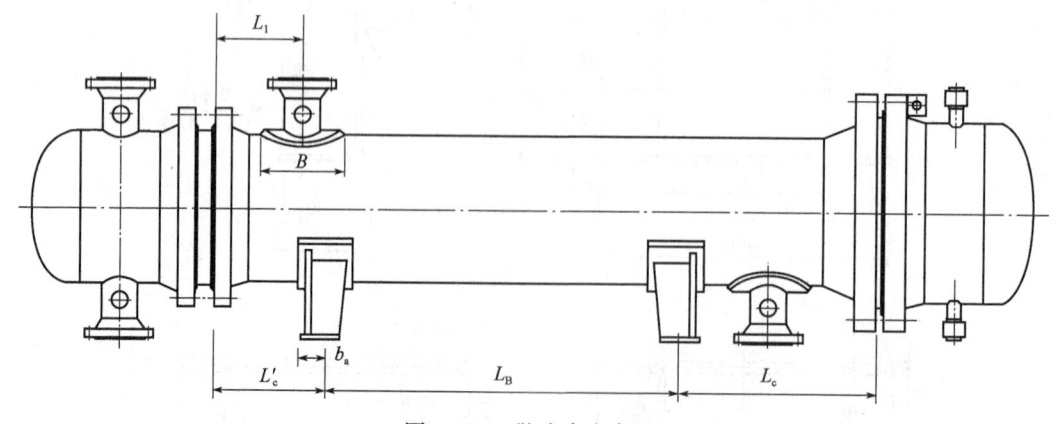

图 2-82 鞍式支座布置

2.4.8.2 耳式支座

立式换热器常采用耳式支座(简称耳座),如图 2-83 所示,它主要由筋板、底板和垫板焊接而成。有些耳座结构中还带有盖板(在筋板的上方焊接一块钢板),如图 2-84 所示。

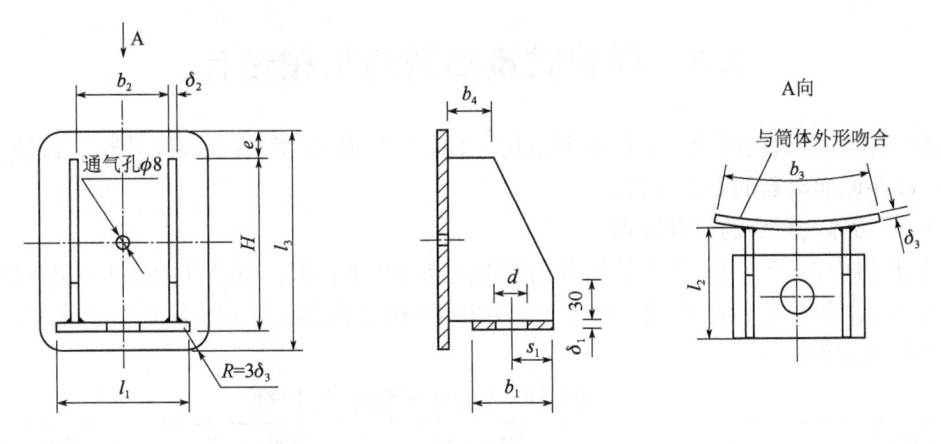

图 2-83 A 型耳式支座(支座号 1~5)

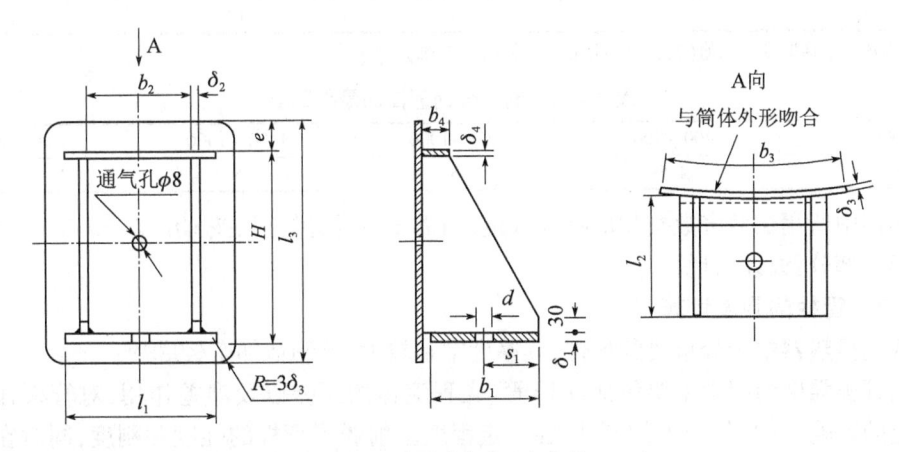

图 2-84 A 型耳式支座(支座号 6~8)

耳式支座可按 NB/T 47065.3—2018《容器支座 第 3 部分：耳式支座》选用,该标准将耳式支座分为 A 型(短臂)、B 型(长臂)和 C 型(加长臂)三类,A 型和 B 型分为带盖板和不带盖板两种结构,C 型带盖板,见表 2-34。

当换热器公称直径 DN≤800mm 时,至少应设置 2 个支座,且应对称布置;当 DN>800mm 时,应至少应设置 4 个支座,且应均匀布置。

表 2-34 耳式支座的形式特征

型式	支座号	垫板	盖板	适用公称直径 DN,mm
短臂	A	1~5	有	无	300~2600
		6~8	有	有	1500~4000
长臂	B	1~5	有	无	300—2600
		6~8	有	有	1500~4000
加长臂	C	1~3	有	有	300~1400
		4~8	有	有	1000~4000

2.5 列管式换热器的机械设计

列管式换热器的机械设计是对主要承压元件(如管箱、管板、壳体等)进行应力计算和强度校核,以保证换热器的安全运行。

2.5.1 壳体、封头的强度计算

在换热器中,壳体、封头及管箱短节的厚度应按 GB/T 150.1～GB/T 150.4—2024《压力容器》计算,但圆筒的最小厚度按 GB/T 151—2014《热交换器》规定,不得小于表 2-35 或表 2-36 的规定值。

表 2-35　碳素钢或低合金钢圆筒的最小厚度　　　　　　　　　　　　　　mm

公称直径	400～700	800～1000	1100～1500	1600～2000
浮头式、U 形管式	8	10	12	14
固定管板式	6	8	10	12

注:表中数据包括厚度附加值(其中腐蚀裕量 C2 按 1mm 考虑)。

表 2-36　高合金钢圆筒的最小厚度　　　　　　　　　　　　　　mm

公称直径	400～700	800～1000	1100～1500	1600～2000
最小直径	4.5	6	8	10

换热器中所用法兰多数按相应标准选定,当需要设计计算时,按 GB/T 150.3—2024《压力容器　第 3 部分:设计》计算。

2.5.2 管板的强度计算

管板是换热器中十分重要的零件,其厚度常常较大,且制造加工较麻烦。

影响管板强度的因素主要包括:(1)管、壳程流体的压差以及温差作用,对管板强度和刚度有一定的影响。(2)管板上的开孔:在一定程度上削弱了管板的强度和刚度,同时在管孔边缘产生峰值应力。(3)管束对管板的支承:管板和许多换热管刚性地固定在一起,因此,管束起支承作用,阻碍了管板的变形。在受力分析时,常把管板看作放在弹性基础上的平板,列管就起着弹性基础的作用。(4)管板周边支承形式的影响:管板外边缘有不同的支承形式,如夹持、简支、半夹持等。这些不同的固定形式对管板应力产生不同程度的影响。(5)其他因素的影响:当管板兼作法兰时,拧紧法兰螺栓,在管板上会产生附加弯矩,因此,需考虑法兰力矩对管板应力的影响。另外,分程隔板的设置、折流板间距等也对管板强度有影响。

因此,为保证换热器安全运行,需对管板强度进行计算,从而选取合适的管板厚度。

目前,我国管板计算方法主要参考 GB/T 151—2014《热交换器》,因内容和公式较多,本书不详述,具体参考相关标准。下面介绍一些其他计算方法。

2.5.2.1 B.S 法

1. 符号说明

S——壳体壁厚,mm;

A——壳体的内径截面积,$A = \dfrac{\pi}{4} D_i^2$,mm^2;

B——壳体壳壁金属的横截面积,$B = \pi(D_i + S)S$ mm^2;

p_a——当量压差,$p_a = p_s - p_t(1 + \beta)$,MPa;

β——系数,$\beta = \dfrac{na}{A - C}$;

C——管板上管孔所占的总截面积,$C = \dfrac{n\pi d_0^2}{4}$,$mm^2$;

n——管子数;

p_b——最大压差,$p_b = p_s - p_t\left(1 + \beta + \dfrac{Q}{\lambda}\right) + \beta y E_t$,MPa;

p_s——壳程压力(表压),MPa;

p_t——管程压力(表压),MPa;

λ——系数,$\lambda = \dfrac{A - C}{A}$;

Q——换热管与壳体的刚度比,$Q = \dfrac{E_t n a}{E_s B}$;

E_s——壳体材料的弹性模量,MPa;

E_t——换热管材料的弹性模量,MPa;

y——换热管与壳体的总膨胀差,$y = \alpha_t(t_t - t_0) - \alpha_s(t_s - t_0)$;

α_t——换热管的线膨胀系数,$℃^{-1}$;

α_s——壳体的线膨胀系数,$℃^{-1}$;

t_t——管壁温度,℃;

t_0——装配温度,℃;

t_s——壳壁温度,℃。

2. B.S 法计算步骤

(1)假定一管板厚度为 b。

(2)根据下列公式计算 K 值。

$$K^2 = 1.32 \dfrac{D_i}{b}\sqrt{\dfrac{na}{\mu L b}} \tag{2-47}$$

其中
$$a = \dfrac{\pi}{4}(d_0^2 - d_i^2)$$

式中　K——无量纲系数;

D_i——壳体内径,mm;

a——一根管壁金属的横截面积,mm^2。

d_0——换热管外径;

d_i——换热管内径,mm;

n——管子数;

μ——开孔强度削弱系数,单程 $\mu = 0.4$,双程 $\mu = 0.5$,四程以上 $\mu = 0.6$;

L——管子的有效长度(管板间距),mm;

b——管板厚度(不包括厚度附加值),mm。

(3)决定管板边缘支承形式。

①夹持:压力在 10MPa 以上的高压换热器,管板的连接处能有效地防止周边的偏转,如图 2-57(d)、(e)、(f)、(g)、(h)结构;

②简支:一般中低压换热器,如图 2-59 中结构。

(4)根据 K 值在图 2-85、图 2-86、图 2-87 中分别查出相应的 G_1、G_2、G_3 值;

图 2-85 G_1 值

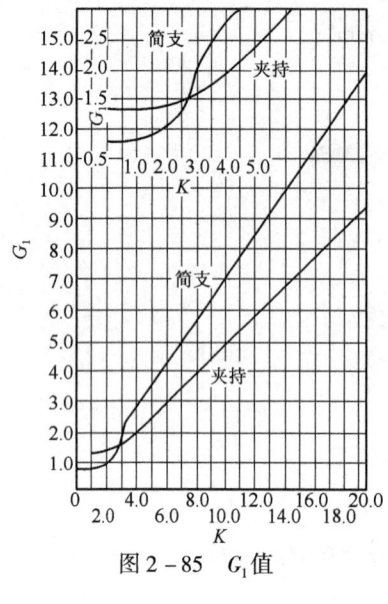

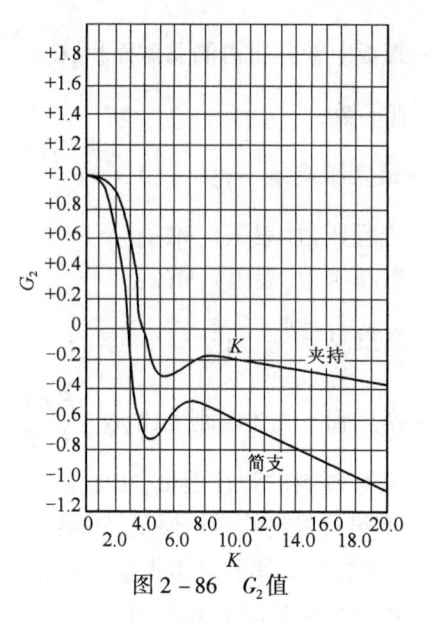

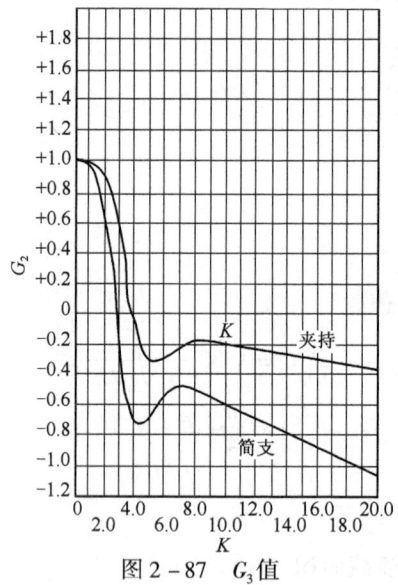

图 2-86 G_2 值

图 2-87 G_3 值

(5) 按表 2-37 中公式计算 σ_r 和 σ_t。

表 2-37 管板计算公式

换热器形式	管板的径向应力 σ_r, MPa	换热管的轴向应力 σ_t, MPa	备注
固定管板式	$\dfrac{\lambda \cdot p_b}{4\mu G_1 (Q+G_3)} \left(\dfrac{D_i}{b}\right)^2$	$\dfrac{1}{\beta}\left(p_a - \dfrac{p_b G_2}{Q+G_3}\right)$ 或 $\dfrac{1}{\beta}\left(p_a - \dfrac{p_b G_3}{Q+G_3}\right)$	对 p_s、p_t 和 y 的考虑应使 p_b 最大
浮头式	$\dfrac{p_s - p_t}{4\mu G_1}\left(\dfrac{D_i}{b}\right)^2$	$\dfrac{1}{\beta}\left(p_a - \dfrac{(p_s-p_t)G_2}{\lambda}\right)$ 或 $\dfrac{1}{\beta}\left(p_a - \dfrac{(p_s-p_t)G_3}{\lambda}\right)$	对 p_s、p_t 的考虑应使 $p_s - p_t$ 最大
U 形管式	简支 $\dfrac{0.309(p_s-p_t)}{\mu}\left(\dfrac{D_i}{b}\right)^2$ 夹持 $\dfrac{0.1875(p_s-p_t)}{\mu}\left(\dfrac{D_i}{b}\right)^2$	$\dfrac{(p_s-p_t)C}{na} + p_t$	对 p_s、p_t 的考虑应使 $p_s - p_t$ 最大

(6)若 σ_r 和 σ_t 均不大于许用应力 $[\sigma]$，则校核通过。否则必须增大 b 值，重新试算，直到满足校核要求。

但对于固定管板式换热器，若壳体和换热管的壁温差太大，致使 $\sigma_r > [\sigma]$ 时，则可适当提高其许用应力，而不一定增加 b 值，此时可按下列准则校核：

① 按 $p_b = p_s - p_t\left(1 + \beta + \dfrac{Q}{\lambda}\right)$ 计算，然后按该 p_b 值计算 σ_r，并须满足 $\sigma_r < [\sigma]$；

② 按 $p_b = p_s - p_t\left(1 + \beta + \dfrac{Q}{\lambda}\right) + \beta y E_t$ 计算，然后按该 p_b 值计算 σ_r，并须满足 $\sigma_r < 3[\sigma]$。

如果满足上述二项准则，就无须再增大管板厚度。

(7)加上厚度附加量 C，即为管板的厚度。

带膨胀节的固定管板式换热器按浮头式换热器公式计算。

填料函式换热器的管板以及浮头式换热器的浮动管板，其厚度不是由强度决定，因此无须计算其强度。

(8)管子拉脱力校核 $q \leqslant [q]$。

$$q = \dfrac{\sigma_{tmax} a}{10\pi d_0 l_t} \leqslant [q] \tag{2-48}$$

式中　σ_{tmax}——管子最大的轴向应力，MPa；

l_t——管子与管板胀接的长度，mm；

$[q]$——许用拉脱应力，MPa，其值可参考表 2-38。

表 2-38　许用拉脱应力 $[q]$　　MPa

换热管与管板的结构型式	$[q]$
管端不卷边，管板孔不开槽的胀接	2
管端卷边或管板孔开槽的胀接	4
焊接	$0.5[\sigma]_t^t$

2.5.2.2　管板 TEMA 设计法

TEMA 设计法适用于浮头、填料函、U 形管式及带膨胀节的固定板式换热器，管板的设计应满足：

(1)必需的弯曲强度：

$$b = K\dfrac{D}{2}\sqrt{\dfrac{p}{[\sigma]^t}} \tag{2-49}$$

(2)必需的剪切强度：

$$b = \dfrac{0.309 D_0 p}{[\sigma]^t\left(1 - \dfrac{d}{t}\right)} \tag{2-50}$$

式中　D——管板计算直径（对焊接于壳体上管板取壳体内径，对螺栓法兰连接时取垫片的平均直径），mm；

d——管孔直径，mm；

t——管孔中心距，mm；

K——结构系数，与换热器形式、管板的结构有关，按表 2-39 取值；

D_0——最外圈管子当量中心圆直径，$D_0 = \dfrac{4A_0}{L_0}$，mm；

L_0——最外圈管子中心连成的多边形周长，见图 2-88，mm；

A_0——周长 L_0 所包含的面积，mm²，见图 2-88 中 L_0 所包面积。

表 2-39　K 值表

换热器形式	管板种类		K	
垫片连接固定管板(可拆)	固定管板和浮动管板		1.0	
	U 形管换热器固定端管板		1.25	
整体固定管板换热器	固定端	浮头式和固定管板式	$S/D_i > 0.05$	0.8	中间插值
			$S/D_i < 0.02$	1.0	
		U 形管式	$S/D_i > 0.05$	1.0	中间插值
			$S/D_i < 0.02$	1.25	
	浮动端	用垫片连接浮动管板		1.0	
		整体浮动(焊接)	$S/D_i > 0.05$	0.8	中间插值
			$S/D_i < 0.02$	1.0	

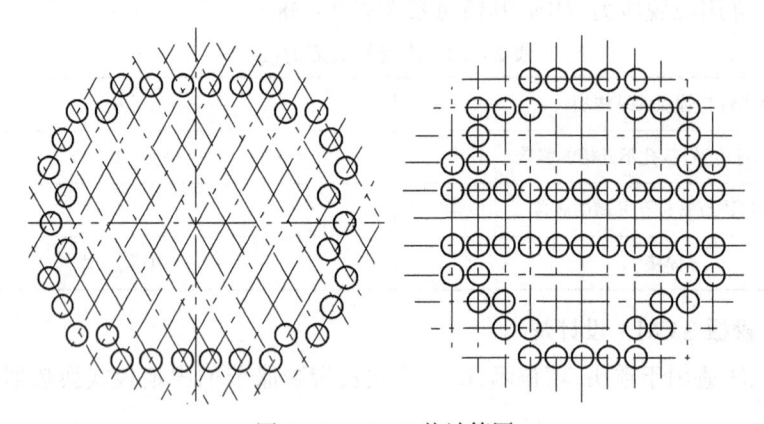

图 2-88　A_0、L_0 值计算图

(3)胀接所必需的管板厚度：一般对≤25mm 的换热管，管板最小厚度为 $3d_0/4$mm。
设计管板厚度应以以上三者中最大的值，然后加上厚度附加量。

2.5.2.3　管板厚度表的使用

为了节省设计时间，对常见条件下管板按国家标准计算（前面未介绍此计算方法），得出管板厚度。表 2-40 为常用的延长部分兼作法兰的固定式管板厚度表。表中计算条件如下：

(1)换热管材料 10 号钢 $[\sigma] = 108$MPa；

(2)管板材料 16Mn(锻) $[\sigma] = 147$MPa；

(3)设计温度为 200℃；

(4)壳体、管箱短节的纵向焊缝系数 φ 为：DN≤700mm 时 $\varphi = 0.7$；DN>700mm 时 $\varphi = 0.85$；

(5)换热管与管板采用胀接连接，对 6.4MPa 及带 * 者，采用焊接。

表 2-40 管板厚度表

序号	设计压力 PN MPa	壳体内直径×壁厚 $D_i \times S$ mm×mm	换热管数目 n	管板厚度 b,mm $\Delta t = \pm 50$℃ 计算值	设计值	$\Delta t = \pm 10$℃ 计算值	设计值
1	1.0	400×8	96	33.8	40.0	25.6	32.0
2		450×8	137	34.9	40.0	26.5	32.0
3		500×8	172	35.1	40.0	27.4	32.0
4		600×8	247	35.7	42.0	29.1	34.0
5		700×8	355	36.4	42.0	30.6	36.0
6		800×8	469	44.1	50.0	35.4	40.0
7		900×8	605	44.3	50.0	37.2	42.0
8		1000×10	749	44.9	50.0	38.7	44.0
9		1100×12	931	50.7	56.0	43.0	48.0
10		1200×12	1117	51.5	56.0	44.3	50.0
11		1300×12	1301	52.3	58.0	45.7	52.0
12		1400×12	1547	52.9	58.0	46.9	52.0
13		1500×12	1755	53.6	60.0	48.1	54.0
14		1600×14	2023	61.7	68.0	53.2	58.0
15		1700×14	2245	62.4	68.0	54.5	60.0
16		1800×14	2559	62.9	68.0	55.6	62.0
17		1900×14	2833	60.5	66.0	55.5	62.0
18		2000×14	3185	61.5	66.0	56.5	62.0
19	1.6	400×8	96	36.5	42.0	33.0	40.0
20		450×8	137	37.6	44.0	34.1	40.0
21		500×8	172	38.7	46.0	35.4	42.0
22		600×8	247	40.1	46.0	36.7	44.0
23		700×10	355	46.4	52.0	41.1	48.0
24		800×10	469	47.4	54.0	43.7	50.0
25		900×10	605	48.2	54.0	45.3	52.0
26		1000×10	749	48.9	56.0	46.8	54.0
27		1100×12	931	56.7	64.0	53.0	60.0
28		1200×12	1117	57.4	64.0	54.6	62.0
29	1.6	1300×14	1301	65.3	72.0	60.1	66.0
30		1400×14	1547	66.1	72.0	61.7	68.0
31		1500×14	1755	63.9	70.0	61.8	68.0
32		1600×14	2023	64.7	72.0	63.2	70
33		1700×14	2245	65.6	72.0*	64.3	70.0
34		1800×14	2559	66.3	72.0*	65.4	72.0
35		1900×14	2833	66.7	74.0*	66.6	74.0
36		2000×14	3185	67.9	74.0*	67.9	74.0

续表

序号	设计压力 PN MPa	壳体内直径×壁厚 $D_i \times S$ mm×mm	换热管数目 n	管板厚度 b,mm			
				$\Delta t = \pm 50℃$		$\Delta t = \pm 10℃$	
				计算值	设计值	计算值	设计值
37		400×8	96	39.4	46.0	38.8	46.0
38		450×8	137	40.8	48.0	39.1	46.0
39		500×8	172	41.8	48.0	40.7	48.0
40		600×10	247	49.4	56.0	46.4	52.0
41		700×10	355	50.6	58.0	47.9	54.0
42		800×10	469	52.5	58.0	50.3	56.0
43		900×12	605	57.9	64.0	55.9	62.0
44	2.5	1000×12	749	59.7	66.0	57.6	64.0
45		1100×14	931	66.4	72.0	64.4	70.0
46		1200×14	1117	67.9	74.0*	65.5	72.0
47		1300×14	1301	69.8	76.0*	69.8	76.0
48		1400×16	1547	76.3	82.0*	76.3	82.0
49		1500×16	1755	77.7	84.0*	77.7	84.0
50		1600×18	2023	79.4	86.0*	79.4	86.0
51		1700×18	2245	84.9	92.0*	84.9	92.0
52		1800×20	2559	86.3	92.0*	86.3	92.0
53		400×10	96	50.2	56.0	50.2	56.0
54		450×10	137	52.6	60.0	52.6	60.0
55		500×12	172	57.9	66.0	57.9	66.0
56		600×14	247	66.4	74.0	66.4	74.0
57	4.0	700×14	355	70.5	76.0	70.5	76.0
58		800×14	469	74.1	80.0	74.1	80.0
59		900×16	605	81.1	88.0*	81.1	88.0
60		1000×18	749	88.4	96.0*	88.4	96.0
61		1100×18	931	90.9	98.0*	90.9	98.0
62		1200×20	1117	97.9	104.0*	97.7	104.0
63		400×14	96	71.2	84	71.2	84.0
64		450×16	137	77.9	92.0	77.9	92.0
65	6.4	500×16	172	83.5	96.0	83.5	96.0
66		600×20	247	98.8	112.0	98.8	112.0
67		700×22	355	111.9	124.0	111.9	124.0
68		800×22	469	117.5	130.0	117.5	130.0

注:(1)PN≤1.0MPa 时,可选用 PN=1.0MPa 的管板厚度。

(2)表中所列管板厚度适用于多管程的情况。

(3)当壳程设计压力与管程设计压力不相等时,可按较高一侧的设计压力选取表中的管板厚度,并按壳程、管程不同的设计压力,确定各自受压部件的结构尺寸。

在选用厚度后,仍需对管子与管板拉脱力进行校核。由于没有进行管板强度计算,对管子的最大应力尚不知,可采用以下过程进行校核。

1. 管、壳壁温差引起的拉脱力

$$P = \frac{\alpha_t t_t - \alpha_s t_s}{\dfrac{1}{naE_t} + \dfrac{1}{BE_s}} \quad (2-51)$$

管子上热应力 $\quad \sigma_t = \dfrac{P}{f_t}$

在热应力作用下每平方厘米连接周边上产生的拉脱力

$$q_t = \frac{\text{管子拉脱力}}{\text{管子胀接周边面积}} = \frac{\sigma_t a}{\pi d_0 l_t} = \frac{\sigma_t (d_0^2 - d_i^2)}{4 d_0 l_t} \quad (2-52)$$

2. 操作压力引起的拉脱力

$$q_p = \frac{pf}{\pi d_0 l_t} \quad (2-53)$$

式中 p——壳壁与管壁温差影响产生的力,N;

q_t,q_p——热应力、操作压力产生拉脱力,MPa;

d_i,d_0——传热管内径、外径,mm;

f_t——管程金属截面积,$f_t = n\alpha$,mm²;

p——操作压力,MPa;

f——每四根管子之间管板面积,如图 2-89 所示,三角形排列时 $f = 0.866 t^2 - \dfrac{\pi d_0^2}{4}$,正方形排列时 $f = t^2 - \dfrac{\pi d_0^2}{4}$,mm²;

t——管间距,mm。

3. 校核准则

当热应力产生对管子胀接周边的作用力与由操作压力产生的对管子胀接周边的作用力方向相同时,拉脱力 $q = q_t + q_p$,反之 $q = q_t - q_p$。

当满足 $q \leq [q]$ 时,拉脱力校核为合格。

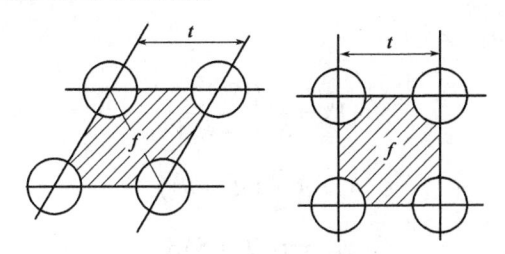

图 2-89 四管之间管板面积

2.5.3 浮头盖、钩圈

浮头式换热器中,浮头盖的强度计算,考虑其包括无折边球形封头、浮头法兰,这两个零件应分别按管程压力 P_t 作用下和壳程压力 P_s 作用下进行内压和外压的设计计算,取计算中的大者为计算厚度,具体计算可按 GB/T 151—2014《热交换器》和 GB/T 150.1~GB/T 150.4—2024《压力容器》要求进行。

钩圈一般分 A 型和 B 型两种,其中 A 型钩圈材料需确定后按 GB/T 151—2014《热交换器》设计钩圈厚度,而 B 型钩圈的材料与浮头管板材料相同,则这种钩圈的设计厚度按 $\delta = \delta_1 + 16\text{mm}$ 确定。式中 δ 为钩圈设计厚度,mm;δ_1 为浮头管板厚度,mm。

2.5.4 设置膨胀节的必要性判断

进行固定管板式换热器设计时,一般应先根据设计条件下换热器各元件的实际应力情况来判断是否需要设置膨胀节。在这种换热器中,由于管束和壳体是刚性的连接,若由于管束与壳体间热膨胀差引起的应力过高时,首先应考虑通过调整材料或某些元件的尺寸来改变连接方式(如胀接改为焊接),或采用管束和壳体可以自由膨胀的换热器,如 U 形管式换热器、浮头式换热器等,使应力满足强度条件,如果不能满足要求,或是虽然可能满足要求但不合理或不经济。则考虑设置膨胀节,以便得到安全、经济合理的换热器。

必须注意的是,仅根据管束和换热管的温度差是否超过某一值,或假设管板绝对刚性来估算换热器与壳体间的轴向应力,并通过该应力是否超过规定值来判断是否需要设置膨胀节,是不尽合理的,其原因在于所假设的管板是绝对刚性的与实际情况存在较大的差距,这仅是为了简化分析的假设。实际上换热管和管束的温度差与热膨胀差是两个不同的概念,前者不一定引起热应力。例如:管束与壳体材料不同时,有可能温度差很大,但其热膨胀差却可能很小,也有可能温度差较小,但热膨胀差却很小。

对于固定管板式换热器,用下式计算壳体和管子中的应力:

壳体承受的最大应力为

$$\sigma_s = \frac{F_1 + F_2}{A_s} \tag{2-54}$$

管子承受的最大应力为

$$\sigma_t = \frac{-F_1 + F_3}{A_t} \tag{2-55}$$

其中

$$F_1 = \frac{\alpha_t(t_t - t_0) - \alpha_s(t_s - t_0)}{\dfrac{1}{E_t A_t} + \dfrac{1}{E_s A_s}} \tag{2-56}$$

$$F_2 = \frac{Q E_s A_s}{E_s A_s + E_t A_t} \tag{2-57}$$

$$Q = \frac{\pi}{4}\left[(D_i^2 - n d_0^2) p_s + n(d_0 - 2S_t)^2 p_t\right]$$

$$F_3 = \frac{Q E_t A_t}{E_s A_s + E_t A_t} \tag{2-58}$$

$$A_t = n \frac{\pi}{4}(d_0^2 - d_i^2)$$

$$A_s = \pi(D_i + S)S$$

式中 F_1——由壳体和管子之间的温差所产生的轴向力,N;
F_2——由壳程和管程压力作用于壳体上所产生的轴向力,N;
F_3——由壳程和管程压力作用于管子上所产生的轴向力,N;
A_t,A_s——分别为管程金属和壳程金属的横截面积,mm²;
t_0——安装时的温度;
t_d,t_s——操作状态下的管壁温度和壳壁温度。

满足下述条件之一者,必须设置膨胀节:(1)$\sigma_s > 2\varphi [\sigma]_s^t$;(2)$\sigma_t > 2[\sigma]_t^t$;(3)$|\sigma_t| > [\sigma]_{cr}^t$;(4)管子拉脱力 $q > [q]$。

有关波形膨胀节设计计算可根据 GB 16749—2018《压力容器波形膨胀节》进行。

内 容 小 结

(1)根据传热方式的不同,可将换热器分为直接接触式、蓄热式和间壁式三类,其中间壁式换热器由于避免了冷、热流体的直接接触,应用最为广泛。

(2)间壁式换热器根据传热面的不同可分为管式换热器、板式换热器以及扩展表面式换热器。

(3)换热器在设计时应满足以下基本要求:合理地实现所规定的工艺条件;安全可靠;有利于安装、操作与维修;经济合理。

(4)列管式换热器主要由管箱、管板、换热管、壳体、折流板和其他附件组成。

(5)常见的列管式换热器有固定管板式、浮头式、U 形管式、双管板式、薄管板式和釜式重沸器,不同形式的换热器在结构和性能上有各自的特点。

(6)当换热管过长或换热器的长径比过大时,可利用管程分程隔板对管束进行分程,以防止流体冲击诱发的振动,同时提高管程传热系数。

(7)列管式换热器的工艺设计主要包括以下内容:确定设计方案;初步确定换热器的结构和尺寸,包括确定物性数据、估算传热面积、确定工艺结构尺寸(如管径、管长、管子数目、管程数、壳程数、壳体内径等);核算换热器的传热能力和流体阻力;确定换热器的工艺结构。

(8)列管式换热器的结构设计主要包括确定换热器相关零部件(如折流板、管板、管箱、分程隔板等)的结构形式、结构尺寸、零部件之间的连接方式等。

(9)列管式换热器的机械设计是对主要承压元件(如管箱、管板、壳体等)进行应力计算和强度校核,以保证换热器的安全运行。

思 考 题

1. 根据传热方式的不同,换热器可分为哪些类型?各有何特点?
2. 固定管板式换热器主要由哪些零部件组成?各零部件的作用是什么?简述该类型换热器的结构特点和适用范围。
3. 浮头式换热器的浮头端主要由哪些零件组成?采用浮头的好处是什么?
4. 与其他类型换热器相比,U 形管式换热器在结构上和性能上有何特点?该类型换热器主要用于哪些场合?
5. 换热管与管板的固定有哪几种连接型式?各有什么特点?适用范围如何?
6. 换热管与管板采用胀焊并用连接有何优点?
7. 管子在管板上排列方式有哪些?各适用于什么场合?
8. 影响固定管板式换热器管板应力的因素有哪些?
9. 列管式换热器在哪些情况下需要对管束进行分程?为什么?管束分程应满足什么条件?
10. 折流板的作用如何?常用有哪些形式?如何对折流板进行固定?
11. 在列管式换热器中热应力是如何产生的?有何影响?为克服热应力可采取哪些措施?

12. 壳程接管挡板的作用是什么？主要有哪些结构型式？
13. 换热器流体诱导振动的主要因素有哪些？应采取哪些相应的防振措施？
14. 可采取哪些措施来实现换热设备的传热强化？
15. 流速的选择在换热器设计中有何重要意义？在选择流速时应考虑哪些因素？
16. 在进行换热器内流体阻力核算时，流体阻力过大会产生何种影响？若流体阻力过大，应如何调整以降低流体阻力？

第3章 塔设备设计

> **学习目标**
>
> (1) 了解塔设备在工业生产中的应用;
> (2) 熟悉塔设备的常见分类;
> (3) 掌握塔设备的基本结构和选型原则;
> (4) 掌握板式塔和填料塔的工艺结构设计方法;
> (5) 掌握塔设备的机械设计方法。

3.1 概 述

3.1.1 塔设备的应用

塔设备是一种重要的单元操作设备,在化工、炼油、食品、医药及环境保护等领域都有着广泛的应用。塔设备的作用是实现气—液相或液—液相的充分接触,使两相有足够的接触时间、分离空间和传质传热的面积,从而达到相际质量和热量传递的目的,实现一定的工艺操作过程,如精馏、吸收、解析、萃取等单元操作。塔设备的性能对于整个装置的产品产量、质量、生产能力和消耗定额,以及三废处理和环境保护等各个方面,都有重大的影响。塔设备无论其投资费用还是所耗用的钢材重量,在整个装置中都占有相当高的比例,见表3-1。

表3-1 塔设备在相关行业和装置中所占的比例

行业名称	塔设备的投资占比,%	装置名称	塔设备的质量占比,%
石油化工	25.4	250×10^4 t/a 常减压蒸馏	45.5
炼油和煤化工	34.9	120×10^4 t/a 催化裂化	48.9
人造纤维	44.9	4.5×10^4 t/a 丁二烯	54.0

3.1.2 塔设备应满足的基本要求

在工业生产中,塔设备为了能够更有效、更经济地运行,除了满足特定的工艺要求(温度、压力)外,还应该达到下列的要求:

(1) 生产能力大,即单位塔截面上单位时间内的物料处理量大。对于结构大小一定的塔,若在较大的气液负荷时仍能保证正常运转,这就说明该塔设备的单位生产能力较高,投入较低。随着过程工业的发展,塔、换热器等工艺设备都必须适应大生产量的需要,即使在气液处理量大时,也能保证气液两相能充分接触,不致发生大量的雾沫夹带、拦液或液泛等破坏正常操作的现象,并提高分离效率。

(2) 传质效率高,即用较低的塔设备,在较短的时间内,能获得质量优、成本低和产量高的产品。

(3) 稳定生产、操作弹性大。当塔设备的气液负荷量有较大的波动时,仍能在较高的传质效率下,保证塔设备处于长周期稳定连续地工作。

(4) 阻力小、能耗低。尽可能减小流体在塔设备生产过程中的压力降,这对于节能降耗,减少生产操作费用具有重大的意义。但必须注意,对于减压蒸馏操作,较大的压力降将使系统无法维持必要的真空度。

(5) 结构简单、材料耗用量小、制造和安装容易。

(6) 方便操作、调节和检修。

事实上,对于现有的任何一种塔型,都不可能完全满足上述的所有要求。因此,在设计和选用时要根据工艺条件和经济合理的要求,抓住主要矛盾进行综合考虑,以确保实现最大的经济效益。近年来,对于高效率、大生产能力、稳定操作和低压降的追求,必将推动新型塔结构的出现和发展。

3.1.3 塔设备的分类及基本结构

3.1.3.1 塔设备的分类

塔设备经过长期发展,形成了型式繁多的结构以满足各方面的特殊需要。为了便于研究和比较,人们从不同的角度对塔设备进行分类。常见的分类方法如下:

(1) 按操作压力分为加压塔、常压塔和减压塔。

(2) 按单元操作分为精馏塔、吸收塔、解吸塔、萃取塔、反应塔和干燥塔等。

(3) 按内件结构分有填料塔和板式塔。

但是长期以来,应用最广泛的还是按内件结构分类的板式塔和填料塔。本章将主要讨论板式塔和填料塔这两类塔设备的工艺设计计算与结构设计的问题。

3.1.3.2 塔设备的基本结构

板式塔是一种逐级(板)逆流接触操作的气液传质单元设备,塔内件是以塔板作为两相接触的基本构件,气体以鼓泡或喷射的形式自塔底向上穿过塔盘上的液层使气液两相密切接触而进行传质与传热。两相的组分浓度沿塔高呈阶梯式变化。图3-1为板式塔的总体结构示意图。

填料塔则属于微分接触型的气液传质设备,塔内以填料作为气液接触和传质的基本构件。在填料塔中,装填一定段数和一定高度的填料层,液体借助重力沿填料表面呈膜状自上向下流动,作为连续相的气体则自下而上流动,与液体逆流传质。两相的组分浓度或温度沿塔高呈连续变化。图3-2为填料塔的总体结构示意图。

由图3-1及图3-2可知,无论是板式塔还是填料塔,除了各种内件之外,均由塔体、支座、除沫器、接管、人孔(或手孔)、吊柱(或吊耳)、扶梯与操作平台等组成。

1. 塔体

塔体是塔设备的外壳。常见的塔体是由等直径、等壁厚的圆筒和作为顶盖和底盖的椭圆形封头所组成。随着化工装置的大型化,也有采用不等直径、不等壁厚的复合塔体。塔体除满足工艺条件(如温度、压力、塔径和塔高等)下的强度、刚度外,还应考虑风力、地震、偏载荷所引起的强度和刚度问题,以及吊装、运输、检验、开停车等的影响。对于板式塔来说,塔体的不垂直度和弯曲度,将直接影响塔盘的水平度(该指标对板式塔效率的影响是非常明显的)。因此,在塔体的设计、制造、检验、运输和吊装等各个环节中,都应严格保证达到有关要求。

2. 支座

支座是塔体和基础的连接部分。它必须保证塔体坐落在确定的位置上进行正常的工作。

为此它应当具有足够的强度和刚度,能承受各种操作工况下的全塔重量,以及风力、地震等引起的载荷。最常用的塔体支座是裙式支座(简称为"裙座")。

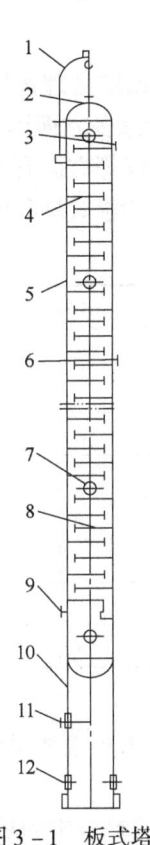

图3-1 板式塔
1—吊柱;2—气体出口;3—回流液入口;
4—精馏段塔盘;5—壳体;6—料液进口;
7—人孔;8—提馏段塔盘;9—气体入口;
10—裙座;11—釜液出口;12—检查孔

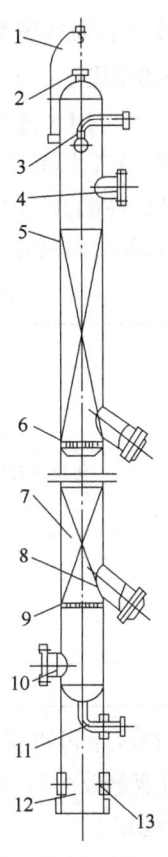

图3-2 填料塔
1—吊柱;2—气体出口;3—喷淋装置;4—人孔;
5—壳体;6—液体再分配器;7—填料;
8—卸填料人孔;9—支承装置;10—气体入口;
11—液体出口;12—裙座;13—检查孔

3. 除沫器

除沫器用于捕集夹带在气流中的液滴。使用高效的除沫器,对于回收贵重物料、提高分离效率、改善塔后设备的操作状况,以及减少对环境的污染等,都是非常必要的。

4. 接管

塔设备的接管用于连接工艺管路,将塔设备与相关设备连成系统。按接管的用途,接管分为进液管、出液管、进气管、出气管、回流管、侧线抽出管和仪表接管等。

5. 人孔(或手孔)

人孔(或手孔)一般都是为了安装、检修检查和装填填料的需要而设置的。在板式塔和填料塔中,各有不同的设置要求。

6. 吊耳

塔设备的运输和安装,特别是在设备大型化后,往往是工厂基建工地上一项举足轻重的任务。为方便塔器的起吊,可在塔设备的适当位置上焊上吊耳。

7. 吊柱

在塔顶设置吊柱是为了在安装和检修时,方便塔内件的运送。

有关扶梯与操作平台需要按照专门的要求设计,在此不进行讨论。

3.1.4 塔设备的选型

板式塔和填料塔均可用于蒸馏、吸收等气—液传质过程,塔型的合理选择是做好塔设备设计的首要环节。而在两者之间进行比较及合理选择时,必须考虑多方面因素,主要有物料性质、操作条件、塔设备的性能,以及塔设备的制造、安装、运转和维修等方面有关的因素。选型时很难提出绝对的选择标准,而只能提出一般的参考意见。表3–2为板式塔和填料塔的比较。

表3–2 板式塔与填料塔的比较

项目	填料塔	板式塔
空塔气速	散装填料较小,规整填料较大	较大
压降	散装填料较大,规整填料较小	较大
塔效率	传统散装填料低,新型散装填料及规整填料较高	较稳定,效率较高
气液比	对液量有一定要求	适应范围大
持液量	较小	较大
材 质	金属或非金属材料	金属材料
造价	新型填料投资较大	大直径塔较低
安装检修	较难	较容易

在选型时,如下情况下可以优先考虑选用板式塔:

(1)塔内液体滞液量较大时,优选板式塔。其原因在于板式塔中液相呈湍流,用气体在液层中鼓泡,操作易于稳定。

(2)液相负荷较小时,板式塔优于填料塔,因为这种情况下填料塔中的填料由于表面润湿不充分而会降低其分离效率。

(3)含有悬浮物的物料,可能结晶,容易结垢时,应选择液流通道较大的塔型,可减小堵塞的危险。

(4)操作过程伴随有热效应的系统(如放热或需要加热的物料,需要在塔内设置内部换热组件,如加热或冷却盘管)以及需要多个进料口或多个侧线出料口时,优选板式塔。其原因在于:一方面在板式塔的结构中易于实现这方面的要求,另一方面则因塔盘上积有液层,当塔板上有较多的滞液量时,有利于与加热或冷却管进行有效地传热。

如下情况则可考虑优先选用填料塔:

(1)当对分离程度要求高而塔高受到限制时,可选用某些具有很高的传质效率的新型填料,以提高分离效率,降低塔的高度。

(2)对于热敏性物料的蒸馏分离须减压操作,以防过热引起分解或聚合。由于新型填料的持液量小,压降小,故可优先选择在减压下进行操作的填料塔。

(3)对于具有腐蚀性的物料,可选用填料塔。因为填料塔中的填料可采用非金属材料,如陶瓷、塑料等。如必须用板式塔,则宜选用结构简单、造价便宜的筛板塔盘、穿流式塔盘或舌形塔盘,以便及时更换。

(4)容易发泡的物料,如处理量不大时,宜选用填料塔。因为在填料塔内,气相主要不以气泡形式通过液相,从而可以减少发泡的危险,此外,填料还可以破坏泡沫,促使泡沫破碎。

3.2 板式塔的设计

3.2.1 板式塔的基本结构

3.2.1.1 板式塔的分类

板式塔是逐级接触型气液传质设备,种类繁多,通常可按如下方法分类。

(1)按塔板的结构可分为泡罩塔、筛板塔、浮阀塔、舌形塔等。

(2)按气液两相流动方式可分为错流板式塔和逆流板式塔,或称有降液管的塔板和无降液管的塔板。它们的工作情况如图3-3所示,其中有降液管的塔板应用较广。

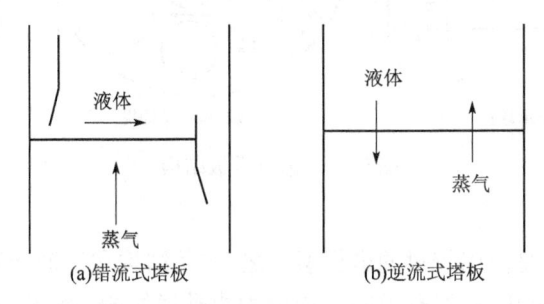

图3-3 错流式和逆流式塔板

(3)按液体流动型式可分为单溢流型和双溢流型等,如图3-4所示,单溢流型塔板应用最为广泛,它的结构简单,液体行程长,有利于提高塔板效率;但当塔径或液量较大时,塔板上液位梯度较大,有可能导致气液分布不均或降液管过载。双溢流型塔板则适用于塔径及液量较大的情况,这是因为采用双溢流塔板后,液体分流为两股,减小了塔板上的液位梯度,也减少了降液管的负荷。缺点是降液管要相间地置于塔板的中间或两边,多占了一部分塔板的传质面积。

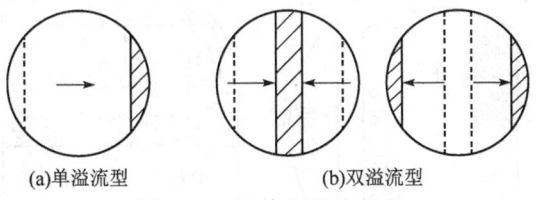

图3-4 液体的流动型式

3.2.1.2 塔板型式

1. 泡罩塔板

泡罩塔板是工业上应用最早的塔板,其结构如图3-5所示。它主要由升气管和泡罩构成。泡罩安装在升气管的顶部,分圆形和条形两种,应用较多的是圆形泡罩。泡罩的下部周边开有很多齿缝,齿缝一般为三角形、矩形或梯形。泡罩在塔板上为正三角形排列。

操作时,液体由上层塔板通过左侧降液管流入塔板,然后横向流过塔板上布置泡罩的区段,此区域为塔板上有效的气液接触区,然后液体初步分离夹带的气泡后,越过出口堰板并流入右侧的降液管。与此同时,蒸气由下层塔板上升进入泡罩的升气管内,经过升气管与泡罩间的环形通道,穿过泡罩的齿缝分散到泡罩间的液层中去。蒸气从齿缝流出时,形成气泡,搅动了塔板上的液体,并在液面上形成泡沫层。气泡离开液面时破裂而形成带有液滴的气体,小液滴相互碰撞形成大液滴而降落,回到液层中。如上所述,蒸气从下层塔盘进入上层塔板的液层并继续上升的过程中,与液体充分接触,实现了传质和传热。

泡罩塔板的优点是操作弹性较大,在负荷变化较大时仍能保持较高的分离效率,无泄漏,不易堵塞,能适应多种介质,稳定可靠。缺点是结构复杂,造价高,板上液层厚,压降大,生产能力及板效率较低。泡罩塔板已逐渐被筛板、浮阀塔板所取代,在新建塔设备中已很少采用。

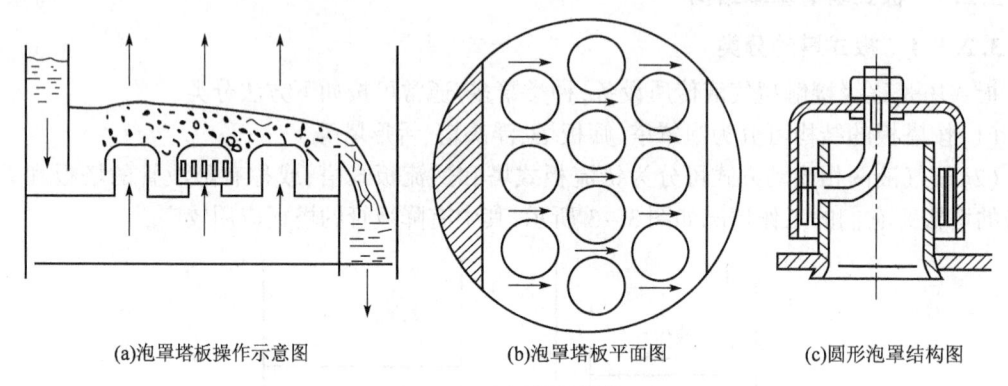

(a)泡罩塔板操作示意图　　(b)泡罩塔板平面图　　(c)圆形泡罩结构图

图 3 – 5　泡罩塔板结构

2. 筛孔塔板

筛孔塔板简称筛板,是应用较早的塔板型式之一,其结构和气液接触状态如图 3 – 6 所示。塔板上开有许多均匀的小孔,根据孔径的大小分为小孔径筛板(孔径为 3~8mm)和大孔径筛板(孔径为 10~25mm)两类。工业应用中以小孔径筛板为主,大孔径筛板多用于某些特殊场合(如分离黏度大、易结焦等物系)。筛孔在塔板上为正三角形排列。塔板上设置溢流堰,使板上能保持一定厚度的液层。

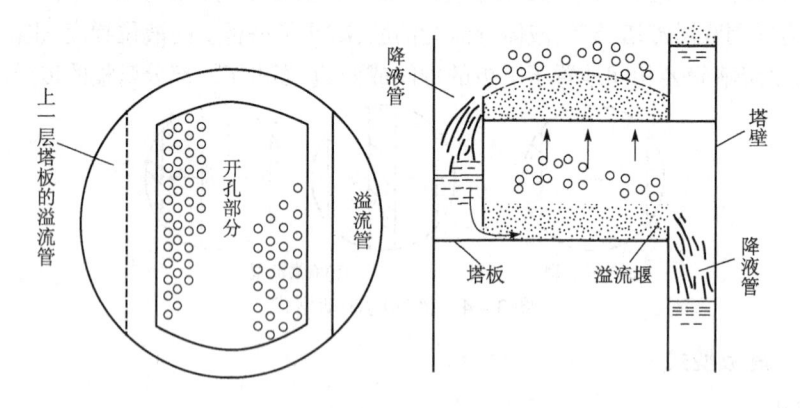

图 3 – 6　筛板塔结构及气液接触状况

操作时,液体从上层塔板的降液管流下,横向流过塔板,再越过溢流堰经降液管流入下层塔板。塔板上,依靠溢流堰高度保持液层高度。蒸气自下而上穿过筛孔时,被分散成气泡,在穿越塔板上的液层时,进行气液两相间的传质与传热。

筛板塔的优点是结构简单、造价低,板上液面落差小,气体压降低,生产能力大,气体分散均匀,传质效率高。缺点是操作弹性较小,筛孔小时容易堵塞。

筛板塔的设计和操作精度要求较高,若设计和操作不当,容易产生漏液,使分离效率下降,因此过去工业上应用较为谨慎。近年来,由于设计和控制水平的不断提高,可使筛板塔的操作非常精确,因此应用日趋广泛。

3. 浮阀塔板

浮阀塔板是在泡罩塔板和筛板的基础上发展起来的,它吸收了两种塔板的优点,应用广泛。浮阀的类型很多,国内常用的有 F_1 型等,其结构如图 3-7 所示。

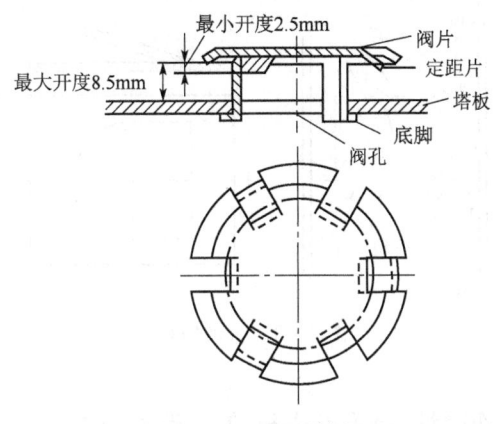

图 3-7　F_1 型浮阀

浮阀塔板的结构特点是在塔板上开有许多阀孔,每个阀孔装有一个可上下浮动的阀片,阀片本身连有几个阀腿,插入阀孔后将阀腿底脚拨转 90°,以限制阀片升起的最大高度,并防止阀片被气体吹走。阀片周边冲出几个略向下弯的定距片,当气速很低时,由于定距片的作用,阀片与塔板呈点接触而坐落在阀孔上,在一定程度上可防止阀片与板面的黏结。

操作时,由阀孔上升的气流经阀片与塔板间隙沿水平方向进入液层,增加了气液接触时间。浮阀开度随着气体负荷而变,在低气量时,开度较小,气体仍能以足够的气速通过缝隙,避免过多的漏液;在高气量时,阀片自动浮起,开度增大,使气速不致过大。有数据表明,浮阀塔在接近阀全开时的操作状态下传热、传质效果最好。

浮阀塔板的优点是结构简单,造价低,生产能力和操作弹性大,塔板效率较高。其缺点是处理高黏度、易结焦的物料时,阀片易与塔板黏结;在操作过程中有时会发生阀片脱落或卡死等现象,使塔板效率和操作弹性下降。

4. 喷射型塔板

上述几种塔板,气体都是以鼓泡或泡沫状态和液体接触,当气体垂直向上穿过液层时,分散形成的液滴或泡沫具有一定的向上初速度。若气速过高,会造成较为严重的液沫夹带,使塔板效率下降,因而生产能力受到限制。近年发展起来的喷射型塔板克服了这一缺点。在喷射型塔板上,气体喷出方向与液体流动方向一致,充分利用气体的动能来促进两相间的接触。气体不再通过较深的液层而鼓泡,因而塔板压降降低,液沫夹带量减小,不仅提高了生产能力,而且可采用较大的气速,提高了生产能力。喷射型塔板大致有以下几种类型。

1) 舌形塔板

舌形塔板的结构如图 3-8 所示,塔板上冲出许多舌形孔,方向朝塔板液流出口侧张开。舌孔与板面呈一定角度,有 18°、20° 和 25° 三种(一般为 20°),舌片尺寸有 50mm × 50mm 和 25mm × 50mm 两种。舌孔按正三角形排列,塔板的液流出口侧不设溢流堰,只保留降液管,降液管截面积比一般塔板设计得大些。

操作时,上升的气流以较高的速度(可达 20 ~ 30m/s)沿舌片张角向斜上方喷出。从上层塔板降液管流出的液体,流过每排舌孔时,即被喷出的气流强烈扰动而形成液沫,被斜向喷射到液层上方,喷射的液流冲至降液管上方的塔壁后流入降液管中,流到下一层塔板。

舌形塔板的优点是生产能力大,塔板压降低,传质效率较高;缺点是操作弹性小,气体喷射作用易使降液管中的液体夹带气泡流到下层塔板,降低塔板效率。

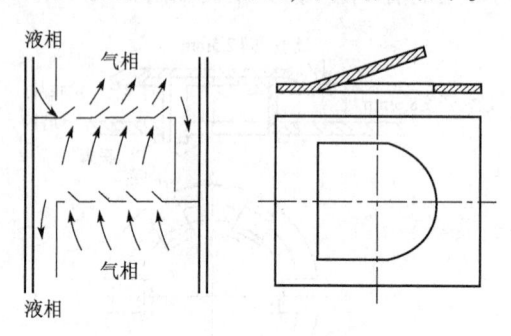

图 3-8 舌形塔板

2) 浮舌塔板

为提高舌形塔板的操作弹性,将舌形塔板的固定舌片改为浮动舌片,即为浮舌塔板,如图 3-9 所示。浮舌塔板兼有浮阀塔板和固定舌形塔板的特点,具有处理能力大、压降低、操作弹性大、制造方便、效率较高等优点,特别适合于热敏性物系的减压分离过程。

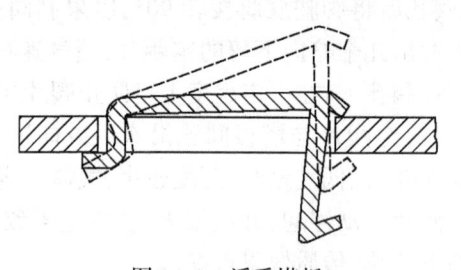

图 3-9 浮舌塔板

5. 无降液管塔板

无降液管塔板也称为穿流式栅板,是一种典型的气液逆流式塔板。这种塔板上无降液管,但开有栅缝或筛孔作为气相上升和液相下降的通道,如图 3-10 所示。

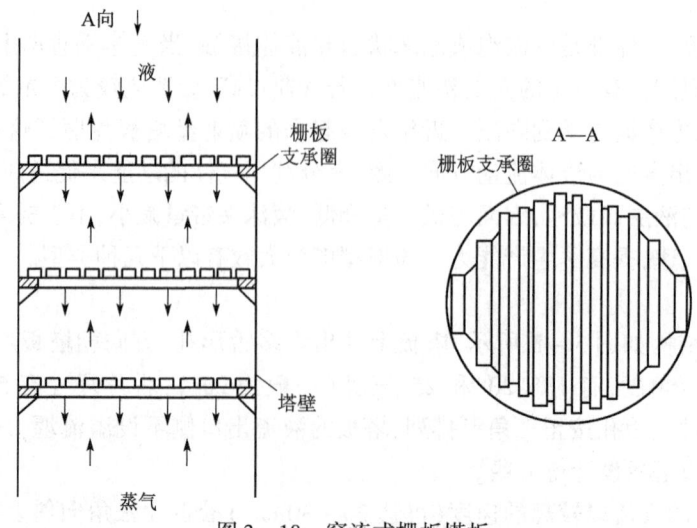

图 3-10 穿流式栅板塔板

操作时,蒸气由栅缝或筛孔上升,液体在塔盘上被上升的气体阻挠,形成泡沫。两相在泡沫中进行传质与传热。液体与蒸气接触后不断地从栅缝或筛孔流下,气液两相在栅缝或筛孔中形成上下穿流。

无降液管塔板具有结构简单、处理能力大、压力降小、不易堵塞等优点,可用于真空蒸馏。但是塔板效率较低,操作弹性较小。

6. 导向筛板塔

导向筛板塔是在普通筛板塔的基础上,对筛板进行了两项有意义的改进:一是在塔板上开设了一定数量与液流方向一致的导向孔。利用导向孔喷出的气流推动液体,减小液面梯度;二是在塔板的液体入口处增设了鼓泡促进结构,称为鼓泡促进器。鼓泡促进器使液体刚进入塔板就迅速鼓泡,这样可达到良好的气液接触效果,提高塔板效率,增大处理能力,减小压力降。与普通筛板塔相比,使用这种导向筛板塔,压降可下降15%,塔板效率可提高13%左右。因此,导向筛板塔可用于减压蒸馏和大型分离装置。

导向筛板的结构如图3-11所示。图中可见导向孔、筛孔和鼓泡促进器,导向孔的形状类似于百叶窗,可冲压制成。开孔为细长的矩形缝,缝长有12mm、24mm和36mm 3种。导向孔的开孔率一般为10%~20%,具体可视物料性质而定。导向孔开缝高度一般为1~3mm。鼓泡促进器是在塔板入口处形成一凸起部分,凸起高度一般取3~5mm。斜面上通常只开有筛孔,而不开导向孔。筛孔的中心线与斜面垂直。

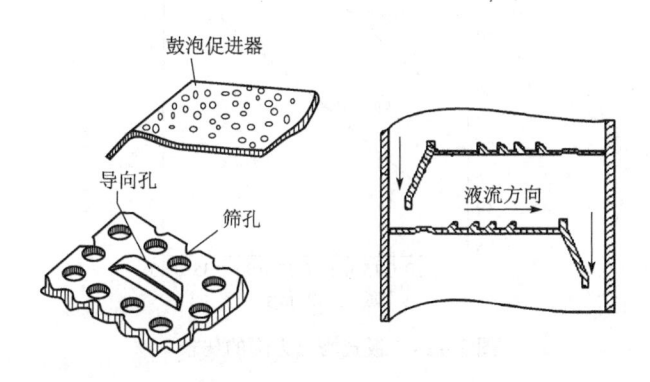

图 3-11 导向筛板的结构

3.2.1.3 塔板的性能比较

塔板的结构在一定程度上决定了它们操作时的流体力学状态和传质性能,具体体现在:(1)塔板的生产能力;(2)塔板的效率;(3)操作弹性;(4)塔板压降;(5)造价;(6)操作是否方便,设计方法是否成熟。虽然要满足所有这些要求是困难的,但是对于各种塔板,应该用这些基本的性能进行评价,在相互比较的基础上进行选用。

图3-12、图3-13及图3-14分别为常用的几种板式塔的操作负荷(生产能力)、效率及压力降的比较。表3-3则为常用板式塔的性能比较。由上述图表可以看出,浮阀塔在蒸气负荷、操作弹性、效率方面与泡罩塔相比都具有明显的优势,因而目前获得了广泛的应用。筛板塔的压力降小、造价低、生产能力大,除操作弹性较小外,其余均接近于浮阀塔,故应用也较广。栅板塔操作范围比较窄,板效率随负荷的变化较大,应用受到一定限制。

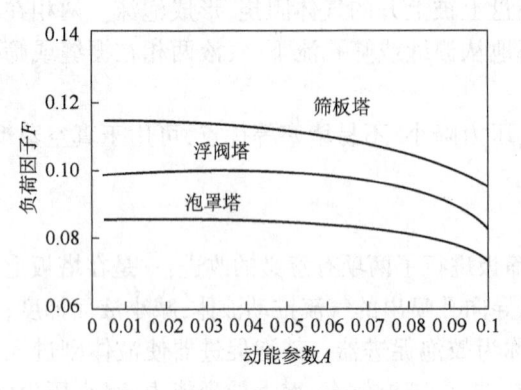

图 3-12　板式塔生产能力的比较　　　　图 3-13　板式塔效率的比较

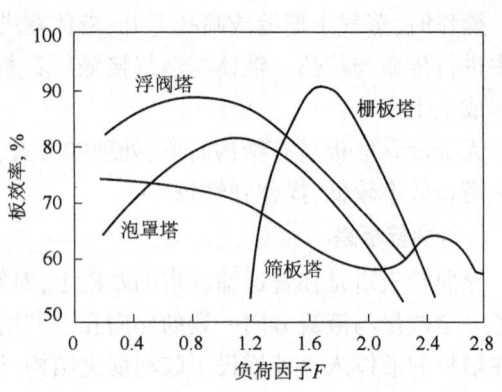

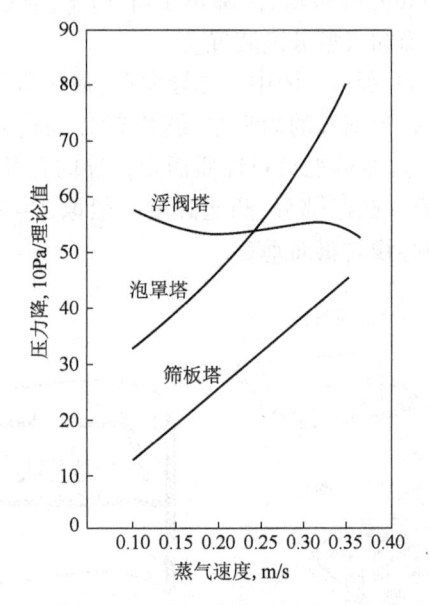

图 3-14　板式塔压力降的比较

表 3-3　板式塔结构性能比较

塔型	与泡罩塔相比的相对气相负荷	效率	操作弹性	85%最大负荷时的单板压力降,mm水柱	与泡罩塔相比的相对价格	可靠性
泡罩塔	1.0	良	超	45~80	1.0	优
浮阀塔	1.3	优	超	45~60	0.7	良
筛板塔	1.3	优	良	30~50	0.7	优
舌形塔	1.35	良	超	40~70	0.7	良
栅板塔	2.0	良	中	25~40	0.5	中

3.2.2　板式塔的工艺设计

板式塔的类型很多,但其设计原则基本相同,其计算框图如图 3-15 所示。

工艺计算的任务是以流经塔内的气液两相流量、操作条件和系统物性为依据,设计出具有良好性能(压降小、弹性宽、效率高)的塔板工艺尺寸。但因在一定的操作条件下,塔板的性能与其结构、尺寸密切相关,又因必须由设计确定的塔板结构参数实在太多,无法一一找出结构参数、物性、操作条件与流体力学性能之间的定量关系,因此为了简化设计程序又可得到合理的结果,设计中通常是选定若干参数(如板间距、塔径、溢流堰尺寸等)作为独立变量,定出这些变量之后,再对其流体力学性能进行计算,校核其是否符合规定的数据范围,并绘制塔板负荷性能图,从而确定该塔板的适当操作区。如不符合要求就必须修改设计参数,重复上述设计步骤,直至符合要求为止。必须指出,在设计中不论是确定独立变量还是进行流体力学校核都是以经验数据作为设计的依据和比较的标准。

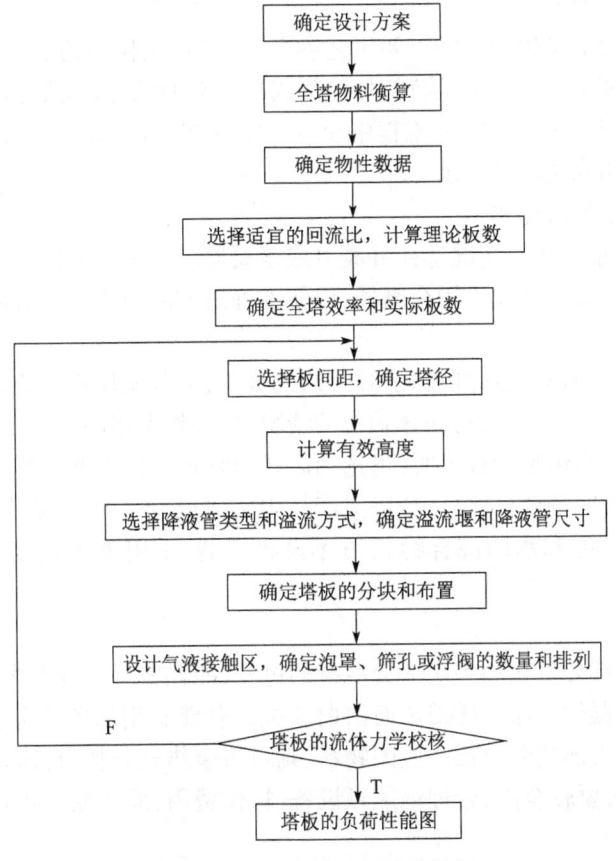

图 3-15 板式塔工艺计算框图

3.2.2.1 设计方案的确定

确定设计方案是指确定设备结构、精馏方式、装置流程和一些操作指标,例如组分的分离顺序、操作压力、进料状况、塔顶蒸汽的冷凝方式及测量仪表的设置等。确定设计方案的总原则是尽可能选用当前先进并且成熟的研究成果,使生产在满足安全的前提下,达到技术上先进、经济上合理。

1. 板式塔结构类型的选择

不同类型的塔板,都各自具有某些独特的优点,也都存在一定的缺点。因此,任何一种塔型都难以完全满足对塔设备的所有要求,设计者只能根据被分离物系的性质和其他某几项主要的要求,通过分析比较,选取一种相对来说比较合适的结构类型。

2. 精馏方式的选择

精馏过程按操作方式的不同,可分为连续精馏和间歇精馏两种流程。连续精馏具有生产能力大、产品质量稳定等优点,工业生产中以连续精馏为主。间歇精馏具有操作灵活、适应性强等优点,适合小规模、多品种或多组分物系的初步分离。

3. 装置流程的确定

精馏装置包括精馏塔、原料输送泵、预热器、塔顶冷凝器和塔釜再沸器等设备。

1) 物料的储存和输送

在流程中应设置原料槽、产品槽和离心泵。原料可由泵直接送入塔内,也可通过高位槽送料,以免受泵操作波动的影响。为使过程连续稳定地进行,产品还需用泵送入下一工序。

2) 参数的检测和调控

流量、温度和压力等是生产中的重要工艺参数,必须在流程中的适当位置装设仪表,以测量这些参数。同时,在生产过程中,物料、加热剂或冷却剂的状态(流量、温度、压力)都不可避免存在一定程度的波动,因此必须在流程中设置一定的阀门(手动或自动)进行调节,以适应这些波动,保证产品达到规定的要求。

3) 冷凝器和再沸器的选用

塔顶冷凝装置可根据生产情况选择分凝器或全凝器。塔顶分凝器对上升蒸汽虽有一定增浓作用,但在石油等工业中往往采用全凝器,以便准确地控制回流比。若后续装置使用气相物料,则宜用分凝器。

再沸器的结构形式有立式热虹吸式、卧式热虹吸式、强制循环式和釜式再沸器等。强制循环再沸器适用于进料黏度大或含有固体颗粒的情况,但操作费用高。当传热量较小时,可选立式热虹吸式再沸器;当传热量较大时,可选用卧式热虹吸式再沸器。釜式再沸器操作稳定可靠,适用于气化率较大的场合。此外,若塔釜产品中主要成分是水,且在低浓度下轻组分的相对挥发度较大时(如乙醇和水的混合物),可不设再沸器,采用塔釜直接蒸汽加热,节省投资费用。

4) 能量的回收

精馏是组分多次部分汽化和多次部分冷凝的过程,能耗较高。进入再沸器的热能中,约有95%以上被塔顶冷凝器的冷却介质带走而白白损失。若能利用塔釜产品去预热原料,或利用塔顶蒸汽的冷凝潜热去加热温位低一些的物料,则可将余热充分利用,达到回收目的。

总之,确定流程时要较全面、合理地兼顾设备、操作费用、操作控制和安全等因素。

4. 操作条件的确定

操作条件的选择通常以物系的性质、分离要求等工艺条件以及所能提供的公用工程实际条件作为前提,以达到某一目标为最优来选择适宜的操作条件。在精馏装置中,首先选择精馏塔的操作条件,其他单元设备操作条件随之而定。同时,还要考虑本装置与上游装置衔接的工况。精馏塔操作条件的选择通常从以下几方面考虑。

1) 操作压力

精馏操作可以在常压、加压或减压下进行,操作压力的大小应根据物料的性质和经济上的合理性来决定。一般来说,除热敏性物料外,凡通过常压蒸馏不难实现分离要求,并能用常温冷却水将馏出物冷凝下来的系统,都应采用常压精馏;对热敏性物料或混合液沸点过高的系统则宜采用减压精馏;对常压下馏出物冷凝温度过低的系统,可适当提高压力,用常温冷却水取代冷却剂,但如果压力需要提得很高,致使设备费过高时,提高压力与适宜冷却剂应同时考虑;对常压下的气态物料(如石油气)则必须采用加压精馏。

2) 进料状态

进料状态可以是过冷液体、饱和液体、气液混合物、饱和蒸气或过热蒸气。不同的进料状态对塔内气、液相流量分布、塔径、能耗和所需的塔板数都有一定的影响。从能量的数量角度出发,应"热在塔釜,冷在塔顶",使产生的气相和液相回流在全塔发挥作用,进料状态应和前一工序来的物料状态保持一致,不做任何改变。但从设计角度看,如果来的原料为过冷液体,则可考虑加设原料预热器,将原料预热至饱和液体状态进料,这样精馏段和提馏段的气相流率接近,两段的塔径可以相同,便于设计和制造,操作上也比较容易控制。从能量的质量角度看,采用塔釜产品或其他工艺物流的余热对原料进行预热,可减少再沸器高品位热能的消耗,降低系统的有效能损失,使耗能趋于合理。但是,若将进料温度提得过高,可导致提馏段气、液相流量同时减少,从而引起提馏段气液比的增加,削弱了提馏段的分离能力,使塔板数有所增加。

3) 回流比

回流比的选择,主要从经济角度出发,力求使设备费用和操作费用之和,即总费用最小。一般适宜的回流比大致为最小回流比的 1.1~2 倍。通常,能源价格较高或物系比较容易分离时,这一倍数可以适当取得小些。实际生产中,回流比往往是调节产品质量的重要手段,必须留有一定的裕度。因此,具体的倍数需要参考实际生产中的经验数据进行选取。

3.2.2.2 塔体的工艺计算

塔体的工艺计算包括塔的有效高度和塔径。

1. 塔的有效高度

板式塔的有效高度是指安装塔板部分的高度,可按下式估算:

$$Z = \left(\frac{N_T}{E_T} - 1\right) H_T \tag{3-1}$$

式中 Z——板式塔的有效高度,m;
　　　N_T——塔内所需理论板数;
　　　E_T——全塔效率(总板效率);
　　　H_T——塔板间距,m。

1) 理论板数的计算

理论板数的计算方法包括简捷计算法、逐板计算法和计算机模拟法等。简捷计算法是在分离任务和分离要求给定的条件下,估算理论板数的方法,只解决精馏过程中级数、进料与产品组成间的关系,而不涉及级间的温度与组成的分布。逐板计算法主要针对双组分近似理想物系,结合恒摩尔流假定,通过解析或图解的方法,计算理论板数和塔内各板的温度、组成变化。上述两种方法的计算结果可作为过程的分析和严格计算的初值,最终结果应参考实验或生产数据加以确认。在实际工程设计中,一般均采用计算机模拟法。计算机模拟法通过选择合适的热力学方法,建立严格的物料衡算方程(M)、相平衡方程(E)、组分归一方程(S)和热量衡算方程(H)(简称 MESH 方程组)进行求解。国际上用的流程模拟软件有 Aspen Plus、Pro II 等。通过模拟即可获得所需的理论板数、进料置、各板的温度、压力、组成和气液相流量的变化等,计算快捷准确。

2) 全塔效率的估算

全塔效率与系统的物性、塔板结构及操作条件等都有密切关系,由于影响因素多且复杂,目前尚无精确的计算方法。工业上的测定值通常在 0.3~0.7 之间。

全塔效率一般由下列估算方法确定:

(1) 参考生产过程中的同类型塔板、物系性质相同或相近的全塔效率的经验数据。

(2) 在生产现场对同类型塔板、类似物系的塔进行实际测定。

(3)采用全塔效率的关联图。目前应用较广泛的关联图是将全塔效率对液相黏度与相对挥发度的乘积进行了关联,如图3-16所示。

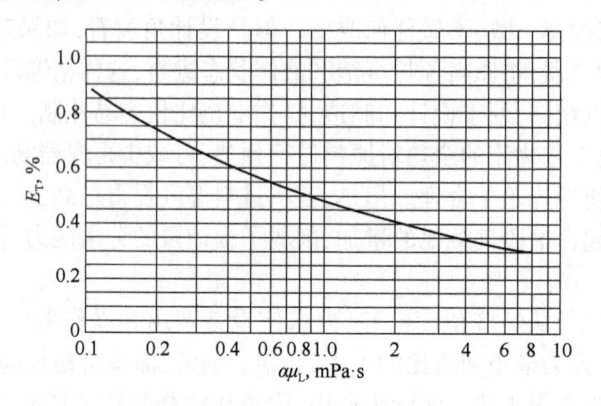

图3-16 精馏塔全塔效率关联图

3)塔板间距的选定

塔板间距的选定很重要,它与塔高、塔径、物系性质、分离效果、操作弹性以及塔的安装、检修等都有关。设计时通常根据塔径的大小,由表3-4列出的经验值选取。

表3-4 塔板间距与塔径关系

塔径,m	0.3~0.5	0.5~0.8	0.8~1.6	1.6~20	2.0~2.4	>2.4
塔板间距,mm	200~300	250~350	350~450	450~600	600~800	2800

化工生产中常用的板间距有300mm、350mm、400mm、450mm、500mm、600mm、700mm和800mm。选取塔板间距时,还应考虑实际情况,例如塔板数很多时,可选用较小的塔板间距,适当增大塔径以降低塔高;塔内各段负荷差别较大时,也可采用不同的塔板间距以保持塔径一致;对易起泡的物系,塔板间距应取得大些,以保证塔的分离效果;对生产负荷波动较大的场合,也需要加大塔板间距以保证一定的操作弹性。此外,考虑安装检修的需要,在塔体人孔出的塔板间距不应小于600mm,以便有足够的工作空间。在设计中,有时需要反复调整,选定合适的板间距。

2. 塔径

根据流量公式可初步计算塔径,即

$$D = \sqrt{\frac{4V_s}{\pi u}} \quad (3-2)$$

式中 D——塔内径,m;

V_s——塔内气相体积流量,m^3/s;

u——空塔气速,m/s。

由式(3-2)可知,计算塔径的关键在于确定适当的空塔气速u。设计中,空塔气速的计算方法是,先按防止出现液沫夹带液泛的原则求得开始发生液泛时的空塔气速(液泛气速),然后根据设计经验乘以一定的安全系数(泛点率),即

$$u = (0.5 \sim 0.8)u_f \quad (3-3)$$

式中 u_f——液泛气速(泛点气速),m/s。

泛点率的选取与分离物系的起泡程度密切相关。对易起泡的物系,可取0.5~0.6;对一

般液体,可取 0.6~0.8。

液泛气速 u_f 可根据悬浮液滴沉降原理导出,其结果为

$$u_f = C_f \sqrt{\frac{\rho_L - \rho_v}{\rho_v}} \qquad (3-4)$$

式中　C_f——开始发生液泛时的气相负荷因子,即泛点负荷因子,m/s;
　　　ρ_v, ρ_L——气、液相密度,kg/m³。

泛点负荷因子 C_f 与气、液相流量、物性及塔板结构有关,一般由实验确定。史密斯(Smith)等人收集了多个泡罩、筛孔、浮阀塔板的数据,整理成泛点负荷因子与各影响因素之间的关系曲线,如图 3-17 所示。

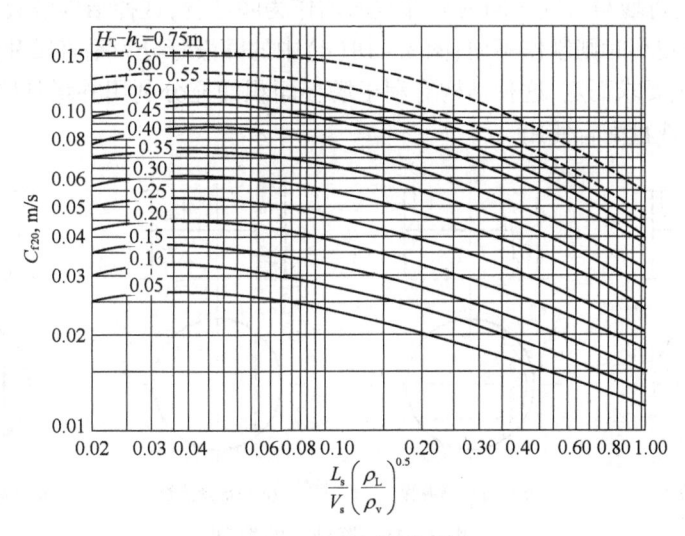

图 3-17　史密斯关联图

V_s, L_s—塔内气、液相体积流量,m³/s;ρ_v, ρ_L—气、液相密度,kg/m³;H_T—塔板间距,m;h_L—板上清液层高度,m

图 3-17 中,横坐标是无量纲比值,称为两相流动参数,以 F_{LV} 表示,它实际上是液、气两相动能因子的比值,反映了液、气两相的流量与密度对泛点负荷因子的影响;纵坐标 C_{f20} 是液相表面张力为 20mN/m 时的泛点负荷因子;参数 $H_T - h_L$ 反映了液滴沉降空间高度对泛点负荷因子的影响。

设计中,板上清液层高度 h_L 由设计者选定。对常压塔一般取 0.05~0.08m;对减压塔一般取 0.025~0.03m。

图 3-17 是按液相表面张力为 20mN/m 的物系绘制的,若所处理的物系表面张力为其他值,可按下式进行校正:

$$C_f = C_{f20} \left(\frac{\sigma}{20}\right)^{0.2} \qquad (3-5)$$

式中　σ——所处理物系的液相表面张力,mN/m。

计算出塔径 D 后,还应按塔径系列标准值进行圆整。常用的标准塔径为 400mm、500mm、600mm、700mm、800mm、1000mm、1200mm、1400mm、1600mm、1800mm、2000mm、2200mm 等。

以上算出的塔径只是初值,还要根据流体力学原则进行校核。另外,对精馏过程,精馏段和提馏段的气、液相负荷和物性数据是不同的,故设计中两端的塔径应分别计算。若两者相差不大,应取较大者作为塔径;若两者相差较大,应采用变径塔。

3.2.2.3 塔板的工艺计算

1. 溢流装置设计

板式塔的溢流装置包括溢流堰、降液管和受液盘等,其结构和尺寸对塔的性能有重要影响。

1)溢流装置结构

(1)降液管的类型。

降液管是塔板间流体流动的通道,也是溢流液中所夹带的气体得以分离的场所。降液管有圆形与弓形两种,如图3-18所示。图3-18(a)中的圆形降液管的流通面积较小,通常只在液相负荷很低或塔径较小时使用,工业上多采用弓形。弓形降液管有如下几种形式:图3-18(b)是将稍小的弓形降液管固定在塔板上,它适用于小直径的塔,又能有较大的降液管容积;图3-18(c)是将堰与塔壁之间的全部截面均作为降液管,这种结构塔板利用率高,适用于大直径的塔,塔径较小时则制作不便;图3-18(d)中的降液管分为垂直段和倾斜段,倾斜段的倾斜角度根据工艺要求而定,这种结构有利于塔板面积的充分利用并增加降液管两相分离空间,一般与凹形受液盘配合使用。

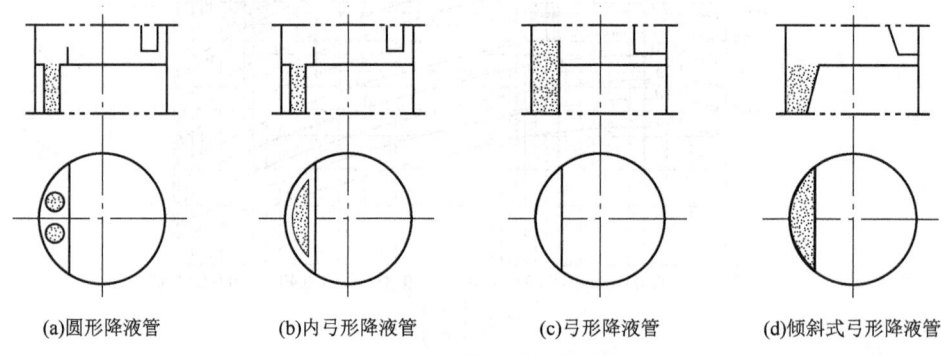

(a)圆形降液管　　　(b)内弓形降液管　　　(c)弓形降液管　　　(d)倾斜式弓形降液管

图3-18　降液管的类型

(2)溢流方式。

溢流方式与降液管的布置有关。常用的溢流方式有单溢流、双溢流、U形流和阶梯式双溢流等,如图3-19所示。

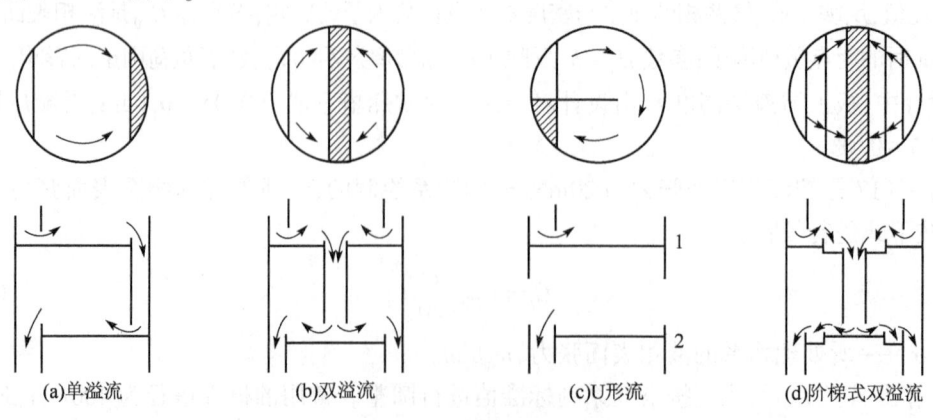

(a)单溢流　　　(b)双溢流　　　(c)U形流　　　(d)阶梯式双溢流

图3-19　塔板溢流方式

单溢流[图3-19(a)]又称直径流。液体自受液盘横向流过塔板至溢流堰。这种溢流方式液体流经的距离长,塔板效率高,结构简单,加工方便,在直径小于2.2m的塔中被广泛采用。

双溢流[图3-19(b)]又称半径流。其结构是降液管交替设在塔截面的中部和两侧,来自上层塔板的液体分别从两侧的降液管进入塔板,横过半块塔板而进入中部降液管,到下层塔板液体则由中央向两侧流动。这种溢流方式的优点是液体流动的路程短,可降低液面落差,但塔板结构复杂,板面利用率低,一般用于直径大于2m的塔中。

U形流[图3-19(c)]又称回转流。其结构是将弓形降液管用挡板隔成两半,一半作受液盘,另一半作降液管,降液和受液装置安排在同一侧,迫使流经塔板的液体作U形流动。这种溢流方式液体流经的距离长,可以提高板效率,板面利用率也高,但液面落差较大,只适用于小塔或液相流量小的场合。

阶梯式双溢流[图3-19(d)]塔板做成阶梯形式,每一阶梯均有溢流。这种溢流方式可在不缩短液体流动距离的情况下减小液面落差,但结构最为复杂,只适用于塔径很大、液相流量很大的场合。

综上所述,溢流方式与液相负荷及塔径有关。表3-5列出了溢流方式与液相负荷及塔径的经验关系,可供设计时参考。

表3-5　溢流方式与液相负荷及塔径的经验关系

塔径,mm	液相体积流量,m³/h			
	单溢流	双溢流	U形流	阶梯式双溢流
600	5~25		<5	
800	7~25		<7	—
1000	<45		<7	
1400	<70		<9	—
2000	<90	90~160	<11	
3000	<110	110~200	<11	200~300
4000	<110	110~230	<11	230~350
5000	<110	110~250	<11	250~400
6000	<110	110~250	<11	250~450
适用场合	一般场合	高气液比或大型塔	较低气液比	极高气液比或超大型塔

2)溢流装置尺寸

(1)溢流堰。

溢流堰又称出口堰,它的作用是维持塔板上有一定的液层高度,并使液体能较均匀地横过塔板流动。溢流堰的形状有平直形和齿形两种,设计中一般采用平直形。溢流堰的主要尺寸为堰长l_w和堰高h_w,如图3-20所示。

弓形降液管的弦长称为堰长。堰长l_w一般根据经验确定:对单溢流,$l_w = (0.6 \sim 0.8)D$;对双溢流,$l_w = (0.5 \sim 0.6)D$。其中,l_w为堰长,m;D为塔内径,m。

溢流堰上端面(对齿形堰为齿根)高出塔板板面的距离称为堰高。堰高h_w与板上清液层高度h_L及堰上液层高度h_{ow}的关系为

$$h_L = h_w + h_{ow} \tag{3-6}$$

式中　h_L——板上清液层高度,m;

h_w——堰高,m;

h_{ow}——堰上液层高度,m。

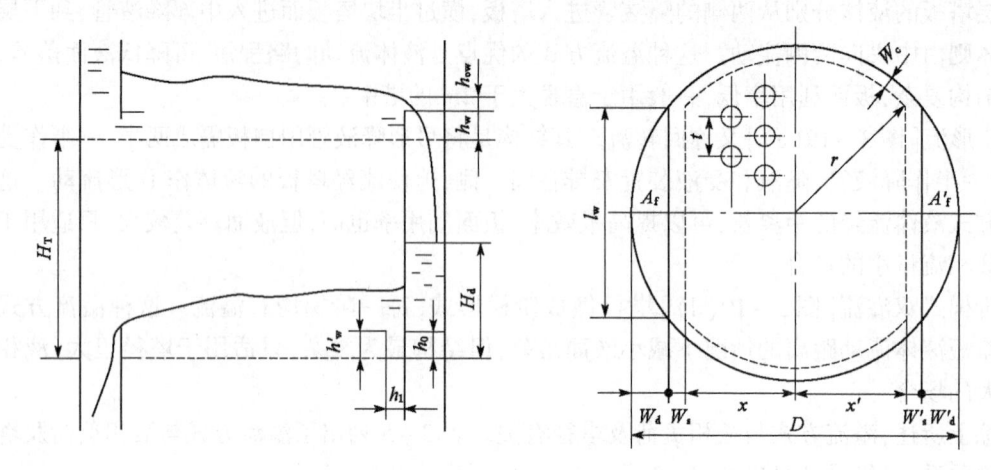

图 3-20　弓形降液管塔板结构和主要尺寸

设计时,一般应保持板上清液层高度 h_L 在 50~100mm。堰上液层高度 h_{ow} 可根据溢流堰的形式由以下方法确定。

对平直堰,h_{ow} 可由弗兰斯(Francis)公式计算,即

$$h_{ow} = \frac{2.84}{1000} E \left(\frac{L_h}{l_w}\right)^{2/3} \quad (3-7)$$

式中　h_{ow}——堰上液层高度,m;
　　　L_h——塔内液相体积流量,m/h;
　　　l_w——堰长,m;
　　　E——液流收缩系数,工程设计时,若 L_h 不太大,可近似取 $E=1$。

堰上液层高度 h_{ow} 对塔板的操作性能有很大影响:h_{ow} 太小,会造成液体在堰上分布不均,影响传质效果,设计时应使 $h_{ow} > 6$mm,若小于此值可减小堰长 l_w 或采用齿形堰;h_{ow} 太大,会增大塔板压降及液沫夹带量。一般设计时 h_{ow} 不宜大于 60~70mm,超过此值时可增加堰长 l_w 或改用双溢流方式。

对于齿形堰(图 3-21),齿深 h_n 一般在 15mm 以下。

(a)液层高度不超过齿顶　　　　(b)液层高度超过齿顶

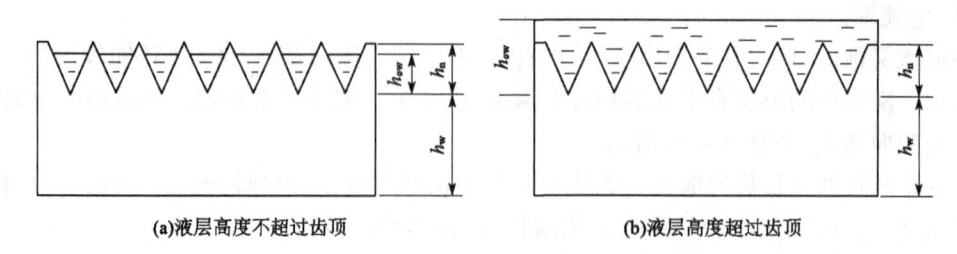

图 3-21　齿形堰

当液层高度不超过齿顶时[图 3-21(a)],h_{ow} 可由下式计算:

$$h_{ow} = 1.17 \left(\frac{L_s h_n}{l_w}\right)^{2/5} \quad (3-8)$$

当液层高度超过齿顶时[图 3-21(b)],h_{ow} 可由下式计算:

$$L_s = 0.735 \frac{l_w}{h_n} [h_{ow}^{5/2} - (h_{ow} - h_n)^{5/2}] \tag{3-9}$$

式中 h_{ow}——由齿根算起的堰上液层高度,m;
　　　L_s——塔内液相体积流量,m^3/s;
　　　h_n——齿深,m;
　　　l_w——堰长,m;

式(3-9)需采用试差法计算,也可由图3-22求取。

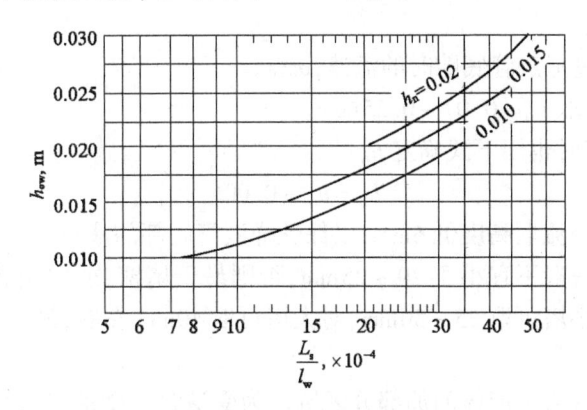

图3-22 溢流液层超高齿顶时的 h_{ow} 值

求出 h_{ow} 后,即可按下式范围确定 h_w:

$$0.05 - h_{ow} \leq h_w \leq 0.1 - h_{ow} \tag{3-10}$$

在工业塔中,堰高 h_w 一般为 0.04~0.05m,对减压塔为 0.015~0.025m,对加压塔为 0.04~0.08m,一般不宜超过 0.1m。

(2)降液管。

弓形降液管的主要尺寸是降液管宽度 W_d 和降液管截面积 A_f,如图3-20所示。设计中可根据堰长与塔径之比 l_w/D 由图3-23查得。

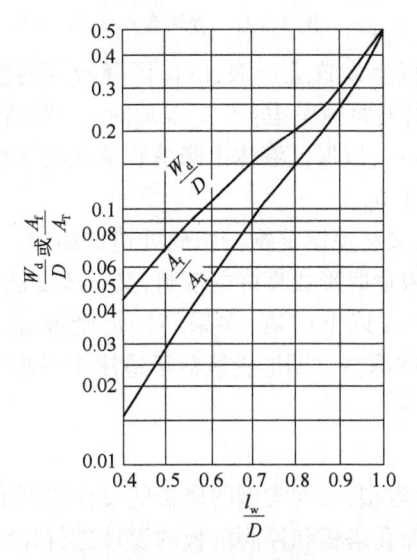

图3-23 弓形降液管尺寸

降液管下端与受液盘之间的距离称为底隙高度,以 h_0 表示。确定降液管底隙高度的原则是既能保证液体流经此处时的局部阻力不太大,以防止沉淀物在此堆积而堵塞降液管,又要有良好的液封,防止气体通过降液管造成短路。一般可按下式计算降液管底隙高度:

$$h_0 = \frac{L_s}{l_w u_0'} \tag{3-11}$$

式中　h_0——降液管底隙高度,m;
　　　L_s——塔内液相体积流量,m/s;
　　　l_w——堰长,m;
　　　u_0'——流体通过降液管底隙时的流速,m/s。

根据经验,一般可取 $u_0' = 0.07 \sim 0.25 \text{m/s}$。

为了简便起见,有时也用下式确定 h_0:

$$h_0 = h_w - 0.006 \tag{3-12}$$

即降液管底隙高度比溢流堰高度低 6mm,以保证降液管底部的液封。

降液管底隙高度一般不宜小于 20~25mm,否则易于堵塞,或因安装偏差而使液流不畅,造成液泛。设计时对小塔可取 25~30mm,对大塔可取 40mm 左右,最大可达 150mm。

(3) 受液盘。

塔板上接受降液管流下液体的那部分区域称为受液盘。受液盘有平形和凹形两种形式,如图 3-24 所示。

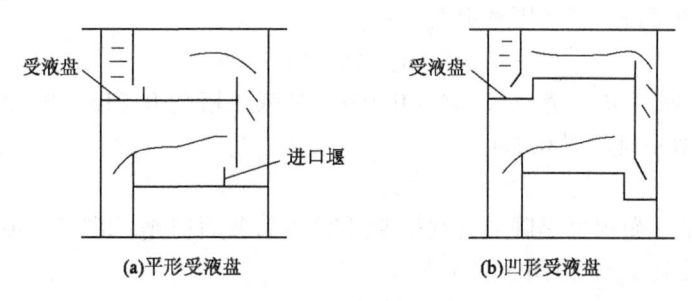

图 3-24　受液盘形式

(a) 平形受液盘　(b) 凹形受液盘

平形受液盘一般需在塔板上设置进口堰,以保证降液管的液封,并使液体在板上分布均匀。进口堰的高度 h_w' 可按以下原则考虑:当 $h_w > h_0$ 时(一般情况),取 $h_w' = h_0$;在个别情况下,当 $h_w < h_0$ 时,则应取 $h_w' > h_0$,以保证液体由降液管流出时不致受到很大阻力,进口堰与降液管间的水平距离 h_1 不应小于 h_0。

设置进口堰既占用板面,又易使沉淀物淤积此处造成阻塞。采用凹形受液盘不需设置进口堰。凹形受液盘既可在低液量时形成良好的液封,又有改变液体流向的缓冲作用,且便于液体从侧线抽出。对直径 600mm 以上的塔,多采用凹形受液盘。凹形受液盘的深度一般在 50mm 以上,有侧线采出时宜取深些。凹形受液盘不适用于易聚合或含有悬浮固体的情况,易造成死角而堵塞。

2. 塔板设计

如前所述,塔板具有多种类型,不同类型的塔板的设计原则虽基本相同,但又有各自特点,这里主要对应用最为普遍的筛孔塔板和浮阀塔板的设计进行介绍。

1) 塔板分块

塔板按结构特点,可分为整块式和分块式两类。塔径在 800mm 以内的小塔一般采用整块式塔板;塔径在900mm以上的大塔通常采用分块式塔板,以便通过人孔拆装;塔径在800～900mm之间时,可根据制造与安装具体情况,任意选取一种结构。对单溢流塔板,塔板分块数见表3-6,其常用的分块方法如图3-25所示。

表3-6 塔板分块数

塔径,mm	800～1200	1400～1600	1800～2000	2200～2400
塔板分块数,块	3	4	5	6

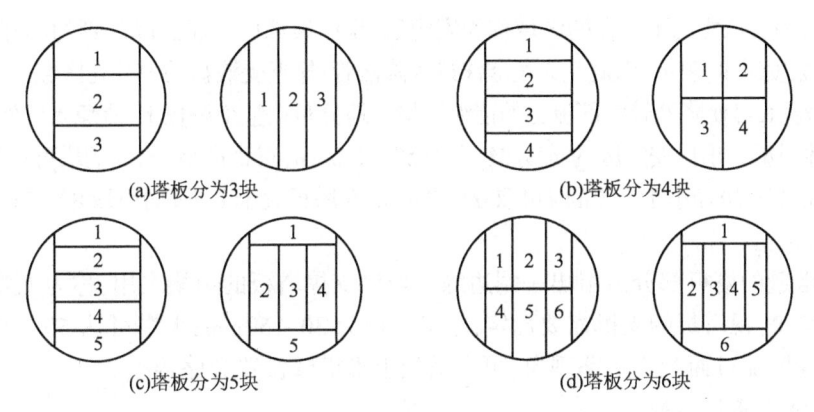

(a)塔板分为3块 (b)塔板分为4块

(c)塔板分为5块 (d)塔板分为6块

图3-25 单溢流塔板分块示意图

塔板分成数块,靠近塔壁的两块称为弓形板,其余的称为矩形板。矩形板的长边尺寸与塔径和堰长有关,短边尺寸统一取420mm,以便塔板能够从直径为450mm的人孔中通过。为了拆装、检修和清洗方便,不管分成几块,矩形板中必有一块作为通道板,且各层通道板最好开设在同一垂直位置上,以利于采光和拆卸。

2)塔板布置

塔板板面根据所起作用的不同分为4个区域,如图3-20所示。

(1)开孔区。

图3-20中虚线以内的区域为开孔区,也称鼓泡区,是用来布置塔板上气、液接触构件(筛孔、浮阀等)的有效传质区。对单溢流塔板,开孔区的面积 A_a 可用下式计算:

$$A_a = x\sqrt{r^2 - x^2} + r^2 \arcsin\frac{x}{r} + x'\sqrt{r^2 - x'^2} + r^2 \arcsin\frac{x'}{r} \quad (3-13)$$

$$r = \frac{D}{2} - W_c \quad (3-14)$$

$$x = \frac{D}{2} - (W_d + W_s) \quad (3-15)$$

$$x' = \frac{D}{2} - (W_d' + W_s') \quad (3-16)$$

式中 A_a——开孔区面积,可按式(3-17),m²;

W_c——边缘区宽度,m;

W_d, W_d'——降液管和受液盘宽度,m;

W_s, W_s'——液体在塔板出口和入口处的安定区宽度,m;

$\arcsin\frac{x}{r}, \arcsin\frac{x'}{r}$——以弧度表示的反正弦函数,rad。

通常取 x 和 x' 相等,此时:

$$A_a = 2\left(x\sqrt{r^2-x^2} + r^2\arcsin\frac{x}{r}\right) \qquad (3-17)$$

(2)溢流区。

溢流区为降液管和受液盘所占的区域,其中降液管所占面积以 A_f 表示,受液盘所占面积以 A_f' 表示。一般这两个区域面积相等,即 $A_f = A_f'$。

(3)安定区。

开孔区与溢流区之间不开孔的区域称为安定区,也称破沫区。靠近降液管的不开孔区域为出口安定区,其宽度以 W_s 表示,以避免大量泡沫进入降液管;靠近受液盘的不开孔区域为入口安定区,其宽度以 W_s' 表示,可使降液管底部流出的清液能均匀地分布在整个塔板上,避免入口处因液面落差而引起的液体泄漏。出口安定区的宽度 W_s 可取 50~100mm,对直径小于1m 的塔可适当减小;入口安定区的宽度 W_s' 在塔径小于 1.5m 时可取 60~75mm,在塔径大于 1.5m 时可取 80~110mm。

(4)无效区。

在靠近塔壁的塔板部分需留出一圈边缘区域供支撑塔板的边梁之用,称为无效区,也称边缘区。其宽度 W_c 视塔板的支撑需要而定,小塔一般为 30~50mm,大塔可达 50~75mm。为防止液体经边缘区流过而产生短路现象,可在塔板上沿塔壁设置旁路挡板。

3)筛孔的计算和排列

(1)筛孔直径。

筛孔直径 d_0 的选取与塔的操作性能要求、物系性质、塔板厚度、加工要求等有关,是影响气相分散和气液接触的重要工艺尺寸。按设计经验,表面张力为正系统的物系易起泡沫,可采用 d_0 为 3~8mm(常用 4~6mm)的小孔径筛板,属鼓泡型操作;表面张力为负系统的物系或易堵塞物系,可采用 d_0 为 10~25mm 的大孔径筛板,属喷射型操作。近年来,随着设计水平的提高和操作经验的累积,采用大孔径筛板逐渐增多,因大孔径筛板加工简单,造价低且不易堵塞,只要设计合理,操作得当,即可获得满意的分离效果。

(2)筛板厚度。

筛孔的加工一般采用冲压法,故确定筛板厚度应根据筛孔直径的大小,考虑加工的可能性。对碳钢塔板,板厚 δ 为 3~4mm,孔径 d_0 应不小于板厚 δ;对不锈钢塔板,板厚 δ 为 2~2.5mm,孔径 d_0 应不小于 $(1.5~2)\delta$。

(3)孔心距。

相邻两筛孔中心的距离称为孔心距,以 t 表示。孔心距 t 一般为 $(2.5~5)d_0$。孔心距过小易使上升的气流相互干扰,孔心距过大则易造成鼓泡不均匀,都会影响分离效果。设计的推荐值为 $t = (3~4)d_0$。

(4)筛孔的排列和筛孔数。

设计时,筛孔一般按正三角形排列,如图 3-26 所示。

当采用正三角形排列时,筛孔的数目 n 可按下式计算:

$$n = \frac{1.155 A_a}{t^2} \qquad (3-18)$$

式中　n——筛孔数;
　　　A_a——开孔区面积,可按式(3-17),m;
　　　t——孔心距,m。

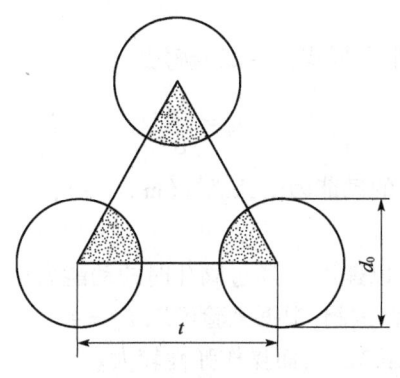

图 3-26 筛孔的正三角排列

(5)开孔率。

筛板上筛孔的总面积 A_0 占开孔区面积 A_a 的百分比称为开孔率,即

$$\phi = \frac{A_0}{A_a} \times 100\% \tag{3-19}$$

式中 ϕ——筛板开孔率,%;

A_0——筛孔的总面积,m^2。

开孔率过大,易产生漏液,操作弹性减小;开孔率过小,塔板阻力加大,液沫夹带增加,易发生液泛。通常开孔率的取值为 5%~15%。当筛孔按正三角形排列时,可以导出开孔率 ϕ 的计算公式为:

$$\phi = \frac{0.907}{(t/d_0)^2} \tag{3-20}$$

式中 d_0——筛孔直径,m。

通过上述方法求得筛孔直径、孔心距、数目及开孔率等参数后,还需要进行流体力学校核,检验是否合理,若不合理需进行调整。

4)浮阀的计算和排列

(1)浮阀的型号和阀孔直径。

浮阀的型号很多,目前应用最广的是 F_1 型。这种型号的浮阀结构简单、制造方便、性能好、省材料,国内已有相关标准。它又分轻阀(代号 Q)和重阀(代号 Z)两种,轻阀采用厚度 1.5mm 的钢板冲压制成,质量约为 25g;重阀采用厚度 2mm 的钢板冲压而成,质量约为 33g。阀的质量直接影响塔内气体的压降,轻阀阻力较小,但稳定性较差,一般用于减压塔;重阀由于稳定性好,最为常用。两种型式的阀孔直径 d_0 均为 39mm。

(2)阀孔气速和阀孔数。

当气相体积流量 V_s 已知时,由于阀孔直径 d_0 已给定,因为塔板上浮阀的数目 n 即阀孔数,就取决于阀孔气速 u_0,可按下式求得:

$$n = \frac{V_s}{\frac{\pi}{4}d_0^2 u_0} \tag{3-21}$$

式中 n——阀孔数;

V_s——塔内气相体积流量,m^3/s;

d_0——阀孔直径,m;
u_0——阀孔气速,m/s,常根据式(3-22)确定。

$$u_0 = \frac{F_0}{\sqrt{\rho_v}} \tag{3-22}$$

式中 F_0——气体通过阀孔时的动能因子,$kg^{0.5}/(m^{0.5} \cdot s)$;
ρ_v——气相密度,kg/m^3。

F_0反映了密度为ρ_v的气体以速度u_0通过阀孔时的动能大小。综合考虑F_0对塔板效率、压降和生产能力等的影响,对F_1型重阀,根据经验可取$F_0 = 9 \sim 12$,即阀孔刚好全开时比较适宜,此时塔板压降和板上液体泄漏都较小,而操作弹性较大。

(3)阀孔的排列和孔心距。

阀孔一般按正三角形排列,常用的孔心距有75mm、100mm、125mm、150mm等几种,按照阀孔中心连线与液流方向的关系,又有顺排与错排之分,如图3-27(a)和(b)所示。通常认为错排时两相接触效果较好,采用较多。对大塔,当采用分块式塔板时,阀孔也可按等腰三角形排列,如图3-27(c)所示,此时常把三角形的底边孔中心距t固定为75mm,而三角形高度t'有65mm、70mm、80mm、90mm、100mm、110mm等多种尺寸,其中推荐使用的为65mm、80mm和100mm。

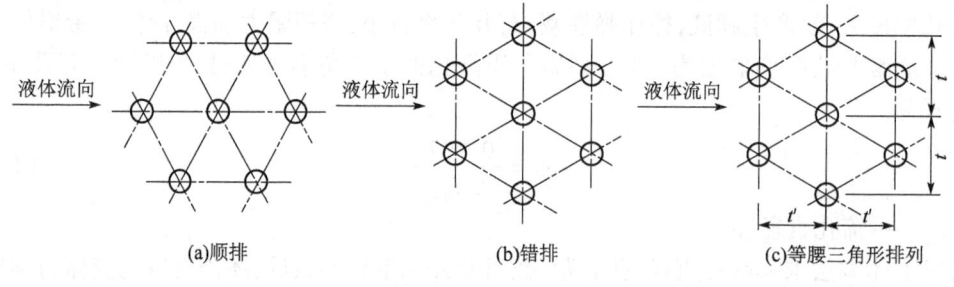

图3-27 阀孔的排列

阀孔排列方式和孔心距确定后,应进行作图,确定开孔区内的实际阀孔数,若和式(3-21)求得的值不同,应按实际阀孔数重新计算实际阀孔气速u_0和实际阀孔动能因子F_0,如F_0仍在9~12范围内,即可认为作图得出的阀孔数能够满足要求,否则应调整孔心距,反复计算,直至满足要求为止。

(4)开孔率。

浮阀塔板的开孔率是指阀孔总面积占塔截面积的百分比,即

$$\phi = \frac{A_0}{A_T} \times 100\% = \frac{\frac{\pi}{4}d_0^2 n}{\frac{\pi}{4}D^2} \times 100\% = n\frac{d_0^2}{D^2} \times 100\% \tag{3-23}$$

式中 ϕ——浮阀塔板开孔率,%;
A_0——阀孔的总面积,m^2;
A_T——塔截面积,m^2。

开孔率也是空塔气速u与阀孔气速u_0之比。目前工业生产中,对常压或减压塔,开孔率一般在10%~14%,加压塔的开孔率常小于10%。

3.2.2.4 塔板的流体力学校核

塔板的流体力学校核,其目的是检验以上初步设计出的塔径及各项工艺尺寸是否合理,塔板能否正常操作及是否需要作出相应的调整。校核内容包括塔板压降、液面落差、液沫夹带、气泡夹带、漏液和液泛等。

1. 筛孔塔板的流体力学校核

1) 塔板压降

气体通过筛板时,需克服筛板本身的干板阻力、板上充气液层的阻力及液体表面张力造成的阻力,这些阻力即形成了筛板的压降。气体通过筛板的压降 Δp_p 可由下式计算:

$$\Delta p_p = \rho_L g h_p \tag{3-24}$$

式中 Δp_p ——气体通过筛板的压降,Pa;
ρ_L ——液相密度,kg/m;
g ——重力加速度,取 $g = 9.81 \text{m/s}^2$;
h_p ——气体通过每层塔板压降相当的液柱高度(即塔板阻力),m。

式中的液柱高度 h_p 可由下式计算:

$$h_p = h_c + h_E + h_\sigma \tag{3-25}$$

式中 h_c ——气体通过筛板的干板压降相当的液柱高度(即干板阻力),m;
h_E ——气体通过板上液层的压降相当的液柱高度(即气体通过液层的阻力),m;
h_σ ——克服液体表面张力的压降相当的液柱高度(即液体的表面张力阻力),m。

(1) 干板阻力。

干板阻力 h_C 可按以下经验式估算:

$$h_C = 0.051 \left(\frac{u_0}{C_0}\right)^2 \frac{\rho_v}{\rho_L} (1 - \phi^2) \tag{3-26}$$

式中 u_0 ——筛孔气速,m/s;
C_0 ——孔流系数;
ϕ ——筛板开孔率,%。

通常,筛板开孔率 $\phi \leqslant 15\%$,故式(3-26)可简化为:

$$h_C = 0.051 \left(\frac{u_0}{C_0}\right)^2 \frac{\rho_v}{\rho_L} \tag{3-27}$$

孔流系数 C_0 的求取方法较多,当筛孔直径 $d_0 < 10\text{mm}$ 时,其值可由图 3-28 直接查出;当 $d_0 \geqslant 10\text{mm}$ 时,由图 3-28 查得 C_0 后再乘以 1.15 的校正系数。图中 δ 为筛板厚度。

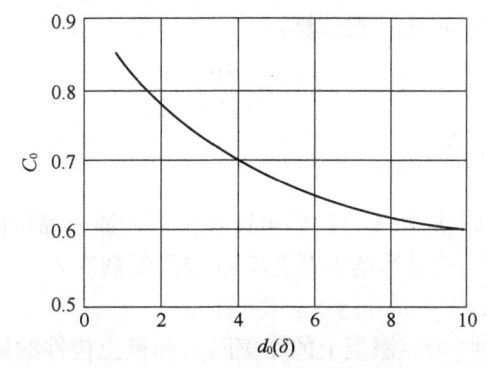

图 3-28 干板孔流系数关联图

(2) 气体通过液层的阻力。

气体通过液层的阻力 h_E 与板上清液层高度 h_L 及气泡的状况等许多因素有关,其计算方法很多,设计中常采用下式估算:

$$h_E = \beta h_L = \beta(h_w + h_{ow}) \tag{3-28}$$

式中　h_L——板上清液层高度,m;
　　　h_w——堰高,m;
　　　h_{ow}——堰上液层高度,m;
　　　β——充气系数,反映板上液层的充气程度,其值可由图 3-29 查取,β 值一般可近似取 0.5~0.6。

图 3-29 中,F_a 为气相动能因子,其定义式为

$$F_a = u_a \sqrt{\rho_v} \tag{3-29}$$

式中　F_a——气相动能因子,$kg^{0.5}/(m^{0.5} \cdot s)$;
　　　u_a——按有效传质面积计算的气速,m/s。

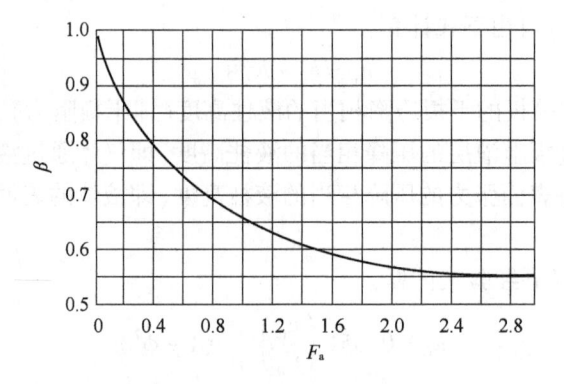

图 3-29　充气系数关联图

对单溢流塔板,u_a 可按下式计算:

$$u_a = \frac{V_s}{A_T - A_f} \tag{3-30}$$

式中　V_s——塔内气相体积流量,m^3/s;
　　　A_T——全塔的截面积,m;
　　　A_f——降液管的截面积,m。

(3) 液体的表面张力阻力。

液体的表面张力阻力 h_σ 可由下式估算:

$$h_\sigma = \frac{4\sigma}{\rho_L g d_0} \tag{3-31}$$

式中　σ——液相表面张力,N/m;
　　　d_0——筛孔直径,m。

由以上各式分别求出 h_c、h_E 和 h_σ 后,即可计算出气体通过筛板的压降 Δp_p,该计算值应低于设计允许值。若 Δp_p 偏高,应适当增加开孔率 ϕ 或降低堰高 h_w。

2) 液面落差

当液体横向流过塔板时,为克服板上的摩擦阻力和板上构件的局部阻力,需要一定的液位差,即液面落差。由于筛板上没有突起的气液接触构件,故液面落差较小。在正常的液相流量

范围内,对 $D \leqslant 1600\text{mm}$ 的筛板,液面落差可忽略不计。对液相流量很大及 $D \geqslant 2000\text{mm}$ 的筛板,需要考虑液面落差的影响。液面落差的具体计算方法可参考相关资料。

3) 液沫夹带

液沫夹带(也称雾沫夹带)是指气流穿过板上液层时夹带雾滴进入上层塔板的现象,它造成液相在塔板间的返混,严重的液沫夹带会使塔板效率急剧下降,甚至形成液泛。为保证塔板效率的基本稳定,应控制液沫夹带在一定范围内,设计中规定液沫夹带量(液体/气体) $e_v < 0.1\text{kg/kg}$。

计算液沫夹带量的方法很多,设计中常采用亨特(Hunt)关联图,如图 3-30 所示。图中的直线部分可回归成下式:

$$e_v = \frac{5.7 \times 10^{-6}}{\sigma} \left(\frac{u_a}{H_T - h_f} \right)^{3.2} \tag{3-32}$$

式中 e_v——液沫夹带量,kg/kg;
σ——液相表面张力,mN/m;
u_a——按有效传质面积计算的气速,m/s;
H_T——塔板间距,m;
h_f——塔板上鼓泡层高度,m。

根据设计经验,一般取 $h_f = 2.5 h_L$。

若求得的 e_v 过大,则可通过增大板间距 H_T 或增大塔径 D 进行调整。

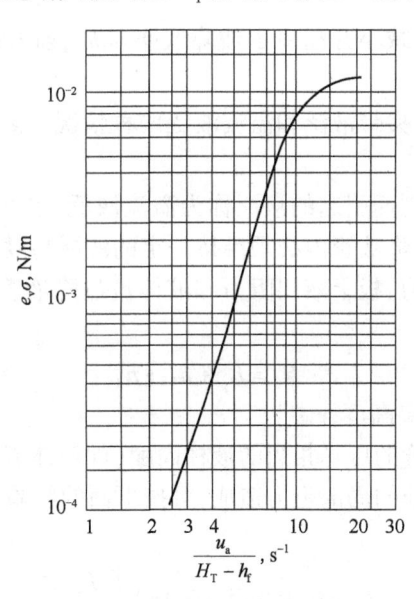

图 3-30 液沫夹带关联图

4) 气泡夹带

气泡夹带(也称泡沫夹带)是指溢流液夹带的气泡在降液管内来不及分离就进入下层塔板的现象,它造成气相在塔板间的返混,影响塔板分离效率,并使降液管通过能力减小,严重时会形成液泛。为使溢流液中夹带的气泡得以分离,液体在降液管内应有足够的停留时间。由实践经验公式可知,液体在降液管内的停留时间不小于 3~5s,对高压下操作的塔及易起泡物系,停留时间应更长一些。为此,应按下式核算降液管内液体的停留时间,即

$$\tau = \frac{A_f H_T}{L_s} \geqslant 3 \sim 5\text{s} \tag{3-33}$$

式中 τ——液体在降液管内的停留时间,s。

若不能满足式(3-33)的要求,应适当增加降液管截面积 A_f 或塔板间距 H_T。

5) 漏液

当气体通过筛孔的流速减小,气体的动能不足以阻止液体向下流动时,会发生漏液现象。根据经验,当漏液量小于塔内液流量的10%时对塔板效率影响不大,因此漏液量恰好等于塔内液流量的10%时的筛孔气速称为漏液点气速,它是塔板操作气速的下限,以 u_{ow} 表示。

筛板漏液点气速的计算有多种方法,设计中可采用下式计算:

$$u_{ow} = 4.4C_0\sqrt{(0.0056 + 0.13h_L - h_\sigma)\rho_L/\rho_v} \qquad (3-34)$$

式中 u_{ow}——筛板漏液点气速,m/s。

当 $h_L < 30$mm 或筛孔孔径 $d_0 < 3$mm 时,用下式计算较适宜:

$$u_{ow} = 4.4C_0\sqrt{(0.01 + 0.13h_L - h_\sigma)\rho_L/\rho_v} \qquad (3-35)$$

为使筛板具有一定的操作弹性,要求实际孔速 u_0 与漏液点孔速 u_{ow} 之比依据实验速度区别应不小于1.5~2,即

$$K = \frac{u_0}{u_{ow}} \geqslant 1.5 \sim 2 \qquad (3-36)$$

式中 K——稳定系数;

u_0——筛孔气速,m/s。

若稳定系数偏低,可适当减小开孔率 ϕ 或降低堰高 h_w,前者影响较大。

6) 液泛

液泛也称淹塔,分为液沫夹带液泛和溢流液泛两种情况。之前已对液沫夹带量进行了校核,此处考察溢流液泛。

受降液管通过能力的限制而引起的液泛称为溢流液泛,也称降液管液泛。为使液体能由上层塔板稳定流入下层塔板,降液管内必须维持一定的液层高度 H_d(图3-20)。降液管内的清液层高度用于克服塔板阻力、板上液层阻力和液体流过降液管的阻力等。若忽略塔板的液面落差,可用下式计算 H_d:

$$H_d = h_p + h_L + h_d \qquad (3-37)$$

式中 H_d——降液管内清液层高度,m;

h_d——液体流过降液管的压降相当的液柱高度(即液体流过降液管的阻力),m。

h_d 主要是由降液管底隙处的局部阻力造成,可按下面的经验公式估算:

塔板上不设置进口堰时

$$h_d = 0.153u_0^{'2} = 0.153\left(\frac{L_s}{l_w h_0}\right)^2 \qquad (3-38)$$

塔板上设置进口堰时

$$h_d = 0.2u_0^{'2} = 0.2\left(\frac{L_s}{l_w h_0}\right)^2 \qquad (3-39)$$

式中 u'_0——流体通过降液管底隙时的流速,m³/s;

L_s——塔内液相体积流量,m³/s;

l_w——堰长,m;

h_0——降液管底隙高度,m。

为了防止液泛,降液管内清液层高度 H_d 不能超过上层塔板的出口堰,即

$$H_d \leq \varphi(H_T + h_w) \tag{3-40}$$

式中 φ——考虑降液管内充气及操作安全的校正系数。

对一般物系,φ 可取 0.5;对易起泡物系,φ 可取 0.3~0.4;对不易起泡物系,φ 可取 0.6~0.7。

若求得的 H_d 过大,可设法减小塔板阻力 h_p,特别是其中的干板阻力 h_C,或适当增大塔板间距 H_T。

2. 浮阀塔板的流体力学校核

1) 塔板压降

气体通过浮阀塔板的压降 Δp_p 的计算式同式(3-24)。

(1) 干板阻力。

对 F_1 型重阀,干板阻力 h_C 可按下式计算:

阀全开前

$$h_C = 19.9 \frac{u_0^{0.175}}{\rho_L} \tag{3-41}$$

阀全开后

$$h_C = 5.34 \frac{\rho_v}{\rho_L} \frac{u_0^2}{2g} \tag{3-42}$$

式中 u_0——阀孔气速,m/s;

ρ_v——气相密度,kg/m³;

ρ_L——液相密度,kg/m³。

联立以上两式,可解得阀刚全开时的临界阀孔气速:

$$u_{0C} = \left(\frac{73}{\rho_v}\right)^{1/1.825} \tag{3-43}$$

比较实际阀孔气速 u_0 与 u_{0C},即可判断浮阀的开启状态,选择式(3-41)或式(3-42)来计算 h_C。

(2) 气体通过液层的阻力。

气体通过液层的阻力 h_E 的计算式同式(3-28)。

液相为水时,β 可取 0.5;液相为油时,β 可取 0.2~0.35;液相为碳氢化合物时,β 可取 0.4~0.5。

(3) 液体的表面张力阻力。

液体的表面张力阻力 h_σ 的计算式同式(3-31)。式中,d_0 为阀孔直径,m。

浮阀塔的 h_σ 一般很小,常可忽略不计。

由以上各式分别求出 h_C、h_E 和 h_σ 后,即可计算出气体通过浮阀塔板的压降 Δp_p,该计算值应低于设计允许值。若 Δp_p 偏高,应适当增加开孔率 ϕ 或降低堰高 h_w。

通常,浮阀塔的压降比筛板塔大。对常压塔和加压塔,每层浮阀塔板的压降为 265~530Pa,减压塔约为 200Pa。

2) 液面落差

浮阀塔板的液面落差同筛孔塔板,一般可忽略不计。

3) 液沫夹带

目前,浮阀塔板液沫夹带量的校核通常采用操作时的空塔气速与开始发生液泛时的空塔

气速的比值作为估算液沫夹带量的指标,该比值称为泛点百分率,或称泛点率,以 F 表示,即

$$F = \frac{u}{u_\mathrm{f}} \times 100\% \tag{3-44}$$

式中　F——泛点率,%；
　　　u——空塔气速,m/s；
　　　u_f——液泛气速,m/s。

根据经验,为保证液沫夹带量(液体/气体)$e_\mathrm{v} < 0.1\mathrm{kg/kg}$,泛点率应为:对于直径大于 900mm 的塔,$F<80\%$；对于直径小于 900mm 的塔,$F<70\%$；对于减压塔,$F<75\%$。

泛点率可按以下两式计算,取其中较大者核算是否满足上述要求：

$$F = \frac{V_\mathrm{s}\sqrt{\dfrac{\rho_\mathrm{v}}{\rho_\mathrm{L}-\rho_\mathrm{v}}} + 1.36 L_\mathrm{s} Z_\mathrm{L}}{KC_\mathrm{t} A_\mathrm{b}} \times 100\% \tag{3-45}$$

$$F = \frac{V_\mathrm{s}\sqrt{\dfrac{\rho_\mathrm{v}}{\rho_\mathrm{L}-\rho_\mathrm{v}}}}{0.78 KC_\mathrm{t} A_\mathrm{T}} \times 100\% \tag{3-46}$$

式中　V_s——塔内气相体积流量,m³/s；
　　　L_s——塔内液相体积流量,m³/s；
　　　ρ_v——气相密度,kg/m³；
　　　ρ_L——液相密度,kg/m³；
　　　A_T——塔截面积,m²；
　　　K——系统因数,其值可查表 3-7 得出；
　　　C_t——泛点负荷因子,根据塔板间距 H_T 和气相密度 ρ_v 由图 3-31 查取,m/s；
　　　Z_L——液体横过塔板流动的距离,m；
　　　A_b——塔板上液流面积,m²。

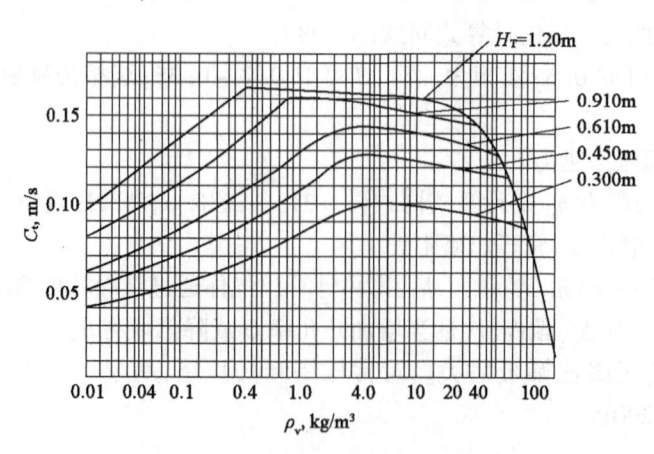

图 3-31　泛点负荷因子关联图

单溢流：

$$Z_\mathrm{L} = D - 2W_\mathrm{d},\ A_\mathrm{b} = A_\mathrm{T} - 2A_\mathrm{f} \tag{3-47}$$

双溢流：
$$Z_L = \frac{D - 2W_d - W_d'}{2}, A_b = \frac{A_T - 2A_f - A_f'}{2} \tag{3-48}$$

式中 W_d, W_d'——降液管和受液盘宽度，m；
A_f, A_f'——降液管和受液盘所占面积，m^2；
D——塔内径，m。

表 3-7 系统因数 K

系统	K 值
无泡沫，正常系统	1.0
炼油装置较轻组分的分馏系统，如原油常压塔、气体分馏塔	0.95~1.0
炼油装置重黏油品的分馏系统，如常减压的减压塔	0.85~0.9
氟化物，如 BFG、氟利昂	0.9
中等发泡系统，如油吸收塔、胺及乙二醇再生塔	0.85
多泡沫系统，如胺及乙二醇吸收塔	0.73
严重发泡系统，如甲乙酮-乙醇胺装置	0.60
形成稳定泡沫系统，如碱再生塔	0.30

4）气泡夹带

降液管内液体停留时间的核算式同式(3-33)。

若不能满足式(3-33)的要求，应适当增加降液管截面积 A_f 或塔板间距 H_T。

5）漏液

浮阀塔板的漏液量随阀重增加、孔速增加、开度减少、板上清液层高度的降低而减小，其中以阀重影响较大。实验表明，当阀的质量大于30g时，阀重对漏液的影响不大，因此除减压操作外一般均采用 F_1 型重阀(质量约为33g)，此时，取阀孔动能因子 $F_0 = 5~6$ 时对应的阀孔气速为其漏液点气速 u_{ow}。实际孔速 u_0 与漏液点孔速 u_{ow} 之比不小于 1.5~2，核算式同式(3-36)。

若稳定系数偏低，可适当减小开孔率 ϕ 或降低堰高 h_w，前者影响较大。

6）液泛

浮阀塔板的溢流液泛核算式同式(3-37)~式(3-40)。

若求得的 H_d 过大，可设法减小塔板阻力 h_p，特别是其中的干板阻力 h_c，或适当增大塔板间距 H_T。

3.2.2.5 塔板的负荷性能图

按以上方法对塔板进行流体力学校核后，还应绘制出塔板的负荷性能图，以检验设计的合理性。

影响板式塔操作状况和分离效果的主要因素是塔板结构、物料性质和气液负荷。对一定的塔板结构，处理固定的物系时，其操作状况只随气液负荷而变。要维持塔板正常操作，必须将气液负荷的波动限定在一定范围内。通常在直角坐标系中，以气相流量 V_s 为纵坐标，以液相流量 L_s 为横坐标，标绘出开始出现异常流动时的气液负荷关系曲线，由这些曲线组合成的图形即为塔板的负荷性能图。典型的塔板负荷性能图如图 3-32 所示，图中各曲线的意义和作法如下。

1．过量液沫夹带线

曲线①为过量液沫夹带线，是决定气相负荷上限的参数之一。当气相负荷超过此线时，液沫夹带量将过大，使板效率严重下降。对筛板塔，可根据 $e_v < 0.1$kg/kg 的极限值由式(3-32)

绘制;对浮阀塔,可根据 $e_v < 0.1 \text{kg/kg}$ 对应泛点率 F 的极限值由式(3-45)或式(3-46)绘制。

2. 液相负荷下限线

曲线②为液相负荷下限线,液相负荷低于此线时塔板上液流不能均匀分布,易出现液相滞留、反流、偏流等现象,导致板效率下降。对平直堰,以堰上液层高度最小允许值 h_{ow} = 6mm 时对应的液相负荷作为其下限,可由式(3-6)计算;对齿形堰,以由齿根算起的堰上液层高度最小允许值 h_{ow} = 6mm 时对应的液相负荷作为其下限,可由式(3-8)或式(3-9)计算。液相负荷下限与气相负荷无关,故液相负荷下限线为一垂线。

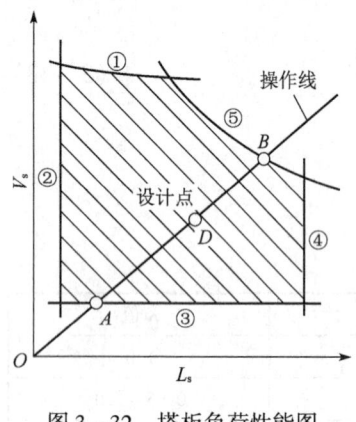

图 3-32 塔板负荷性能图

3. 严重漏液线

曲线③为严重漏液线,该线即为气相负荷下限线,气相负荷低于此线将发生严重的漏液现象,气液不能充分接触,板效率下降。对筛板塔,可由式(3-34)或式(3-35)绘制;对浮阀塔,当采用 F_1 型重阀时,可取阀孔动能因子 F_0 = 5~6 时对应的气相负荷作为其下限,它与液相负荷无关,故严重漏液线为一水平线。

4. 液相负荷上限线

曲线④为液相负荷上限线,该线又称降液管超负荷线。液相负荷超过此线,表明液相流量过大,液体在降液管内停留时间过短,所夹带的气泡来不及分离而被带至下层塔板,使板效率降低。一般可令式(3-33)中的停留时间 τ = 5s 计算液相负荷上限,显然,液相负荷上限线也是一垂线。

5. 溢流液泛线

曲线⑤为溢流液泛线,是另一个决定气相负荷上限的参数。塔板的适宜操作区应在此线以下,否则将会发生液泛,使塔不能正常操作。溢流液泛线可根据降液管内清液层最大允许高度由式(3-37)或式(3-40)绘制。

6. 操作线和操作弹性

以上各条曲线所包围的区域是塔板的正常操作区(图3-32中阴影部分),超出此区域,塔板就可能出现非正常流动,导致效率明显降低。操作时的气相流量 V_s 和液相流量 L_s 在负荷性能图上的坐标点称为操作点。一般情况下,塔板上的气液比 V_s/L_s 为定值。因此,每层塔板上的操作点都是沿着通过原点、斜率为 V_s/L_s 的直线而变化,该直线称为操作线(图3-32中直线 OD)。

操作线与正常操作区边界线最内侧的两个交点(图3-32中的A和B点)分别表示塔板的上、下操作极限,两极限的气相(或液相)流量之比称为塔板的操作弹性(图3-32中为 V_sB/V_sA 或 L_sB/L_sA)。操作弹性大,说明塔板适应负荷变动的能力大,操作性能好。同一层塔板,若操作的气液比不同,控制负荷上下限的因素也不同。在图3-32中,在 OD 线的气液比下操作,上限为液泛控制,下限为漏液控制。

设计塔板时,应将操作点布置在操作区内的适中位置(图3-32中的 D 点),可获得稳定良好的操作效果,若操作点紧靠某一条边界线,则当负荷稍有波动时,便会使塔的正常操作受到破坏。

当物系一定时,负荷性能图中各条曲线的相对位置随塔板结构尺寸而变。因此,在设计塔板时,根据操作点在负荷性能图中的位置,可通过适当调整塔板的某些结构参数,以改进负荷性能图,满足所需的操作弹性范围。例如,加大塔板间距或增大塔径可使液泛线上移;增加降液管截面积可使液相负荷上限线右移;减少塔板开孔率可使漏液线下移等。

由于各层塔板上的操作条件(温度、压力)及物料组成和性质均有所不同,因而各层塔板上的气、液负荷不同,表示各层塔板操作范围的负荷性能图也有差异。设计计算中在考察塔的操作性能时,若采用计算机计算,应对每块塔板进行核算;若采用手工计算,可根据精馏段和提馏段的平均负荷分段进行校核。

3.2.3 板式塔的结构设计

3.2.3.1 塔体结构

1. 塔顶空间

塔顶空间是指塔内最上层塔板到塔顶封头底边处的距离,其作用是满足安装塔板和开人孔的需要,也使气体中的液滴自由沉降,减少塔顶出口气体的液体夹带。设计中通常取塔顶间距为1.5~2.0倍的塔板间距。若需要安装除沫器,要根据除沫器的安装要求确定塔顶间距。

2. 塔底空间

塔底空间是指塔内最下层塔板到塔底封头底边处的距离,具有中间储槽的作用。其值由如下因素决定:

(1)塔底储液空间依据储液量停留3~8min或更长时间(易结焦物料可缩短停留时间)而定,使塔底液体不至于流空;

(2)塔底液面至塔内最下层塔板之间要有1~2m的间距,大塔可大于此值,以避免因进料引起塔底液面波动,造成液位控制不稳定和过量液沫夹带;

(3)再沸器的安装方式和安装高度。

3. 进料板处板间距

进料板处板间距 H_F 取决于进料口的结构型式和进料状态,其值一般大于板间距,有时要大一倍。为了防止进料直冲塔板,常考虑在进口处安装防冲设施,如防冲挡板、入口堰、缓冲罐等,H_F 的大小应保证这些设施的安全。

4. 塔体总高度

板式塔的总体高度如图3-33所示,可按下式计算:

$$H = (n - n_F - n_P - 1)H_T + n_F H_F + n_P H_P + H_D + H_B + H_1 + H_2 \quad (3-49)$$

式中 H——塔高,m;

n——实际塔板数;

n_F——进料板数;

n_P——人孔数;

H_T——板间距,m;

H_F——进料处板间距,m;

H_P——人孔处板间距,m;

H_D——塔顶空间,m;

H_B——塔底空间,m;

H_1——塔顶封头高度,m;

H_2——裙座高度,m。

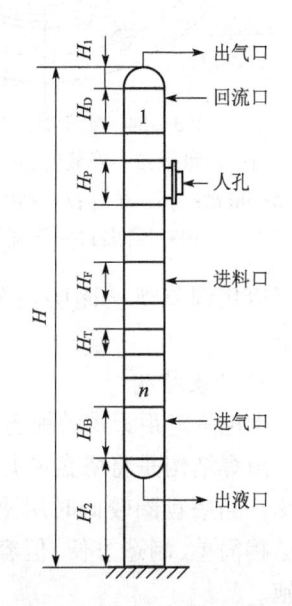

图3-33 板式塔塔高示意图

3.2.3.2 塔板结构

1. 整块式塔板

整块式塔板用在直径较小的塔中,塔体由若干段塔节组成,每个塔节中安装若干层塔板,塔节间用法兰连接。

1)支承结构

整块式塔板的支承结构有定距管式和重叠式两种,其整体结构分别如图3-34和图3-35所示。

(1)定距管式。

定距管式支承结构是通过拉杆和定距管固定在塔节内的支座上,定距管起着支承塔盘的作用并保持塔板间距。塔板与塔壁间的缝隙,以软填料密封并用压圈压紧。其支承局部结构如图3-36所示。这种结构比较简单、拆装方便,当塔节长度不超过1800mm 时,被广泛采用。塔径为 300~500mm 时,拉杆直径取14mm;塔径为 600~900mm 时,拉杆直径取16mm。定距管尺寸为:碳钢 $\phi25mm \times 2.5mm$,不锈钢 $\phi25mm \times 2mm$。拉杆与定距管的数量按塔径大小可取 3~4 个,长度由板间距和塔板数而定。

(2)重叠式。

重叠式塔板是在每一塔节的下部焊有一组支座,底层塔板安置在塔内壁的支座上,然后依次装入上一层塔板,塔板间距由焊在塔板下的支柱保证,并用调节螺钉来调整塔板的水平度。三个调节螺栓拧在焊于塔板上的特殊螺母中,且均布在塔板上,如图 3-37 所示。

重叠式支承结构的优点是塔板的水平度可以用调节螺栓逐层调节,要求人可以进入塔内,故此结构适用于塔径不小于 700mm 的塔。

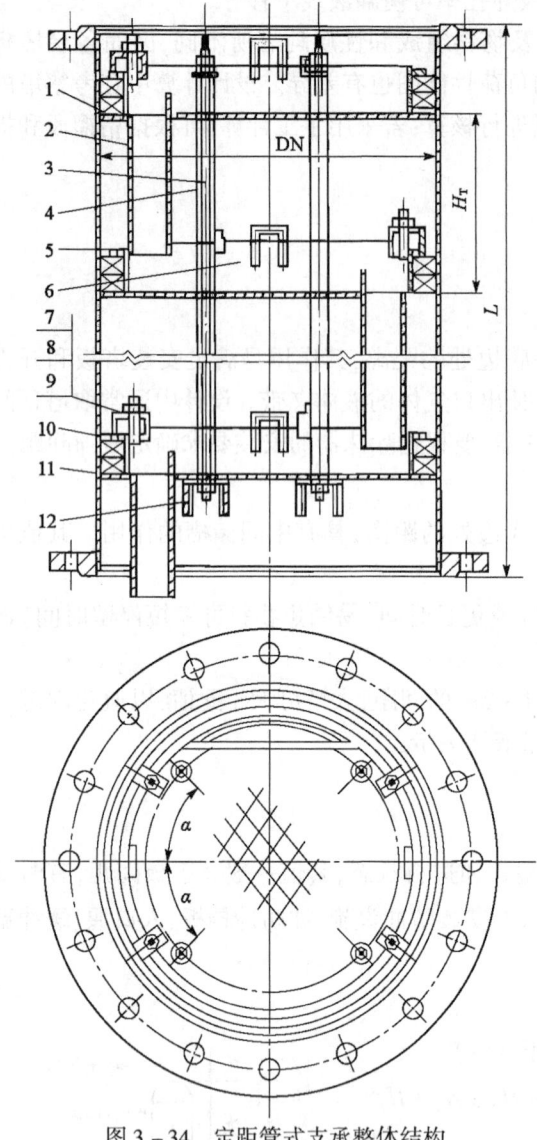

图 3-34 定距管式支承整体结构
1—塔盘板;2—降液管;3—拉杆;4—定距管;
5—塔盘圈;6—吊耳;7—螺栓;8—螺母;9—压板;
10—压圈;11—石棉绳;12—支座

2)安装结构

无论是定距管式塔板还是重叠式塔板,其安装结构有角焊和翻边两种,如图 3-38 所示。

角焊结构是将塔盘圈焊在塔板上。角焊缝为单面焊,焊缝可在塔盘圈的外侧,也可在内侧。当塔盘圈较低时用图 3-38(a)结构;当塔盘圈较高时用图 3-38(b)结构。角焊结构结构简单、制造方便,但容易产生焊接变形而引起塔板的不平,所以在制造时需采取有效措施。

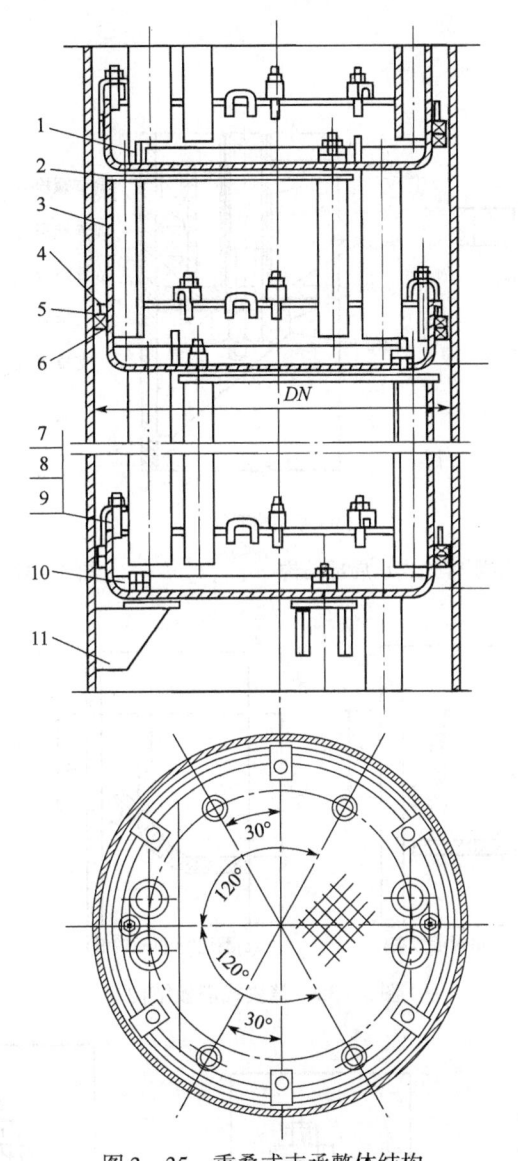

图 3-35 重叠式支承整体结构
1—调节螺栓;2—支承板;3—支柱;4—压圈;5—塔板圈;6—填料支承圈;7—压板;8—螺母;
9—蝶柱;10—塔板;11—支座

翻边结构是塔板圈直接由塔板翻边而成,因此可避免焊接变形。当塔板圈较低时,可将塔板整体冲压成型,如图 3-38(c)所示;当塔板较高时,可在冲压翻边的基础加焊塔板圈,如图 3-38(d)所示。塔板圈的高度 h_1 不得低于溢流堰高,一般为 70mm 左右。塔板圈与塔壁间隙一般为 10~12mm,密封填料支承圈通常用 ϕ8~12 圆钢制成。圆钢至塔板圈顶面距离 h_2 一般取 30~40mm。

3) 密封结构

在整块式塔盘结构中,为了便于安装塔板,在塔板与塔壁间留有一定的空隙,为了防止气体在此通过形成短路流,必须进行密封。常用的密封结构如图 3-39 所示。密封件一般采用 ϕ10~ϕ12 的石棉绳作填料,放置 2~3 层。通过上紧螺母,压紧压板和压圈,使填料变形而形成密封。当塔板圈较低时,用图 3-39(a)结构;当塔板圈较高时,用图 3-39(b)、(c)的形式。

图 3-36 定距管式支承局部结构

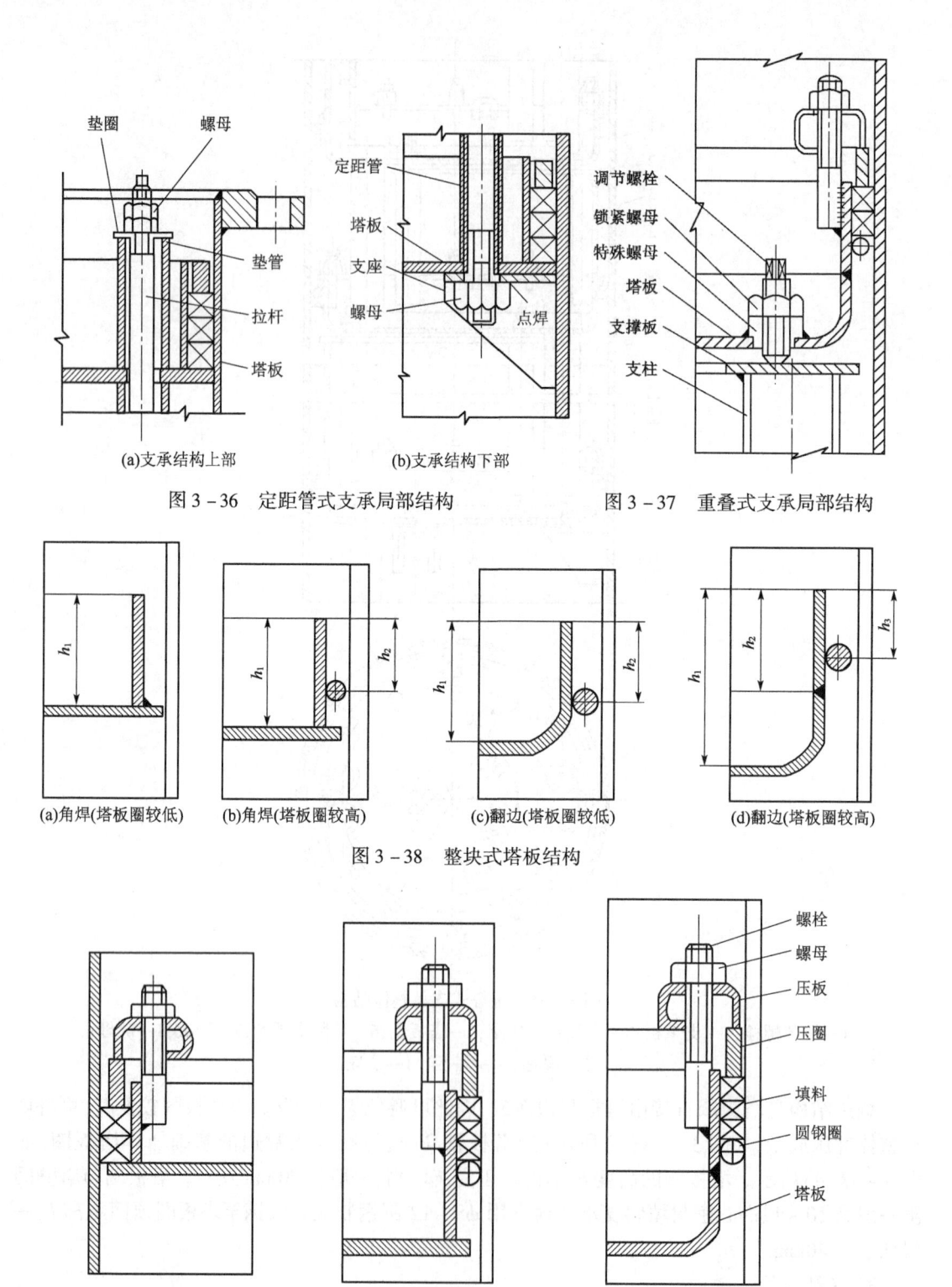

图 3-37 重叠式支承局部结构

图 3-38 整块式塔板结构

图 3-39 整块式塔板密封结构

4) 塔节长度

塔节的长度取决于塔器直径和支撑结构。当塔器内直径 D 为 300~500mm 时，只能将手臂伸入塔内进行塔板安装,这时塔节长度以 800~1000mm 为宜;当塔器内直径 D_i 为 500~800mm 时,可将上身伸入塔内安装,塔节的长度以 2000~2500mm 为宜;当塔内径 D_i 大于 800mm 时,人可进入塔内安装,塔节长度以 2500~3000mm 为宜。因为定距管支撑结构受到拉杆长度和塔节内塔板数的限制,每个塔节安装的塔板以 5~6 层为宜,否则会造成安装困难。重叠式支撑结构的塔节长度不受限制。

2. 分块式塔板

当塔体直径大于 800~900mm 时,为了便于塔板的安装、检修、清洗,而将塔板分成数块,通过人孔送入塔内,装到焊在塔体内壁的支持圈或支持板上,这种结构称为分块式塔板。此时,塔体不需要分成塔节,而是焊制成开设有人孔的整体圆筒。根据塔径大小,分块式塔板可分为单溢流塔板和双溢流塔板两种。当塔径为 800~2400mm 时,一般采用单溢流塔板(图 3-40);当塔径大于 2400mm 时,采用双溢流塔板(图 3-41)。分块式塔板的结构设计,必须满足结构简单、刚性好、制造和拆装方便等要求。

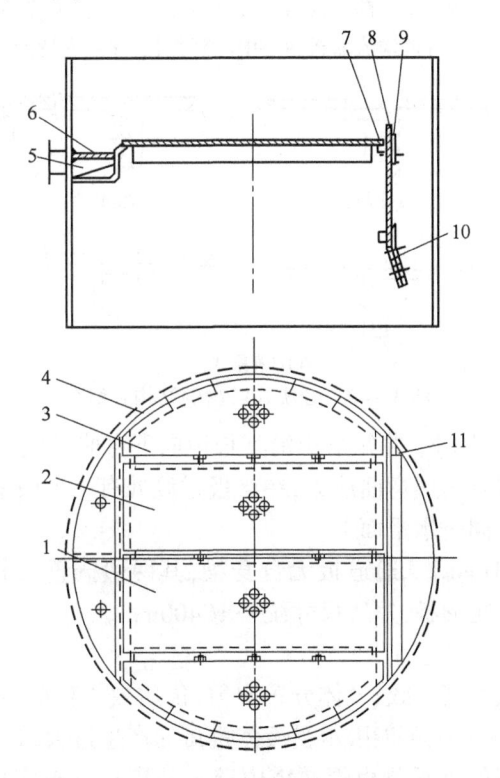

图 3-40 单流分块塔板结构
1—通道板;2—矩形板;3—弓形板;4—支持圈;5—筋板;6—受液板;7—支持板;
8—固定降液板;9—可调堰板;10—可拆降液板;11—连接板

1) 塔板结构

塔板的结构设计应满足具有良好的水平度和方便拆装的要求。塔板按结构形式分为平板式、槽式和自身梁式三种,如图 3-42 所示。为了提高刚度,分块式塔板多采用自身梁式或槽式结构。这种结构是将塔板边缘冲压折边而成。

(1) 弓形板[图 3-43(a)]。将弦边做成自身梁,长度与矩形板相同。弧边到塔体的径向距离 m 与内径 D_i 有关,当 $D_i \leq 2000$mm 时,$m = 20$mm;当 $D_i > 2000$mm 时,$m = 30$mm。弓形板的矢高 E 与塔径、塔板分块数和 m 有关。

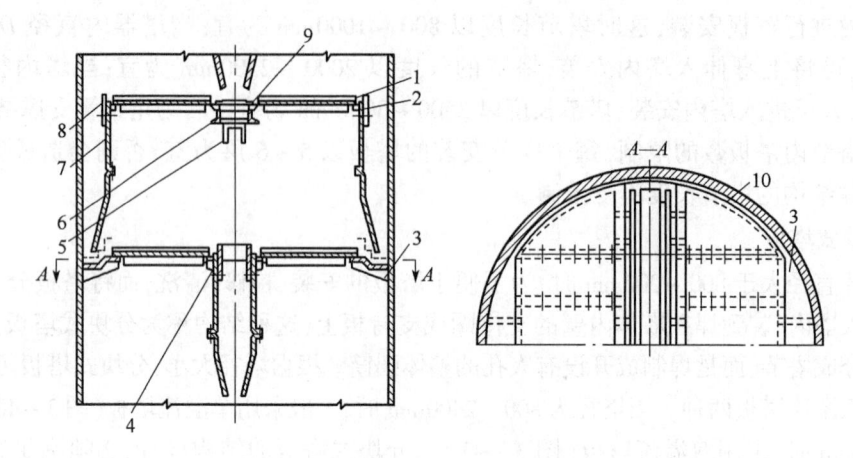

图 3-41 双溢流分块式塔板支撑结构
1—塔板;2—支持板;3—筋板;4—压板;5—支座;6—主梁;7—两侧降液板;
8—可调溢流堰板;9—中心降液板;10—支持圈

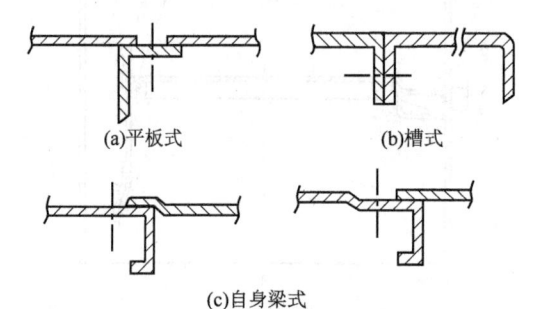

(a)平板式　　(b)槽式

(c)自身梁式

图 3-42 分块式塔盘的结构和组合

(2)矩形板[图 3-43(b)]。将矩形板沿其长边向下弯曲而成,从而形成梁和塔板的统一整体。自身梁式矩形板仅有一边弯曲成梁,在梁板过渡处有一个凹平面,以便与另一块塔板实现搭接安装并与之保持在同一水平面上。

(3)通道板[图 3-43(c)]。通道板无自身梁,其两边搁置在其他塔板上而形成一块平板。通道板的长边尺寸同矩形板,短边尺寸统一取 400mm。

2)塔板的支承

为了使得塔板上液层厚度一致、气体分布均匀,传质效果良好,不仅塔板在安装时要保证规定的水平度,而且在工作时也不能因承受液体重量而产生过大的变形。因此,塔盘应有良好的支承条件。分块式塔板的支承是由焊在塔内壁上的固定件来实现的。对于直径较小的塔(D_i<2000mm)的塔板跨度也较小,而且自身梁式塔板本身有较大的刚度,所以通常采用焊在塔壁上的支持圈来支承即可。对于直径较大的塔,为了避免塔板跨度过大而引起刚度不足,通常在采用支持圈支承的同时,还采用支承梁结构,如图 3-41 所示。分块塔板一端支承在支持圈上,另一端支承在支承梁上。

3)塔板的连接

分块式塔板之间的连接按人孔位置及检修要求,分为上可拆连接和上、下均可拆两种。常用的紧固件结构有螺纹紧固件、螺纹卡板紧固件和楔形紧固件等。

(1)螺纹紧固件。螺纹紧固件由螺栓、螺母和椭圆垫板等组成,主要用于塔板之间的可拆连接。

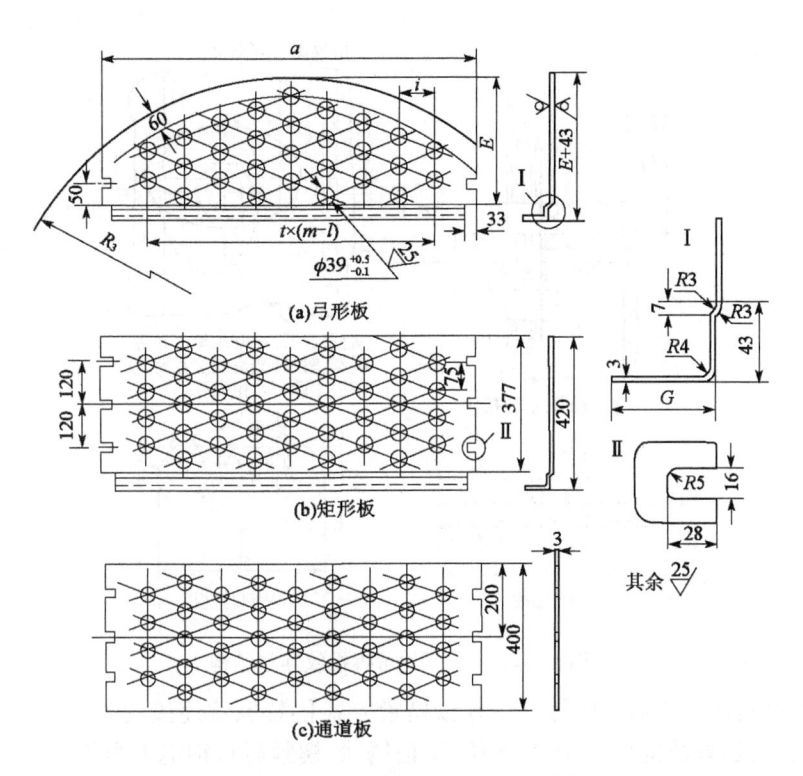

图 3-43　自身梁式单流分块式塔盘

上可拆螺纹连接结构如图 3-44 所示。图 3-44(a)为槽式塔板之间的连接,图 3-44(b)为自身梁式塔板之间的连接。

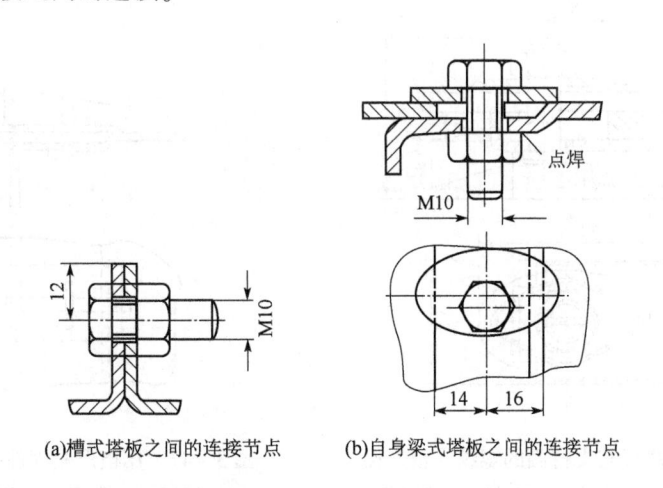

图 3-44　上可拆螺纹连接结构

上、下均可拆螺纹连接结构如图 3-45 所示。从上或从下将螺母松开,并将椭圆形垫板转到虚线位置后,塔板即可自由取开。此结构常用于通道板和塔板的连接。

(2)螺纹卡板紧固件(卡子)。螺纹卡板紧固件如图 3-46 所示,由卡板、椭圆垫板、圆头螺栓和螺母等组成,主要用于塔板与支持圈(或支持板)之间的可拆连接。卡板与螺栓焊成一个整体,安装时拧紧螺母,通过椭圆垫板和卡板将塔板紧固在支持圈上。松开螺母,将螺栓旋转 90°,即可拆卸塔板。

— 121 —

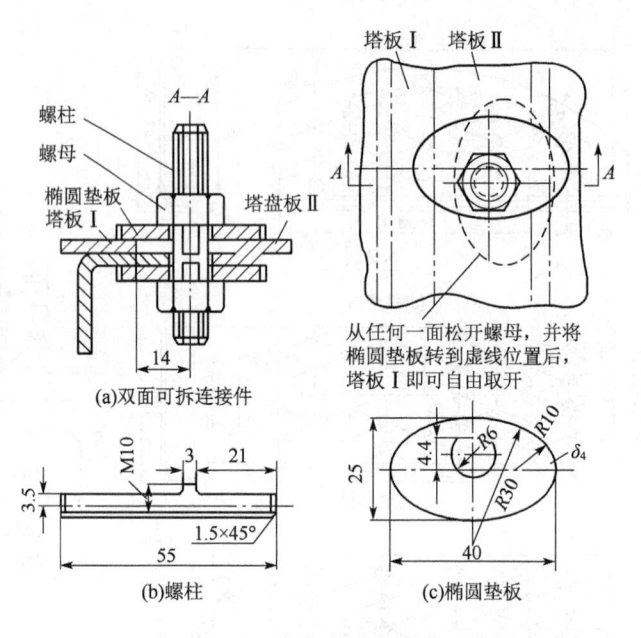

图 3-45　上、下均可拆螺纹连接结构

(3)楔形紧固件。楔形紧固件是一种以楔紧方式代替螺纹连接的紧固形式,其典型结构如图 3-47 所示,具有结构简单、拆装方便、不怕锈蚀、楔紧后自锁能力强等优点。缺点是被连接件的厚度调节范围较小,一般只有 4mm 左右。适用于经常拆装检修或处理强腐蚀性介质的塔设备。

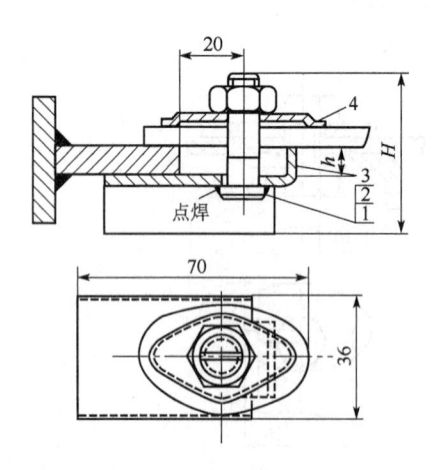

图 3-46　塔板与支持圈的螺纹卡板连接
1—螺母；2—圆头螺栓；3—卡板；4—椭圆垫板

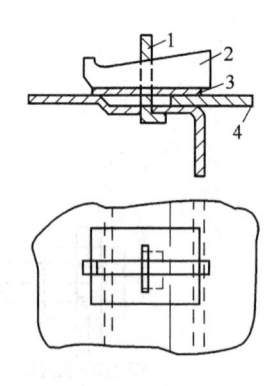

图 3-47　用楔形紧固件的塔板连接
1—龙门板；2—楔子；3—垫板；4—塔板

3. 溢流装置

1) 降液管结构

整块式塔盘的降液管直接焊在塔板上。降液管的连接结构如图 3-48 所示。具有溢流堰的圆形降液管结构如图 3-49 所示。带有长圆形降液管的结构如图 3-50 所示。

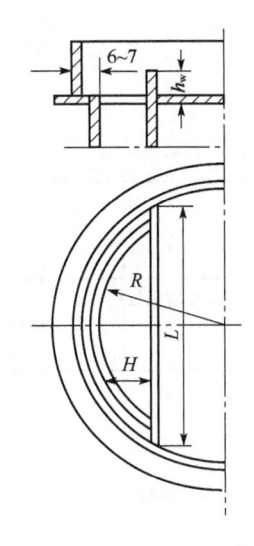

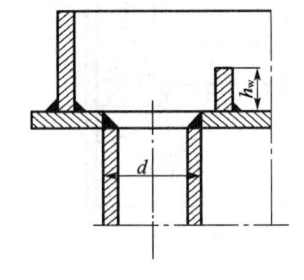

图 3-48 整块式塔板的弓形降液管结构　　图 3-49 整块式塔板的圆形降液管结构

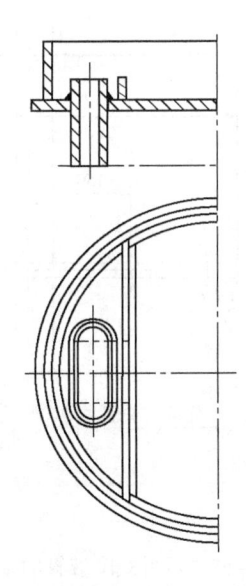

图 3-50 整块式塔板的长圆形降液管结构

分块式塔板的降液管,有固定式和可拆式两种。固定式降液管是由降液板与支持圈和支持板连接在一起,焊接在塔体上,形成一个塔板固定件,如图 3-51 所示。其结构简单、制造方便,但不能对降液板进行校正调节,也不便于检修,适用于物料清洁、不易聚合的场合。可拆式降液管的结构如图 3-52 所示,它是由焊在塔壁上的上降液板、左右连接板,以及可拆的降液板和紧固件装配而成。降液板的厚度为 4~6mm,连接板的厚度为 10mm。

2) 溢流堰结构

当液相溢流量较大时,可采用平直堰。平直堰是用角钢或钢板弯成角钢形式,与塔板构成固定式或可拆式结构。图 3-53 所示为可拆式结构。

当液相流量较小,堰上液层高度小于 6mm 时,为避免液体流动不均,应当采用齿形堰。齿形堰的结构尺寸如图 3-54 所示。

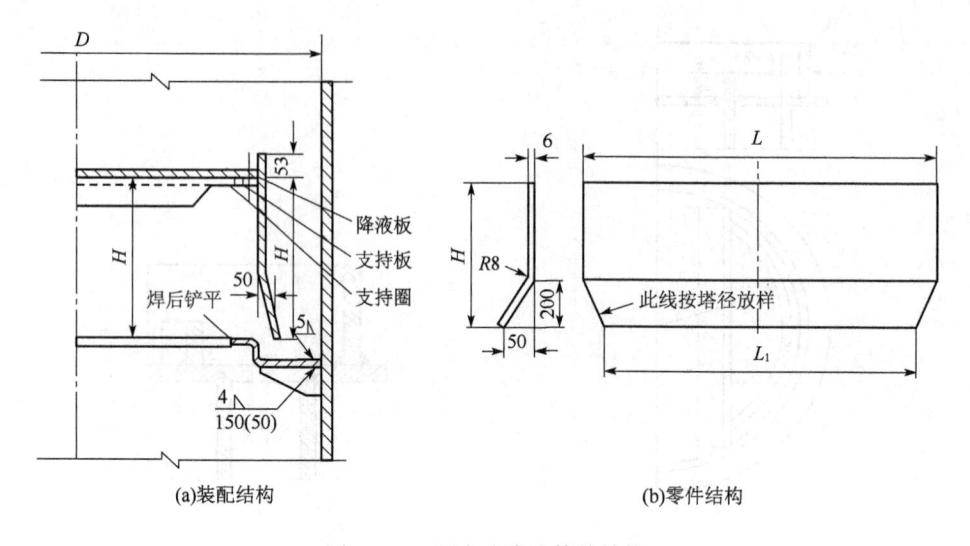

图 3-51 固定式降液管的结构

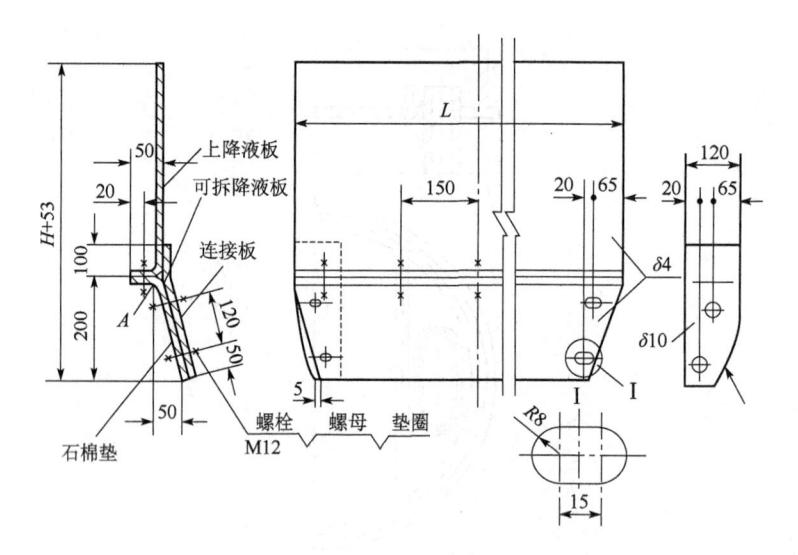

图 3-52 可拆式降液管的结构

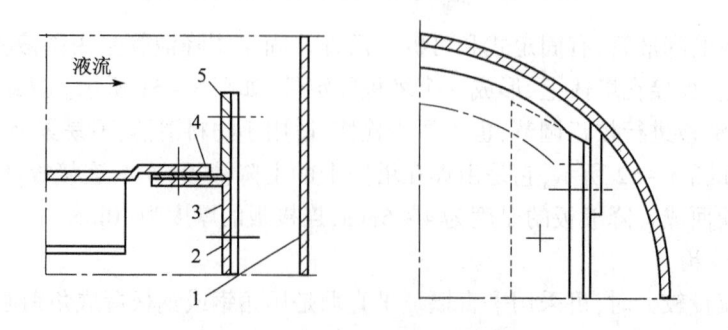

图 3-53 可拆式平直堰结构
1—塔壁；2—降液板连接带；3—降液板；4—塔盘板；5—出口堰

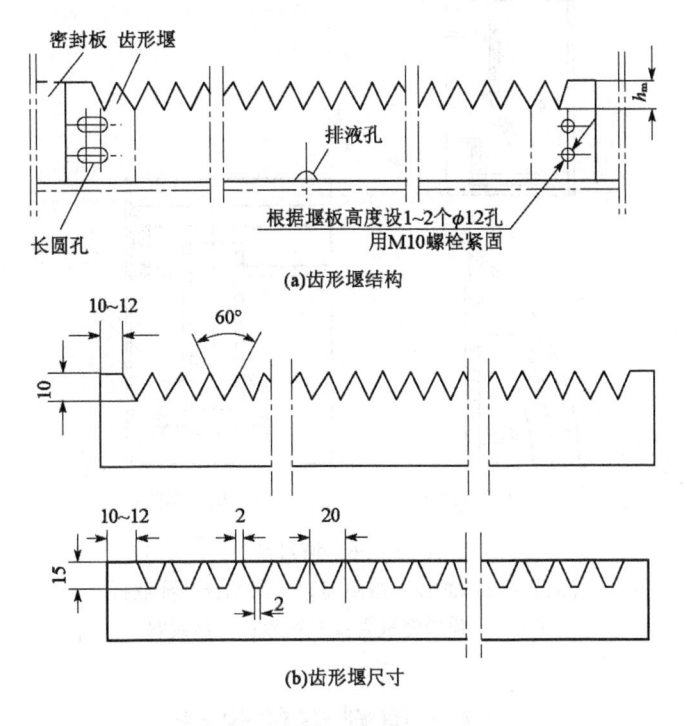

图 3-54 齿形堰的结构尺寸

3) 受液盘结构

受液盘有平形和凹形两种。平形受液盘有可拆和焊接两种结构。图 3-55(a) 为一种可拆式平形受液盘。平形受液盘因可避免形成死角而适用于易聚合的物料。当液体通过降液管与受液盘时，如果压降过大或采用倾斜式降液管，则应采用凹形受液盘，如图 3-55(b) 所示。凹形受液盘的深度一般大于 50mm，而小于塔板间距的 1/3。

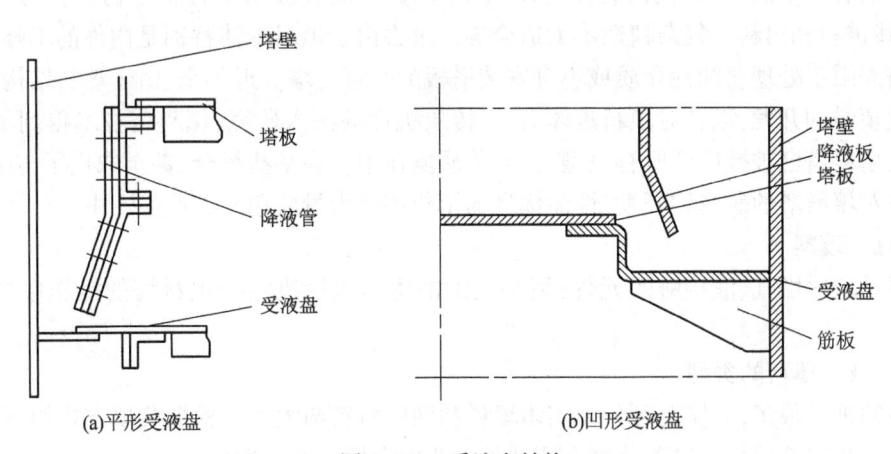

图 3-55 受液盘结构

在塔或塔段的最底层塔盘降液管末端应设液封盘，以保证降液管出口处的液封。用于弓形降液管的液封盘如图 3-56(a) 所示；用于圆形降液管的液封盘如图 3-56(b) 所示。液封盘上开设有泪孔，以供停工时排液之用。

(a)用于方形降液管   (b)用于圆形降液管

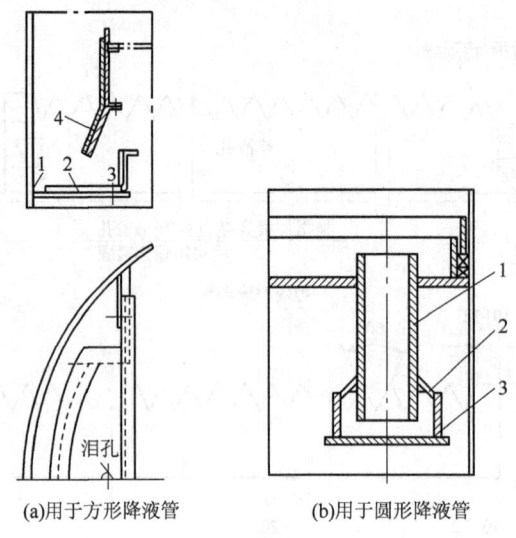

图 3-56 液封盘
(a)1—支承圈；2—液封盘；3—泪孔；4—降液板
(b)1—圆形降液管；2—筋板；3—液封盘

3.3 填料塔的设计

  填料塔是化工、石油化工和炼油生产中最重要的气液传质设备之一，可适用于吸收、解吸、精馏和萃取等单元操作过程。填料塔具有结构简单、生产能力大、分离效率高、压降小、持液量小、填料种类多，耐腐蚀性能良好等特点，特别是在处理容易产生泡沫的物料和真空操作时，有其独特的优越性和操作弹性大等优点。填料塔也有一些不足之处，如填料造价高，当液体负荷较小时不能有效地润湿填料表面，使传质效率降低，不能直接用于有悬浮物或容易聚合的物料；对侧线进料和出料等复杂精馏不太适合等。过去由于填料本体特别是内件的不够完善，使得填料塔局限于处理腐蚀性介质或不宜安装塔板的小直径塔。近年来，由于填料结构的改进、新型高效填料的开发，以及对填料流体力学、传质机理的深入研究，填料塔技术得到了迅速发展，目前，填料塔已被推广到所有大型气、液传质操作中。在某些场合，甚至取代了传统的板式塔。随着对填料塔的研究和开发，性能优良的填料塔已大量应用于工业生产中。

3.3.1 填料

  填料是填料塔气、液接触的元件，填料性能的优劣直接决定着填料塔的操作性能和传质效率。

3.3.1.1 填料的类型

  填料的种类很多，大体上可分为实体填料和网体填料两大类。根据装填方式的不同，可分为散装填料和规整填料。以下分别介绍几种工业中常用的典型填料。

  1. 散装填料

  散装填料是将一个个具有一定几何形状和尺寸的颗粒体，一般以随机的方式乱堆积在塔内，因而有的又将其称为乱堆填料或颗粒填料。散装填料根据其形状和结构特点的不同，又可分为环形填料、鞍形填料、环鞍形填料及球形填料等。现介绍几种较为典型的散装填料，如图 3-57 所示。

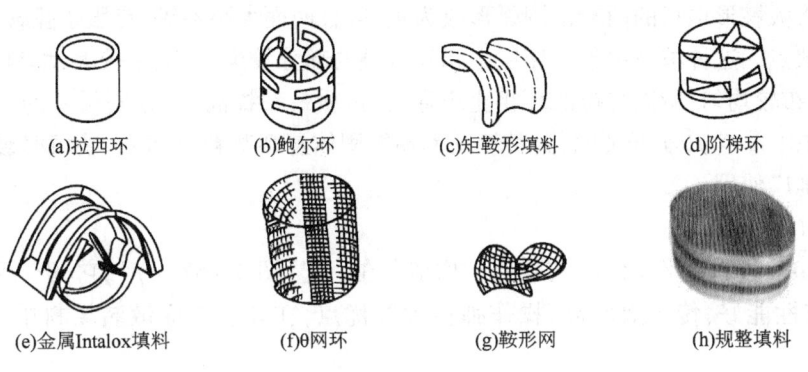

(a)拉西环　(b)鲍尔环　(c)矩鞍形填料　(d)阶梯环
(e)金属Intalox填料　(f)θ网环　(g)鞍形网　(h)规整填料

图3-57　填料的形状

1）拉西环

拉西环是一个外径和高度相等的空心圆柱体,如图3-57(a)所示。拉西环可用陶瓷、塑料、金属制造,以陶瓷环应用较多。拉西环的特点是结构简单、价格便宜、使用经验丰富。但气液分布较差,传质效率较低,阻力大,通量小,目前工业上已较少应用。

2）鲍尔环

鲍尔环是针对拉西环的一些缺点进行改进的环形填料。在填料的侧壁上开设二层长方形窗孔,被切开的环壁的一侧仍与壁面相连,另一侧向环内弯曲,形成内伸的舌叶,诸舌叶的侧边在环中心相搭,如图3-57(b)所示。由于环壁开孔,大大提高了环内空间及环内表面的利用率,使得液体分散度增大,液体分布均匀,内表面利用率增加,气流阻力小,从而提高了传质效率。鲍尔环多用金属制造,特别适用于真空蒸馏操作。与拉西环相比,鲍尔环的气体通量可增加50%以上,传质效率提高30%左右。所以,鲍尔环是目前工业上用于大型塔的一种良好填料。

3）阶梯环

阶梯环是在鲍尔环基础上发展起来的新型填料,如图3-57(c)所示。与鲍尔环相比,阶梯环的高度减小了一半,增加了一个锥形翻边,做成翻边喇叭形,由于高径比减少,使得气体绕填料外壁的平均路径大为缩短,减少了气体通过填料层的阻力。锥形翻边不仅增加了填料的机械强度,而且使填料之间在堆积时由线接触为主变成以点接触为主,这样不但增加了填料间的空隙,减少了阻力,而且改善了液体分布与液体沿填料表面流动的汇集分散点,可以促进液膜的表面更新,有利于传质效率的提高。阶梯环的综合性能优于鲍尔环,成为目前所使用的环形填料中最为优良的一种。

4）鞍形填料

鞍形填料类似马鞍形状。这种填料层中主要为弧形的液体通道,填料层内的空隙率较环形填料连续,气体向上主要沿弧形通道流动,从而改善了气液流动状况。

(1)弧鞍形填料。

弧鞍形填料形状如图3-57(e)所示。弧鞍填料的特点是表面全部敞开,不分内外,液体在表面两侧均匀流动,表面利用率高,流道呈弧形,流动阻力小。其缺点是易发生重叠和架空的现象,致使一部分填料表面被重合,表面不能被湿润、即不能成为有效的传质表面,使传质效率降低。弧鞍填料强度较差,容易破碎,目前工业生产中应用不多,基本被矩鞍形填料所取代。

(2)矩鞍形填料。

矩鞍形填料是一种敞开式填料,它是在弧鞍形填料的基础上发展起来的,其外形如图3-57(d)

所示。它是将弧鞍形填料的两端由圆弧形改为矩形,且两面大小不等,克服了弧鞍形填料容易相互叠合的缺点。这种填料由于在床层中相互重叠的部分较少,空隙率较大,填料表面利用率较高,液体分布较均匀,所以与拉西环相比压降低,传质效率提高,与相同尺寸的拉西环相比,效率提高约10%。生产实践证明,这种填料不易被固体悬浮颗粒所堵塞,装填时破碎量较少,因而被广泛推广使用。

5) 金属 Intalox 填料

金属 Intalox 填料把环形结构与鞍形结构结合在一起[图3-57(e)],它具有压降低、通量高、液体分布性能好、传质效率高、操作弹性大等优点,在现有工业散装填料中占有明显的优势。

6) 网体填料

上面介绍的几种填料都是用实体材料制成的。此外,还有一类以金属网或多孔金属片为基本材料制成的填料,通称为网体填料。网体填料的种类也很多,如 θ 网环[图3-57(f)]和鞍形网[图3-57(g)]等。网体填料的特点是网材薄,填料尺寸小,比表面积和空隙率都很大,液体均布能力强。因此,网体填料的气体阻力小,传质效率高。但是,这种填料的造价过高,在大型的工业生产中难以应用。

2. 规整填料

在乱堆散装填料层中,气液两相的流动路径往往是完全随机的,加上填料装填难以做到处处均一,因而容易产生沟流等不良的气液流量分布,放大效应较显著。若能人为地"规定"塔中填料层内的气液流动路径,则可以大大改善填料的流体力学性能和传质性能。规整填料[图3-57(h)]的出现,使人们找到了解决这一问题的途径。规整填料具有压降低、传质效率高、通量大、气液分布均匀、放大效应小等优良性能。对于小直径塔,规整填料可整盘装填,大直径塔可分块组装。目前工业上应用的规整填料绝大部分为波纹填料,它是由许多波纹薄板组成的圆盘状填料,波纹与塔轴的倾角有30°和45°两种,组装时相邻两波纹板方向相反,反向靠叠。使得波纹网片之间形成一个相互交叉又相互贯通的三角形截面的通道网。各盘填料垂直装于塔内,相邻的两盘填料间交错90°排列。波纹填料按结构可分为网波纹填料和板波纹填料两大类,其材质又有金属、塑料和陶瓷等之分。

3.3.1.2 填料的性能特征

填料的性能特征参数包括比表面积、空隙率、填料因子。

(1) 比表面积。单位体积填料的填料表面积称为比表面积,以 a 表示,其单位为 m^2/m^3。填料的比表面积越大,所提供的气液传质面积越大,因此,比表面积是评价填料性能优劣的一个重要指标。

(2) 空隙率。单位体积填料中的空隙体积称为空隙率,以 e 表示,其单位为 m^3/m^3,或以%表示。填料的空隙率越大,气体通过的能力越大且压降低,因此,空隙率是评价填料性能优劣的又一个重要指标。

(3) 填料因子。填料的比表面积与空隙率三次方的比值,即 a/e^3,称为填料因子,以 f 表示,其单位为 m^{-1}。该参数表示的是填料的流体力学性能,f 值越小,表示流动阻力越小。填料因子分为干填料因子与湿填料因子,填料未被液体润湿时的 a/e^3 称为干填料因子,它反映填料的几何特性;填料被液体润湿后,填料表面覆盖了一层液膜,a 和 e 均发生相应的变化,此时的 a/e^3 称为湿填料因子。

3.3.1.3 填料的选择

填料的种类繁多,性能各有差异。因而填料的选择应包括确定填料的种类、规格、材质等,所选填料既要满足生产工艺的要求,又要做到尽可能地降低投资费用和操作费用。因此选用时应从生产能力、物料性质、操作条件、传质效率、压降大小、安装、检修难易程度、填料价格及供应情况等方面综合考虑,以确定填料的类型、填料的材料以及填料的尺寸规格等。

1. 填料种类的选择

填料的种类选择需要考虑分离工艺的要求,主要考虑如下几个方面:(1)传质效率高;(2)通量大;(3)填料层压降低;(4)填料抗污堵能力强,便于拆装检修等。

填料类型的选择首先取决于工艺要求,如所需理论级数、生产能力(气量)、容许压降、物料特性(液体黏度、气相和液相中是否有悬浮物或生产过程中的聚合等)等,然后结合填料特性来选择,要求所选填料能满足工艺要求,技术经济指标先进,易安装和维修。

对于生产能力(塔径)大,或分离要求较高,压降有限制的塔,选用孔板波纹填料较宜,如苯乙烯—乙苯精馏塔、润滑油减压塔等。对于一些要求持液量较高的吸收体系,一般用乱堆填料。

2. 填料规格的选择

(1)散装填料规格的选择。

工业塔常用的散装填料主要有 DN16、DN25、DN38、DN50、DN76 等几种规格。同类填料,尺寸越小,分离效率越高,但阻力增加,通量减少,填料费用也增加较多;而大尺寸的填料应用于小直径塔中,又会产生液体分布不良及严重的壁流,使塔的分离效率降低。因此,对塔径与填料尺寸的比值要有一规定,一般塔径与填料公称直径的比值 D/d 应大于8。

(2)规整填料规格的选择。

工业上常用规整填料的型号和规格的表示方法很多,国内习惯用比表面积表示,主要有 $125m^2/m^3$、$150m^2/m^3$、$250m^2/m^3$、$350m^2/m^3$、$500m^2/m^3$、$700m^2/m^3$ 等几种规格,同种类型的规整填料,其比表面积越大,传质效率越高,但阻力增加,通量减少,填料费用也明显增加。选用时应从分离要求、通量要求、场地条件、物料性质及设备投资、操作费用等方面综合考虑,使所选填料既能满足技术要求,又具有经济合理性。

应该注意的是,同一填料塔可以选用同种类型,同一规格的填料,也可选用同种类型不同规格的填料;可以只选用同种类型的填料,也可以选用不同类型的填料;有的塔段可选用规整填料,而有的塔段可选用散装填料。因而设计时应灵活掌握,根据技术经济统一的原则来选择填料的规格。

3. 填料材质的选择

通常填料的材质主要为陶瓷、金属和塑料三大类。

(1)陶瓷填料。陶瓷填料具有良好的耐腐蚀性及耐热性,且陶瓷填料价格便宜,具有很好的表面润湿性能,但质脆、易碎是其最大缺点。陶瓷填料在气体吸收、气体洗涤、液体萃取等过程中应用较为普遍。

(2)金属填料。金属填料可用多种材质制成,选择时主要考虑腐蚀问题。碳钢填料造价低,且具有良好的表面润湿性能,对于无腐蚀或低腐蚀性物系可以优先考虑使用;不锈钢填料耐腐蚀性强,一般能耐除 Cl^- 以外的常见物系的腐蚀,但其造价较高,且表面润湿性能较差,在某些特殊场合(如极低喷淋密度下的减压精馏过程),需对其表面进行处理,才能取得良好的使用效果;钛材、特种合金钢等材质制成的填料造价很高,一般只在某些腐蚀性极强的物系下使用。一般来说,金属填料可制成薄壁结构,它的通量大、气体阻力小,且具有很高的抗冲击性能,能在高温、高压、高冲击强度下使用,应用范围最为广泛。

(3)塑料填料。塑料填料的材质主要包括聚丙烯(PP)、聚乙烯(PE)及聚氯乙烯(PVC)等,国内一般多采用聚丙烯材质。塑料填料的耐腐蚀性能较好,可耐一般的无机酸、碱和有机溶剂的腐蚀。其耐温性能良好,可长期在100℃以下使用。

塑料填料质轻、价廉,具有良好的韧性,耐冲击、不易碎,可以制成薄壁结构。它的通量大、压降低,多用于吸收、解吸、萃取、除尘等装置中。塑料填料的缺点是表面润湿性能较差,但可通过适当的表面处理来改善其表面润湿性能。

3.3.2 填料塔的工艺设计

根据给定的吸收任务,在选定吸收剂、操作条件和填料之后,可以进行填料塔的工艺计算,其计算步骤如图3-58所示。

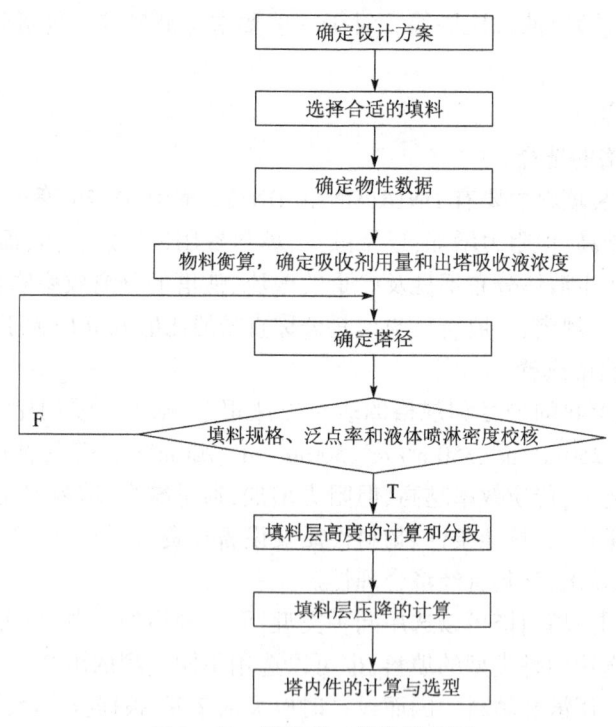

图3-58 填料塔工艺计算框图

3.3.2.1 塔体的工艺计算

塔体的工艺计算包括塔径、填料层高度和填料层分段。

1. 塔径

填料塔的塔径仍采用流量公式初步计算。计算塔径的核心是确定适当的空塔气速 u。确定空塔气速的方法主要有液泛气速法、气相动能因子法和气相负荷因子法等。

1)液泛气速法

液泛气速是填料塔操作气速的上限,空塔气速必须小于液泛气速,空塔气速与液泛气速之比 u/u_f 即为泛点率。泛点率的经验取值如下:

(1) 对散装填料: $u/u_f = 0.5 \sim 0.85$;
(2) 对规整填料: $u/u_f = 0.6 \sim 0.95$。

泛点率的选择主要考虑填料塔的操作压力和物系的发泡程度两方面因素。设计中,对加压操作的塔,可取较高的泛点率;对减压操作的塔,应取较低的泛点率;对无泡沫的物系,应取较高的泛点率;对易起泡的物系,应取较低的泛点率。

填料塔的液泛气速与气液相流量、物系性质、填料类型和尺寸等因素有关,可用关联式计算,也可用关联图求取。

(1) 贝恩—霍根(Bain-Hougen)关联式。

填料塔的液泛气速可由以下贝恩—霍根关联式计算:

$$\lg\left(\frac{u_f^2 a_t \rho_v}{g \varepsilon^3 \rho_L} \mu_L^{0.2}\right) = B - K\left(\frac{w_L}{w_v}\right)^{1/4}\left(\frac{\rho_v}{\rho_L}\right)^{1/8} \quad (3-50)$$

式中　u_f——液泛气速,m/s;
　　　g——重力加速度,$g = 9.81 \text{m/s}^2$;
　　　a_t——填料比表面积,m^2/m^3;
　　　ε——填料层空隙率;
　　　ρ_v, ρ_L——气、液相密度,kg/m^3;
　　　μ_L——液相黏度,mPa·s;
　　　w_v, w_L——塔内气、液相质量流量,kg/s;
　　　B, K——关联常数。

常数B、K与填料形状和材质有关,不同类型填料的B、K值列于表3-8中。由式计算的液泛气速,误差在15%以内。

表3-8　贝恩—霍根关联式中的关联常数B、K值

散装填料类型	B	K	规整填料类型	B	K
塑料鲍尔环	0.0942	1.75	金属丝网波纹填料	0.30	1.75
金属鲍尔环	0.1	1.75	塑料丝网波纹填料	0.420	1.75
塑料阶梯环	0.204	1.75	金属网孔波纹填料	0.155	1.47
金属阶梯环	0.106	1.75	金属孔板波纹填料	0.291	1.75
陶瓷矩鞍形	0.176	1.75	塑料孔板波纹填料	0.291	1.563
金属环矩鞍	0.06225	1.75			

(2) 埃克特(Eckert)通用压降关联图。

散装填料的液泛气速可由埃克特通用压降关联图计算,如图3-59所示。计算时,先由气液相负荷和有关物性数据求出横坐标,然后作垂线与相应泛点线相交,读取交点的纵坐标值,此时所对应的u即为液泛气速u_f。

利用埃克特通用压降关联图计算液泛气速时,所需填料因子ϕ为液泛时的湿填料因子,称为泛点填料因子,以ϕ_f表示。ϕ_f与液体的喷淋密度有关,为了工程计算方便,常采用与液体喷淋密度无关的泛点填料因子平均值。表3-9列出了部分散装填料的泛点填料因子平均值,可供设计时参考。

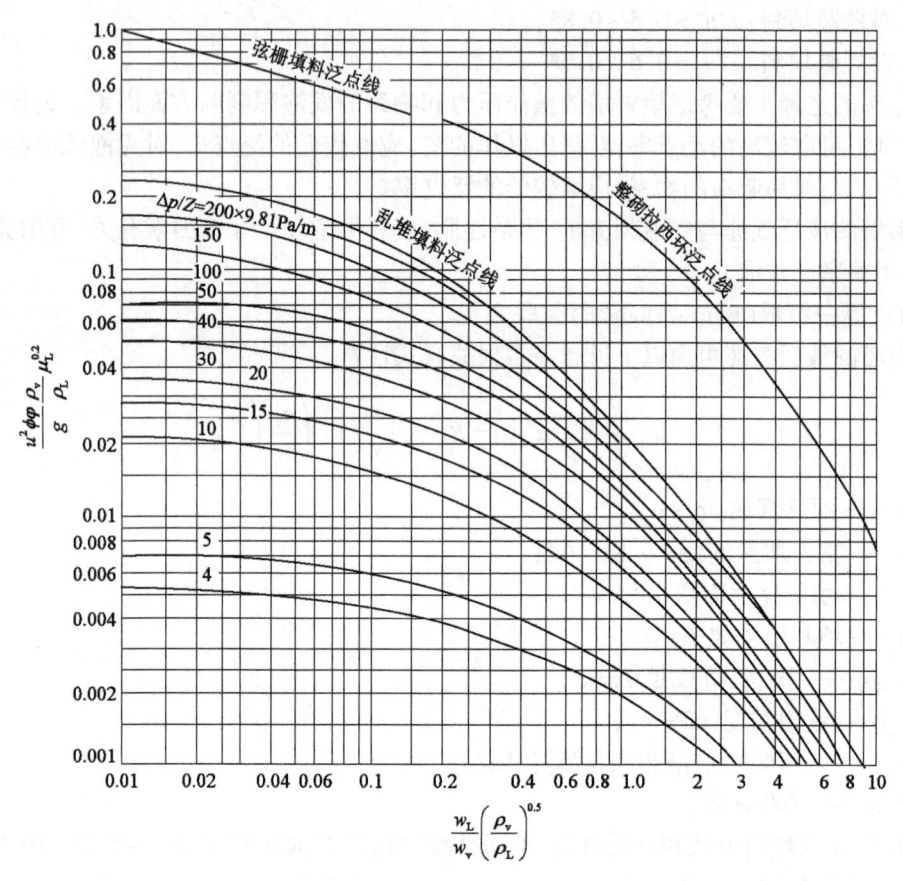

图 3-59 埃克特通用压降关联图

w_v,w_L—塔内气、液相质量流量,kg/s;ρ_v,ρ_L—气、液相密度,kg/m³;u—空塔气速,m/s;g—重力加速度,$g=9.81$m/s²;ϕ—填料因子,$\phi=a_1/\varepsilon^3$,m⁻¹;φ—液体密度校正系数,$\varphi=\rho_水/\rho_L$;μ_L—液相黏度,mPa·s;$\Delta p/Z$—每米高度填料层的压降,Pa/m

表 3-9 部分散装填料的泛点填料因子平均值

填料类型	DN16	DN25	DN38	DN50	DN76
金属鲍尔环	410	—	117	160	—
金属环矩鞍	—	170	150	135	120
金属阶梯环	—	—	160	140	
塑料鲍尔环	550	280	184	140	92
塑料阶梯环	—	260	170	127	—
陶瓷矩鞍形	1100	550	200	226	
陶瓷拉西环	1300	832	600	410	—

2) 气相动能因子法

气相动能因子简称 F 因子,其定义为

$$F = u\sqrt{\rho_v} \tag{3-51}$$

式中 F——气相动能因子,$kg^{0.5}/(m^{0.5}\cdot s)$。

气相动能因子法多用于规整填料空塔气速的确定。计算时,先从相关手册或图表中查出填料在适宜操作条件下的 F 因子,然后按式即可求出空塔气速 u。采用气相动能因子法计算空塔气速,一般用于低压操作(压力低于 0.2MPa)的场合。

3)气相负荷因子法

气相负荷因子简称 C 因子,其定义为

$$C = u\sqrt{\frac{\rho_v}{\rho_L - \rho_v}} \tag{3-52}$$

式中 C——气相负荷因子,m/s。

气相负荷因子法多用于规整填料空塔气速的确定。计算时,先求出最大气相负荷因子 C_{max},然后依据以下关系计算出 C,再由式(3-52)求出空塔气速 u。

$$C = 0.8 C_{max} \tag{3-53}$$

式中 C_{max}——最大气相负荷因子,m/s。

常用规整填料 C_{max} 的计算可查阅有关填料手册,对金属板波纹填料,也可从图 3-60 查得。若以 250Y 型金属板波纹填料为基准,对其他类型的波纹填料,需要乘以修正系数,其值见表 3-10。

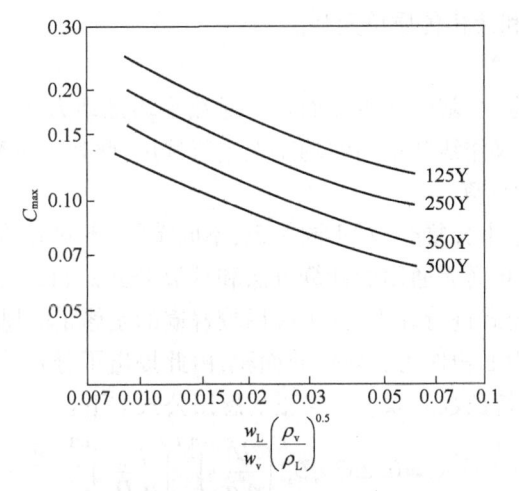

图 3-60 板波纹填料的最大气相负荷因子关联图

表 3-10 其他类型波纹填料的 C_{max} 修正系数

填料类型	金属板波纹填料	金属丝网波纹填料		陶瓷板波纹填料
型号	250Y	BX	CY	BX
修正系数	1.0	1.0	0.65	0.8

一般情况下,填料塔空塔气速的选取可参考表 3-11。

表 3-11 填料塔一般操作气速范围

吸收系统	空塔气速 u,m/s
气体溶解度很大的吸收过程	1.0~3.0
气体溶解度中等或稍小的吸收过程	1.5~2.0
气体溶解度低的吸收过程	0.3~0.8
纯碱溶液吸收二氧化碳过程	1.5~2.0
一般除尘	1.8~2.8

注:若液体喷淋密度较大,则空塔气速应远低于表中数值。

计算出塔径 D 后,还应按塔径系列标准值进行圆整。常用的标准塔径为 400mm、500mm、600mm、700mm、800mm、1000mm、1200mm、1400mm、1600mm、1800mm、2000mm、2200mm 等。圆整后,必须根据实际塔径再核算空塔气速和泛点率。

2. 填料层高度

填料层是填料塔完成传质实现分离任务的场所,其高度的计算实质是计算过程所需相际传质面积问题,涉及物料衡算、传质速率和相平衡关系。填料层高度的计算分为传质单元数法和等板高度法。在工程设计中,对吸收、解吸和萃取过程中的填料塔设计,多采用传质单元数法;而对精馏过程中的填料塔设计,习惯上采用等板高度法。

1) 传质单元数法

采用传质单元数法计算填料层高度的基本公式为

$$Z = H_{og}N_{og} = H_{oL}N_{oL} \tag{3-54}$$

式中 Z——填料层高度,m;

H_{og},H_{oL}——气相和液相传质单元高度,m。

N_{og},N_{oL}——气相和液相传质单元数。

(1) 传质单元数的计算。

传质单元数的计算方法,就气体吸收而言有对数平均推动力法、吸收因数法、图解积分法和数值积分法等,应根据操作线和平衡线的特点进行选用,此处不再赘述。

(2) 传质单元高度的计算。

传质过程的影响因素十分复杂,对不同物系、不同填料、不同流动状况和操作条件,传质单元高度各不相同,迄今为止尚无通用的计算方法和计算公式。目前在设计中多选用一些无因次特征数关联式或经验公式进行计算,其中应用较普遍的是修正的恩田(Onda)公式。

恩田等将填料润湿表面积作为有效传质面积,由此提出了分别计算填料润湿比表面积 a_w 和传质系数 k_g、k_L 的一组特征数关联式。修正的恩田公式如下:

$$k_g = 0.237 a_t D_v \left(\frac{U_v}{a_t \mu_v}\right)^{0.7} \left(\frac{\mu_v}{\rho_v D_v}\right)^{1/3} \tag{3-55}$$

$$k_L = 0.0095 \left(\frac{U_L}{a_w \mu_L}\right)^{2/3} \left(\frac{\mu_L}{\rho_L D_L}\right)^{-1/2} \left(\frac{\mu_L g}{\rho_L}\right)^{1/3} \tag{3-56}$$

$$k_g a = k_g a_w \psi^{1.1} \tag{3-57}$$

$$k_L a = k_L a_w \psi^{0.4} \tag{3-58}$$

$$\frac{a_w}{a_t} = 1 - \exp\left[-1.45 \left(\frac{\sigma_c}{\sigma_L}\right)^{0.75} \left(\frac{U_L}{a_t \mu_L}\right)^{0.1} \left(\frac{U_L^2 a_t}{\rho_L^2 g}\right)^{-0.05} \left(\frac{U_L^2}{\rho_L \sigma_L a_t}\right)^{0.2}\right] \tag{3-59}$$

式中 k_g,k_L——以体积摩尔浓度差为推动力的气、液相传质系数,m/s;

U_v,U_L——单位塔截面积的气、液相质量流量,kg/(m²·s);

μ_v,μ_L——气、液相黏度,Pa·s;

ρ_v,ρ_L——气、液相密度,kg/m³;

D_v,D_L——溶质在气、液相的扩散系数,m²/s;

a_t——填料比表面积,m²/m³;

a_w——填料润湿比表面积,m²/m³;

a——单位体积填料层具有的有效气液接触面积,m²/m³;

g——重力加速度，$g=9.81\text{m/s}^2$；
σ_L——液相表面张力，N/m；
σ_C——填料材质的临界表面张力，N/m；
ψ——填料的形状系数。

常见材质的临界表面张力值见表3-12；常见填料的形状系数见表3-13。

表3-12 常见材质的临界表面张力值

材质	碳	陶瓷	玻璃	聚丙烯	聚氧乙烯	钢	石蜡
表面张力，mN/m	56	61	73	33	40	75	20

表3-13 常见填料的形状系数

填料类型	球形	棒形	拉西环	弧鞍形	开孔环
ψ	0.72	0.75	1	1.19	1.45

上述修正的恩田公式只适用于$u \leqslant 0.5u_F$的情况，当$u > 0.5u_F$时，还需按下式进行校正：

$$k'_g a = \left[1 + 9.5\left(\frac{u}{u_F} - 0.5\right)^{1.4}\right] k_g a \quad (3-60)$$

$$k'_L a = \left[1 + 2.6\left(\frac{u}{u_F} - 0.5\right)^{2.2}\right] k_L a \quad (3-61)$$

由修正的恩田公式计算出$k_g a$和$k_L a$后，可按下式计算气相传质单元高度H_{og}。

$$k_y a = p \frac{k_g a}{RT} \quad (3-62)$$

$$k_x a = c_M k_L a \quad (3-63)$$

$$c_M = \frac{\rho_L}{M_L} \approx \frac{\rho_s}{M_s} \quad (3-64)$$

$$\frac{1}{K_y a} = \frac{1}{k_y a} + \frac{m}{k_x a} \quad (3-65)$$

$$H_{og} = \frac{G}{K_y a} \quad (3-66)$$

式中 k_y, k_x——以摩尔分数差为推动力的气、液相传质系数，$\text{kmol}/(\text{m}^2 \cdot \text{s})$；

p——系统压力，Pa；

R——摩尔气体常数，$R = 8.314\text{J}/(\text{mol} \cdot \text{K})$；

T——系统热力学温度，K；

c_M——液相总体积摩尔浓度，kmol/m^3；

M_L——液相平均摩尔质量，g/mol；

ρ_s——溶剂密度，kg/m^3；

M_s——溶剂摩尔质量，g/mol；

K_y——以摩尔分数差为推动力的气相总传质系数，$\text{kmol}/(\text{m}^2 \cdot \text{s})$；

m——相平衡常数；

G——单位塔截面积的气、液相摩尔流量，$\text{kmol}/(\text{m}^2 \cdot \text{s})$。

2) 等板高度法

等板高度是与一块理论板的传质作用相当的填料层高度，即HETP，单位为m。等板高度

的大小表明填料效率的高低。采用等板高度法计算填料层高度的基本公式为

$$Z = \text{HETP} \times N_\text{T} \tag{3-67}$$

(1) 理论板数的计算。

理论板数的计算方法包括简捷计算法、逐板计算法和计算机模拟法等，此处不再赘述。

(2) 等板高度的计算。

等板高度和许多因素有关，不仅取决于填料的类型和尺寸，而且受系统物性、操作条件和设备尺寸的影响，目前尚无可靠的方法计算填料的 HETP 值。一般的方法是通过实验测定或由经验关联式进行估算，也可从工业应用的实际经验中选取 HETP 值。某些填料在一定条件下的 HETP 值可从有关填料手册中查得。设计中缺乏可靠数据时，也可取表 3-14 所列近似值作为参考。

表 3-14　某些填料的等板高度　　　　　　　　　　　　　　　　　　　　　　mm

填料类型	DN25	DN38	DN50
矩鞍形	430	550	750
鲍尔环	420	540	710
环矩鞍	430	530	650

近年来研究者通过大量数据回归得到了常压精馏时的 HETP 关联式如下：

$$\ln(\text{HETP}) = h - 1.292\ln\sigma_\text{L} + 1.47\ln\mu_\text{L} \tag{3-68}$$

式中　HETP——等板高度，mm；

　　　σ_L——液相表面张力，N/m；

　　　μ_L——液相黏度，Pa·s；

　　　h——常数，其值见表 3-15。

表 3-15　HETP 关联式中的常数 h 值

填料类型	DN25	DN38	DN50
金属鲍尔环	6.8505	7.0779	7.3781
金属环矩鞍	6.8505	7.0382	7.2883
陶瓷环矩鞍	6.8505	7.1079	7.4430

式 (3-68) 考虑了液体黏度和表面张力的影响，其适用范围如下：

$$10^{-3}\text{N/m} < \sigma_\text{L} < 36 \times 10^{-3}\text{N/m} \tag{3-69}$$

$$0.08 \times 10^{-3}\text{Pa·s} < \mu_\text{L} < 0.83 \times 10^{-3}\text{Pa·s} \tag{3-70}$$

采用上述方法计算出填料层高度后，还应预留一定的安全系数。根据设计经验，填料层的设计高度一般为：

$$Z' = (1.2 \sim 1.5)Z \tag{3-71}$$

式中　Z'——设计时的填料层高度，m；

　　　Z——工艺计算得到的填料层高度，m。

3. 填料层分段

当液体沿填料层下流时，有逐渐向塔壁集中的趋势，使得塔壁附近的液体流量逐渐增大，形成壁流效应。壁流效应会造成气液两相在填料层中分布不均，使传质效率下降。因此，设计中，每隔一定的填料层高度，需要设置液体收集与再分布装置，即将填料层分段。

1) 散装填料的分段

对散装填料,一般分段高度的推荐值见表 3-16,表中 h/D 为分段高度和塔径之比,h_{max} 为允许的最大填料层高度。

表 3-16 散装填料分段高度推荐值

填料类型	拉西环	矩鞍形	鲍尔环	阶梯环	环矩鞍
h/D	2.5	5~8	5~10	8~15	8~15
h_{max}, m	≤4	≤6	≤6	≤6	≤6

2) 规整填料的分段

对规整填料,填料层分段高度可按下式确定:

$$h = (15 \sim 20) \text{HETP} \tag{3-72}$$

式中 h——填料层分段高度,m。

h 也可按表 3-17 推荐的分段高度值确定。

表 3-17 规整填料分段高度推荐值

填料类型	250Y 板波纹填料	500Y 板波纹填料	500(BX)丝网波纹填料	700(CY)丝网波纹填料
h, m	6.0	5.0	3.0	1.5

3.3.2.2 填料塔的流体力学校核

为使填料塔能够在较高的效率下工作,塔内的气液两相处于良好的流动状态,需要对初步设计的填料塔进行流体力学校核。校核内容包括填料层的压降、填料层的持液量、液体的喷淋密度和液泛等。

1. 填料层的压降

气体通过填料层的压降,对填料塔的操作影响较大。若填料层压降大,则操作过程的动力消耗大,特别是负压操作过程更是如此,这将增加塔的操作费用。另一方面,对塔釜需要加热的过程,填料层压降大必然使釜液温度升高,从而消耗更高品位的热能,也将使操作费用增加。

填料层压降通常用单位高度填料层的压降 $\Delta p/Z$ 来表示,它与填料的类型、尺寸、物系性质、液体喷淋密度和空塔气速有关。将不同喷淋密度下填料层压降 $\Delta p/Z$ 与空塔气速 u 的实测数据标绘在双对数坐标系中,可得如图 3-61 所示的线簇。图中,$L_0 = 0$ 时的直线表示无液体喷淋时干填料的 $\Delta p/Z - u$ 关系,称为干填料压降线;曲线 L_1、L_2 和 L_3 分别表示不同液体喷淋量下的操作压降线,喷淋量大小为 $L_1 < L_2 < L_3$。各类填料的 $\Delta p/Z - u$ 关系图线的趋势大致都是如此。

干填料的压降线是直线,其斜率为 1.8~2.0。当有一定的喷淋量时,压降线变为折线,并存在 A 和 B 两个转折点,转折点 A 称为载点,转折点 B 称为泛点。这两个转折点将关系线分为三个区段,即恒持液量区、载液区和液泛区。

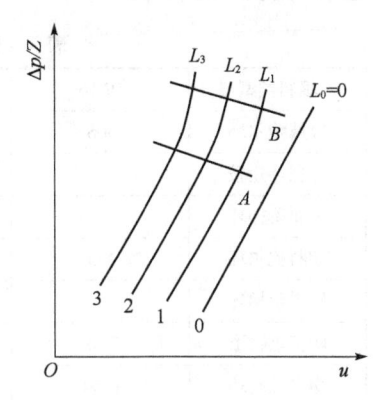

图 3-61 填料层压降示意图

当气速较低时,液体在填料层内向下流动时受气体曳力很小,几乎与空塔气速无关。在恒定的喷淋量下填料表面上覆盖的液膜厚度不变,因而填料层的持液量不变,故为恒持液量区。在同一空塔气速下,由于填料层内所持液体占据一定空间,故气体的真实流速较通过干填料层时的流速更高,压降也较大。因此,恒持液量区的压降线位于干填料压降线的左侧,且两条线平行。

随着气速的增大,上升气流对下降液体的曳力增大,开始阻碍液体向下流动,此种现象称为拦液现象。此时,填料表面的液膜厚度和床层持液量随气速的增加而明显增加,压降也随气速增大而较快增大,压降线在 A 点出现转折并进入载液区。A 点对应的空塔气速为开始发生拦液现象时的空塔气速,称为载点气速,超过载点后,压降线的斜率将会大于2。

若气速继续增大,气液两相间的作用进一步增强,使得填料表面的液膜难以顺利流下,填料层内持液量不断增加,以致几乎充满整个填料层内的空隙,压降急剧升高,填料塔发生液泛,压降线在 B 点出现转折并进入液泛区。B 点对应的空塔气速即为开始发生液泛时的空塔气速,称为液泛气速或泛点气速,超过泛点后,压降线的斜率可达10以上,近于垂直上升的趋势。在液泛区内,气液两相由原来的膜式接触变为鼓泡接触,液相从分散相变为连续相,气相则从连续相变为分散相。

有时在实测的 $\Delta p/Z - u$ 关系线上,载点和泛点并不明显,压降线的斜率是逐渐变化的,上述三个区域间并无清晰的界限。

通常情况下,填料塔应在载液区操作,即操作气速应控制在载点气速和泛点气速之间,其压降的计算可采用以下方法。

1)散装填料的压降计算

(1)由埃克特(Eckert)通用压降关联图计算。

散装填料的压降值可由埃克特通用压降关联图计算(图3-59)。计算时,先由气液相负荷和有关物性数据求出横坐标,再根据操作空塔气速 u、有关物性数据和填料性能参数求出纵坐标,通过作图得出交点,读出过交点的等压降线数值,即为每米填料层压降值 $\Delta p/Z$。

利用埃克特通用压降关联图计算压降时,所需填料因子 ϕ 为操作状态下的湿填料因子,称为压降填料因子,以 ϕ_p 表示。ϕ_p 与液体的喷淋密度有关,为了工程计算方便,常采用与液体喷淋密度无关的压降填料因子平均值。表3-18列出了部分散装填料的压降填料因子平均值,可供设计时参考。

表3-18 部分散装填料的压降填料因子平均值　　　　　　　　　m^{-1}

填料类型	DN16	DN25	DN38	DN50	DN76
金属鲍尔环	306	—	114	98	—
金属环矩鞍	—	138	93.4	71	36
金属阶梯环	—	—	118	82	—
塑料鲍尔环	343	232	114	125	62
塑料阶梯环	—	176	116	89	—
陶瓷矩鞍形	700	215	140	160	—
陶瓷拉西环	1050	576	450	288	—

(2)由散装填料的压降曲线查取。

散装填料压降曲线的横坐标通常以空塔气速 u 表示,纵坐标以单位高度填料层压降 $\Delta p/Z$ 表示,常见散装填料的 $\Delta p/Z - u$ 曲线可从有关填料手册中查得。

2)规整填料的压降计算

(1)由规整填料通用压降关联图计算。

Kister 等人提出了适用于规整填料的通用压降关联图,如图 3-62 所示。该图以两相流动参数 F_{Lv} 为横坐标,通过作图得出交点,读出过交点的等压降线数值,即为每米填料层压降值 $\Delta p/Z$。纵坐标中,C 为按式(3-52)定义的气相负荷因子,m/s;ϕ 为规整填料的填料因子,可由表 3-19 查得,m^{-1};ν 为液相运动黏度,$\nu_L = \mu/PL$,cSt($1m^2/s = 10^6$ cSt)。此关联图在以下范围内使用时准确性较高:

①液相为水时,$0.01 \leq F_{Lv} \leq 1$;非水系统,$0.02 \leq F_{Lv} \leq 0.2$;
②压降填料因子 ϕ 在 $20 \sim 100 m^{-1}$ 之间。

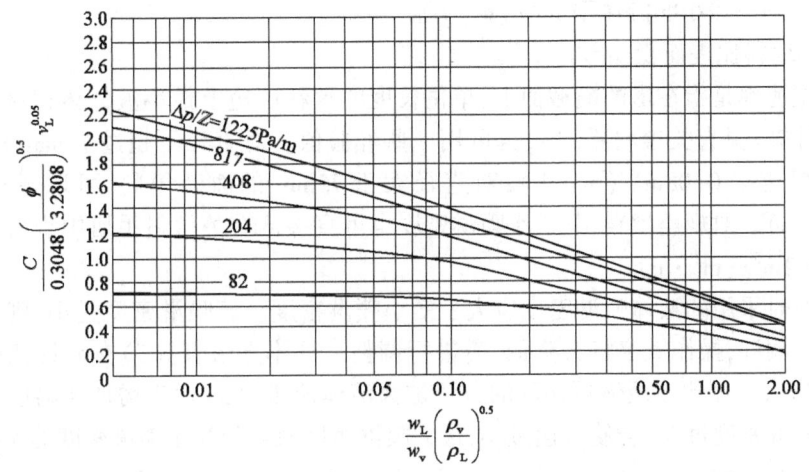

图 3-62 规整填料通用压降关联图

表 3-19 常见规整填料的填料因子

填料	金属丝网波纹(Koch-Sulzer)		金属孔板波纹(Sulzer's Mellapak)				塑料孔板波纹(Sulzer's Mellapak)
型号	CY	BX	125Y	250Y	350Y	500Y	250Y
填料因子,m^{-1}	230	69	33	66	75	112	72

(2)由规整填料的压降曲线查取。

规整填料压降曲线的横坐标通常以气相动能因子 F 表示,纵坐标以单位高度填料层压降 $\Delta p/Z$ 表示,常见规整填料的 $\Delta p/Z$ - F 曲线可从有关填料手册中查得。

2. 泛点率

如前所述,泛点率是指塔内操作时的空塔气速与液泛气速之比。液泛气速可采用贝恩—霍根关联式或埃克特通用压降关联图求得。尽管近年来有研究者认为填料塔在泛点附近操作时仍具有较高的传质效率,但由于泛点附近流体力学性能的不稳定性,一般较难稳定操作,故一般要求泛点率在 $0.5 \sim 0.85$ 的范围内,对易气泡物系可低至 40%。

3. 液体的喷淋密度

填料塔的液体喷淋密度是指单位时间、单位塔截面上的液体喷淋体积,其计算式为

$$U = \frac{L_h}{\frac{\pi}{4}D^2} \tag{3-73}$$

式中 U——液体喷淋密度,$m^3/(m^2 \cdot h)$;
L_h——塔内液相体积流量,m^3/h;

D——塔内径,m。

填料塔传质效率的高低与液体的分布及填料的润湿状况有关,为使填料能获得良好的润湿,应保证塔内液体的喷淋密度不低于某一极限值,此极限值称为最小喷淋密度,以 $U_{\min}$ 表示。

对散装填料,其最小喷淋密度与比表面积有关,关系式为

$$U_{\min} = (L_w)_{\min} a_t \qquad (3-74)$$

式中 $U_{\min}$——最小喷淋密度,$m^3/(m^2 \cdot h)$;

$(L_w)_{\min}$——最小润湿速率,$m^3/(m \cdot h)$;

a_t——填料比表面积,m^2/m^3。

最小润湿速率是指在塔的横截面上,单位长度的填料周边上最小液体体积流量。其值可由经验公式计算(见有关填料手册),也可用一些经验值。对直径不超过 75mm 的散装填料,可取最小润湿速率 $0.08m^3/(m \cdot h)$;对直径大于 75mm 的散装填料,可取最小润湿速率 $0.12m^3/(m \cdot h)$。对规整填料,其最小喷淋密度也可直接从有关填料手册中查得,设计中,通常取 $U_{\min} = 0.2m^3/(m^2 \cdot h)$。

实际操作时采用的液体喷淋密度应大于最小喷淋密度。若喷淋密度过小,则不能保证填料表面的充分润湿,操作效率将会降低,需进行调整。具体方法有:(1)在允许范围内减小塔径;(2)采用增大回流比或液体再循环的方法加大液体流量;(3)适当增加填料层高度予以补偿。若液体喷淋密度过大,会使气速过小,最大喷淋密度通常为最小喷淋密度的 4~6 倍。

4. 填料层的持液量

填料层的持液量(液体/填料)是指在一定操作条件下,单位体积填料层内所积存的液体体积,以 m^3/m^3 表示。持液量可分为静持液量、动持液量和总持液量。静持液量是指当填料表面被充分润湿后,停止气液两相进料,并排液至无滴液流出时存留于填料层中的液体量;动持液量是指填料塔停止气液两相进料时流出的液体量;总持液量是指在一定操作条件下存留于填料层中的液体总量。显然,总持液量为静持液量和动持液量之和,即

$$H_1 = H_0 + H_s \qquad (3-75)$$

式中 H_1——总持液量,m^3;

H_0——静持液量,m^3;

H_s——动持液量,m^3。

持液量是影响填料塔效率、压降和处理能力的重要参数,而且对液体在塔内的停留时间有较大影响。多数研究结果表明,当操作气速低于泛点气速的 70% 时,持液量仅受填料类型、尺寸、物料性质和液相负荷的影响,而基本上与气速无关;当操作气速大于泛点气速的 70% 时,持液量明显受气速影响。填料特性对持液量影响的一般规律是:尺寸相同的情况下,陶瓷填料的持液量最大,金属填料次之,塑料填料最小;材质相同的情况下,持液量随填料尺寸的增大而减小。关于持液量的计算,目前虽有一些计算方法可用,但都不够成熟,仍主要以实验的方法确定填料层的持液量。

3.3.3 填料塔的结构设计

填料塔的基本结构由塔体、填料、内件和附件组成,其主体结构如图 3-63 所示。塔体及其附件的结构与板式塔类似。塔内件包括液体分布装置、液体收集与再分布装置、填料支承装置、填料压紧装置等。

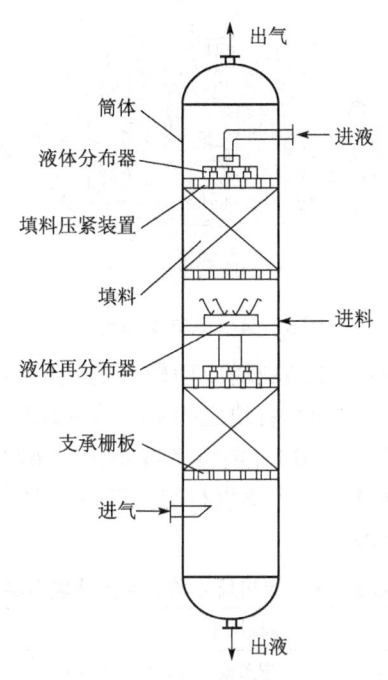

图 3-63 填料塔结构简图

3.3.3.1 塔体结构

填料塔的塔体总高度包括填料层高度和塔的附属高度。塔的附属高度主要包括塔顶空间、塔底空间、液体分布装置高度、液体收集与再分布装置高度、人孔高度、塔顶封头高度以及裙座高度。

塔顶空间见本书 3.2.3.1 节,对填料塔,其高度一般取 1.2~1.5m。

塔底空间见本书 3.2.3.1 节。

液体分布装置高度和液体收集与再分布装置高度,依据所选分布器的类型而定,一般需要 1~1.5m 的空间高度。

3.3.3.2 填料支撑装置

填料支撑装置的作用是支承塔内的填料。填料的支撑装置结构对填料塔的操作性能影响很大,若设计不当,将导致填料塔无法正常工作。对填料支撑装置的基本要求为:有足够的强度以支撑填料的重量;有足够的自由截面,以使气、液两相通过时阻力较小;装置结构要有利于液体的再分布;制造、安装、拆卸要方便。常用的填料支撑装置有如图 3-64 所示的栅板型、孔管型、驼峰型等。支撑装置的选择,主要的依据是塔径、填料种类及型号、塔体及填料的材质、气液流率等。常用的支撑装置为栅板型,有栅板、格栅板、波形板等。

1. 栅板支撑

栅板是最常用的、结构最简单的填料支撑板,它是用扁钢条和扁钢圈焊接而成。塔径不超过 500mm 时,采用整块式栅板;塔径大于 600mm 时,采用分块式栅板,每块的宽度为 300~400mm;塔径不小于 900mm 时,为增加栅板的刚度,须加设上、下连接板。当用于支承规整填料时,为保持水平,不能设上连接板。图 3-65 所示为塔径在 900~1200mm 时的分块式栅板结构。图 3-66 所示为改进后的分块式栅板结构,它将扁钢圈的高度减小(取栅板条高度的 2/3),消除了扁钢圈与支持圈之间积存壁流液体的死角,各分块之间用定距环保证间距,也便于拆装。

(a)栅板型　　　　　　　(b)孔管型　　　　　　　(c)驼峰型

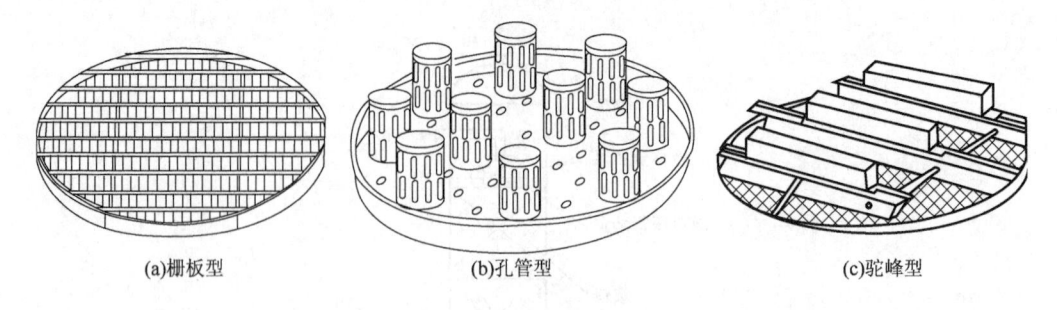

图 3-64　填料支撑装置

栅板支撑结构简单,强度较高,是填料塔应用较多的支承结构。但栅板自由截面积较小,气速较大时易引起液泛,且塔内组装时,各块之间常有卡嵌现象。

一般情况下(介质温度不大于 250℃,填料密度不大于 670kg/m),栅板的材料采用 Q-235A 或 Q-235AF,其结构尺寸和最大支承填料层高度可参照表 3-20 确定。其他情况下,栅板尺寸应按具体条件进行计算确定。

表 3-20　栅板结构尺寸和最大支承填料层高度

塔径 DN,mm	栅板尺寸		最大支承填料层高度,mm
	外直径 D,mm	栅条高度 h×厚度 S,mm×mm	
600	580	40×6	10DN
700	680	40×6	8DN
800	780	50×6	8DN
900	880	50×6	6DN
1000	980	50×8	6DN
1200	1168	60×10	6DN
1400	1380	60×10	3DN
1600	1558	60×10	3DN

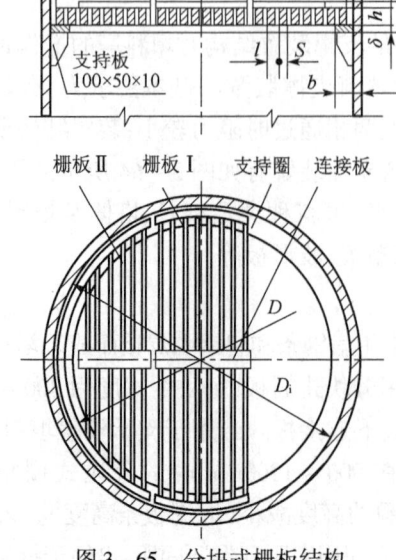

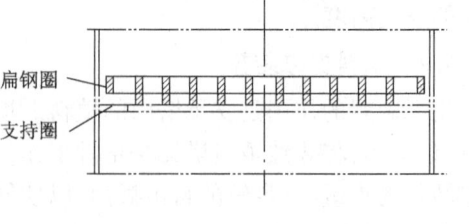

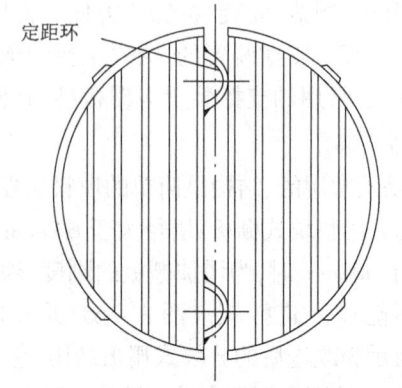

图 3-65　分块式栅板结构　　　　图 3-66　改进后的分块式栅板结构

栅板的安装结构是将它放置在焊接于塔壁的支持圈上,直径大于1000mm的塔,支持圈还需用支持板来加强。支持圈、支持板的结构和尺寸分别见图3-67和表3-21。若塔径超过2000mm,还应加中间支承梁。

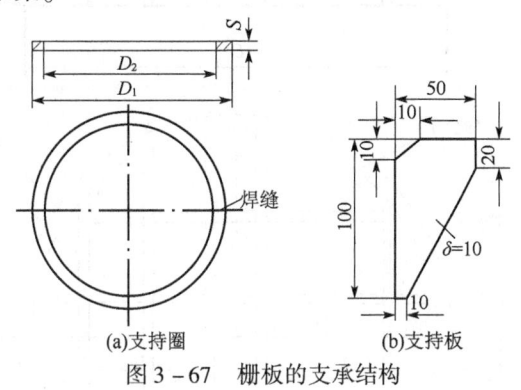

图3-67 栅板的支承结构

表3-21 支持圈结构尺寸

塔径,mm	D_1,mm	D_2,mm	厚度,mm 碳素钢	厚度,mm 不锈钢	支持板数
500	496	416	6	4	—
600	596	496	8	6	—
700	696	596	8	6	—
800	796	696	8	6	—
900	894	794	8	6	—
1000	994	894	10	8	6
1200	1194	1074	10	8	6
1400	1392	1272	10	8	8
1600	1592	1472	10	8	8

2. 格栅板

格栅板由格条、栅条以及边圈组成,如图3-68所示。当塔径小于800mm时,可采用整块式格栅板,当塔径大于800mm时,则应采用分块式格栅板。栅板条间距一般为100~200mm,塔径小时取小值。格板条间距t_1一般为300~400mm,塔径小时取小值。分块式格栅板每块宽度不大于400mm。格栅板通常由碳钢制成。当介质腐蚀性较大时,可采用不锈钢制造。格栅板适用于规整填料的支承。

3. 开孔波形板

开孔波形板属于梁形气体喷射式支承装置,如图3-69所示。波形板由开孔金属平板冲压为波形而成。在每个波形梁的侧面和底部上开有许多小孔,上升的气体从侧面小孔喷出,下降的液体从底部小孔流下,故气液在波形板上为分道逆流。既减少了流体阻力,又使气、液分布均匀。

开孔波形板的特点是:支承板上开孔的自由截面积较大,需要时,可达100%;支承板上气液分道逆流,允许较高的气、液负荷;气体通过支承板时所产生的压降小;支承板做成波形,提高了板的刚度和强度,是目前性能最优的填料支承板。波形板结构为多块拼装形式,每块支承件之间用螺栓连接,波形的间距与高度和塔径有关。相应标准为《梁型气体喷射式填料支承板》(HG/T 21512—1995),适用的填料塔直径范围为DN300~DN4000。支承板的波形尺寸见表3-22。

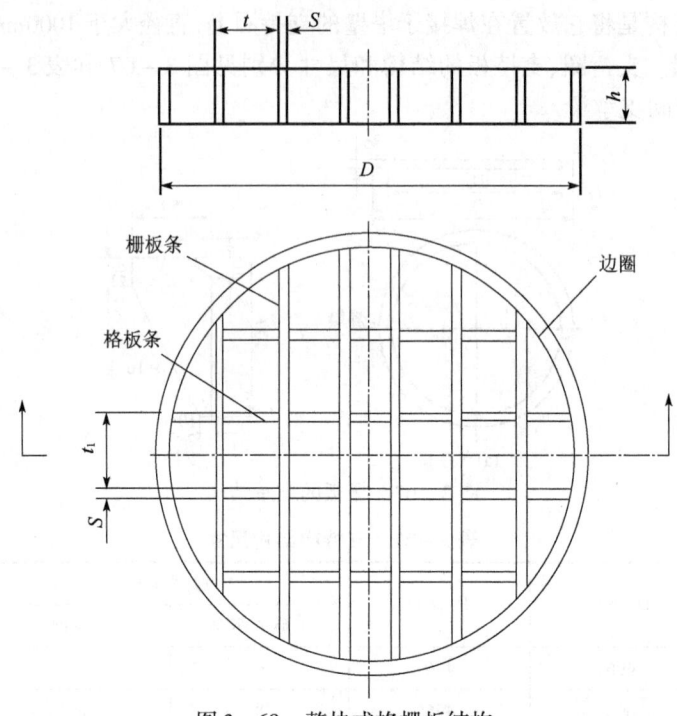

图 3-68 整块式格栅板结构

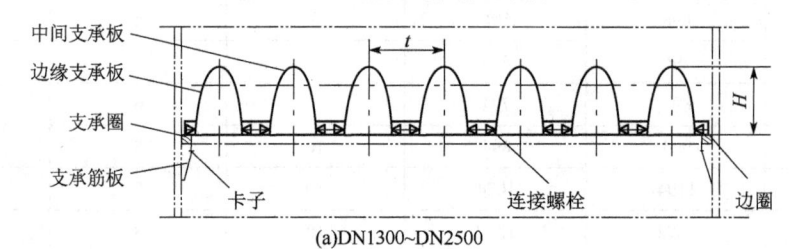

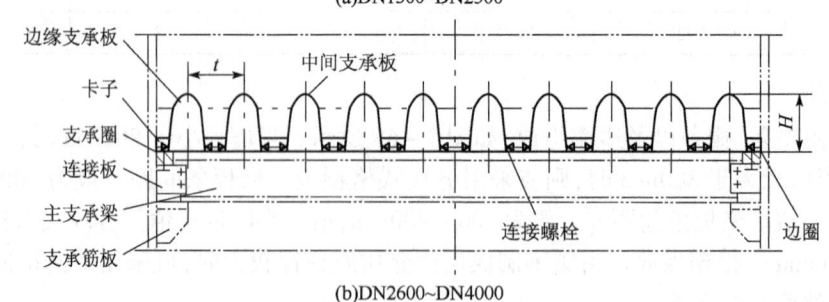

图 3-69 梁型气体喷射式支承板结构

表 3-22 支承板波形尺寸

塔径,mm	波形	$b \times H$,mm×mm	t,mm
300		145×180	145
400-800		192×250	192
900-4000		300×300	300

注：尺寸 b 是塔中间支承板(表中左图)的宽度，塔边缘支承板(表中右图)的宽度 b 将随塔径不同而异，左右不对称。H 为波高，t 为波距。

3.3.3.3 液体分布装置

填料塔的传质过程要求塔内任一截面上气、液两相流体能均匀分布,从而实现密切接触、高效传质,其中液体的初始分布十分重要。研究表明,塔径对填料性能的影响较小,填料床层上液体的初始分布是影响传质的关键因素,它直接影响到塔内填料表面的有效利用率,进而影响传质效率。而气液是否能均匀分布,则取决于液体能否均匀分布,所以,液体从管口进入塔内的均匀喷淋,是保证填料塔达到预期分离效果的重要条件之一。而液体是否初始分布均匀,则依赖于液体喷淋装置的结构与性能。

由此可见,液体的均匀分布是对液体分布器的最基本的要求。Perry 等人提出的液体分布均匀性要求是:(1)有足够的喷淋点密度;(2)喷淋点的分布应几何均匀;(3)各喷淋点液体体积流量均匀;(4)具有合适的操作弹性和较大的气体通道。

为了满足不同塔径、不同液体流量以及不同均布程度的要求,需要设计不同的液体分布装置。下面分别介绍一些常用的液体分布器。

1. 管式分布器

管式分布器的典型结构如图 3-70 所示。管式分布器由不同结构形式的开孔管制成,其突出的特点是结构简单,供气体流过的自由截面大,阻力小,但小孔易堵塞,弹性一般较小。图 3-70(a)为直管式分布器。其中多孔单直管式液体分布器的结构简图如图 3-70(a)②所示。一般在直管下方开 3~5 排对称或错排的圆孔或长孔,孔径为 3~8mm,孔中心线与垂线夹角 α 按塔径大小取 15°、30°、45°等(塔径大,夹角 α 也大)。它结构简单,安装、拆卸简便,但喷淋面积不均匀,只能适用于塔径小于 300mm,且对喷淋均匀性要求不高的场合。

图 3-70(b)为环管多孔分布器。它是在环管的下部开有 3~5 排孔径为 4~5mm 的小孔,开孔总面积与管子截面积大致相等。环管中心圆直径一般为塔径的 0.6~0.8 倍。环管多孔分布器结构较简单,喷淋均匀度比直管好,适用于直径小于 1200mm 的塔设备。

图 3-70(c)为两种多孔型直列排管式分布器。它由液体进口主管和多列排管组成。主管将进口液体分流给各列排管。每根排管上开有 1~3 个排布液孔,孔径为 ϕ3~6mm 不等。排管式喷淋器一般采用可拆连接,以便通过人孔进行安装和拆卸。安装位置至少要高于填料表面层 150~200mm。当液体负荷小于 25m³/(m²·h)时,排管式喷淋器可提供良好的液体分布。其缺点是当液体负荷过大时,液体高速喷出,易形成雾沫夹带,影响分布效果,且操作弹性较小。

管式液体分布器使用较为广泛,多用于中等以下液体负荷的填料塔中。在减压精馏及丝网波纹填料塔中,由于液体负荷较小,故常使用。

2. 喷头式分布器

喷头式分布器又称为莲蓬头,莲蓬头一般由球面构成。莲蓬头直径 d 为塔径 D 的 1/5~1/3,球面半径 r 为 (0.5~1)d,如图 3-71 所示。球面上小孔的直径为 ϕ3~10mm,作同心圆排列,喷洒角 ≤80°,开孔总数由计算确定。莲蓬头距填料表面高度约为塔径的 (0.5~1) 倍。为装拆方便,莲蓬头与进口管可采用法兰连接。这种分布器结构简单,安装方便,但易堵塞,一般仅适用于直径小于 600mm 的塔设备。喷头式分布器是早期应用较多的液体分布装置,随着塔器的大型化,目前一般较少使用。

3. 盘式分布器

盘式分布器有盘式筛孔型分布器、盘式溢流管式分布器等形式。图 3-72(a)所示为一溢流型盘式分布器。它与多孔式液体分布器不同,当进入布液器的液体超过堰的高度时,依靠液体的自重通过堰口流出,并沿着溢流管壁呈膜状流下,淋洒至填料层上。溢流型布液装置目前广泛应用于大型填料塔。它的优点是操作弹性大,不易堵塞,操作可靠且便于分块安装。

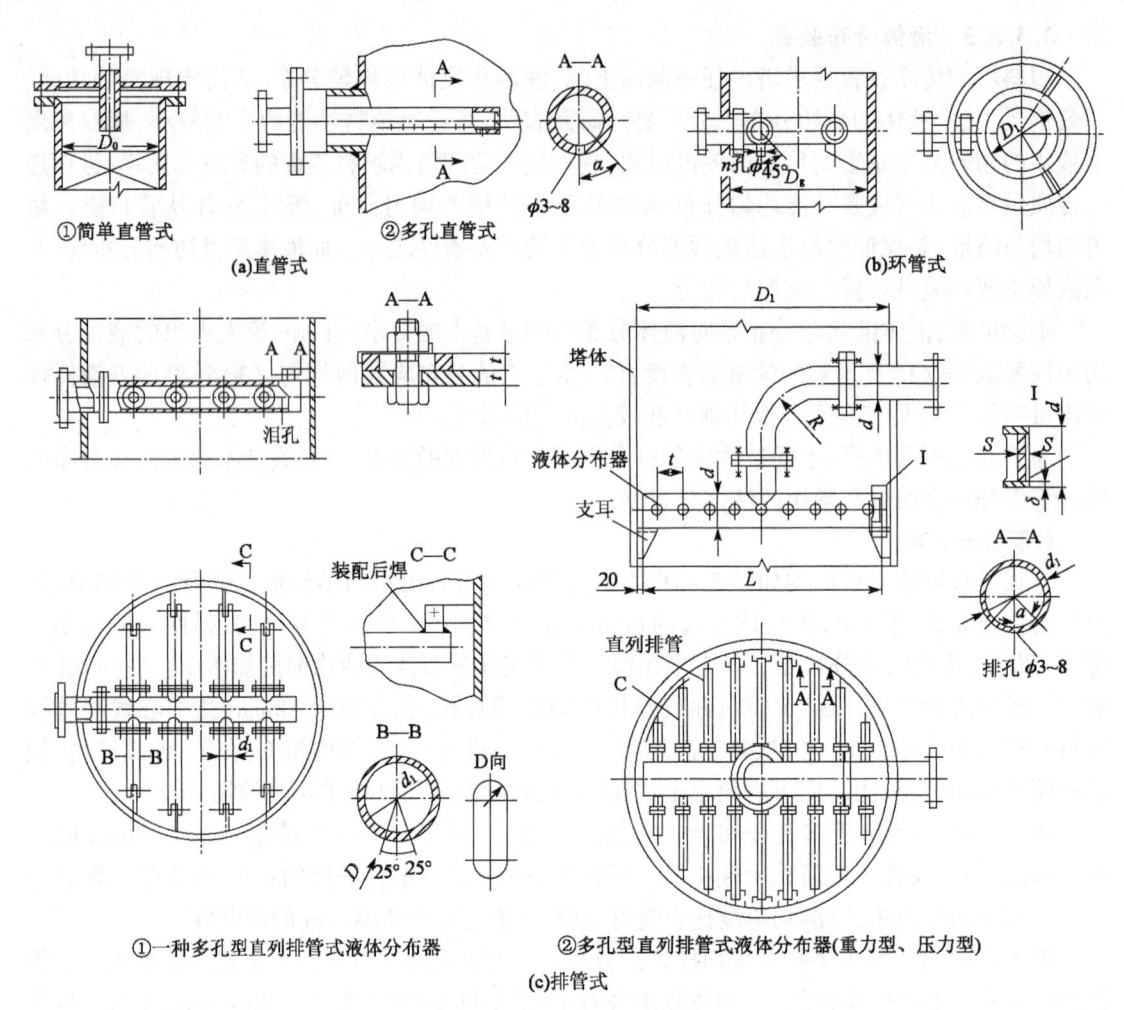

①简单直管式　②多孔直管式
(a)直管式

(b)环管式

泪孔

①一种多孔型直列排管式液体分布器　②多孔型直列排管式液体分布器(重力型、压力型)
(c)排管式

图 3-70　管式分布器

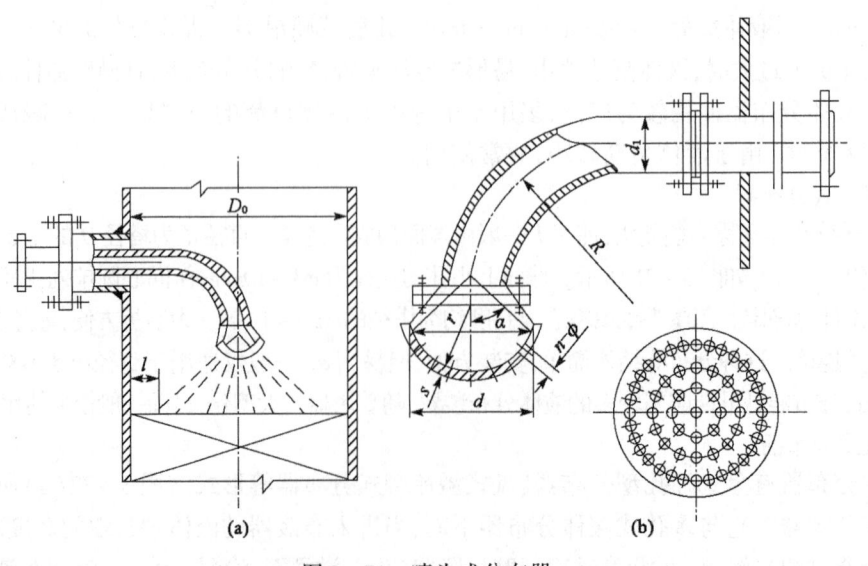

(a)　(b)

图 3-71　喷头式分布器

— 146 —

(a)溢流型整体盘式液体分布器

(b)在塔内的安装方式

(c)分块盘式液体分布器

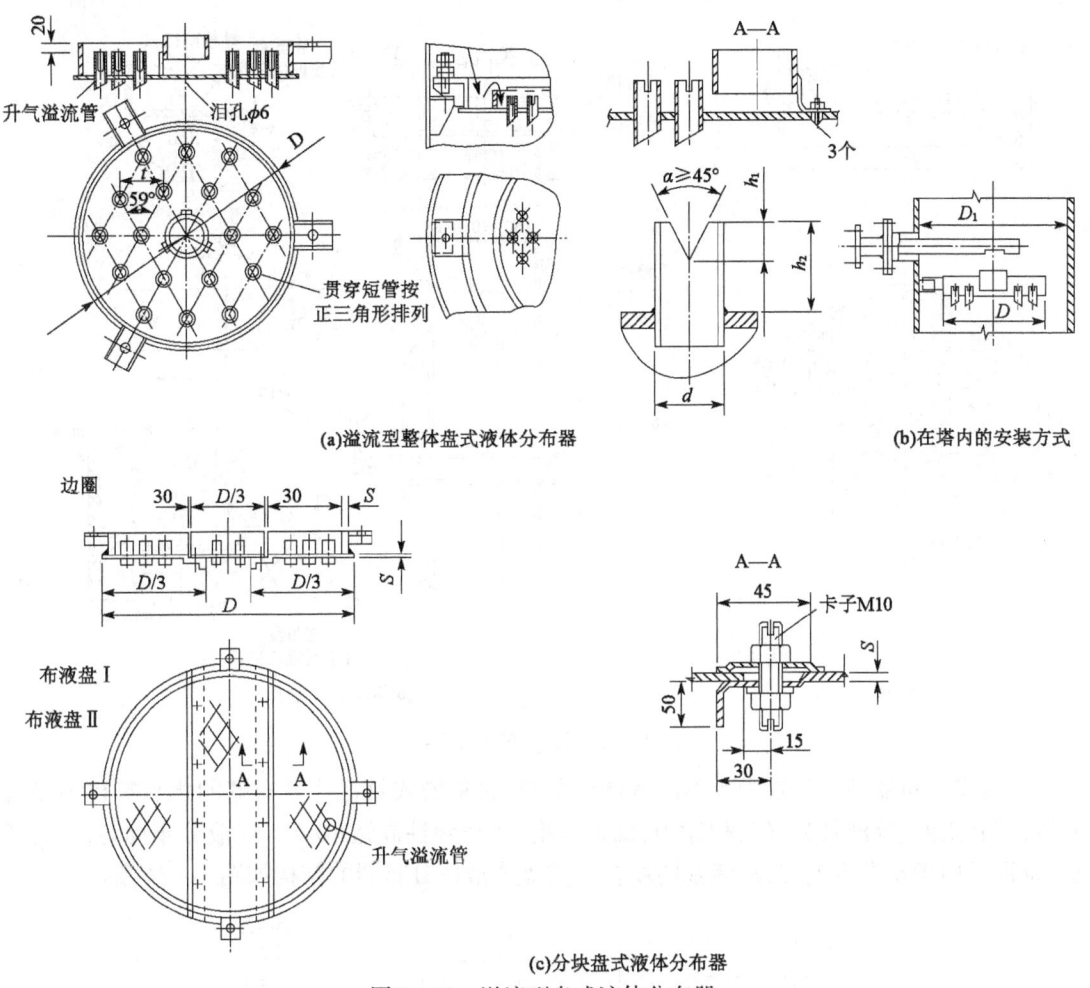

图 3-72　溢流型盘式液体分布器

操作时,液体从中央进液管流到分布盘内,然后经筛孔或溢流管从分布盘上的降液管溢出,淋洒到填料上。气体则从分布盘与塔壁的间隙和各升气溢流管上升。降液管一般按正三角形排列。为了避免堵塞,降液管直径不小于 15mm,管子中心距为管径的 2~3 倍。分布盘的周边一般焊有两个耳座,通过耳座上的螺钉,将分布盘支承在支座上。拧动螺钉,还可调整分布盘的水平度,以便液体均匀地淋洒到填料层上。盘式溢流管式分布器在塔内的安装方式如图 3-72(b)所示。而分块盘式液体分布器的安装如图 3-72(c)所示。

4. 槽式分布器

槽式分布器通常是由分流槽(又称主槽或一级槽)、分布槽(又称副槽或二级槽)构成的。一级槽通过槽底开孔将液体初分成若干流股,分别流入其下方的液体分布槽。分布槽的槽底(或槽壁)上设有孔道(或导管),将液体均匀分布于填料层上。槽式分布器也属于溢流型分布器,其结构如图 3-73 所示。操作时,液体由上部进液管进入分配槽,漫过分配槽顶部缺口流入喷淋槽,喷淋槽内的液体经槽的底部孔道和侧部的堰口分布在填料上。分配槽通过螺钉支承在喷淋槽上,喷淋槽用卡子固定在塔体的支持圈上。

槽式液体分布器具有较大的操作弹性和极好的抗污堵性,适应的塔径范围较广,特别适合于大气液负荷及含有固体悬浮物、黏度大的液体的分离场合。由于槽式分布器具有优良的分布性能和抗污堵性能,因而是目前应用较为广泛的液体分布装置。

(a)基本结构　　　　　　　　　　　　　(b)基本结构尺寸

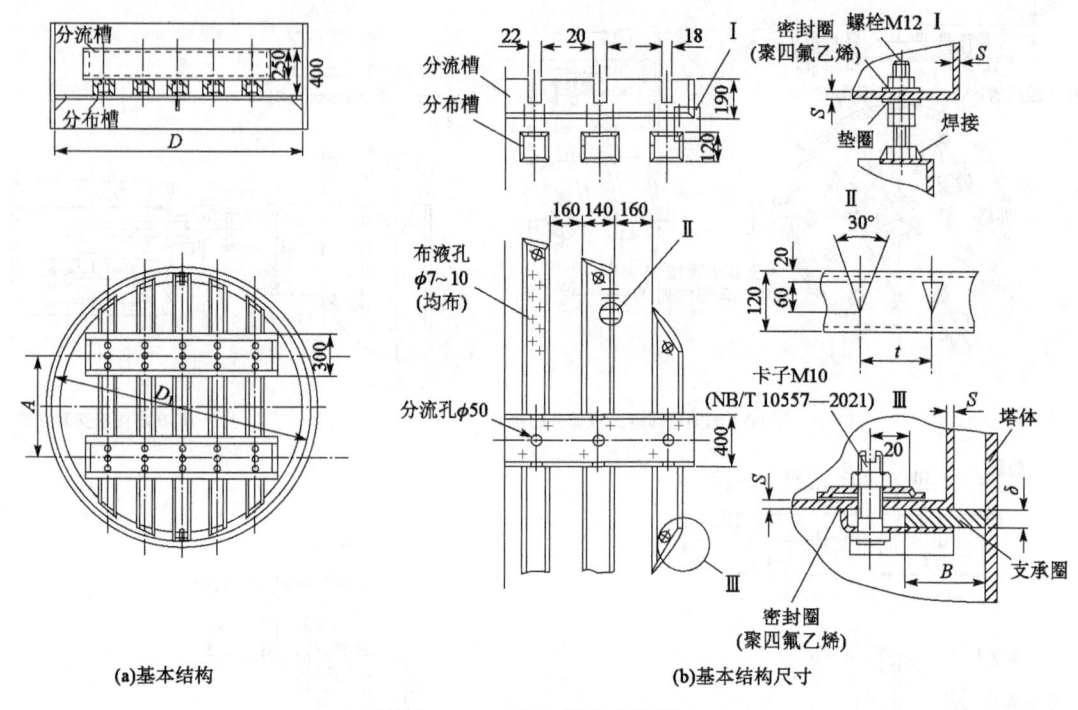

图 3-73　溢流槽式分布器

槽盘式分布器是一种较为新型的液体分布器,它将槽式及盘式分布器的优点有机地结合一体,兼有集液、分液及分气三种作用,结构紧凑,操作弹性高达 10:1。气液分布均匀,阻力较小,特别适用于易发生夹带、易堵塞的场合。槽盘式液体分布器的结构如图 3-74 所示。

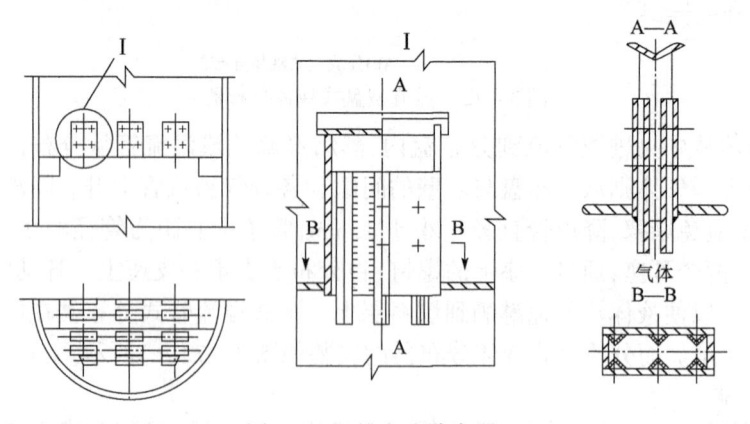

图 3-74　槽盘式分布器

5. 冲击型分布器

反射板式分布器属于冲击型布液装置,它由中心管和反射板组成,如图 3-75(a) 所示。操作时液体沿中心管流下,靠液体冲击反射板的反射分散作用而分布液体。反射板可做成平板、凸板和锥形板等形状,为了使填料层中央部分有液体分布,在反射板中央钻有小孔。当液体分布均匀性要求较高时,还可由多块反射板组成宝塔式分布器,如图 3-75(b) 所示。

冲击型分布器喷洒分布范围大,液体流量大、结构简单、不易堵塞。但应当在稳定的压力下工作,否则影响喷淋分布的范围和效果。

(a)反射板式　　　　　(b)宝塔式

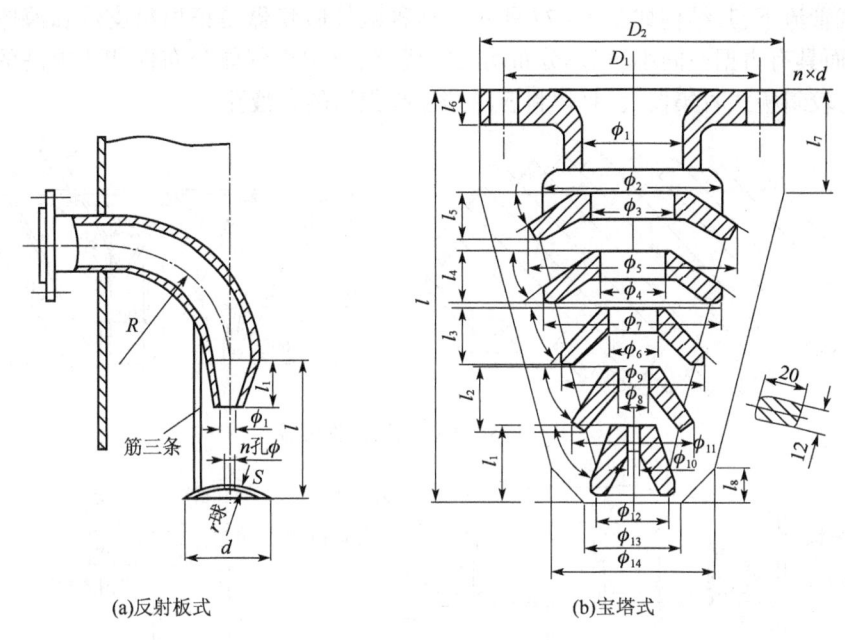

图3-75　冲击型分布器

3.3.3.4　液体收集及再分布装置

1. 基本原理

当液体沿填料层流下时,由于周边液体向下流动阻力较小,故液体有逐渐向塔壁方向流动的趋势,这种现象称为壁流。壁流将导致填料层内气液分布不均,严重时使塔中心的填料不能被液体湿润而形成"干锥",导致传质效率下降。为减小壁流现象,同时为了提高塔的传质效率,应将填料层分段,在各段填料之间需要将上一段填料下来的液体收集,再分布,即间隔一定高度在填料层内设置液体收集与再分布装置,这种装置实际上是液体收集器与再分布器的集合结构。液体收集再分布器的另一作用是当塔内气、液相出现径向浓度差时,液体收集再分布器将上面填料流下的液体完全收集、混合,然后均匀分布到下层填料上,并使上升的气体均匀分布到上层填料以消除各自的径向浓度差。必须注意的是,当采用金属填料时,每段填料高度不应超过7m,采用塑料填料时,每段填料高度则不应超过4.5m。

2. 液体收集器

液体收集器根据生产介质的差异和所选填料的不同而可以设计成不同结构的液体收集器,下面分别加以介绍。

1) 斜板式液体收集器

斜板式液体收集器如图3-76所示。上层填料流下来的液体落到斜板上后沿斜板流入下方的导液槽中,然后进入底部的横向或环形集液槽。再由集液槽中心管流入再分布器中,以进行液体的混合和再分布。设计时要求斜板在塔截面上的投影必须覆盖整个截面并稍有重叠。安装时将斜板点焊在收集器筒体及底部的横槽及环槽上。

斜板式液体收集器的特点是自由面积大,气体阻力小,一般不超过24.5Pa,因此特别适用于真空操作。

2) 升气管式液体收集器

升气管式液体收集器的结构与盘式液体分布器相似,只是升气管上端设置挡液板,以防止液体从升气管流下,其结构如图3-77所示。这种液体收集器是把填料支承和液体收集器合二为一,因而具有占据空间小、气体分布均匀的优点,可用于气体分布性能要求高的场合。其缺点是阻力较斜板式收集器大,且填料容易挡住收集器的布液孔。

图3-76 斜板式液体收集器

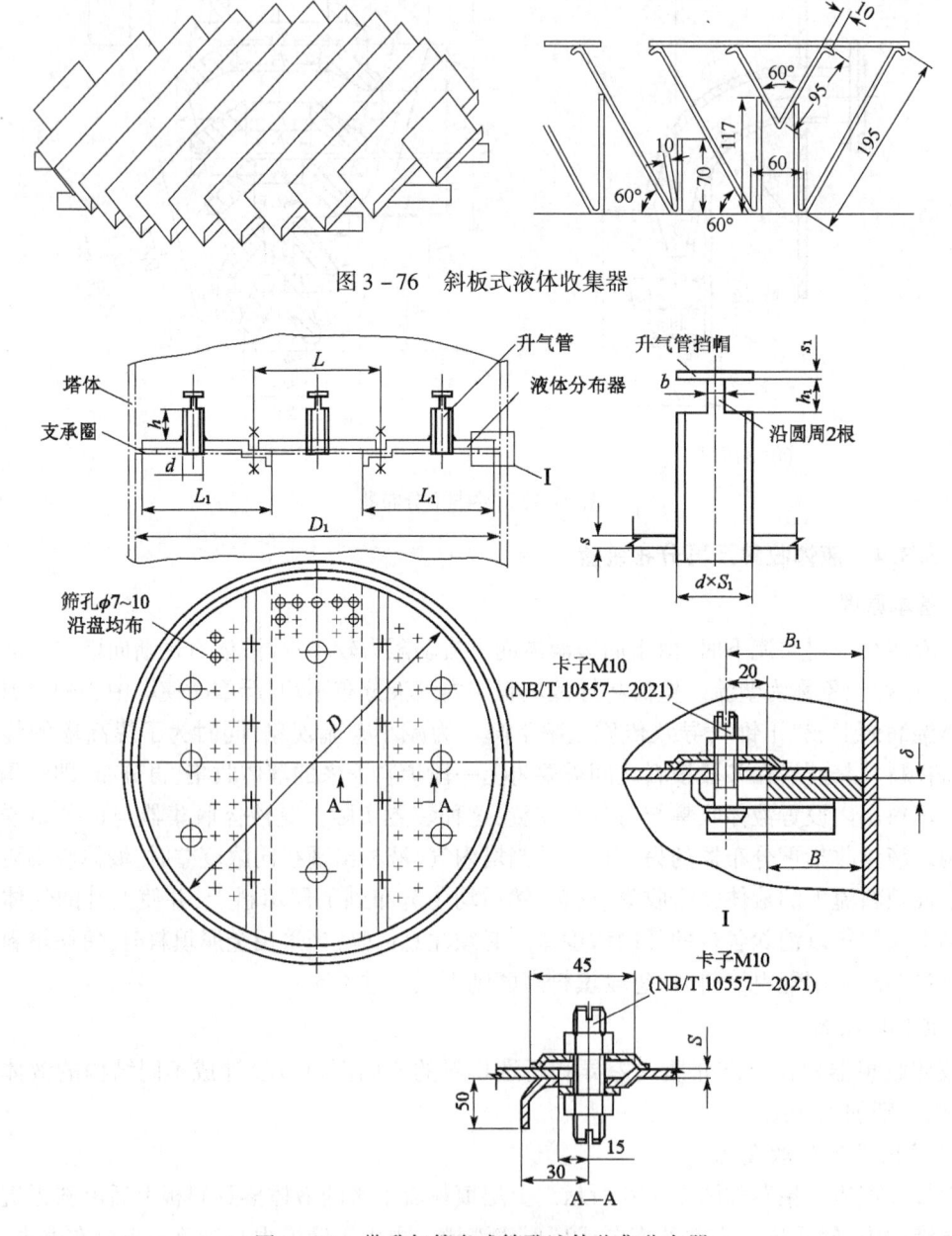

图3-77 带升气管盘式筛孔液体收集分布器

3. 液体再分布器

液体再分布装置的结构设计与液体分布装置相同,但需配有适宜的液体收集装置。在设计液体再分布装置时,应尽量减少占用塔的有效高度;再分布装置的自由截面不能过小(约等于填料的自由截面积),否则将会使压降增大;要求结构既简单又可靠,能承受气、液流体的冲击,便于装拆。常用的液体再分布器有如下几种。

1) 组合式液体再分布器

将液体收集器与液体分布器组合起来即构成组合式液体再分布器,而且可以组合成多种结构形式的再分布器。图 3-78(a) 为斜板式收集器与液体分布器的组合,可用于规整填料及散装填料塔;图 3-78(b) 为气液分流式支承板与盘式液体分布器的组合。两种再分布器相比,后者的混合性能不如前者,且容易漏液,但它所占据的塔内空间较小。

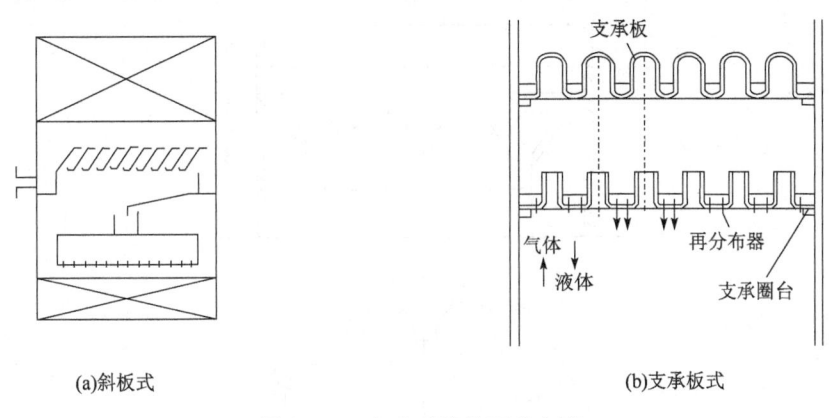

(a)斜板式   (b)支承板式

图 3-78 组合式液体再分布器

2) 盘式液体再分布器

盘式液体再分布器其结构与升气管液体收集器相似(图 3-77),只是在盘上打孔以分布液体。开孔的大小、数量及分布由填料种类及尺寸、液体流量及操作弹性等因素确定。

3) 壁流液体收集再分布器

最简单的壁流液体收集再分布装置为截锥式再分布器,其结构如图 3-79(a) 所示。截锥式再分布器结构简单,安装方便,但它只起到将壁流向中心汇集的作用,无液体再分布的功能。圆锥小端直径 D_1 通常为塔径 D_i 的 0.7~0.8 倍。分配锥一般不宜安装在填料层里,而适宜安装在填料层分段之间,上端直径与塔体内径相同,并可直接焊在塔壁上,这种结构可以作为壁流的液体收集器用。这是因为分配锥若安装在填料内则将导致气体的流动面积减少,扰乱了气体的流动,同时分配锥与塔壁间又会形成死角,妨碍了填料的装填。图 3-79(b) 为一槽形分配锥,它的结构特点是将分配锥倒装以收集壁流,并将液体通过设在锥壳上的 3~4 根管子引入塔的中央。槽形分配锥有较大的自由截面,可用于较大直径的塔。图 3-79(c) 为一带通孔的分配锥,它是在分配锥的基础上,开设 4 个管孔以增大气体通过的自由截面,使气体通过分配锥时,不致因速度过大而影响操作。

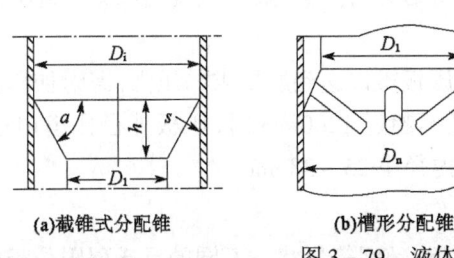

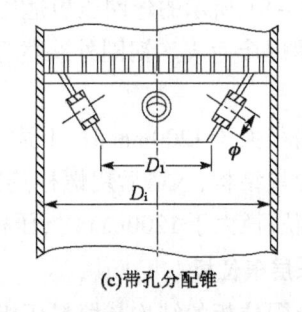

(a)截锥式分配锥   (b)槽形分配锥   (c)带孔分配锥

图 3-79 液体再分布装置

图3-80为玫瑰式再分布器。与上述分配锥结构相比,它具有较高的自由截面积,较大的液体处理能力,不易被堵塞;分布点多且均匀,不影响填料的操作及填料的装填,它将液体收集并通过突出的尖端分布到填料中。

应当注意的是,上述分配锥结构再分布器只能消除壁流,而不能消除塔中的径向浓度差,因此,只适用于直径小于0.6~1m的小型散装填料塔。

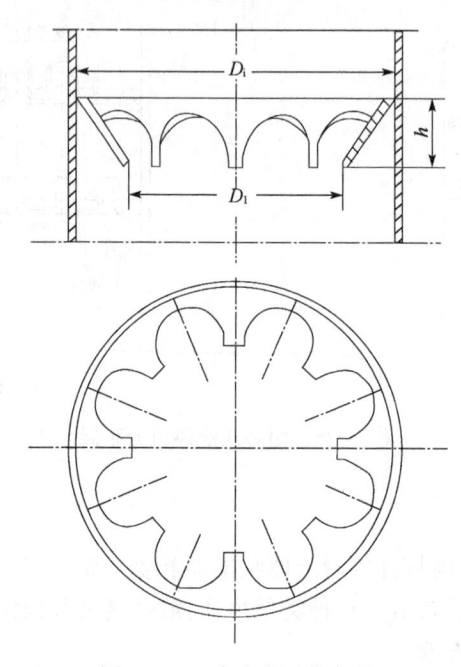

图3-80 玫瑰式再分布器

3.3.3.5 填料压紧装置

填料上方安装压紧装置可防止在气流的作用下填料床层发生松动和跳动。填料压紧装置分为填料压板和床层限位板两大类。

1. 填料压板

1) 栅条压板

栅条压板与填料支承栅板结构相同,结构和尺寸可参照支承栅板,但重量须满足压板的要求,否则,可采用增加栅条高度、厚度或附加荷重等方法,以达到重量要求。

2) 丝网压板

图3-81所示的丝网压板适用于直径小于1200mm的塔。它是用金属丝编织成的金属网与扁钢圈焊接而成。钢圈外缘的限制台肩与焊在塔壁上的限制板配合,以控制压板的上限位置。

当塔径大于1200mm时,上述结构的丝网压板难以达到所要求的压强,需附加压铁。压板可制成分块结构,入塔后用螺栓连接。当塔径不超过1200mm时,压板外径比塔内径小10~20mm;当塔径大于1200mm时,压板外径比塔内径小25~38mm。

2. 床层限位板

床层限位板的结构与填料压板类似,有栅条、丝网等形状。不同的是床层限位板的重量较轻,且必须固定在塔壁上。丝网床层限位板的结构及与塔壁的固定方式如图3-82所示。

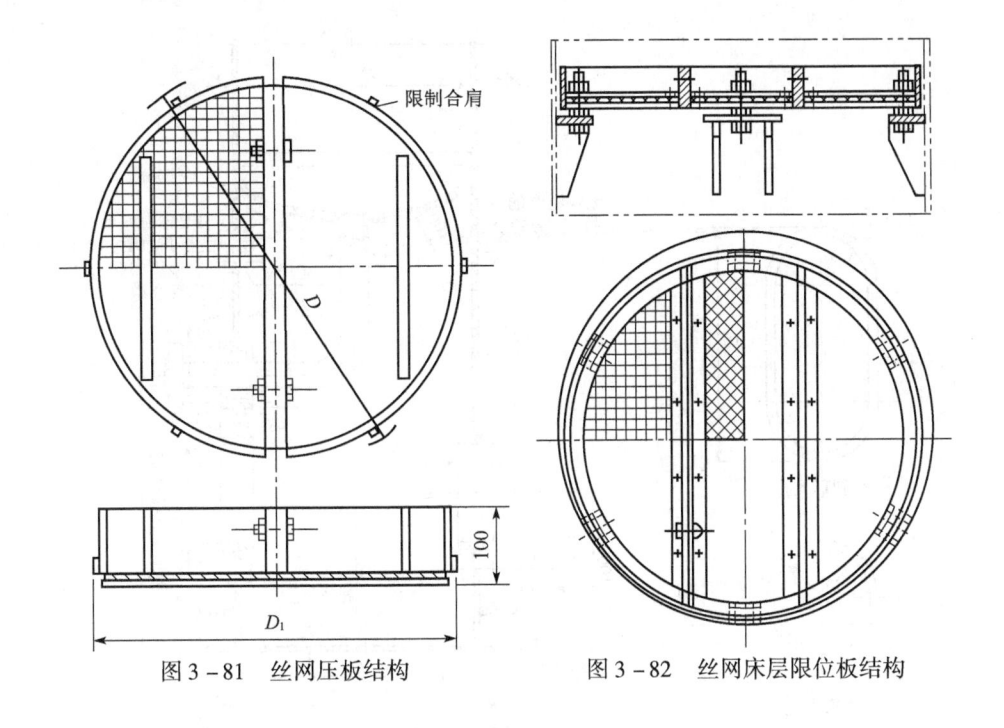

图 3-81 丝网压板结构　　图 3-82 丝网床层限位板结构

3.4 辅助装置的设计

3.4.1 裙座

塔体常用裙座支承。裙座结构有两种型式，一般为圆筒形，如图 3-83(a) 所示，当需增加裙座筒体断面积惯性矩或者需减小混凝土基础顶面的正应力时，可采用圆锥形，如图 3-83(b) 所示。裙座较其他支座（如支脚）的结构性能好，连接处产生的局部应力也较小，所以它是塔设备的主要支座形式。

3.4.1.1 裙座的材料

由于裙座与介质不直接接触，也不承受容器内的介质压力，因此不受压力容器用材所限，可选用较经济的普通碳素结构钢。此外，裙座的选材还应考虑到载荷、塔的操作条件以及塔釜封头的材料等因素，对于在室外操作的塔，还得考虑环境温度。常用的裙座材料为 Q235 系列钢板。当裙座设计温度等于或低于 -20℃时，裙座筒体材料应选择 Q345R，而且材料应具有在相应温度下必需的冲击韧性指标。裙座往往有保温或防火层，这时裙座材料应考虑到保温或防火层敷设的具体情况。

3.4.1.2 裙座的结构

为了制作方便，裙座一般为圆筒形。对于直径小又细高的塔（DN<1m，且 $H/DN<25$，或 DN>1m，且 $H/DN>30$），为了增加设备的稳定性及降低地脚螺栓和基础环支承面上的应力，可采用圆锥形裙座。圆锥形裙座的半锥顶角一般不大于 10°。

裙座与塔体的连接方式如图 3-84 所示。裙座直接焊在塔釜封头上，可采用对接焊缝（裙座筒体外径与塔体相同）。此连接焊缝应予修磨。特别是低温塔及高寒地区的室外自支承塔，为了减少应力集中，不得采用加高焊缝的结构。对较高或细长的塔，焊缝应进行探伤检查。

(a)圆筒形裙座

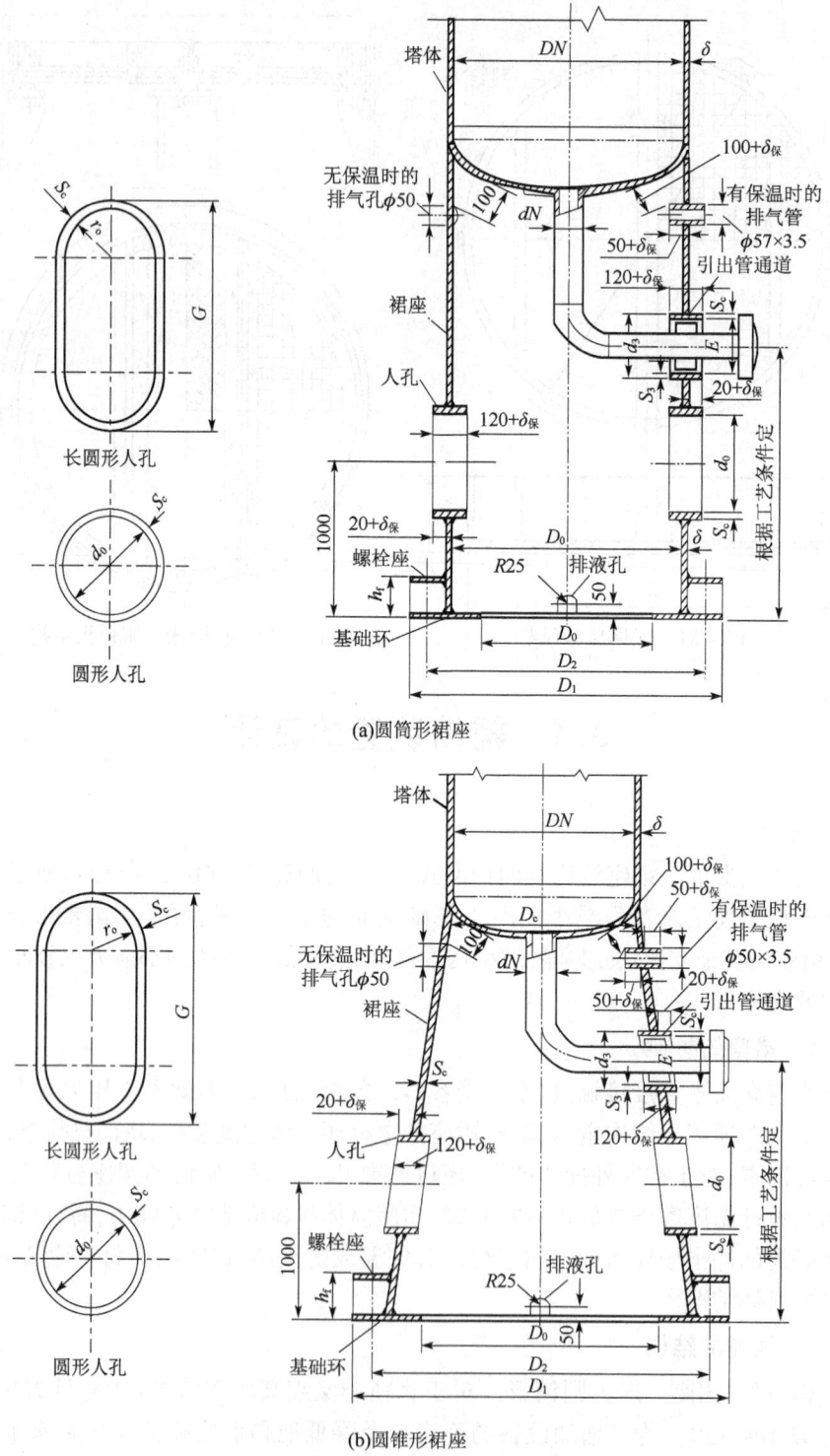

(b)圆锥形裙座

图 3-83 两种类型的裙座

在没有风载荷或地震载荷时,对接焊缝仅承受容器重量所产生的压缩载荷,而搭接焊缝则承受剪切载荷。所以,搭接连接的受力情况较差,只是因为安装较方便,才在一些小塔或焊缝受力较小的情况下采用。当塔体下封头由多块板拼接制成时,裙座应开缺口,以避开封头的拼接焊缝。

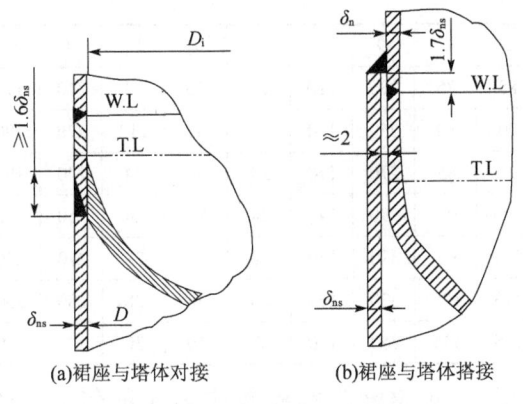

(a)裙座与塔体对接　　　(b)裙座与塔体搭接

图 3-84　裙座与塔体的连接方式

3.4.2　地脚螺栓

常用的地脚螺栓座结构如图 3-85 所示,其参考尺寸见表 3-23。预埋地脚螺栓时,为方便塔安装时的对中,应使用模板。此外,为便于安装,可在螺栓座盖板上加一方形小盖板,小盖板上按规定尺寸开地脚螺栓安装孔,而螺栓座盖板上的孔应开得比规定尺寸稍大。待安装就绪后,再将小盖板与盖板焊死。小盖板厚度可包括在盖板的计算厚度中。

地脚螺栓一般用 Q235 钢,高塔可用 16Mn 或 20 号钢。对于设计环境温度不高于 -20℃、由风载荷或地震载荷控制的塔,应选用 16Mn 钢。地脚螺栓的腐蚀裕度最少取 3mm。

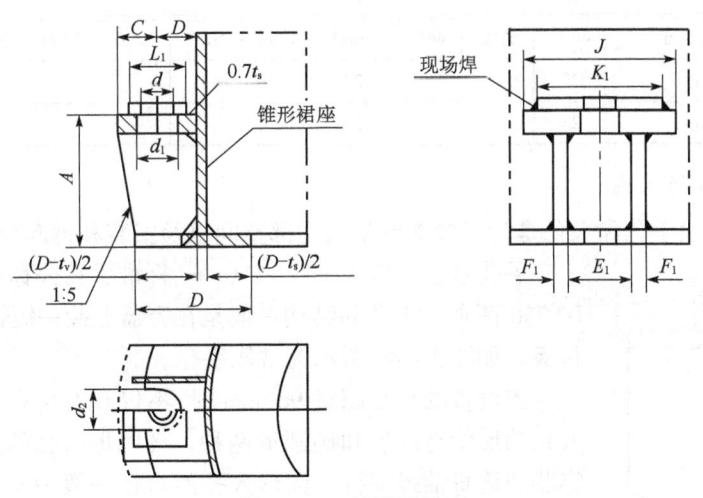

图 3-85　地脚螺栓座

表 3-23　地脚螺栓的结构尺寸　　　　　mm

螺栓尺寸	A	B	C	D	E_1	F_1	G_1	H_1	J	K_1	L_1	d	d_1	d_2
M24×3	200	55	4.5	170	70	12	16	12	120	100	60	27	40	50
M27×3	200	60	50	180	75	12	18	12	140	110	60	30	40	50
M30×3.5	250	65	55	190	80	14	20	14	150	120	70	33	45	50
M36×4	250	70	60	200	85	16	22	16	160	130	80	30	50	50
M42×4.5	300	75	65	210	90	18	24	18	170	140	90	45	60	60
M48×5	300	80	70	220	100	20	26	20	190	150	100	51	65	70

续表

螺栓尺寸	A	B	C	D	E_1	F_1	G_1	H_1	J	K_1	L_1	d	d_1	d_2
M56×5.5	350	85	75	230	110	22	30	22	210	170	110	59	755	80
M64×6	350	90	80	250	120	22	32	212	220	180	120	67	85	90
M72×6	400	95	85	270	130	24	36	24	240	190	130	75	95	100
M76×6	400	100	90	290	140	24	38	24	250	200	140	79	100	110
M80×6	450	105	95	310	150	28	40	28	270	220	150	83	110	120
M90×6	450	115	105	330	160	28	46	28	280	230	160	90	120	130
M100×6	450	125	115	350	170	30	50	30	300	250	170	103	130	140

为了便于布置地脚螺栓,规定地脚螺栓数应为 4 的倍数。地脚螺栓间距一般约为 450mm,最小为 300mm。不同直径的裙座,其适宜的地脚螺栓见表 3-24。

表 3-24　裙座的地脚螺栓数

裙座底部直径 D,mm	600	700	800	900	1000	1100	1200	1300	1400	1500	1600
最少个数 N_{min}		4				8				12	
最多个数 N_{max}		8				12				16	
裙座底部直径 D,mm	1800	2000	2200	2400	2600	2800	3000	3200	3400	3600	3800
最少个数 N_{min}		12				16				20	
最多个数 N_{max}	16			20				24		28	
裙座底部直径 D,mm	4000	4200	4400	4600	4800	5000	5200	5400	5600	5800	6000
最少个数 N_{min}	20			24				28			
最多个数 N_{max}	23			32				36			

3.4.3　手孔与人孔

压力容器开设手孔和人孔是为了检查设备的内部空间以及安装和拆卸设备的内部构件。

手孔直径一般为 150~250mm,标准手孔公称直径有 DN150 和 DN250 两种。手孔的结构一般是在容器上接一短管,并在其上盖一盲板。如图 3-86 所示为常压手孔。

当设备的直径超过 900mm 时,不仅开有手孔,还应开设人孔。人孔的形状有圆形和椭圆形两种。椭圆形人孔的短轴应力与受压容器的筒身轴线平行。圆形人孔的直径一般为 400~600mm,当压力不高或有特殊需要时,直径可以大一些。椭圆形人孔(或称长圆形人孔)的最小尺寸为 400mm×300mm。

人孔主要由筒节、法兰、盖板和手柄组成。一般人孔有两个手柄,手孔有一个手柄。容器在使用过程中,人孔需要经常打开时,可选择快开式结构人孔。图 3-87 所示是一种回转盖快开人孔的结构图。

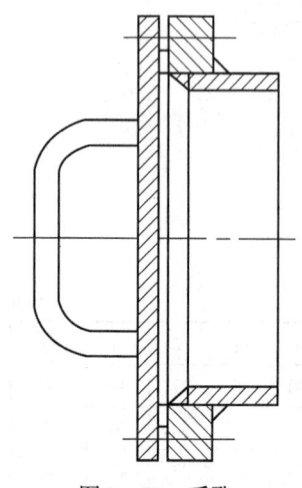

图 3-86　手孔

手孔(HG/T 21528—2014《常压手孔》)和人孔(HG/T 21515—2014《常压人孔》)已制有标准,设计时可根据设备的公称压力、工作温度以及所用材料等按标准直接选用。

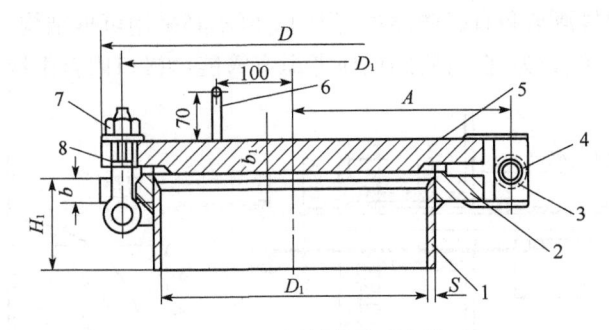

图 3-87 回转盖快开人孔
1—接管;2—法兰;3—回转盖连接板;4—销钉;5—人孔盘;6—手柄;
7—可回转的连接螺栓;8—密封垫片

吊柱、吊耳、塔箍及操作平台、梯子等均系机械装置,其设计涉及强度计算、加工制造和安装检修等方面的知识,主要应由机械设计人员来完成,这里不作叙述。这些部件都已建立标准并有标准图纸,应用时可查有关资料及有关标准。

3.4.4 吊柱

安装在室外、无框架的整体塔设备,为了在安装和检修时拆卸内件或更换、补充填料,通常在塔顶设置吊柱。吊柱的方位应使吊柱中心线与人孔中心线之间有合适的夹角,人站在平台上操作手柄时,可以使吊柱的垂直线转到人孔附近,以便从人孔装入或取出塔内件。吊柱的结构如图 3-88 所示,其结构参数也已制定成系列标准。

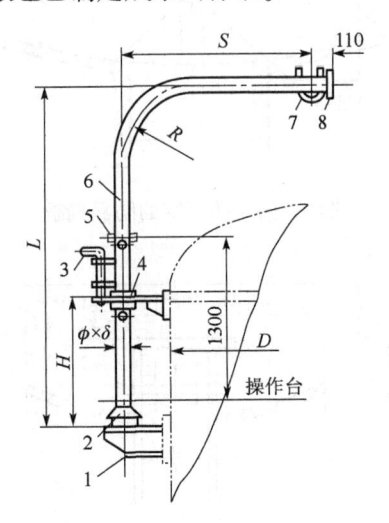

图 3-88 吊柱的结构
1—支架;2—防雨罩;3—固定销;4—导向板;5—手柄;6—吊柱管;7—吊钩;8—挡板

3.4.5 管口

3.4.5.1 进出料接管

塔设备的进出料接管结构设计应考虑进料状态、分布要求、物料性质、塔内件结构及安装检修等情况。

1. 进料管和回流管

常见的进料管(或回流管)结构形式有直管和弯管两种。图 3-89 所示结构为带外套管的可拆进料管。在物料清洁和有轻微腐蚀情况下,可不必采用可拆结构,将进料管直接焊在塔壁上,这时管子采用厚壁管为宜,弯管结构应考虑弯管能由接口内自由取出。

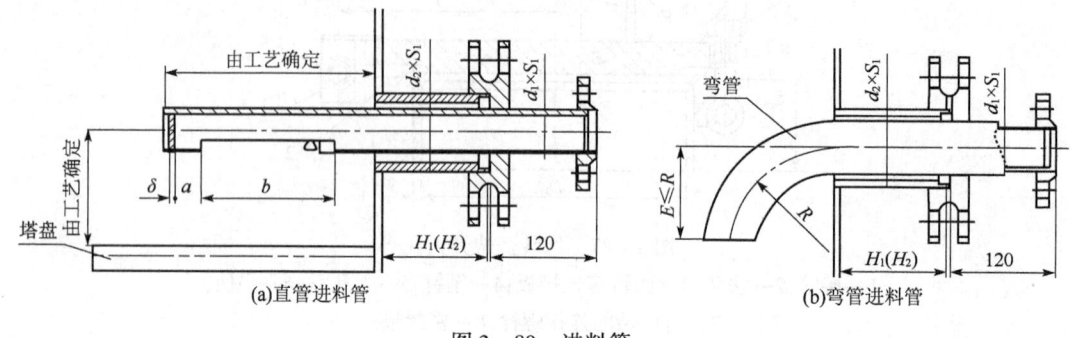

图3-89 进料管

2. 塔底出料管

塔底出料管一般需引出裙座外壁,当塔釜物料易堵或具有腐蚀性时,为便于检修,塔底出料管应采用法兰连接,在塔底出料的管口处,常设置防涡流挡板和防碎填料堵塞挡板。图3-90所示为釜液出口的防涡流挡板结构,常用于釜液较清洁时。图3-91所示为防碎填料堵塞的管口结构,图3-91(a)用于不太清洁的物料,图3-91(b)、(c)用于较清洁的物料。

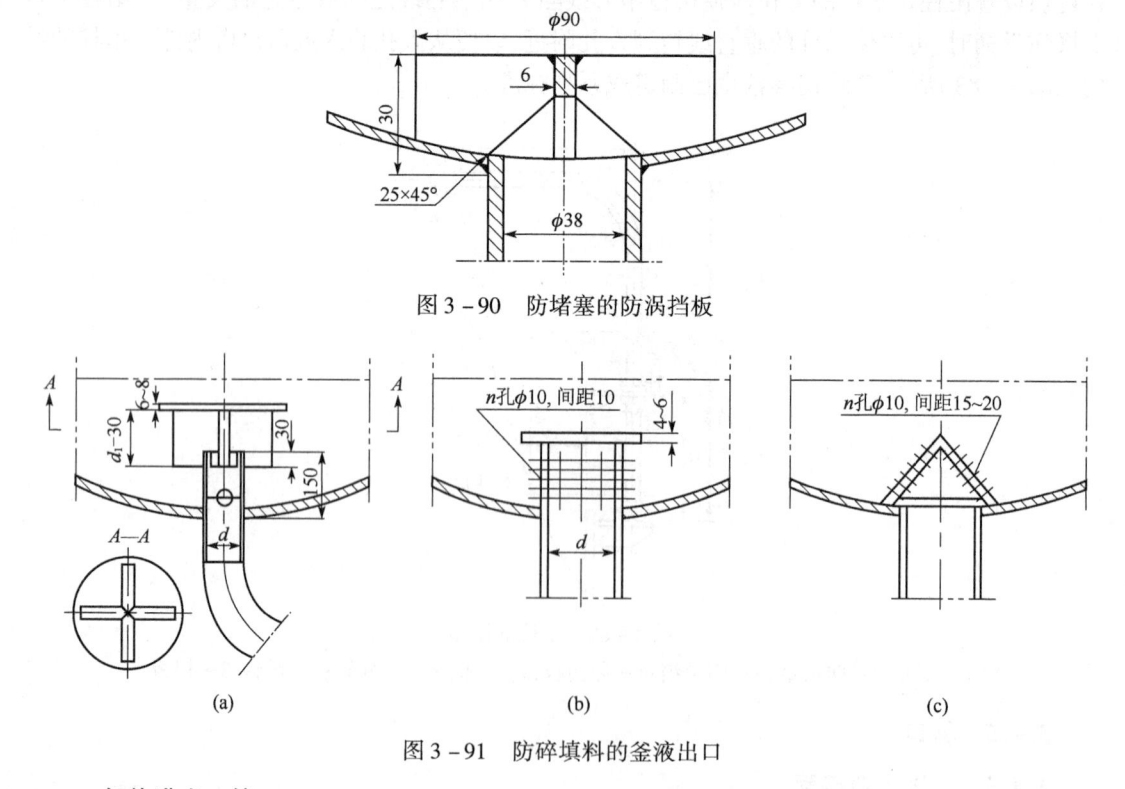

图3-90 防堵塞的防涡挡板

图3-91 防碎填料的釜液出口

3. 气体进出口管

(1)气体进口管。气体进口管的结构如图3-92所示,其中图3-92(a)、(b)的结构简单,适用于气体分布要求不高的场合;图3-92(c)所示的结构在进气管上开有三排出气孔,气体分布较均匀,常用于直径较大的塔中。进气管应安装在塔釜最高液面之上的一定距离位置,以避免产生冲溅、夹带现象。

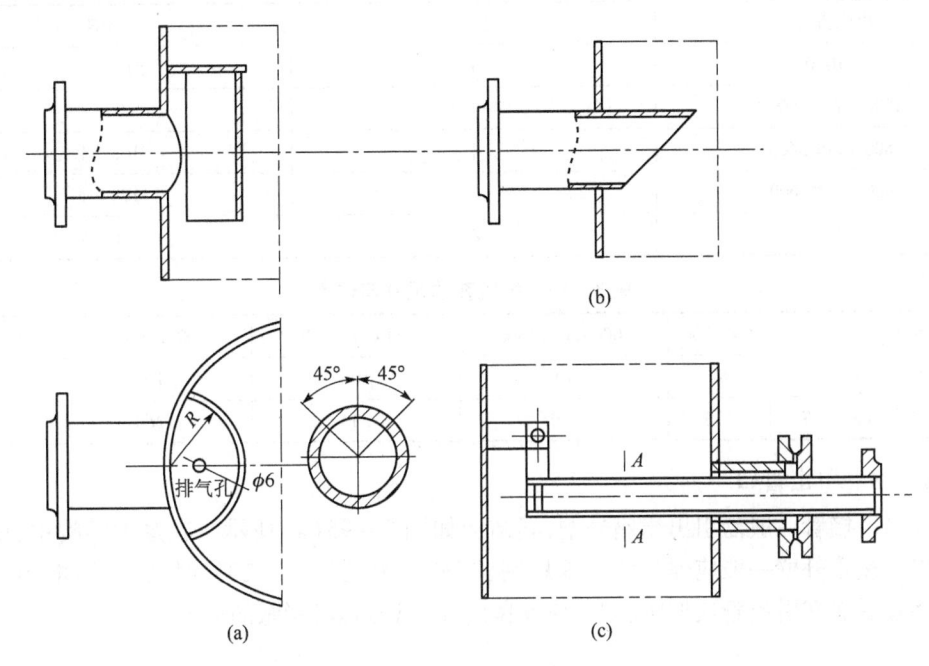

图 3-92　进气管

（2）气体出口管。图 3-93 为气体出口管结构。为减少出塔气中夹带液滴,可在出口处设置挡板或在塔顶安置除沫器。

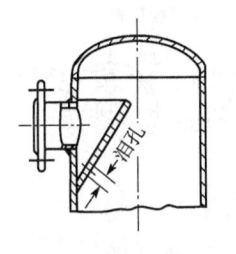

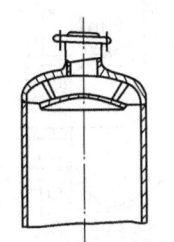

(a) 设置在塔侧壁上的出气管　　(b) 设置在塔顶封头上的出气管

图 3-93　出气管

3.4.5.2　排气管

塔运行中可能有气体逸出,积聚在裙座与塔底封头之间的死区中。它们或者是可燃的,或者对设备有腐蚀作用,并会危及进入裙座的检修人员。因此,必须在裙座上部设置排气管或排气孔。排气管的结构尺寸参见图 3-94 和表 3-25。当塔裙座上敷设的防火层或保温层较厚时,排气管两端伸出裙座内外壁的长度,应为敷设层厚度加 50mm。当裙座上无敷设层时,可不用排气管而仅开设排气孔。排气孔的数量与排气管相同,排气孔直径及孔中心至封头切线的间距见表 3-26。对于开有人孔的矮裙座可不设排气孔。

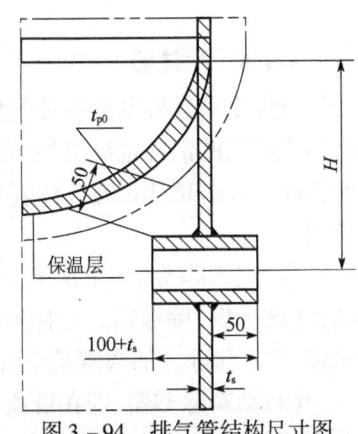

图 3-94　排气管结构尺寸图

表 3-25 排气管结构尺寸   mm

裙座直径	数量	$d \times S$
≤1000	4	57×3.5
1000<D≤1800	4	70×4
1800<D≤3400	4	108×4
3400<D≤4600	6	108×4
>4600	8	108×4

表 3-26 排气孔的尺寸与位置   mm

裙座直径	D≤1000	1000<D≤1800	1800<D≤3400	3400<D≤4600	D>4600
排气孔直径	60	70	100	100	100
孔中心与切线距离 H	130	170	230	260	300

3.4.5.3 引出管口

塔底出口接管一般需引出裙座外壁,其结构如图 3-95(a)所示。在这种结构中,引出管内壁或出口接管外壁一般应焊 3 块支承扁钢(当介质温度低于 -20℃时,宜采用木垫),以便把出口接管活嵌在引出管通道中,同时应预留间隙,以考虑热膨胀的需要。

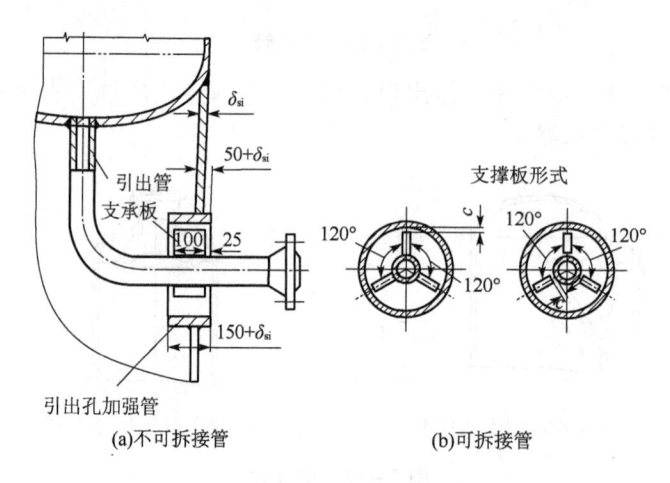

图 3-95 塔底出口接管

3.4.6 除沫器

气体出口装置既要保证气体畅通,又应能尽量除去被夹带的液体雾沫。因为雾沫夹带不但使吸收剂的消耗定额增加,而且容易堵塞管道,甚至危害后续工序,因此必须予以注意。为此常在吸收塔顶部设有除沫装置,用来分离出口气体中所夹带的雾沫。除沫装置有以下几种类型。

(1)挡板除雾器:在雾沫夹带较少(如瓷环塔)或工艺上允许有较多夹带的场合可以采用挡板(或折板)除雾器。这种除雾器的结构简单、有效,常和塔器构成一个整体,阻力小,不易堵塞,此时能除去的雾滴最小直径约为 0.05mm 以上。其结构如图 3-96 所示。

(2)填料除雾器:即在塔顶气体出口前,再通过一层填料,达到分离雾沫的目的。填料一般为环形,常较塔内填料小些。这层填料的高度根据除沫要求和允许压强降来决定。它的除沫效率较高,但阻力较大,且占一定空间。其结构如图 3-97 所示。

图 3-96 挡板除雾器

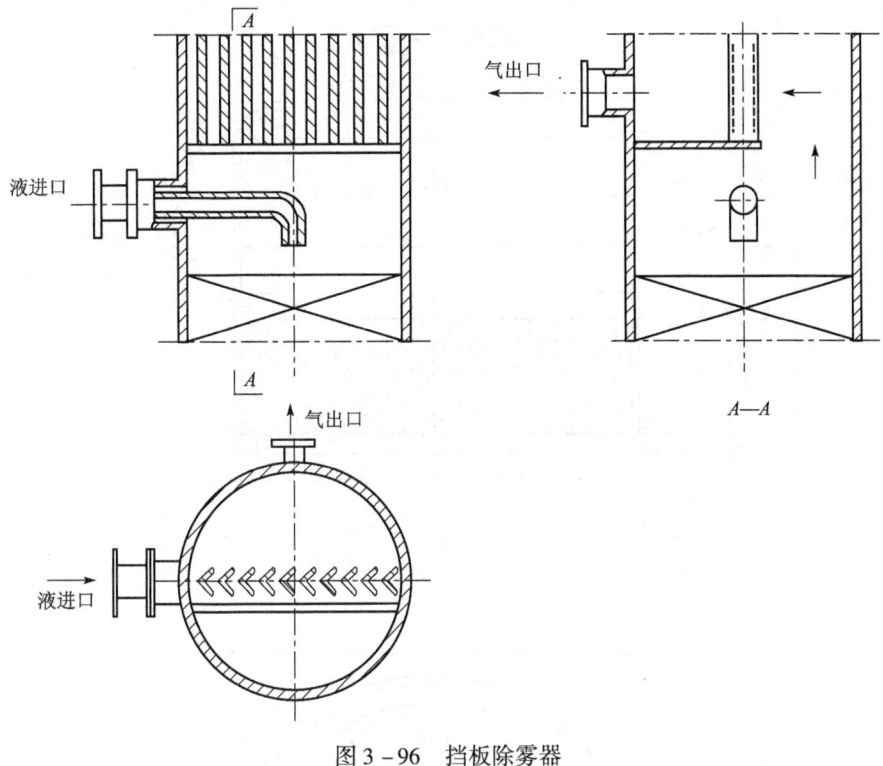

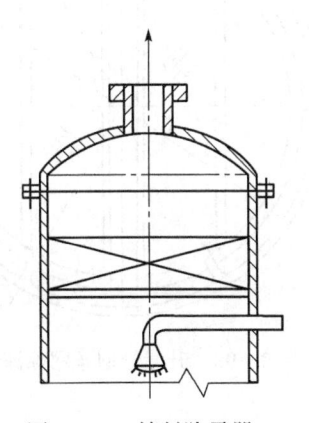

图 3-97 填料除雾器

(3) 丝网除沫器:丝网除沫器由丝网层和上下栅板组成,丝网可采用平铺,每层错开120°,也可以将丝网压成波纹,按方向交叉叠放,其效果比平铺得好。对小直径的除沫器(ϕ300~600mm),可将丝网卷成盘形,但效果不如平铺得好。栅板采用扁钢(标准型为25mm×3mm,轻便型为20mm×3mm),或 ϕ6mm 圆钢制成,为不影响操作效率,栅板支架占的面积不应大于丝网总面积的10%。

丝网除沫器按其安装形式分为升气管型、缩径型和全径型三种形式。当除沫器直径较小,并且与气体出口管直径接近时,采用升气管型安装形式,如图 3-98 所示。当除沫器直径小于且接近设备筒体内径时,采用缩径型安装形式,如图 3-99 所示。当除沫器直径等于设备筒体内径时,采用全径型安装形式,如图 3-100 所示。

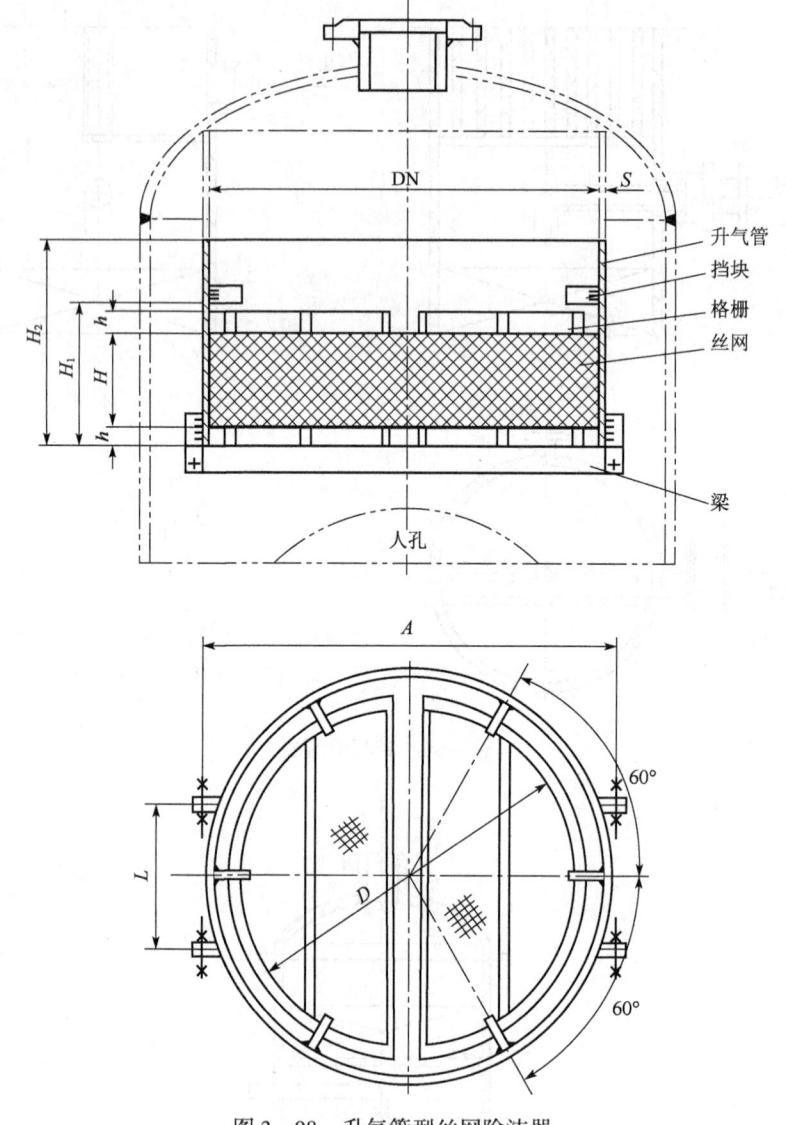

图3-98 升气管型丝网除沫器

3.5 塔设备的机械设计计算

塔设备的机械设计大体按以下内容和步骤进行。

(1)总体结构设计。按照工艺设计所提出的条件,考虑机械制造、装拆和密封等,确定各部分结构型式和尺寸,如封头、支座、塔板(和填料)及其支承、法兰等的结构型式及其连接形式等。

(2)材料选择。根据压力、温度、介质的情况,经济合理地选择材料。对受压元件应按GB/T 150.1～GB/T 150.4—2011《压力容器》选取,对非受压元件必须选用已列入材料标准的钢材,其中裙座圈材料按受压元件用钢的要求选用,地脚螺栓一般选用 Q235A 或 16Mn。

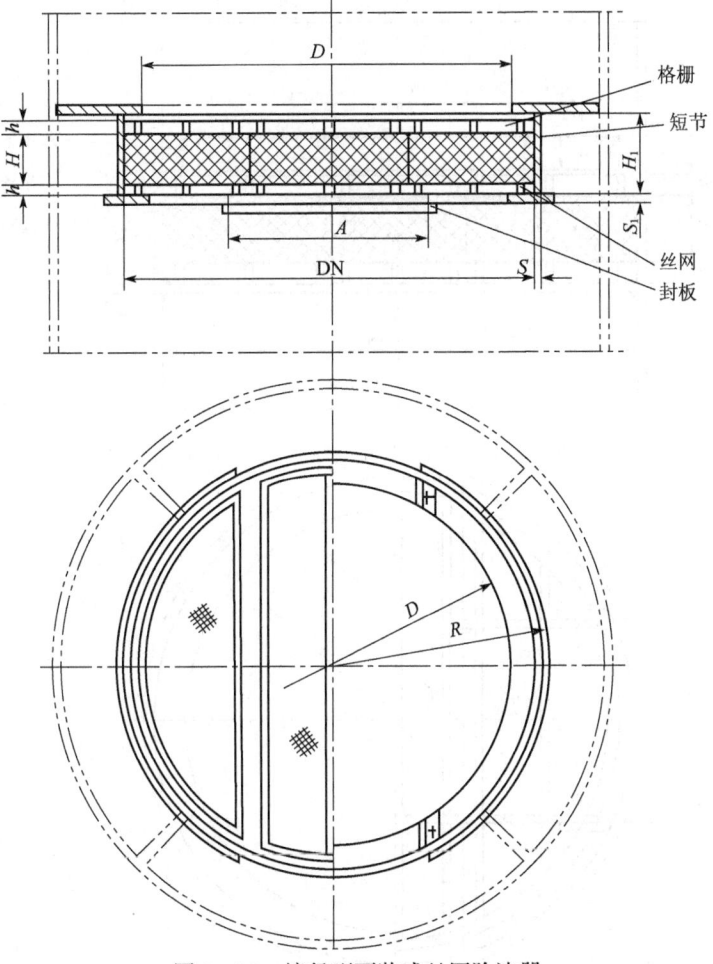

图3-99 缩径型下装式丝网除沫器

(3)强度计算和稳定性校核。对塔体、封头、裙座等进行强度计算和稳定性校核。塔设备是典型的直立设备,工作过程中除承受内部的压力外,设备本身的质量和由风、地震等产生的外部载荷对设备的强度影响较大,设计计算时必须将其考虑在内。

(4)零部件设计选用。零部件包括法兰、人孔、接管、补强圈、液体和气体的分配装置,以及塔外平台、扶梯、保温层等。

3.5.1 塔设备的载荷分析

大多数塔设备放置在室外且无框架支承,被称为自支承式塔设备。自支承式塔设备的塔体除承受工作介质压力外,还承受质量载荷、风载荷、地震载荷及偏心载荷的作用,如图3-101所示。

3.5.1.1 操作压力

当塔设备在内压操作时,在塔壁上引起经向和环向的拉应力;在外压操作时,在塔壁上引起经向和环向的压应力。操作压力对裙座不起作用。

塔设备的设计压力一般情况下可按 GB/T 150.1 ~ GB/T 150.4—2024《压力容器》确定,在确定设计压力时塔设备的最大工作压力是其在正常操作情况下,塔器顶部可能出现的最高压力。当塔器各部分受压元件所承受的液柱静压力达到设计压力的5%时,则应取设计压力和液柱静压力之和进行该部位或元件的设计计算。对最大工作压力小于0.1MPa的内压塔器,设计压力取0.1MPa。

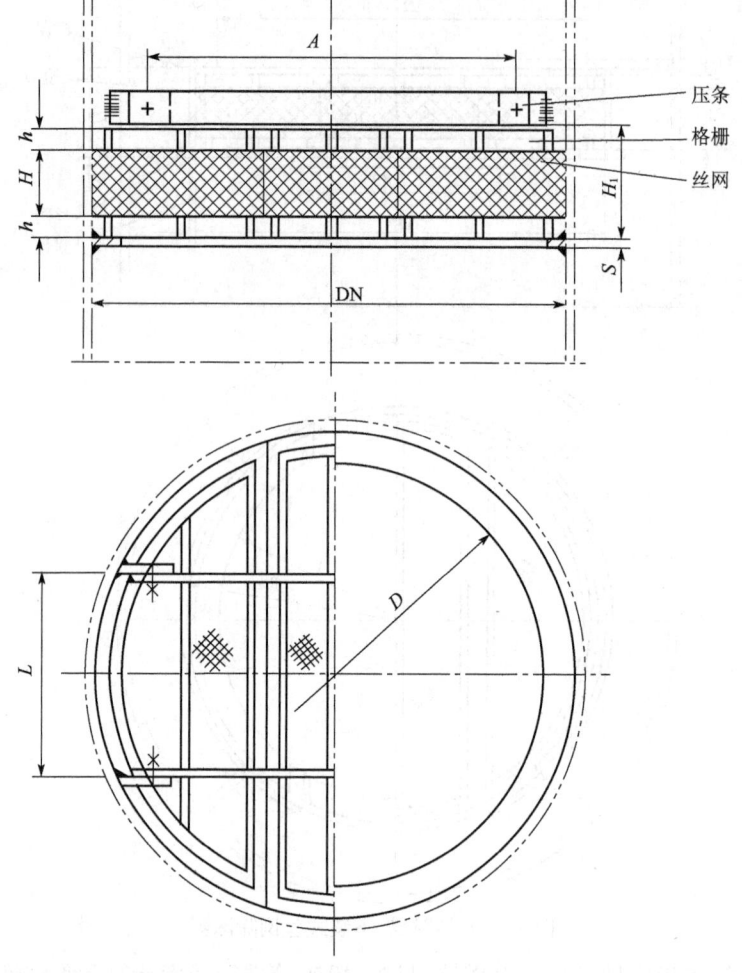

图 3-100 全径型上装式丝网除沫器

3.5.1.2 质量载荷

塔设备质量包括塔体质量 m_{01}（塔体和裙座）、内件质量 m_{02}（如塔盘、填料等）、保温材料质量 m_{03}、操作平台及扶梯质量 m_{04}、操作时物料质量 m_{05}、塔附件质量 m_a（人孔、接管、法兰等）、水压试验时充水质量 m_w、偏心载荷质量 m_e 等。

塔设备在正常操作时的质量可由下式计算：

$$m_0 = m_{01} + m_{02} + m_{03} + m_{04} + m_{05} + m_a + m_e \tag{3-76}$$

塔设备在水压试验时的最大质量可由下式计算：

$$m_{max} = m_{01} + m_{02} + m_{03} + m_{04} + m_w + m_a + m_e \tag{3-77}$$

塔设备在停工检修时的最小质量可由下式计算：

$$m_{min} = m_{01} + 0.2 m_{02} + m_{03} + m_{04} + m_a \tag{3-78}$$

在计算 m_{02}、m_{04} 及 m_{05} 时，若无实际资料，可参考表 3-27 进行估算。式(3-78)中的 $0.2 m_{02}$ 考虑焊在壳体上的部分内构件质量，如塔盘支持圈、降液管等。

(a)质量载荷

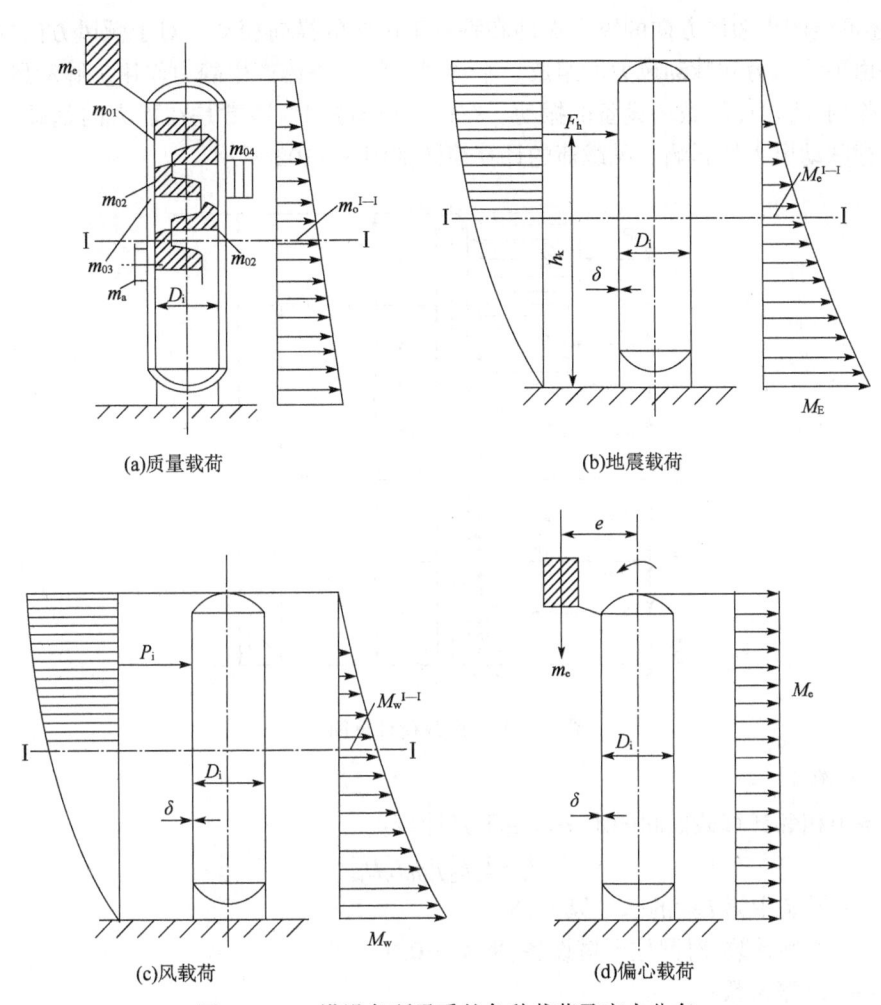

(b)地震载荷

(c)风载荷

(d)偏心载荷

图3-101 塔设备所承受的各种载荷及应力分布

表3-27 塔设备有关部件的质量　　　　　　　　　　　　　　　　　　　　　　　kg/m²

名称	单位质量	名称	单位质量	名称	单位质量
笼式扶梯	40	圆泡罩塔盘	150	筛板塔盘	65
开式扶梯	15~24	条形泡罩塔盘	150	浮阀塔盘	75
钢制平台	150	舌形塔盘	75	塔盘填充液	70

3.5.1.3 偏心载荷

有些塔设备悬挂有分离器、冷凝器、换热器等附属设备或其他附件,这些附属设备对塔体产生偏心载荷,并引起偏心弯矩,其值为

$$M_e = m_e g e \tag{3-79}$$

式中 m_e——偏心载荷,kg;

g——重力加速度,m/s²;

e——偏心距,即偏心质量中心至塔设备中心线的距离,m;

M_e——偏心弯矩,N·m。

3.5.1.4 风载荷

风载荷是安装在室外的塔设备承受的基本载荷之一。在风载荷作用下,塔体不仅可能产

生弯曲,还可能产生顺风方向的纵向振动和垂直于风向的横向振动。对于顺风方向的风力,可以看作是由平均风力和脉动风力所组成。平均风力将对塔体产生静力作用。脉动风力则可能产生动力作用,将可能导致塔设备的振动。在计算风弯矩时,通常是在静力的基础上,采用风振系数考虑脉动风力的影响。风载荷的计算简图如图3-102所示。

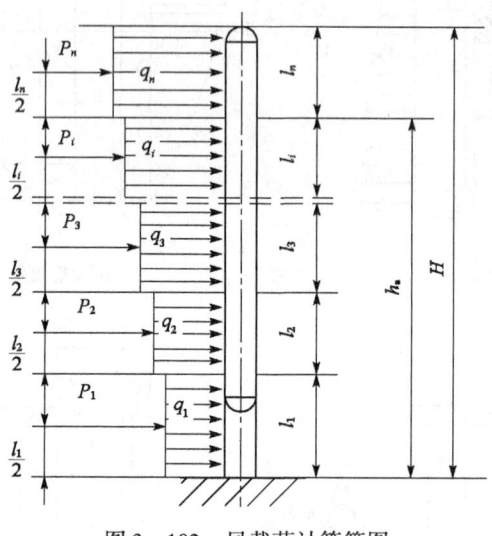

图3-102 风载荷计算简图

1. 风力计算

塔设备中相邻计算截面间的水平可由下式计算:

$$P_i = k_1 k_{2i} f_i q_0 L_i D_{ei} \tag{3-80}$$

式中　P_i——设备中第i段的水平风力,N;

　　　k_1——体型系数,对圆柱形塔设备,取$k_1=0.7$;

　　　k_{2i}——风振系数;

　　　f_i——风压高度变化系数,按表3-28选取;

　　　q_0——基本风压值,与建塔地区有关,可按表3-29选取;

　　　L_i——塔设备第i段的计算高度,m;

　　　D_{ei}——塔设备第i段迎风面的有效直径,m。

表3-28　风压高度变化系数f_i

地面粗糙度类别 距地面高度H_{it},m	A	B	C	地面粗糙度类别 距地面高度H_{it},m	A	B	C
5	1.17	0.80	0.54	50	2.03	1.67	1.36
10	1.38	1.00	0.71	60	2.12	1.77	1.46
15	1.52	1.14	0.84	70	2.20	1.86	1.55
20	1.63	1.25	0.94	80	2.27	1.95	1.64
30	1.80	1.42	1.11	90	2.34	2.02	1.72
40	1.92	1.56	1.24	100	2.40	2.09	1.79

注:A类地面粗糙度指近海海面、海岸、海岛、湖岸及沙漠地区;B类指田野、乡村、丛林、丘陵及房屋比较稀疏的中小城镇和大城市郊区;C类指具有密集建筑群的大城市市区。中间值可采用线性内插法求取。

表 3-29　在 10m 高度处中国各地基本风压值 q_0　　　　　　　　　　　　　　　Pa

地区	上海	南京	徐州	扬州	南通	杭州	宁波	衢州	温州
q_0	441	245	343	343	392	294	490	392	539
地区	福州	广州	茂名	湛江	北京	天津	保定	石家庄	沈阳
q_0	588	490	539	833	343	343	392	294	441
地区	长春	抚顺	大连	吉林	四平	哈尔滨	济南	青岛	郑州
q_0	490	441	490	392	539	392	392	490	343
地区	洛阳	蚌埠	南昌	武汉	包头	呼和浩特	太原	大同	兰州
q_0	294	294	392	245	441	490	294	441	394
地区	银川	长沙	株洲	南宁	成都	重庆	贵阳	西安	延安
q_0	490	343	343	392	245	294	245	343	245
地区	昆明	西宁	拉萨	乌鲁木齐	台北	台东			
q_0	196	343	343	588	1176	1470			

注：河道、山坡、山岭、山沟汇交口，山沟的转弯处及垭口应根据实测风速值选取。

1）风振系数的计算

风振系数 k_{2i} 是考虑风载荷脉动性质和对塔体动力特性影响的折算系数，当塔高 $H<20\mathrm{m}$ 时，取 $k_{2i}=1.70$；当塔高时，可按下式计算：

$$k_{2i}=1+\frac{\xi v_i \varphi_{2i}}{f_i} \qquad (3-81)$$

式中　ξ——脉动放大系数，按表 3-30 选取；

　　　v_i——第 i 段脉动影响系数，按表 3-31 确定；

　　　φ_{2i}——第 i 段振形系数，按表 3-32 确定。

表 3-30　脉动放大系数 ξ

$q_1 T_1^2$, N·s²/m²	10	20	40	60	80	100
ξ	1.47	1.57	1.69	1.77	1.83	1.88
$q_1 T_1^2$, N·s²/m²	200	400	600	800	1 000	2 000
ξ	2.04	2.24	2.36	2.46	2.53	2.80
$q_1 T_1^2$, N·s²/m²	4 000	6 000	8 000	10 000	20 000	30 000
ξ	3.09	3.28	3.42	3.54	3.91	4.14

注：(1) 表中 q_1 为风压，对于 A 类地区 $q_1=1.38q_0$，B 地区 $q_1=q_0$，C 类地区 $q_1=0.62q_0$；

(2) T_1 为第一自振周期；

(3) 中间值可采用线性内插法求取。

表 3-31　脉动影响系数 v_i

粗糙度类别 \ 高度 h_{it}, m	10	20	40	60	80	100
A	0.78	0.83	0.87	0.89	0.89	0.89
B	0.72	0.79	0.85	0.88	0.89	0.90
C	0.66	0.74	0.82	0.86	0.88	0.89

注：表中 h_{it} 为塔设备第 i 计算段顶部截面至地面的高度。

表 3-32 振型系数 φ_{2i}

相对高度 h_{it}/H	u 1.0	0.8	0.6	相对高度 h_{it}/H	u 1.0	0.8	0.6
0.1	0.02	0.02	0.01	0.6	0.48	0.44	0.41
0.2	0.07	0.06	0.05	0.7	0.60	0.57	0.55
0.3	0.15	0.12	0.11	0.8	0.73	0.71	0.69
0.4	0.24	0.21	0.19	0.9	0.87	0.86	0.85
0.5	0.35	0.32	0.29	1.0	1.00	1.00	1.00

注：表中 u 为塔顶与塔底有效直径的比值；h_{it} 为第 i 计算段顶部截面至地面的高度，m；H 为塔设备总高度，m。

2) 第 i 段迎风面有效直径 D_{ei} 的计算

当笼式扶梯与塔顶管线布置成 180°时

$$D_{ei} = D_{oi} + 2\delta_{si} + k_3 + k_4 + d_0 + 2\delta_{ps} \quad (3-82)$$

当笼式扶梯与塔顶管线成 90°布置时，取下列两者之间较大值

$$\begin{cases} D_{ei} = D_{oi} + 2\delta_{si} + k_3 + k_4 \\ D_{ei} = D_{oi} + 2\delta_{si} + k_4 + d_0 + 2\delta_{ps} \end{cases} \quad (3-83)$$

其中

$$k_4 = 2A_i/h_0$$

式中　D_{oi}——塔体各计算段外径，m；

δ_{si}——塔体各计算段保温层厚度，m；

k_3——笼式扶梯当量宽度，可取 $k_3 = 0.4$m；

k_4——操作平台当量宽度，m；

A_i——第 i 段内操作平台构件的投影面积，m²；

h_0——操作平台所在计算段的高度，m；

d_0——塔顶管线外径，m；

δ_{ps}——管线保温层厚度，m。

2. 风弯矩计算

在计算过程中，将塔体分为若干段，将作用于各段的风力看做作用于该段中点的集中力，任意段底部由水平风力产生的风弯矩，为该底部以上所有风力对其产生的弯矩之和，即

$$M_W^{I-I} = P_i \frac{l_i}{2} + P_{i+1}\left(l_i + \frac{l_{i+1}}{2}\right) + P_{i+2}\left(l_i + l_{i+1} + \frac{l_{i+2}}{2}\right) + \cdots + P_n\left(l_i + l_{i+1} + l_{i+2} + \cdots + \frac{l_n}{2}\right)$$

$$(3-84)$$

裙座底截面 0-0 处的风弯矩为

$$M_W^{0-0} = P_1\frac{l_1}{2} + P_2\left(l_1 + \frac{l_2}{2}\right) + P_3\left(l_1 + l_2 + \frac{l_3}{2}\right) + \cdots + P_n\left(l_1 + l_2 + l_3 + \cdots + \frac{l_n}{2}\right) \quad (3-85)$$

3.5.1.5　地震载荷

地震发生时，产生的地震波，可引起塔设备的水平方向振动、垂直方向振动和扭转。鉴于转动分量的实测数据很少，地震载荷计算时一般不予考虑。地面水平方向（横向）的运动会使设备产生水平方向的振动，危害较大。而垂直方向（纵向）的危害较横向振动要小，所以只有

当地震烈度为 8 度或 9 度地区的塔设备才考虑纵向振动的影响。

1. 水平地震力

为简化计算,将塔设备的各段质量看做作用于各段中点的集中质量,将底部固定的塔设备当作多质量的弹性体系,如图 3 – 103 所示。

$$F_{1k} = \alpha_1 \eta_{1k} m_k g \qquad (3-86)$$

式中　F_{1k}——集中质量 m_k 引起的基本振形水平地振力,N;

　　　m_k——第 k 段塔体的集中质量;

　　　α_1——对应于塔基本自振周期 T_1 下的地震影响系数 α 值;

　　　η_{1k}——基本振形参与系数。

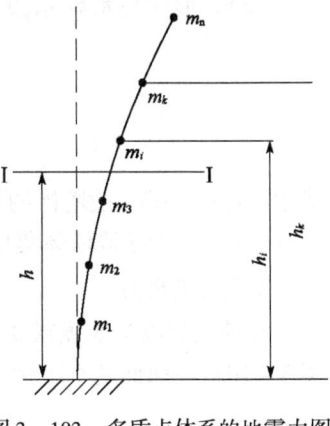

图 3 – 103　多质点体系的地震力图

(1) 确定地震影响系数 α。

地震影响系数 α 可根据场地土的特性周期及塔自振周期由图 3 – 104 确定。对于图中曲线部分,按下式确定;若自振周期 >3s,以 3s 计算,但其值不得小于 $0.2\alpha_{\max}$。

$$\alpha = \left(\frac{T_g}{T}\right)^{0.9} \alpha_{\max} \qquad (3-87)$$

式中　T_g——特性周期,按表 3 – 33 查取;

　　　$\alpha_{\max}$——地震影响系数的最大值,按表 3 – 34 查取。

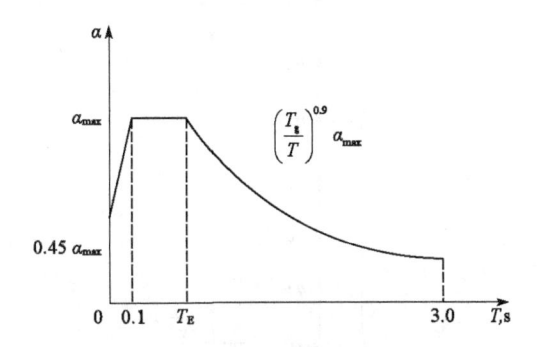

图 3 – 104　地震影响系数曲线

表 3 – 33　场地土的特性周期 T_g

设计地震分组	场地土类型				
	I_0	I	II	III	IV
第一组	0.20	0.25	0.35	0.45	0.65
第二组	0.25	0.30	0.40	0.55	0.75
第三组	0.30	0.35	0.45	0.65	0.90

表 3 – 34　地震影响系数 α 的最大值

设防烈度	7		8		9
设计基本地震加速度	0.1g	0.15g	0.2g	0.3g	0.4g
对应于多遇地震的 $\alpha_{\max}$	0.08	0.12	0.16	0.24	0.32

(2) 振形参与系数 η_{1k} 的计算。

$$\eta_{1k} = \frac{h_k^{1.5} \sum_{i=1}^{n} m_i h_i^{1.5}}{\sum_{i=1}^{n} m_i h_i^3} \qquad (3-88)$$

式中　m_i——第 i 段塔体的集中质量，kg；
　　　h_i——第 i 段塔体集中质量距地面距离，m。

2. 垂直地震力

在地震烈度为 8 度或 9 度的地区，塔设备应考虑垂直地震力的作用。一个多质点体系见图 3-105，在地面的垂直运动作用下，塔设备底部截面上的垂直地震力为

$$F_v^{0-0} = \alpha_{vmax} m_{eq} g \qquad (3-89)$$

式中　α_{vmax}——垂直地震影响系数的最大值，取 $\alpha_{vmax} = 0.65\alpha_{max}$；
　　　m_{eq}——塔设备的当量质量，取 $m_{eq} = 0.75 m_0$，kg；
　　　m_0——塔设备操作时的质量，kg。

塔任意质点 i 处垂直地震力为

$$F_v^{i-i} = \frac{m_i h_i}{\sum_{k=1}^{n} m_k h_k} F_v^{0-0} \quad (i = 1, 2, 3, \cdots, n) \qquad (3-90)$$

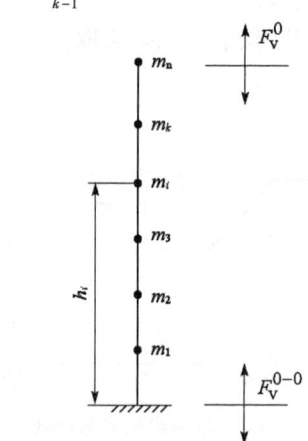

图 3-105　多质点体系的垂直地震力

3. 地震弯矩

在水平地震力作用下，塔设备任意截面 I-I 处（图 3-103）的地震弯矩为截面以上各段集中质量对该截面的弯矩之和。

$$M_E^{I-I} = \sum_{k=1}^{k} F_{k1}(h_k - h) \qquad (3-91)$$

式中　h—— I-I 截面到地面距离，m；
　　　h_k——第 k 段塔节的集中质量 m_k 到地面的距离，m。

对于等直径、等壁厚的塔设备，任意截面的水平地震弯矩为

$$M_E^{I-I} = \frac{8\alpha_1 m_0 g}{175 H^{2.5}} (10H^{3.5} - 14hH^{2.5} + 4h^{3.5}) \qquad (3-92)$$

式中　H——塔设备总高度，m。

在塔底部 0-0 截面处($h=0$):

$$M_E^{0-0} = \frac{16}{35}\alpha_1 m_0 g H \tag{3-93}$$

以上是按基本振形计算地震弯矩的,当塔设备 $H/D_i > 5$ 或设备高度大于 20m 时,要考虑高振形影响,则所取地震弯矩值应为上述计算值的 1.25 倍。

3.5.2 塔体的强度及稳定性校核

塔体是圆筒形、圆锥形以及椭圆形或球形壳体的组合体。圆筒形和圆锥形筒体在轴向压缩或侧向压力作用下,会因压应力过大而失去稳定。因此,设计塔体外壳时,可对筒体先按设计压力进行强度和稳定性计算,确定最小壁厚,然后校核轴向强度和轴向稳定性,根据计算的结果,调整(增大)壁厚,使其满足强度和稳定性的条件。

3.5.2.1 塔体的轴向应力计算

1. 由设计压力引起的轴向应力 σ_1

$$\sigma_1 = \frac{pD_i}{4\delta_e} \tag{3-94}$$

式中 p——设计压力,MPa;

D_i——筒体内径,mm;

δ_e——Ⅰ—Ⅰ截面处筒体的有效壁厚,mm。

2. 由质量载荷及垂直地震力引起的轴向应力 σ_2

$$\sigma_2 = \frac{m_0^{I-I} g \pm F_v^{I-I}}{\pi D_i \delta_e} \tag{3-95}$$

式中 m_0^{I-I}——计算截面Ⅰ—Ⅰ以上筒体承受的操作或非操作时的质量,kg;

F_v^{I-I}——仅在最大弯矩为地震弯矩参与组合时计入此项。

3. 由最大弯矩载荷引起的轴向应力 σ_3

$$\sigma_3 = \frac{4M_{max}^{I-I}}{\pi D_i^2 \delta_e} \tag{3-96}$$

式中 M_{max}^{I-I}——计算截面Ⅰ—Ⅰ处的最大弯矩,N·mm。

M_{max}^{I-I} 按下式确定

$$M_{max}^{I-I} = \begin{cases} M_W^{I-I} + M_e \\ M_E^{I-I} + 0.25 M_W^{I-I} + M_e \end{cases} \text{取其中的较大者} \tag{3-97}$$

4. 组合应力计算

组合应力计算应根据介质压力性质、不同工况、不同部位进行,以确定各种情况下的最大组合应力。

1) 内压操作的塔

操作时:

迎风侧 $\sum \sigma = \sigma_1 - \sigma_2 + \sigma_3$ (3-98)

背风侧 $\sum \sigma = \sigma_1 - \sigma_2 - \sigma_3$ (3-99)

未操作时:

迎风侧 $\sum \sigma = -\sigma_2 + \sigma_3$ (3-100)

背风侧 $\sum \sigma = -\sigma_2 - \sigma_3$ (3-101)

由以上计算可知,内压塔最大拉应力出现在操作时的迎风侧,而最大压应力则出现在未操作时的背风侧。

2) 外压操作的塔

操作时:

迎风侧 $$\sum \sigma = -\sigma_1 - \sigma_2 + \sigma_3 \tag{3-102}$$

背风侧 $$\sum \sigma = -\sigma_1 - \sigma_2 - \sigma_3 \tag{3-103}$$

非操作时组合应力计算与内压塔相同。由此可见,外压塔的最大拉应力出现在非操作时的迎风侧,最大压应力则出现在操作时的背风侧。

3.5.2.2 塔体最大组合应力校核

由于最大弯矩在筒体中引起的轴向应力沿环向是不断变化的。与沿环向均布的轴向应力相比。这种应力对塔强度或稳定失效的危害要小一些。为此,在塔体应力校核时,对许用拉伸应力和压缩应力引入载荷组合系数 K,并取 $K=1.2$。

1. 最大组合拉应力的校核

内压塔 $$\sigma_1 - \sigma_2 + \sigma_3 \leq K[\sigma]^t \varphi \tag{3-104}$$

外压塔 $$-\sigma_2 + \sigma_3 \leq K[\sigma]^t \varphi \tag{3-105}$$

式中 $[\sigma]^t$——设计温度下塔壁材料的许用应力,MPa;

φ——焊缝系数。

2. 最大压应力的校核

内压塔 $$\sigma_2 + \sigma_3 \leq [\sigma]_{cr} \tag{3-106}$$

外压塔 $$\sigma_1 + \sigma_2 + \sigma_3 \leq [\sigma]_{cr} \tag{3-107}$$

式中 $[\sigma]_{cr}$——筒体材料的许用临界压应力,MPa。$[\sigma]_{cr} = \min\{KB, K[\sigma]^t\}$,$B$ 值计算参见 NB/T 47041—2014《塔式容器》。

3.5.2.3 塔体压力试验时应力校核

1. 塔体应力

由压力试验压力引起的轴向应力为

$$\sigma_1 = \frac{p_T D_i}{4\delta_e} \tag{3-108}$$

由重力引起的轴向应力为

$$\sigma_2 = \frac{m_T^{I-I} g}{\pi D_i \delta_e} \tag{3-109}$$

式中 m_T^{I-I}——压力试验时计算截面 I - I 以上的质量,kg。

弯矩引起的轴向应力为

$$\sigma_3 = \frac{4(0.3 M_w^{I-I} + M_e)}{\pi D_i^2 \delta_e} \tag{3-110}$$

2. 应力校核

1) 轴向拉应力

液压试验时:

$$\sigma_1 - \sigma_2 + \sigma_3 \leq 0.9 \varphi R_{eL} (\text{或} R_{p0.2}) \tag{3-111}$$

式中 R_{eL}（或 $R_{p0.2}$）——金属材料标准常温屈服强度（或 0.2% 非比例延伸强度），MPa。

气压试验或气液组合试验时：

$$\sigma_1 - \sigma_2 + \sigma_3 \leqslant 0.8\varphi R_{eL}（\text{或} R_{p0.2}） \tag{3-112}$$

2）轴向压应力

$$\sigma_2 + \sigma_3 \leqslant [\sigma]_{cr} \tag{3-113}$$

式中 $[\sigma]_{cr}$——筒体材料的许用临界压应力，MPa。$[\sigma]_{cr} = \min\{B, 0.9R_{eL}（\text{或} R_{p0.2})\}$。

3.5.3 裙座的强度及稳定性校核

裙座虽然不承受介质压力，但将承受塔设备的最大的重量载荷和最大的弯矩，重量和弯矩在裙座底部截面处最大，因而相应底部截面是危险截面。此外，裙座上的检查孔或人孔、管线引出孔将导致裙座承载能力的下降。由此可见，裙座的危险截面主要是裙座的底部或人孔处。

由于裙座筒体不承受压力的作用，因而轴向组合拉伸应力总是小于轴向组合压缩应力。因此，只需校核危险截面的最大轴向压缩应力，必须保证裙座上所承受的最大组合轴向应力不超过许用值。

3.5.3.1 座体厚度计算

座体厚度的确定方法与筒体相同。先假设座体厚度（通常与筒体等厚），然后进行强度与稳定性校核。其方法与塔体强度与稳定性校核相同。

操作时，座体截面上的最大组合压应力为

$$\sigma_{s\text{压}} = \frac{M_{\max}^{\text{I-I}}}{Z_s} + \frac{m_o^{\text{I-I}} g + F_v^{\text{I-I}}}{A_s} \leqslant \min\{KB, K[\sigma]_s^t\} \tag{3-114}$$

水压试验时，裙座截面上最大压应力为

$$(\sigma_{s\text{水}})_{\text{压}} = \frac{0.3M_{\max}^{\text{I-I}} + M_e}{Z_s} + \frac{m_{\max}^{\text{I-I}} g}{A_s} \leqslant \min\{B, 0.9R_{eL}（\text{或} R_{p0.2})\} \tag{3-115}$$

其中

$$Z_s = \frac{\pi}{4} D_i^2 \delta_s$$

式中 $M_{\max}^{\text{I-I}}$——裙座计算截面的最大弯矩，N·mm；

$m_o^{\text{I-I}}$——裙座计算截面的操作质量，kg；

A_s——裙座圈计算截面的面积，mm²；

Z_s——裙座圆筒底部的抗弯截面系数，mm³；

$[\sigma]_s^t$——设计温度下塔壁材料的许用应力，MPa。

3.5.3.2 基础环的计算

1. 基础环的尺寸

基础环分为无筋板和有筋板两种结构，如图 3-106 所示。基础环的内、外径可按下式确定：

$$D_{ob} = D_{is} + (0.16 \sim 0.4)\text{m} \tag{3-116}$$

$$D_{ib} = D_{is} - (0.16 \sim 0.4)\text{m} \tag{3-117}$$

2. 作用于基础环上的最大压应力

如图 3-107 所示，按操作及水压试验两种情况考虑，基础环上承受的最大压应力为

$$\sigma_{b\max} = \begin{cases} \dfrac{M_{\max}^{0-0}}{W_b} + \dfrac{m_o^{0-0} g + F_v^{0-0}}{A_b} \\ \dfrac{0.3M_w^{0-0} + M_e}{W_b} + \dfrac{m_{\max}^{0-0} g}{A_b} \end{cases} \quad (\text{取其中较大值}) \tag{3-118}$$

(a) 无筋板基础环

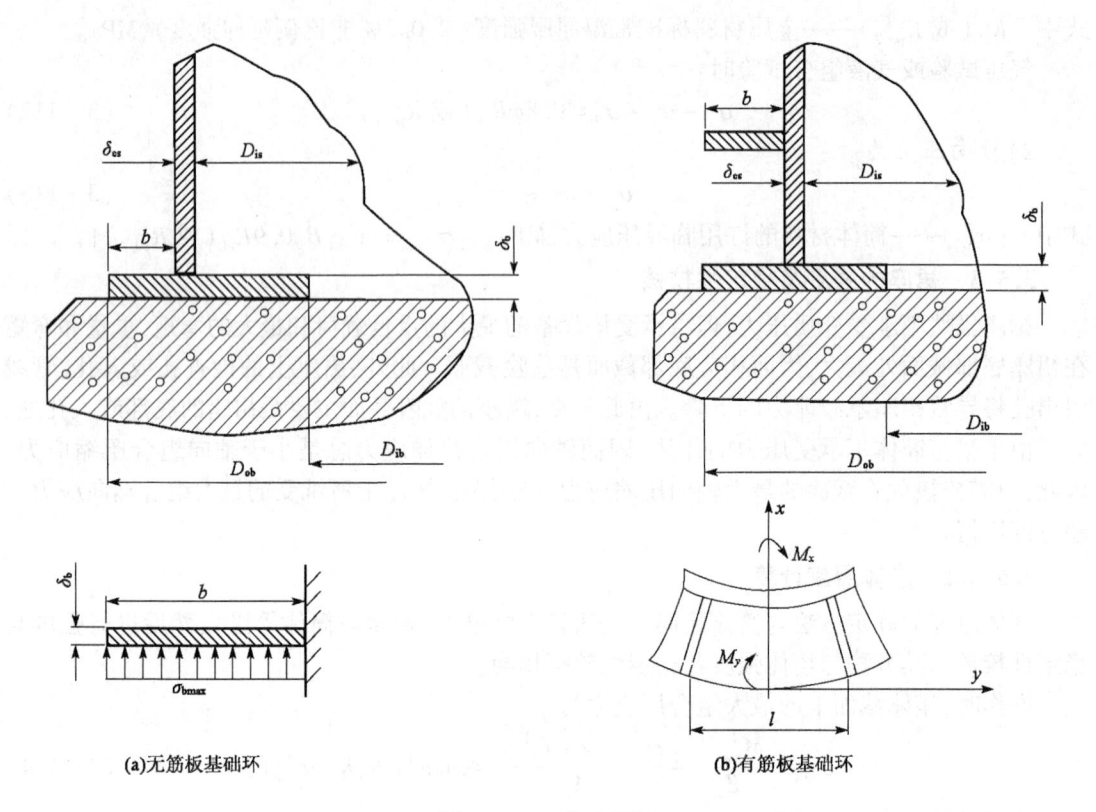

(b) 有筋板基础环

图 3-106 基础环板

$$W_b = \frac{\pi(D_{bo}^4 - D_{bi}^4)}{32 D_{bo}} = \frac{0.1(D_{bo}^4 - D_{bi}^4)}{D_{bo}} \tag{3-119}$$

$$A_b = 0.785(D_{bo}^2 - D_{bi}^2) \tag{3-120}$$

式中 W_b——基础环的抗弯截面系数，mm³；

A_b——基础环的面积，mm²。

3. 基础环板厚度计算

基础环上无筋板时，可近似将基础环简化为一长度为 b 的悬臂梁，如图 3-108 所示。其上受均布载荷 σ_{bmax}，在基础环上取一个单位的狭条，则作用在狭条上的最大弯矩 $M = \frac{1}{2}b^2 \sigma_{bmax}$，此弯矩产生的应力 σ_b 应小于基础环材料的许用应力，即

$$\sigma_b = \frac{M}{W} = \frac{6M}{\delta_b^2} \leqslant [\sigma]_b \tag{3-121}$$

则基础环的厚度为

$$\delta_b = \sqrt{\frac{6M}{[\sigma]_b}} = 1.73 b \sqrt{\frac{\sigma_{bmax}}{[\sigma]_b}} \tag{3-122}$$

其中 $b = \frac{1}{2}(D_{bo} - D_{bi})$

式中 $[\sigma]_b$——基础环材料的许用应力。

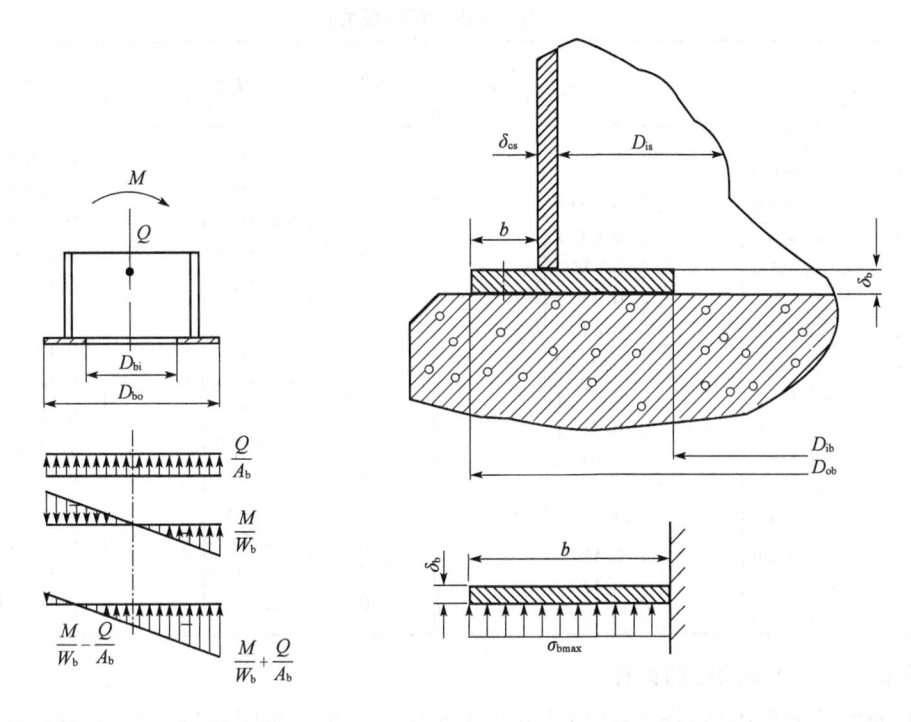

图 3-107　裙座基础环上的合成应力　　图 3-108　无筋板的基础环

基础环上有筋板时,筋板可增加裙座底部刚性,从而可减薄基础环厚度。此时将基础环简化为一受均布载荷(σ_{bmax})的矩形板,两个 b 边由筋板支持,一个 l 边与裙座固定,另一边自由,如图 3-109 所示,取坐标 x、y,单位长度的最大弯矩 M_x、M_y,随 b/l 的比值而变,其数值查表 3-35。此时基础环的厚度按下式计算:

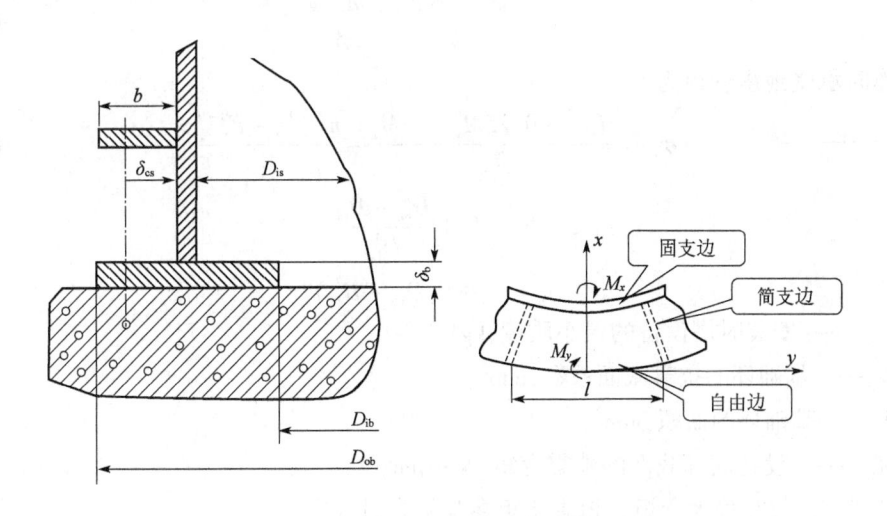

图 3-109　有筋板的基础环

$$\delta_b = \sqrt{\frac{6M_g}{[\sigma]_b}} \qquad (3-123)$$

式中　M_g——计算力矩,取矩形板对 x、y 轴的弯矩 M_x、M_y 中绝对值较大者。

表3-35 矩形板力矩   N·mm

b/l	$M_x\begin{pmatrix}x=b\\y=0\end{pmatrix}$	$M_y\begin{pmatrix}x=0\\y=0\end{pmatrix}$	b/l	$M_x\begin{pmatrix}x=b\\y=0\end{pmatrix}$	$M_y\begin{pmatrix}x=0\\y=0\end{pmatrix}$
0	-0.500 0	0	1.6	-0.048 5	0.126 0
0.1	-0.500 0	0	1.7	-0.043 0	0.127 0
0.2	-0.490 0	0.000 6	1.8	-0.038 4	0.129 0
0.3	-0.448 0	0.005 1	1.9	-0.034 5	0.130 0
0.4	-0.385 0	0.015 1	2.0	-0.031 2	0.130 0
0.5	-0.319 0	0.029 3	2.1	-0.028 3	0.131 0
0.6	-0.260 0	0.045 3	2.2	-0.025 8	0.132 0
0.7	-0.212 0	0.061 0	2.3	-0.023 6	0.132 0
0.8	-0.173 0	0.075 1	2.4	-0.021 7	0.132 0
0.9	-0.142 0	0.087 2	2.5	-0.020 0	0.133 0
1.0	-0.118 0	0.097 2	2.6	-0.018 5	0.133 0
1.1	-0.099 5	0.105	2.7	-0.017 1	0.133 0
1.2	-0.084 6	0.112	2.8	-0.015 9	0.133 0
1.3	-0.072 6	0.116	2.9	-0.014 9	0.133 0
1.4	-0.062 9	0.120	3.0	-0.013 9	0.133 0
1.5	-0.055 0	0.123			

注：M_x 栏乘以 $\sigma_{b\,max}b^2$，M_y 栏乘以 $\sigma_{b\,max}l^2$。

3.5.3.3 地脚螺栓的计算

地脚螺栓的作用是固定塔体位置和防止在较大弯矩作用时倾倒。在背风侧，地脚螺栓通常不受力，而迎风侧，如果弯矩引起的拉应力大于重力引起的压应力，螺栓将受到拉伸的作用，此时，螺接应有足够的强度防止拉断而保持塔设备的稳固。即使螺栓不受力，为了塔设备的安装定位，也需装设一定数量的螺栓。

安装时，在风载荷作用下，基础环向风侧的最大拉应力为

$$\sigma_B = \frac{M_w^{0-0} + W_e}{W_b} - \frac{m_{min}g}{A_b} \tag{3-124}$$

操作时承受地震载荷为

$$\sigma_B = \frac{M_E^{0-0} + 0.25M_w^{0-0} + M_e}{W_b} - \frac{m_0^{0-0}g - F_v^{0-0}}{A_b} \tag{3-125}$$

其中

$$W_b = 0.1\frac{D_{bo}^4 - D_{bi}^4}{D_{bo}}$$

$$A_b = 0.785(D_{bo}^2 - D_{bi}^2)$$

式中 m_{min}——安装时塔设备的最小质量，kg；

W_b——基础环的抗弯截面系数，mm^3；

A_b——基础环的面积，mm^2；

M_E^{0-0}——设备底部截面的地震弯矩，N·mm；

F_v^{0-0}——仅在最大弯矩为地震弯矩参与组合时计入。

其余符号和取法与以前相同，计算时取两值较大者。

如果 $\sigma_B \leq 0$，则塔设备自身稳定，不会倾倒，但为了固定设备的位置，应设置一定数量的地脚螺栓。如果 $\sigma_B > 0$，则设备必须安装地脚螺栓。

计算地脚螺栓时，先按4的倍数假定地脚螺栓数量为 n，若每个螺栓所受的拉力为 T，则有

$$nT = \sigma_b A_b \tag{3-126}$$

于是所需地脚螺栓的根部直径为

$$d_1 = \sqrt{\frac{4T}{\pi [\sigma]_{bt}}} + C_2 = \sqrt{\frac{4\sigma_B A_b}{\pi n [\sigma]_{bt}}} + C_2 \tag{3-127}$$

式中 $[\sigma]_{bt}$——地脚螺栓材料的许用应力，MPa；

C_2——腐蚀余量，一般取 3mm；

n——地脚螺栓个数。

然后，根据螺纹根径，按照螺纹标准选取地脚螺栓的公称直径。对于高塔，一般地脚螺栓不宜小于 M24，埋入混凝土基础内的长度最好取 d_1 的 25~40 倍，以免拉脱。

3.5.3.4 裙座与筒体焊缝的校核

1. 搭接焊缝

裙座与筒体搭接焊缝如图 3-110 所示。搭接焊缝受到弯矩和重力作用，产生剪切应力 τ_W 为：

$$\tau_W = \frac{m_0^{J-J} g + F_v^{J-J}}{A_W} + \frac{M_{\max}^{J-J}}{W_W} \leq 0.8K[\sigma]_w^t \tag{3-128}$$

$$\tau_W = \frac{m_{\max}^{J-J} g}{A_W} + \frac{0.3 M_W^{J-J} + M_e}{W_W} \leq 0.72 K R_{eL}（或 R_{p0.2}） \tag{3-129}$$

$$A_W = 2.2 D_{so} t_{es}$$

$$W_W = 0.55 D_{so}^2 t_{es}$$

式中 m_0^{J-J}——塔接焊缝截面所承受的设备操作时的质量，kg；

$m_{\max}$——水压试验时，设备的最大质量，kg；

A_W——焊缝抗截面积，mm²；

W_W——焊缝抗剪截面的系数，mm²；

D_{so}——裙座顶部截面的外径，mm；

t_{es}——裙座有效壁厚，mm；

$[\sigma]_w^t$——焊接接头在设计温度下的许用应力，MPa，一般取两侧母材许用应力的最小值，F_v^{J-J} 项仅在最大弯矩为地震 弯矩参与组合时计入。

其他符号同前。

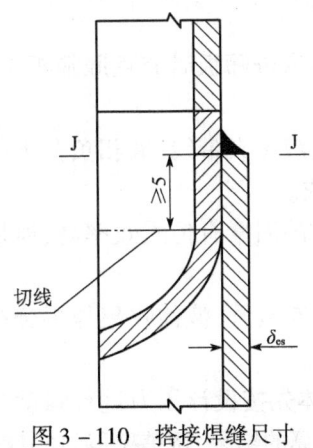

图 3-110 搭接焊缝尺寸

2. 对接焊缝

裙座与塔釜封头的对接焊缝（图 3-111）按下式进行应力校核：

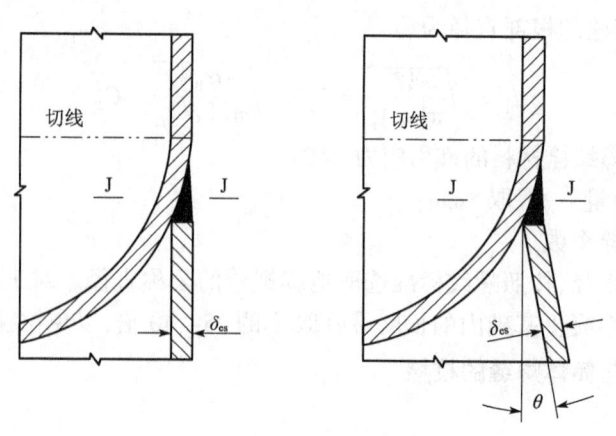

图 3-111　对接焊缝

$$\sigma_{\mathrm{w}} = \frac{4M_{\max}^{\mathrm{J-J}}}{\pi D_{\mathrm{si}}^2 \delta_{\mathrm{es}}} - \frac{m_{\mathrm{o}}^{\mathrm{J-J}} g - F_{\mathrm{v}}^{\mathrm{J-J}}}{\pi D_{\mathrm{si}} \delta_{\mathrm{es}}} \leqslant 0.6K [\sigma]_{\mathrm{w}}^{\mathrm{t}} \qquad (3-130)$$

式中　σ_{w}——操作状态下裙座与塔釜封头对接焊缝截面的计算应力值，MPa。

内 容 小 结

(1) 塔设备应满足的基本要求应满足的基本条件有生产能力大，传质效率高，稳定生产、操作弹性大、阻力小、能耗低，结构简单、材料耗用量小、制造和安装容易，方便操作、调节和检修。

(2) 塔设备选型时必须考虑的因素有物料性质、操作条件、塔设备的性能，以及塔设备的制造、安装、运转和维修等。

(3) 板式塔工艺计算的任务是以流经塔内的气液两相流量、操作条件和系统物性为依据，设计出具有良好性能的塔板工艺尺寸。设计中通常是选定若干参数作为独立变量，再对其流体力学性能进行计算，校核其是否符合规定的数据范围，并绘制塔板负荷性能图，从而确定该塔板的适当操作区。

(4) 板间距的选定与塔高、塔径、物系性质、分离效果、操作弹性以及塔的安装、检修等都有关。

(5) 塔板的压降主要包括气体通过筛板时需克服筛板本身的干板阻力、板上充气液层的阻力及液体表面张力造成的阻力。

(6) 塔板的负荷性能图由过量液沫夹带线、液相负荷下限线、严重漏液线、液相负荷上限线和溢流液泛线 5 条曲线组合而成。

(7) 填料的种类选择需要考虑的因素有传质效率高、通量大、填料层压降低、填料抗污堵能力强、便于拆装检修等。

(8) 填料塔的内件包括液体分布装置、液体收集与再分布装置、填料支承装置、填料压紧装置等。

(9) 设计塔体外壳时，可对筒体先按设计压力进行强度和稳定性计算，确定最小壁厚，然后校核轴向强度和稳定性，根据计算的结果，调整壁厚，使其满足强度和稳定性的条件。

思 考 题

1. 为什么需要使用塔设备进行生产操作？
2. 塔设备主要由哪几部分组成？各部分的作用是什么？
3. 板式塔与填料塔有何差别？为什么需要使用这些塔来从事生产操作？
4. 试简述整块式与分块式塔盘的结构的区别。为什么要用分块式塔盘？
5. 试分析塔在正常操作、停工检修和压力试验等三种工况下的载荷有哪些？
6. 试说明填料塔中的液体分布装置有哪几种类型？各适用于哪些生产场合？
7. 塔体的紧固件包括哪些设备？
8. 自支承式塔设备设计时需要考虑哪些载荷？
9. 试简述内压塔操作时的危险工况及强度校核条件。
10. 试简述塔设备设计的基本步骤。
11. 导致塔设备产生振动的原因有哪些？可以采取哪些措施来预防或减轻塔设备产生振动？
12. 塔设备设计中，哪些危险截面需要校核轴向强度和稳定性？

第4章 反应设备设计

> **学习目标**
>
> (1) 了解反应设备的作用和常见类型；
> (2) 掌握机械搅拌反应器的罐体和传热装置设计方法；
> (3) 掌握搅拌器的选型原则以及搅拌轴的设计方法；
> (4) 掌握传动和轴封装置的设计方法。

4.1 概 述

4.1.1 反应设备的作用和基本要求

化工过程可分为传递过程(能量传递、热量传递、质量传递的物理过程)和化学反应过程。完成化学反应的设备统称为反应设备(或称反应器)。

典型的化工生产流程如图4-1所示,原料经过一系列的前处理,如提纯、预热、分离、混合等过程,以达到化学反应的要求,然后进入反应设备中,在一定的温度、压力、催化剂等条件下进行化学反应过程,得到的反应产物以及一部分未完全反应的原料经过分离、提纯等后处理过程,其中分离得到的一部分原料被循环利用,重新进入反应过程参与化学反应,一部分废水、废气、废渣等被排掉进行三废处理,而最终获得符合质量要求的产品。例如:化肥工业中氨的合成反应就是经过造气、精制,得到一定比例、合格纯度的氮、氢混合气后,在合成塔中以一定的压力、温度及催化剂的存在下经化学反应得到氨气。其他如染料、油漆、农药等工业中的氧化、氯化、磺化、硝化,以及石油化工工业中的催化裂化、加氢脱硫、加氢裂化等工艺都是典型的化工反应过程。

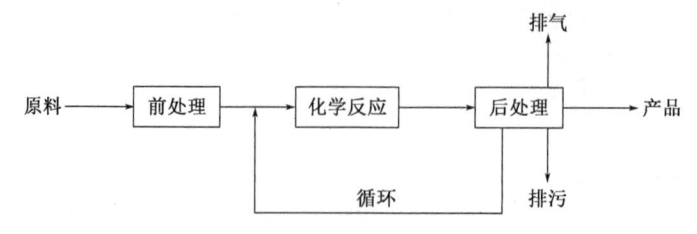

图4-1 典型的化工生产流程

工业生产对反应器的基本要求主要有:

(1) 必须有足够的反应容积,以保证设备具有一定的生产能力,并保证反应物在反应器内具有足够的停留时间,使反应物达到规定的转化率;

(2) 有良好的传质性能,使反应物料之间或与催化剂之间达到良好的接触;

(3) 有良好的传热性能,能及时有效地输入或引出热量,保证反应过程是在最适宜的操作

温度下进行;

(4)有足够的机械强度和耐腐蚀能力,并要求运行可靠,经济适用;

(5)在满足工艺条件的前提下结构设计尽量合理与简单,并具有进行原料混合和搅拌的性能,材料易得到,价格便宜;

(6)操作方便,易于安装、维护和检修。

由此可见,为了尽量满足对反应器的要求,反应器在进行不同相态的化学反应过程时,其结构、型式也必然各不相同。

4.1.2 常见的反应器

常用的反应设备主要有机械搅拌式、固定床、管式、流化床等反应器。现将这几种常见的反应器介绍如下。

4.1.2.1 机械搅拌式反应器

搅拌反应器是涉及典型的传质、传热、动量传递和化学反应的过程装备,可用于均相(多为液相)、液—液相、液—气相和液—固相等多种相态的反应。搅拌反应器的操作要经过投料—反应—卸料等过程,因此,大多是间歇操作的,用于小批量多规格产品的生产有较大的优势,可在常压、加压、真空操作条件下操作,可进行加热和冷却操作,反应产品出料容易,清洗方便。

搅拌反应器广泛适用于各种物性和各种操作条件的反应过程,大量用于染料、制药、高分子材料、精细化工等有机单元操作中,如在合成材料的生产中,搅拌设备作为反应器,约占反应器总数的90%。多数搅拌反应器都带有传热部件(如夹套、蛇管),用来提供反应需要的热量或移走反应生成的热量。本章将着重以搅拌反应器为主,进行详细讨论。

4.1.2.2 固定床反应器

气体流经固定不动的催化剂床层进行催化反应的装置称为固定床反应器(图4-2)。它主要用于气—固相催化反应,具有结构简单、操作稳定、便于控制、易实现大型化和连续化生产等优点,是现代化工和反应中应用很广泛的反应器。例如,氨合成塔、甲醇合成塔、硫酸及硝酸生产的一氧化碳变换塔、三氧化硫转化器等。固定床反应器有三种基本形式:轴向绝热式、径向绝热式和列管式。固定床反应器的缺点是床层的温度分布不均匀,由于固相粒子不动,床层导热性较差,因此对放热量大的反应,应增大换热面积,及时移走反应热,但这会减少有效空间。

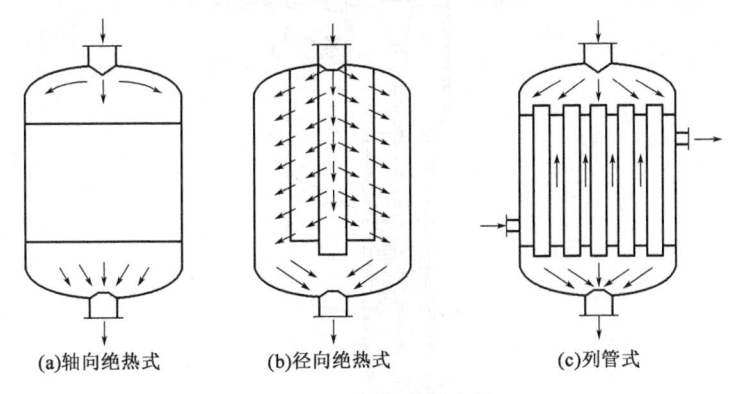

(a)轴向绝热式　　(b)径向绝热式　　(c)列管式

图4-2　固定床反应器

4.1.2.3 管式反应器

管式反应器结构简单,制造方便。混合好的气相或液相反应物从管道一端进入,连续流动、连续反应,最后从管道另一端排出。根据不同的反应,管径和管长可根据需要设计。管外壁可以进行换热,因此换热面积大。反应物在管内的流动快,停留时间短,经一定的控制手段,可使管式反应器具有一定的温度梯度和浓度梯度。管式反应器可用于连续生产,也可用于间歇操作,反应物不返混,也可在高温、高压下操作。图4-3为石脑油分解转化管式反应器。

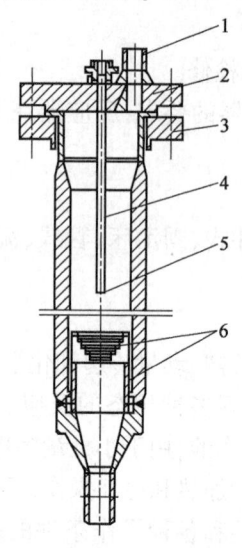

图4-3 管式反应器
1—进气管;2—上法兰;3—下法兰;4—温度;5—管子;6—催化剂支承

4.1.2.4 流化床反应器

流化床反应器由壳体、气体分布装置、换热装置、气—固分离装置、内构件以及催化剂加入和卸出装置等组成,如图4-4所示。流化床反应器是流体(气体或液体)以较高流速通过床层,带动床内固体颗粒运动,使之悬浮在流动的主体流中进行反应,具有类似流体流动的一些特性的装置。固体颗粒被流体吹起呈悬浮状态,可上下左右剧烈运动和翻动,好像是液体沸腾一样,故又称为沸腾床反应器。

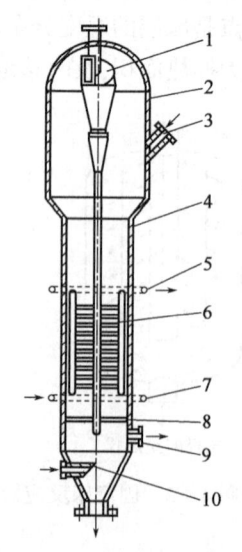

图4-4 流化床反应器
1—旋风分离器;2—筒体扩大段;3—催化剂入口;4—筒体;5—冷却介质出口;6—换热器;7—冷却介质进口;8—气体分布板;9—催化剂出口;10—反应气入口

流化床反应器传热面积大,传热系数高,传热效果好,适用于进料、出料、废渣排放用气流输送,易实现自动化生产;但其物料返混大,粒子磨损严重,要设置回收和集尘装置,内构件复杂,操作要求高。

4.2 机械搅拌反应器的结构和设计步骤

在化工生产过程中,为化学反应提供反应空间和反应条件的装置称为反应釜或反应设备。为了使化学反应快速均匀进行,需对参加化学反应的物质进行充分混合,且对物料加热或冷却,采取搅拌操作可得到良好的效果。

4.2.1 搅拌的目的

搅拌既可以是一种流体力学范畴内的单元操作,以促进混合为主要目的,如进行液—液混合、固—液悬浮、气—液分散、液—液分散和液—液乳化等;又多是完成其他操作的必要手段,以促进传热、传质和化学反应为主要目的,如流体的加热与冷却、萃取、吸收、溶解、结晶、聚合等操作。主要表现在以下几个方面:

(1) 使互不溶解的液体混合均匀,制备均匀的混合液、乳化液,强化传质过程;
(2) 制备均匀的悬浮液,促使固体加速溶解、浸取或进行液—固化学反应;
(3) 使气体在液体中均匀分散,强化传质或化学反应;
(4) 强化传热,防止局部过热或过冷。

4.2.2 机械搅拌反应器的基本结构

搅拌反应器通常由搅拌容器和搅拌机械设备两大部分构成。搅拌容器包括内容器(釜体)、传热元件、内构件及各种用途的开孔接管等;搅拌机械设备则主要由搅拌器、搅拌轴、轴封及传动装置等部件组成。其结构构成如图4-5所示。

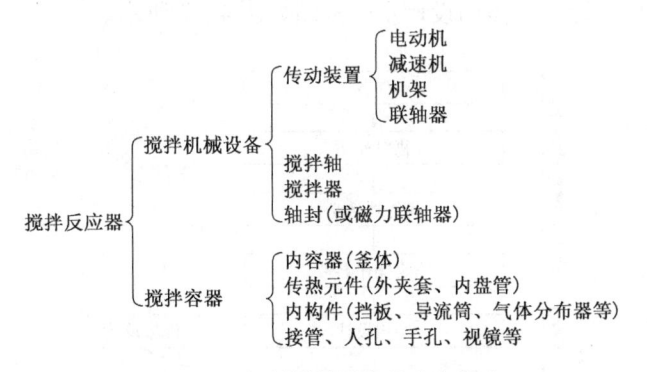

搅拌反应器
- 搅拌机械设备
  - 传动装置
    - 电动机
    - 减速机
    - 机架
    - 联轴器
  - 搅拌轴
  - 搅拌器
  - 轴封(或磁力联轴器)
- 搅拌容器
  - 内容器(釜体)
  - 传热元件(外夹套、内盘管)
  - 内构件(挡板、导流筒、气体分布器等)
  - 接管、人孔、手孔、视镜等

图4-5 机械搅拌设备的基本构成

典型的搅拌反应器集动静设备于一体,如图4-6所示。其中搅拌容器由筒体(罐体)和上、下封头组成,是物料进行反应的空间;传热装置的作用则是为反应过程提供所需的热量或降低反应过程中的温度,它可以是夹套、蛇形管或其他结构的传热构件;搅拌装置是反应器中的关键零部件,由搅拌器和搅拌轴所构成,主要为反应过程提供所需的能量和适宜的流动状态;为了避免搅拌过程中物料的泄漏,在转轴出口端设置了轴封装置,包括机械密封和(或)填料密封装置;传动装置则为搅拌反应器提供所需的动力,由支架(或支座)、电动机、机座、减速装置、联轴器等组成。

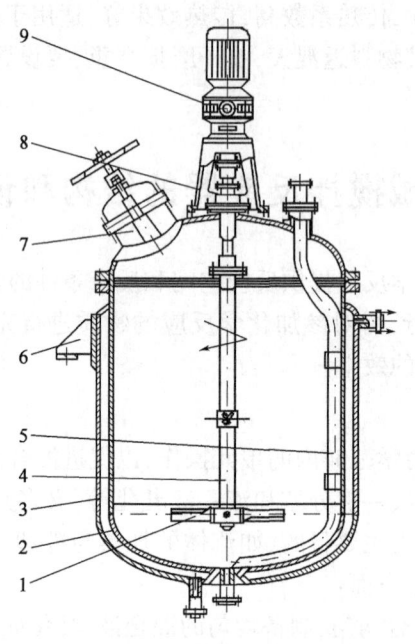

图4-6 搅拌反应器典型结构示意图

1—搅拌器;2—罐体;3—夹套;4—搅拌轴;5—压出管;6—支架;7—人孔;8—轴封;9—传动装置

4.2.3 机械搅拌反应器的设计步骤

搅拌设备设计包括工艺设计和机械设计两部分内容。工艺设计提出机械设计的原始条件,即给出处理量、操作方式、最大工作压力(或真空度)、最高工作温度(或最低工作温度)、被搅物料的物性和腐蚀情况等,同时还需提出传热面的型式和传热面积、搅拌器型式、搅拌转速与功率等。而机械设计则应对搅拌容器、传动装置、轴封以及内构件等进行合理的选型、强度(或刚度)计算和结构设计。具体的设计步骤框图如图4-7所示。

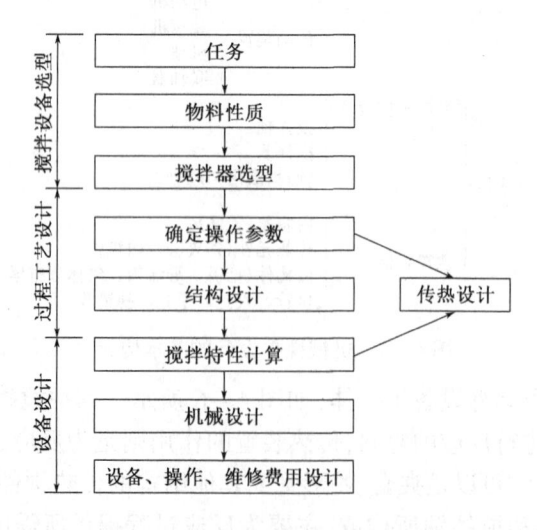

图4-7 搅拌设备设计步骤框图

4.2.3.1 明确任务、目的

设计的全部依据来源于搅拌的任务和目的,其基本内容应包括:

(1)明确被搅物料体系;
(2)搅拌操作所达到的目的;
(3)被搅物料的处理量(间歇操作按一个周期的批量,连续操作按时、班或年处理量);
(4)明确有无化学反应、有无热量传递等,考虑反应体系对搅拌效果的要求。

4.2.3.2 了解物料性质

物料体系的性质是搅拌设备设计计算的基础。物料性质包括物料处理量,物料的停留时间、物料的黏度、体系在搅拌或反应过程中达到的最大黏度、物料的表面张力、粒状物料在悬浮介质中的沉降速度、固体粒子的含量和通气量等。

4.2.3.3 搅拌器选型

搅拌器的结构型式和混合特性很大程度上决定了体系的混合效果。因此,搅拌器的选型好坏直接影响着整个搅拌设备的搅拌效果和操作费用。目前,对于给定的搅拌过程,搅拌器的选型还没有成熟、完善的方法。往往在同一搅拌目的下,几种搅拌器均可适用,此时多数依靠过去的经验、相似工业实例分析以及对放大技术的掌握程度。有时对一些特殊的搅拌过程,还需进行测试,甚至需要模型演示过程,才能确定合适的搅拌器结构型式。

在搅拌器结构型式选定之后,还应考虑搅拌器直径的大小与转速的高低。

4.2.3.4 确定操作参数

操作参数包括搅拌设备的操作压力与温度、物料处理量与时间、连续或间歇操作方式、搅拌器直径与转速、物料的有关物性与运动状态等。而最基本的目的是要通过这些参数,计算出搅拌雷诺数,确定流动类型,进而计算搅拌功率。

4.2.3.5 搅拌设备结构设计

在确定搅拌器结构型式和操作参数的基础上进行结构设计,主要内容是确定搅拌器构型的几何尺寸、搅拌容器的几何形状和尺寸。

4.2.3.6 搅拌特性计算

搅拌特性包括搅拌功率、循环能力、切应变速率及分布等,根据搅拌任务及目的确定关键搅拌特性。搅拌功率计算又分两个步骤:(1)确定搅拌功率;(2)考虑轴封和传动装置中的功率损耗,确定适当的电动机额定功率,进而选用相应的电动机。

4.2.3.7 传热设计

当搅拌操作过程中存在热量传递时,应进行传热计算。其主要目的是核算搅拌设备提供的换热面积是否满足传热的要求。

4.2.3.8 机械设计

根据操作环境和工艺要求,确定传动机构的类型;同时根据搅拌器转速和所选用的电动机转速,选择合适的变速器型号;并进行必要的强度计算,提供所有机械零部件的加工尺寸,绘制相应的零部件图和总体装配图。

4.2.3.9 费用估算

在满足工艺要求的前提下,花费最低的总费用是评价搅拌设备性能、校验设计是否合理的重要指标之一。完整的费用估算应包括以下几个方面:
(1)设备加工与安装费用包括设备材料、加工制造与安装、通用设备购置等所需费用。
(2)操作费用包括动力消耗、载热剂消耗、操作管理人员配备等所需的费用。

(3) 维修费用包括按生产周期进行维修时对耗用材料、更新零部件、人工、器材等所需的费用。

(4) 整体设备折旧费用。

4.3 搅拌罐体及传热装置的设计

搅拌容器又称搅拌釜,包括筒体、换热元件及内构件等,其作用是为物料搅拌提供合适的空间。搅拌容器的筒体大多是圆筒形的,两端端盖一般采用椭圆形封头、锥形封头或平盖,并以椭圆形封头应用最广。根据工艺需要,容器上装有各种接管,以满足进料、出料、排气以及测温、测压等要求;上封头上一般焊有凸缘法兰,用于搅拌容器与机架的连接;同时,为方便物料加热或取走反应热,搅拌容器常设置外夹套或内盘管。

4.3.1 罐体几何尺寸的确定

4.3.1.1 筒体的长径比

在已知搅拌反应器的操作容积后,首先要选择罐体适宜的长径比(H/D),以确定罐体的直径和高度(图4-8)。选择罐体的长径比主要考虑其对搅拌功率的影响、对传热的影响及物料反应对长径比的要求。

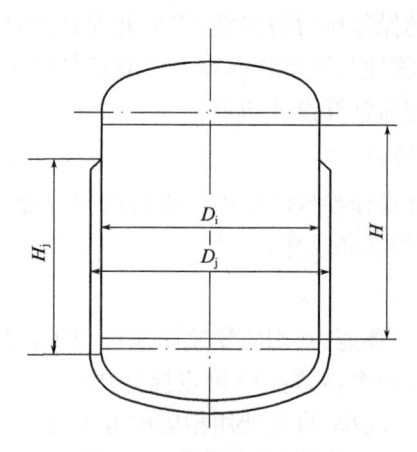

图4-8 筒体直径和高度

1. 长径比对搅拌功率的影响

一定结构型式的搅拌器直径与搅拌罐体内径有一定的比例关系。随着罐体长径比的减小,即高度减小而直径加大,搅拌器直径也相应放大,在固定的搅拌轴转速下,搅拌功率与搅拌器直径的五次方成正比。所以,随着罐体直径的放大,搅拌器的功率增加很多。因此,除了需要较大搅拌作业功率的搅拌过程外,长径比可考虑得大一些。

2. 长径比对传热的影响

罐体长径比对夹套传热有显著影响。当容积一定时,长径比越大,则罐体盛料部分表面积越大,夹套的传热面积也就越大。同时,长径比越大,传热表面距离罐体中心越近,物料的温度梯度就越小,传热效果越好。因此,从传热角度考虑,希望长径比取得大一些。

3. 物料反应对长径比的要求

某些物料的搅拌反应对罐体长径比有着特殊的要求。例如发酵罐,为了使通入罐内的空气与发酵液有充分的接触时间,需要足够的液位高度,就希望长径比取得大一些。

除此之外,从强度和刚度来考虑,筒体直径越大,要保证充分搅拌,浆叶的直径需要增大,相应搅拌轴的直径也就需要增加。据此考虑,在同样的容积下,一般筒体的直径不宜太大。

根据生产实践经验,反应器的 H/D_i 的值可按表 4-1 选取。

表 4-1 推荐的反应釜的 H/D_i 值选取范围

种类	设备内物料类型	H/D_i
一般搅拌罐	液—固相或液—液相物料	1~1.3
	气—液相物料	1~2
发酵罐类	发酵液	1.7~2.5
聚合釜	悬浮液、乳化液	2.08~3.85

4.3.1.2 筒体直径和高度的计算

1. 装料系数

根据搅拌反应器的物料性质,不能将罐体装满物料,而考虑一定的装料在系数 η。通常装料系数 η 的取值范围可为 0.6~0.85。如果物料在反应过程中产生泡沫或呈沸腾状态,η 可取为 0.6~0.7;如果反应状态平稳,η 可取为 0.8~0.85(物料黏度大时,可取最大值)。

据此,筒体的容积 V 与操作容积 V_0 应有如下关系:

$$V_0 = \eta V \tag{4-1}$$

对于直立的反应器,容器的容积为筒体及下封头容积之和,对于卧式搅拌容器则是圆筒体与左右封头的容积之和。工程实际中,要合理选用装料系数 η,以提高设备的利用率。

2. 计算筒体直径

为了便于计算,先忽略封头的容积,根据筒体容积的计算公式,并带入容器的长径比,可得

$$V \approx \frac{1}{4}\pi D_i^2 H \approx \frac{1}{4}\pi D_i^3 \left(\frac{H}{D_i}\right) \tag{4-2}$$

考虑装料系数的影响,就可初步估算出容器的内径:

$$D_i = \sqrt[3]{\frac{4}{\pi\left(\frac{H}{D_i}\right)}\frac{V_0}{\eta}} \tag{4-3}$$

式中 V_0——操作容积,m^3;
　　　H——筒体高度,m;
　　　D_i——筒体内径,m;
　　　η——装料系数。

将计算所得的结果圆整为标准直径。据此筒体高度就可按下式计算:

$$H = \frac{\dfrac{V_0}{\eta} - V_h}{\dfrac{1}{4}\pi D_i^2} \tag{4-4}$$

式中 V_h——容器下封头所包含的容积,m^3。

将计算所得数值圆整后就得到筒体高度,再计算 H/D_i,然后与表4-1的取值范围和取值原则进行比较,若数值相差较大,则需要重新调整尺寸,直到大致符合要求即可。

4.3.2 夹套的结构和尺寸

所谓夹套,就是在釜体的外侧用焊接或法兰连接的方式装设各种形状的钢结构,使其与釜体外壁形成密闭的空间。在此空间内通入加热或冷却介质,可加热或冷却反应釜内的物料。夹套的主要结构形式有整体夹套、型钢夹套、蜂窝夹套和半圆管夹套等,其适用的温度和压力范围见表4-2。当釜体直径较大,或者传热介质压力较高时,常采用型钢夹套、半圆管夹套或蜂窝夹套代替整体夹套。这样不仅能提高传热介质的流速,改善传热效果,而且还能提高筒体承受外压的稳定性和刚度。

表4-2 各种碳素钢夹套的适用温度和压力范围

夹套形式		最高温度,℃	最高压力,MPa
整体夹套	U形	350	0.6
	圆筒形	300	1.6
蜂窝夹套	短管支撑式	200	2.5
	折边锥体式	250	4.0
半圆管夹套		350	6.4

4.3.2.1 整体夹套

1. 结构形式

常用的整体夹套的结构形式如图4-9所示。图4-9中(a)仅圆筒部分有夹套,用于所需传热面积不大的场合;图4-9(b)为圆筒一部分和下封头包有夹套,是最常用的典型U形结构;图4-9(c)是在圆筒部分的夹套中间设置支撑或加强环,以提高内筒的稳定性,在夹套中介质压力较高时,由于这种结构减少了内筒的计算长度,从而减小了筒体壁厚;图4-9(d)为伞包式夹套,与前三种比较,传热面积最大。

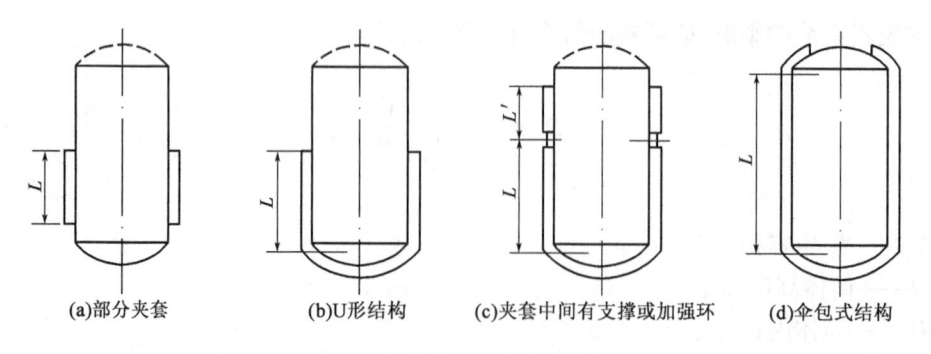

(a)部分夹套 (b)U形结构 (c)夹套中间有支撑或加强环 (d)伞包式结构

图4-9 整体夹套的型式

整体夹套与筒体的连接方式有可拆式和不可拆式,如图4-10所示。图4-10(a)为可拆式连接结构,它适用于夹套内部载热介质易结垢、需经常清洗以及需定期更换的夹套,或者出于特殊要求,夹套与内筒之间不能焊接的场合;图4-10(b)为常用的不可拆式连接结构,夹套与内筒之间采用焊接,此结构加工简单,密封性能好。

(a)可拆式连接　　(b)不可拆式连接

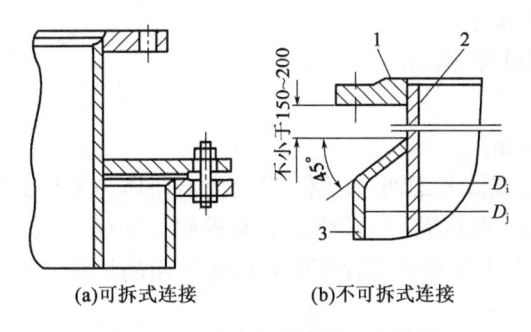

图 4-10　夹套与筒体的连接结构
1—容器法兰；2—筒体；3—夹套

夹套上设有介质进出口。当夹套使用蒸汽作为载热介质时，蒸汽一般从上端进入夹套，冷凝液从夹套底部排出，如用液体作为冷却介质时则相反，采取下端进、上端出，以便夹套中经常充满液体，充分利用传热表面，加强传热效果，如图 4-6 所示。

当采用液体作为载热体时，为了加强传热效果，也可以在釜体外壁焊接螺旋导流板，如图 4-11 所示。导流板以扁钢绕制而成，与筒体可采用双面交错焊，导流板与夹套筒体内壁间隙越小越好。

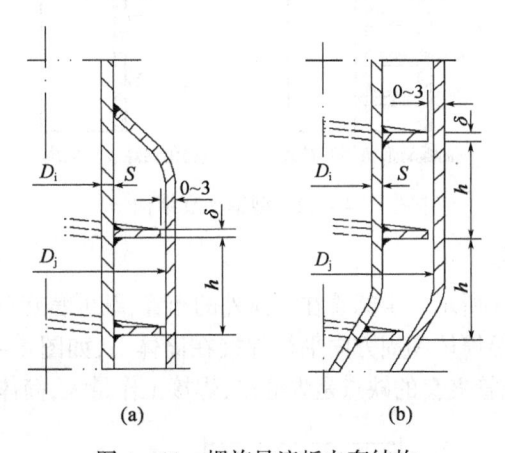

图 4-11　螺旋导流板夹套结构

2. 几何尺寸

夹套内径 D_j 一般按公称尺寸系列选取，以利于按标准选择夹套封头，具体可根据筒体直径 D_i 按表 4-3 中推荐数值选用。

表 4-3　夹套直径与筒体直径的关系

D_i, mm	500~600	700~1800	2000~3000
D_j, mm	D_i+50	D_i+100	D_i+200

夹套筒体高度 H_j 主要由传热面积确定，一般应不低于料液的高度，以保证充分传热。根据装料系数 η、操作容积 $V_0 = \eta V$，V 为筒体的容积，夹套筒体的高度 H_j 可由下式估算：

$$H_j = \frac{\eta V - V_h}{\frac{\pi}{4} D_i^2} \tag{4-5}$$

式中　H_j——夹套筒体的高度，mm；

V——筒体的容积,m^3;
V_h——筒体下封头的容积,m^3;
η——装料系数;
D_i——筒体直径,mm。

确定夹套筒体高度还应该考虑两个因素:当反应器筒体与上封头采用法兰连接时,夹套顶边应在法兰下150~200mm处(视法兰螺栓长度及拆卸方便而定),如图4-10(b)所示;当反应器具有悬挂支座时,应考虑避免夹套顶部位置影响支座的焊接。

4.3.2.2 型钢夹套

型钢夹套一般用角钢与筒体焊接组成,如图4-12所示。角钢主要有两种布置方式:沿筒体外壁螺旋布置和沿筒体外壁轴向布置。由于型钢的刚度大,因而与整体夹套相比,型钢夹套能承受更高的压力,但其制造难度也相应增加。

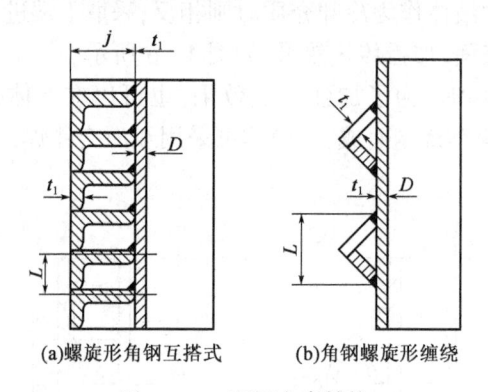

图4-12 型钢夹套结构

4.3.2.3 半圆管夹套

半圆管夹套如图4-13所示。半圆管在筒体外的布置,既可螺旋形缠绕在筒体上,也可沿筒体轴向平行焊在筒体上或沿筒体圆周方向平行焊接在筒体上,如图4-14所示。半圆管由带材压制而成,加工方便。半圆管夹套的缺点是焊缝多,焊接工作量大,筒体较薄时易造成焊接变形。

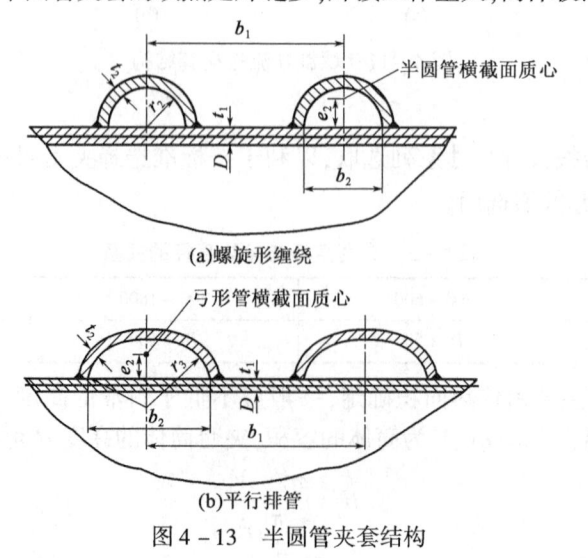

图4-13 半圆管夹套结构

(a)螺旋形缠绕　　　　　　　　　(b)平行排管

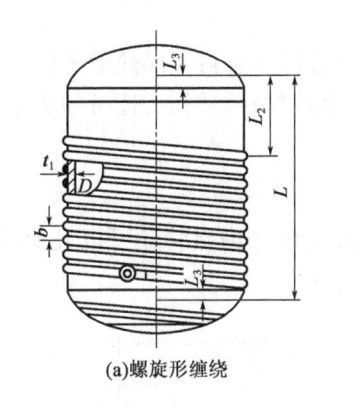

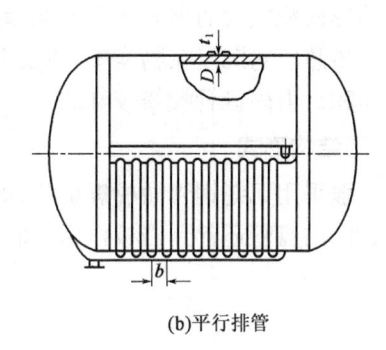

图4-14　半圆管夹套的安装方式

4.3.2.4　蜂窝夹套

蜂窝夹套以整体夹套为基础,采取折边或短管等加强措施,提高筒体的刚度和夹套的承载能力,减小流道面积,从而减薄筒体厚度,强化传热效果。常用的蜂窝夹套有折边式和拉撑式两种形式。夹套向内折边与筒体贴合好再进行焊接的结构称为折边式蜂窝夹套,如图4-15(a)所示。拉撑式蜂窝夹套是用冲压的小锥体或钢管做拉撑体,图4-15(b)所示为短管支撑式蜂窝夹套。蜂窝孔在筒体上呈正方形或三角形布置。

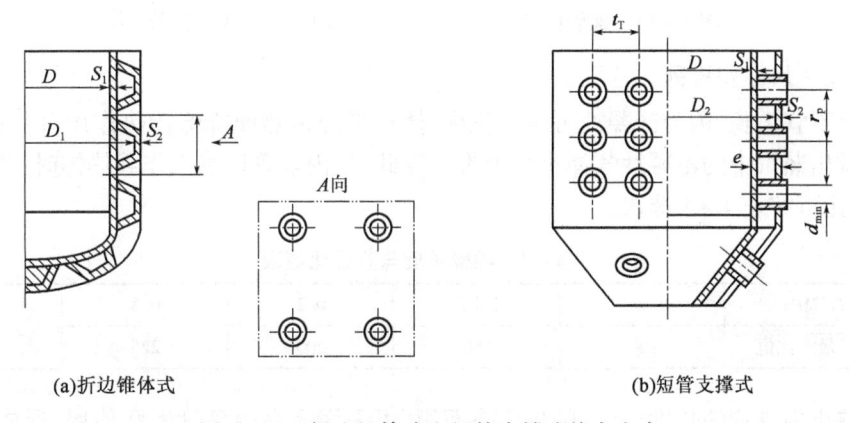

(a)折边锥体式　　　　　　　　　(b)短管支撑式

图4-15　折边锥体式和短管支撑式蜂窝夹套

4.3.3　罐体和夹套壁厚的确定

中低压反应釜体部分和夹套厚度,基本上按容器设计方法来确定。反应釜在压力状态下操作,如不带夹套,则筒体及上、下封头均按内压容器设计,以操作时釜内最大压力为工作压力;如带夹套,则反应釜筒体及下封头应按承受内压和外压分别进行计算,并取两者中的壁厚较大值。按内压计算时,最大压力差为釜内工作压力;按外压计算时,最大压力差为夹套内工作压力(当釜内为常压或尚未升压时)或夹套内工作压力加0.1MPa。当釜内为真空时上封头如不包在夹套内,则不承受外压作用,只按内压计算,但常取与下封头相同的厚度。

夹套筒体及夹套封头则以夹套内的最大工作压力按内压容器设计,真空时按所受外压进行设计。

通常封头与筒体取相同的厚度,必要时还得考虑内、外筒体膨胀差的影响。当夹套上有支撑件时,还应考虑容器和所装物料的质量。

4.3.4 内盘管

当所需传热面积较大而夹套传热不能满足要求,或釜体内有衬里隔热而不能采用夹套时,可采用内盘管传热。它沉浸在物料中,热量损失小,传热效果好。同时,还可与夹套联合使用,以增大传热面积。但内盘管检修较麻烦。

4.3.4.1 结构形式

内盘管一般采用无缝钢管做成螺旋状,如图4-16所示。内盘管还可以几组按竖式对称排列,除传热外,内盘管还起到挡板作用,如图4-17所示。

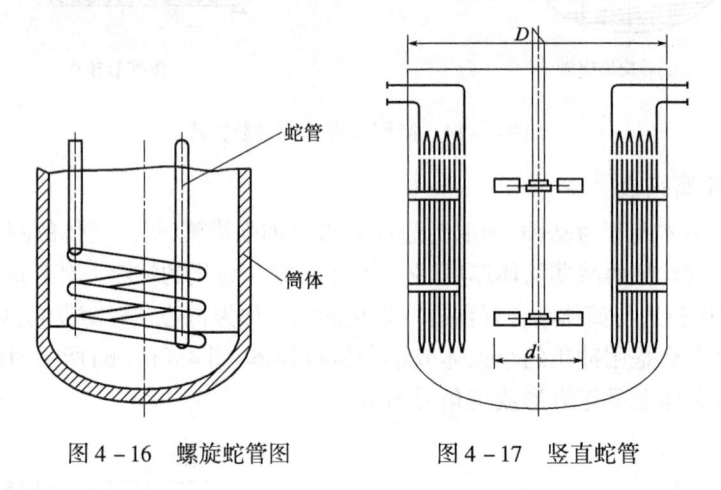

图4-16 螺旋蛇管图   图4-17 竖直蛇管

4.3.4.2 尺寸和排列

内盘管不宜太长,因为冷凝液可能会积聚,使这部分传热面降低传热作用,而且从很长的内盘管中排出蒸汽中的不凝性气体也很困难。因此,当内盘管以蒸汽作载热体时,管长不应太长,其长径比可按表4-4选取。

表4-4 蛇管长度与直径比值表

蒸汽压力,MPa	0.045	0.125	0.2	0.3	0.5
管长与直径最大比值	100	150	200	225	275

为了减小内盘管的长度,又不影响传热面积,可采用多根内盘管串联使用,形成同心圆的内盘管组,如图4-18所示。内圈与外圈的间距一般可取$(2\sim3)d$,各圈内盘管的垂直距离h可取$(1.5\sim2)d$,最外圈直径D,可取$D_i(200\sim300)$mm。

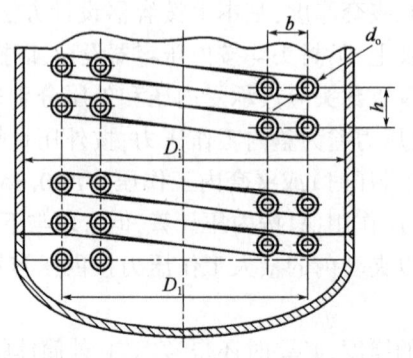

图4-18 内盘管的排列

4.3.4.3 内盘管的固定

内盘管要在釜体内进行固定,固定内盘管的方法很多。如果内盘管的中心圆直径较小或圈数不多、质量不大,可以利用蛇管进出口接管固定在釜体的顶盖上,不再另设支架以固定蛇管。当蛇管中心圆直径较大、比较笨重或搅拌有振动时,则需要安装支架以增加蛇管的刚性。常用的结构如图4-19所示。图4-19(a)型制造方便,缺点是拧紧时易偏斜,难于拧紧,可用于操作时蛇管振动不大及管径较小(一般在45mm以下)的场合。弯钩采用 $\phi 8 \sim 10$ 的圆钢制成。图4-19(b)、(c)型都能很好地固定蛇管,U形螺栓的直径在管径57mm以下时可采用M8~M10,在管径为60~89mm时可采用M10~M12。图4-19(d)型安装方便,蛇管温度变化时伸缩自由,但经不起振动。图4-19(e)型适应于蛇管紧密排列的情况,蛇管还可起导流筒作用。图4-19(f)型工作安全可靠,适用于有剧烈振动的场合。

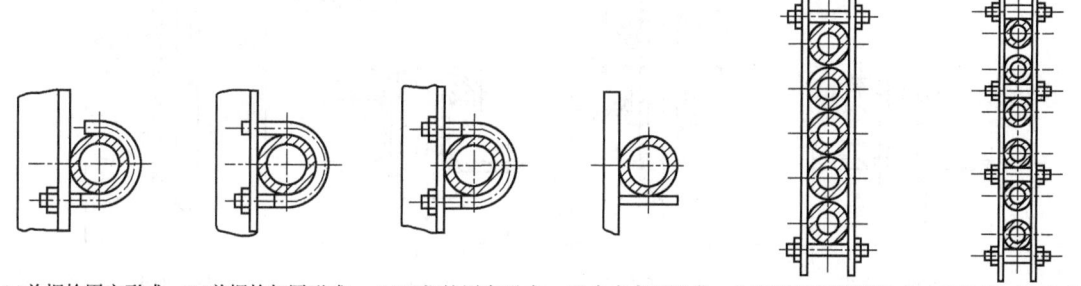

(a)单螺栓固定形式　(b)单螺栓加固形式　(c)双螺栓固定形式　(d)自由支承形式　(e)紧密排列固定形式　(f)防振加固形式

图4-19　蛇管的固定形式

4.3.4.4 进出口结构

蛇管的进出口一般都设置在釜体的顶盖上,常见的结构形式如图4-20所示。图4-20(a)型用于蛇管和封头可以一起抽出的情况;图4-20(b)型用于蛇管需要经常拆卸,而釜体内部有足够空间允许装卸法兰的情况;图4-20(c)型结构简单,使用可靠,需拆卸接头时,可在釜体外面从短筒节的焊缝处割断,安装时再焊上;图4-20(d)型为有衬里的蛇管进出口结构;图4-20(e)型管端法兰采用螺纹连接,用于要求拆卸的场合,但碳钢制螺纹易腐蚀而使拆卸困难。

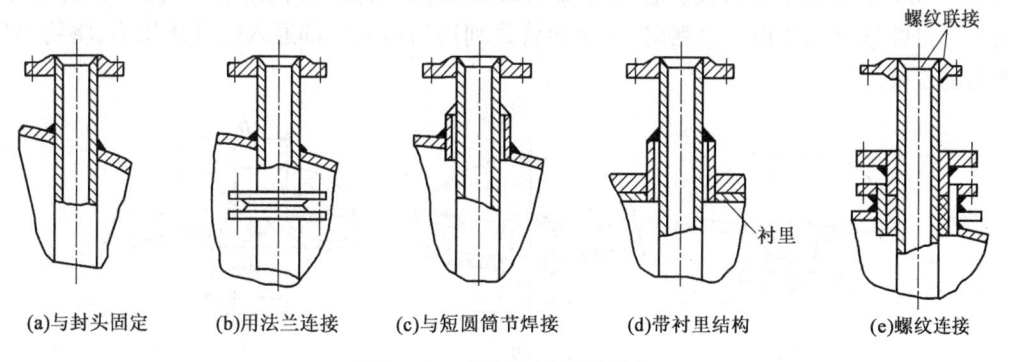

(a)与封头固定　(b)用法兰连接　(c)与短圆筒节焊接　(d)带衬里结构　(e)螺纹连接

图4-20　蛇管的进出口结构

4.3.5 工艺接管

机械搅拌反应器容器上的工艺接管包括进料管、出料管、仪表接管、温度计及压力表接管、保温接管等。容器接管的结构基本相同。这里仅介绍反应器上常用的进、出料管的结构和形式。

4.3.5.1 进料管

进料管一般从顶盖引进容器内,并在管端开一 45°的切口,以避免物料沿容器内壁流动,切口向着搅拌反应器中央,这样可以减少物料飞溅到筒体壁上,从而降低物料对器壁的局部磨损与腐蚀。其结构如图 4－21 所示,图 4－21(a)为常用的结构形式;对于易磨损、易堵塞的物料,为了便于清洗和检修,进料管应使用可拆式结构,如图 4－21(b、c)所示;图 4－21(d)所示结构的进料管口浸没于料液中,以减少进料液体冲击液面而产生泡沫,有利于稳定液面,液面以上部分开有 $\phi 5mm$ 的小孔,以防止虹吸现象发生。

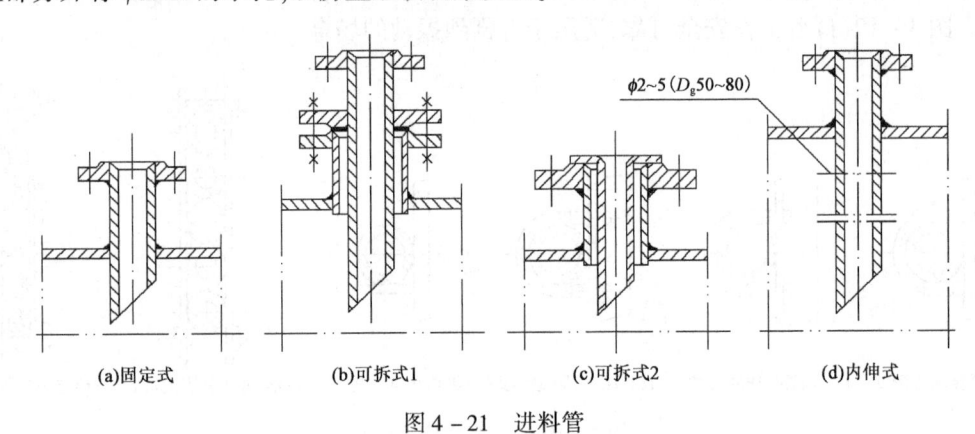

(a)固定式　　(b)可拆式1　　(c)可拆式2　　(d)内伸式

图 4－21　进料管

4.3.5.2 出料管

反应器出料方式有上出料和下出料两种。当反应器内物料需放入位置较低的设备,以及物料黏度较大或物料含有固体颗粒时,可采用下出料方式,接管和夹套处的结构与尺寸如图 4－22 及表 4－5 所示。当反应器内液体物料需要被输送到位置更高或与它并列的另一设备时,可采用上出料管的结构,两种不同安装结构形式的上出料管如图 4－23 所示。出料管由管卡固定在反应器内,以防止搅拌物料时引起出料管晃动。出料管下部应与器内壁贴合,端部切成 45°～60°的角的下管口安装在反应器的最低处,以增大出料管入口的截面积,使反应器内物料尽可能地全部压出。出料时,上出料管是利用器内或外部通入的气体压力,将物料压出到所需的位置。

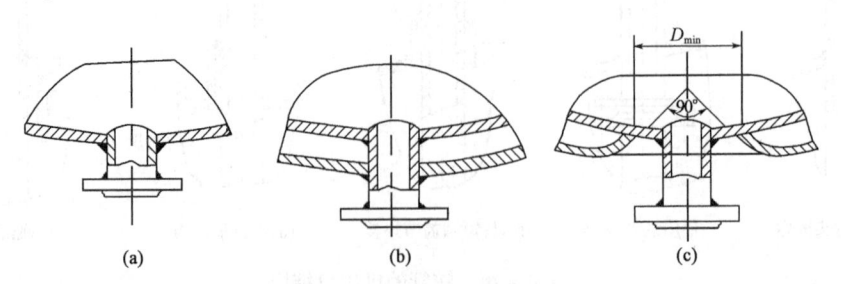

图 4－22　下出料管

表 4－5　夹套下部和接管尺寸

接管公称直径 DN,mm	50	70	100	125	150
D_{min}	130	160	210	260	290

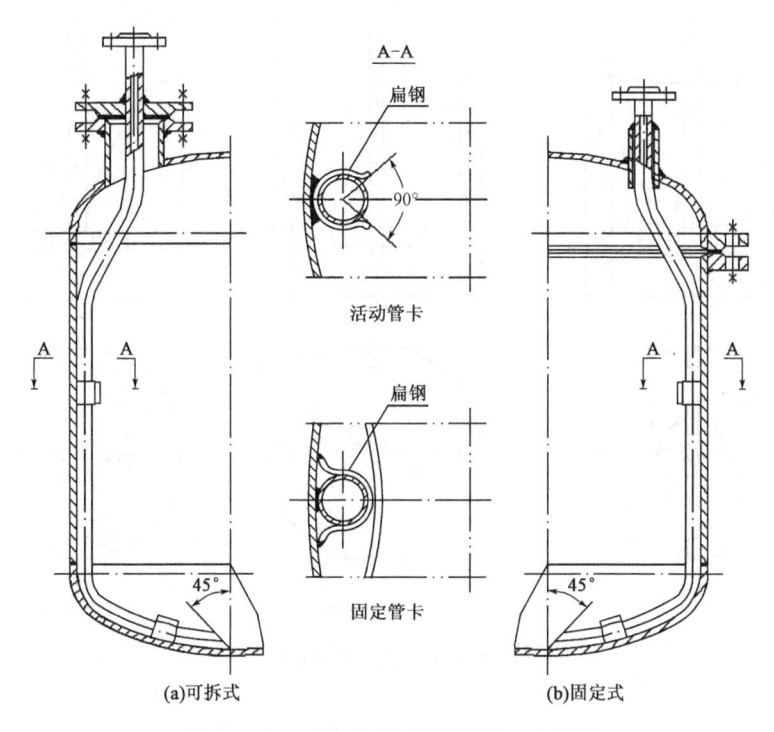

图4-23 两种不同安装结构的上出料管

4.4 搅拌装置的设计

搅拌装置由搅拌器和搅拌轴组成。电动机驱动搅拌轴上的搅拌器以一定的方向和转速旋转，使静止的流体形成对流循环，并维持一定的湍流强度，从而达到加强混合、提高传热和传质速率的目的。

4.4.1 搅拌器的流动特性

4.4.1.1 流型

搅拌器是搅拌反应器的关键部件。其功能是提供过程所需要的能量和适宜的流动状态。搅拌器旋转时把机械能传递给流体，在搅拌器附近形成高湍动的充分混合区，并产生一股高速射流推动液体在搅拌容器内循环流动，这种循环流动的途径称为流型。

搅拌器的流型与搅拌效果、搅拌功率的关系十分密切。搅拌器的改进和新型搅拌器的开发往往需要从改善流型入手。搅拌容器内的流型取决于搅拌器的形状、搅拌容器和内构件的几何特征，以及流体性质、搅拌器转速等因素。对于立式圆筒形机械搅拌反应器，采用顶插式中心安装的，有如下几种基本流型。

1. 径向流

流体沿径向流动，流动方向垂直于搅拌轴，碰到容器壁后分成两股流体分别向上、向下流动，再回到桨叶端，不穿过叶片，形成上、下两个循环流动，如图4-24(a)所示。

2. 轴向流

流体的流动方向平行于搅拌轴。流体由桨叶推动，使流体向下流动，遇到容器底面再翻上，形成上下循环流动，如图4-24(b)所示。

(a)径向流　　　　　　　　　　(b)轴向流　　　　　　　　　　(c)切向流

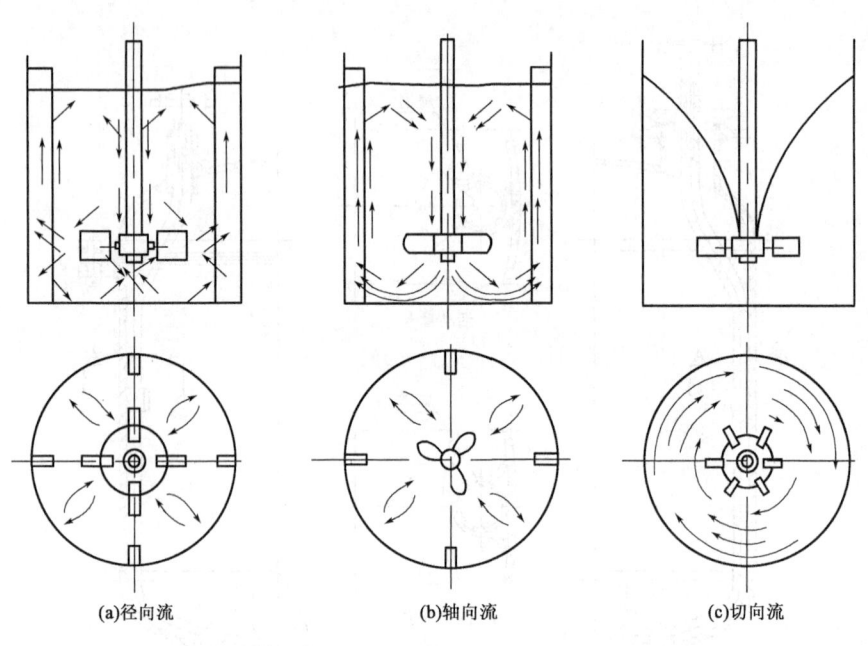

图 4-24　搅拌器与流型

3. 切向流

无挡板的容器内,流体绕轴做旋转运动,流速高时液体表面会形成漩涡,这种流型称为切向流,如图 4-24(c)所示。此时流体从桨叶周围周向卷吸至桨叶区的流量很小,混合效果较差。

上述三种流型通常同时存在,其中轴向流与径向流对混合起主要作用,而切向流应加以抑制,可采用挡板来削弱切向流,从而达到增强轴向流和径向流的目的。

4.4.1.2　搅拌附件

为了改善流体流动状态而增设的零件称为搅拌附件,通常指挡板和导流筒。

1. 挡板

搅拌器在搅拌黏度不高的液体时,只要搅拌器转速足够高,都会产生切向流,严重时可使全部流体在反应釜中央围绕搅拌器的圆形轨道旋转,形成"圆柱状回转区"。在这一区域内,液体没有相对运动,所以混合效果差。另外,液体在离心力作用下甩向器壁,使周边的液体沿器壁上升,而中心部分的液面下降,形成一个大的漩涡。搅拌器的转速越高,漩涡越深,这种现象称为"打漩"。打漩时几乎不产生轴向混合作用。相反,如果被搅拌的物料是多相系统,这时,在离心力的作用下不是造成混合,而是发生分层或分离,其中的固体颗粒被甩向器壁,然后沿器壁沉落在容器底部。为了消除"圆柱状回转区"和"打漩"现象,可在反应器中装设挡板。挡板的数量、大小及其安装方式不是随意的,它们都会影响反应器内介质的流型和动力消耗。

常用的挡板一般是长条形竖向固定在器壁上的板,主要是在湍流状态时为了消除容器中央的"圆柱状回转区"而增设的。显然这种挡板适用于径流型桨叶在湍流区的操作,而层流状态时不能用这种挡板来改变流型。挡板还可提高桨叶的剪切性能,如有的悬浮聚合的搅拌装置在装设有挡板时可使颗粒细而均匀。根据挡板的安装方式,可分为竖挡板、横挡板和底挡板三种,如图 4-25、图 4-26 所示,竖挡板是最常使用挡板。

安装竖挡板时,挡板一般紧贴容器内壁,挡板上端与静液面相齐,下端略低于下封头与筒体的焊缝线,如图 4-25(a)所示。当物料中含有固体颗粒或液体黏度达 7~10Pa·s 时,为了避免固体堆积或液体黏附,挡板需要离壁安装,如图 4-25(b)、(c)所示。另外搅拌容器中的内盘管也可部分或全部代替挡板,如图 4-25(d)所示。对于装有垂直内盘管的反应器甚至可以不装设挡板。在高黏度物料中使用桨式搅拌器时,可装设横挡板以增加混合作用,如图 4-26(a)所示,此时,挡板宽度可与桨叶宽度相同。横挡板与搅拌器的距离越近,剪切切向流的作用越大。在固体悬浮过程中,在桨叶的底部容易形成固体颗粒的堆积,如图 4-26(b)所示,此时采用底挡板就可明显改善这种状况。底挡板的安装如图 4-26(c)所示,底挡板的各种参数已在该图中列出。

(a)贴壁安装　(b)离壁安装Ⅰ　(c)离壁安装Ⅱ　(d)利用盘管

图 4-25　竖挡板的安装方式

(a)横挡板　(b)固体颗粒的堆积　(c)底挡板

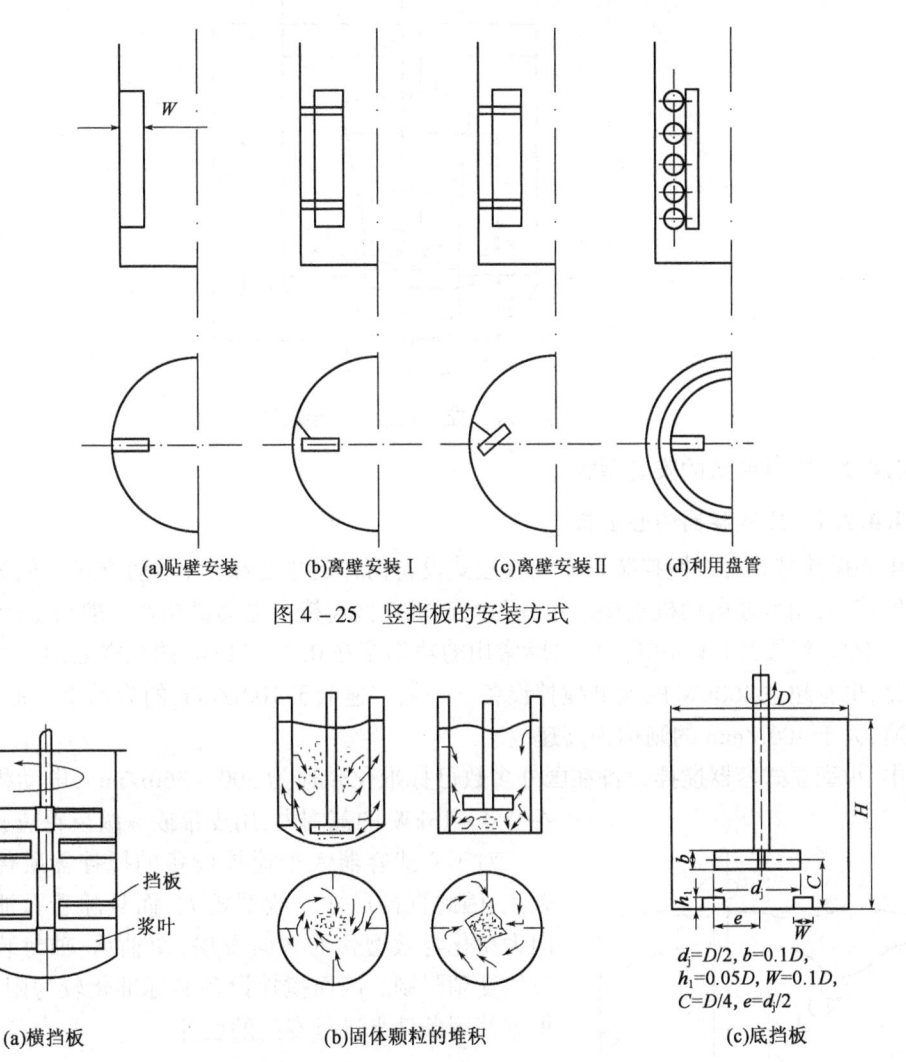

$d_j=D/2$, $b=0.1D$,
$h_1=0.05D$, $W=0.1D$,
$C=D/4$, $e=d_j/2$

图 4-26　横挡板和底挡板

2. 导流筒

导流筒主要用于推进式、螺杆式搅拌器的导流,涡轮式搅拌器有时也用导流筒。导流筒是一个圆筒形筒体,紧包围着桨叶,可以使桨叶排出的液体在导流筒内部和外部(导流筒与搅拌器的环隙内)形成上下的循环流动。应用导流筒可以较严格地控制器内流型,同时还可能得到高速涡流和高倍循环。导流筒可以为液体限定一个流动路线,防止短路,也可迫使液体高速流过加热面以利于传热。对于混合和分散过程,导流筒也都能起到强化作用。

根据推进式、螺杆式的旋向和转向,可使液体有不同的循环方向。通常较多的流向是导流筒内的液体向下流动,外部环隙内的液体向上运动。推进式桨叶与导流筒的几何尺寸关系,如图4-27所示。螺杆式桨叶的导流筒上下均不带喇叭口,其直径为容器内径的0.7倍,以使导流筒内面积与外环隙的面积相等,使黏滞液体的流动不受阻碍。其高度可与螺杆式搅拌器的高度相同或略高一些。

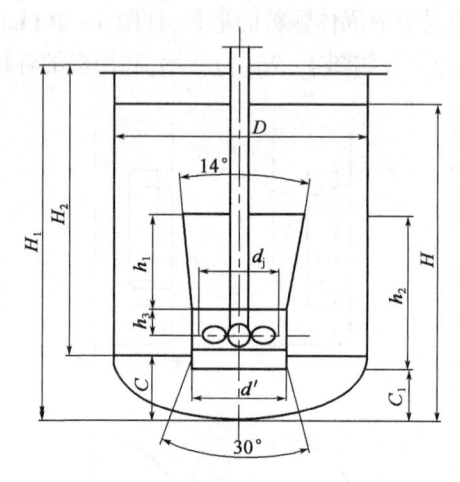

图4-27 推进式桨叶的导流筒

4.4.2 搅拌装置的安装型式

4.4.2.1 立式容器中心搅拌

中心搅拌型式是将搅拌装置安装在立式设备筒体的中心线上,驱动方式一般为皮带传动和齿轮传动,用普通电动机直接连接或与减速机直接连接。电动机功率一般与生产要求有关,可从0.1kW到数百kW不等。但实际常用的功率多在0.2~22kW的范围之内。由于设备的大型化,也有超过400kW的大型搅拌设备。一般转速低于100r/min的为低速,100~400r/min为中速,大于400r/min的则称为高速。

中、小型立式容器搅拌设备在国外多数已标准化转速为300~360r/min,电动机功率大约在0.4~15kW的范围内,用皮带或一级齿轮减速。

对于立式容器大型搅拌设备的搅拌器所传递的扭矩较大,因此直径尺寸一般都较大,而且随着石油化工设备向大型化与微型化的方向发展,使轴承、轴封装置的制造等均受到限制。因而搅拌设备的标准化较为困难,通常应根据使用条件来进行专门的设计。

4.4.2.2 偏心式搅拌

搅拌装置在立式容器上偏心安装,能防止液体在搅拌器附近产生"圆柱状回转区",可以产生与加挡板时相近似的搅拌效果。偏心搅拌的流型示意图如图4-28所示。搅拌中心偏离容器中心,会使液流在各点所处压力不同,因而使液层间相对运动加强,增加了液层间的湍动,使搅拌效果得到明显提高。但偏心搅拌容易引起振动,所以一般常用于小型设备上。

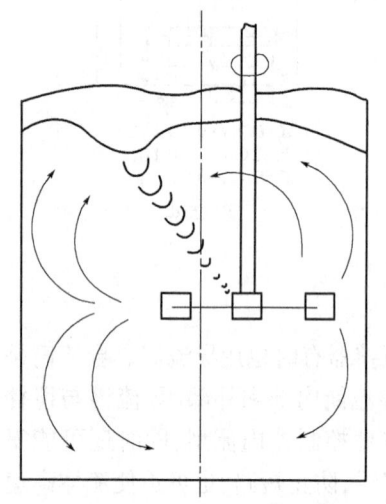

图4-28 偏心式搅拌反应器

4.4.2.3 倾斜式搅拌

对简单的圆筒形或方形敞开的立式设备,为了避免涡流的产生,可将搅拌器用夹板或卡盘直接安装在设备筒体的上端,搅拌轴斜插入筒体内(图4-29)。此种搅拌设备的搅拌器小型、轻便,结构简单、易操作,应用范围较广。一般采用的功率为 0.1~2.2kW,使用单个或两个桨叶,转速为 36~300r/min。常用于药品的稀释、溶解、分散、调和及 pH 值的调整等。

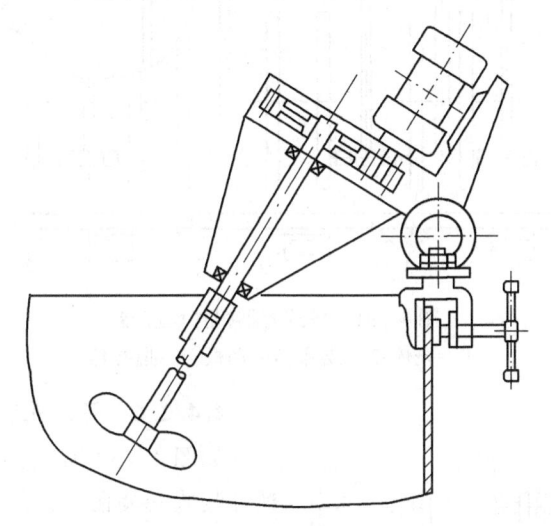

图 4-29 倾斜式搅拌反应器

4.4.2.4 底搅拌

搅拌装置安装在反应器设备的底部,称为底搅拌设备,如图 4-30 所示。底搅拌设备的优点是,搅拌轴较短、细,无中间轴承,可用机械密封,易维护、检修,寿命长。针对大型聚合釜搅拌设备的结构在设计上可能存在很多实际困难,通常聚合釜的搅拌轴是通过釜的上封头伸入设备内的,例如当聚合釜的容积是 100m³ 时,其所需的搅拌轴必然要求又粗又长,而且费用昂贵,此时可选用将搅拌器装在接近聚合釜底部,就能使放料期间达到有效混合,若采用底搅拌就可以解决这些问题。

尽管底搅拌具有上述优点,但也有缺点,突出的问题是长期运转时的密封问题需要注意解决;此外叶轮下部至轴封处的轴上常有固体物料黏积,时间一长就变成小团物料,混入产品中将可能影响产品质量。另外,检修搅拌器和轴封时,一般均需将釜内物料排净。

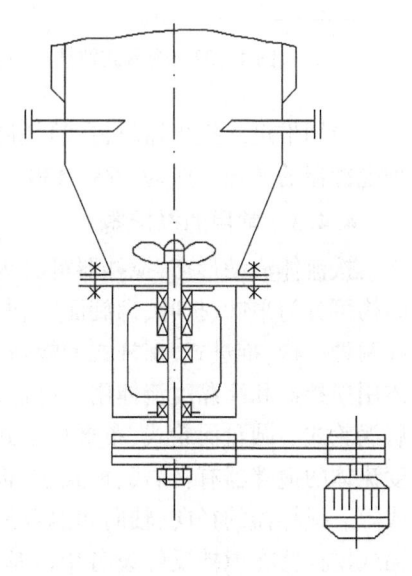

图 4-30 底搅拌反应器

4.4.2.5 卧式容器搅拌

搅拌器安装在卧式容器上面,可降低设备的安装高度,提高搅拌设备的抗震性,改进悬浮液的状态等。这种方式可用于搅拌气—液非均相系的物料,例如充气搅拌就是采用卧式容器搅拌设备的。搅拌器可以立装在卧式容器上,也可以斜装在容器上。图4-31所示为卧式容器上安装四组搅拌器装置的结构,用于搅拌气—液非均质物料。

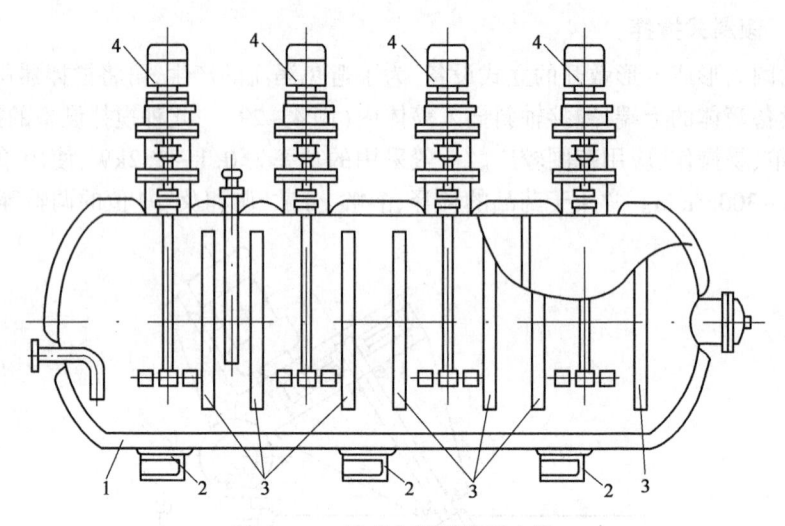

图4-31 卧式容器搅拌反应器
1—壳体；2—支座；3—挡板；4—搅拌器

4.4.2.6 旁入式搅拌

如图4-32所示，旁入式搅拌反应器是将搅拌装置安装在设备筒体的侧壁上，所以轴封困难。在小型设备中，可以抽出设备内的物料，卸下搅拌装置更换轴封，所以搅拌装置的结构应尽量简单；对于大型设备，为了不需抽出设备内的物料，多半在设备内设置断流结构。

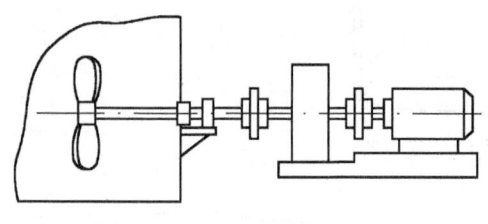

图4-32 旁入式搅拌反应器

当用推进式搅拌器时，在消耗同等功率的条件下，旁入式搅拌能得到最好的搅拌效果。这种搅拌器的转速一般为360~450r/min，驱动方式有皮带和齿轮两种。

4.4.3 常用的搅拌器

按流体流动形态，搅拌器可分为轴向流搅拌器、径向流搅拌器和混合流搅拌器。按搅拌器结构可分为平叶、折叶、螺旋面叶，桨式、涡轮式、框式和锚式，框式和锚式的桨叶都有平叶和折叶两种结构；推进式、螺杆式和螺带式的桨叶则为螺旋面叶。按搅拌的用途可分为：低黏度流体用搅拌器和高黏度流体用搅拌器。用于低黏流体搅拌器有：推进式、长薄叶螺旋桨、桨式、开启涡轮式、圆盘涡轮式、布鲁马金式、板框桨式、三叶后掠式、MIG和改进MIG等。用于高黏度流体的搅拌器有：锚式、框式、锯齿圆盘式、螺旋桨式、螺带式（单螺带、双螺带）、螺旋—螺带式等。搅拌器的径向、轴向和混合流型的图谱如图4-33所示。其中桨式、推进式、涡轮式和锚式搅拌器在搅拌反应设备中的应用最为广泛，据统计约占目前常用搅拌器总数的75%~80%。下面分别介绍这几种常用的搅拌器。

4.4.3.1 桨式搅拌器

桨式搅拌器是搅拌器中最简单的一种。图4-34为桨式搅拌器的结构示意图。其结构简单，桨叶一般以扁钢制造，材料可以用碳钢、合金钢、有色金属或碳钢包橡胶、环氧树脂、酚醛玻璃布等。桨叶有平直叶和折叶两种。平直叶的叶面与其旋转方向垂立，折叶则是与旋转方向成一倾斜角度。平直叶主要使物料产生切线方向的流动。折叶除了能使物料做圆周运动外，还能使物料上下运动，因而折叶比平直叶的搅拌作用更充分。

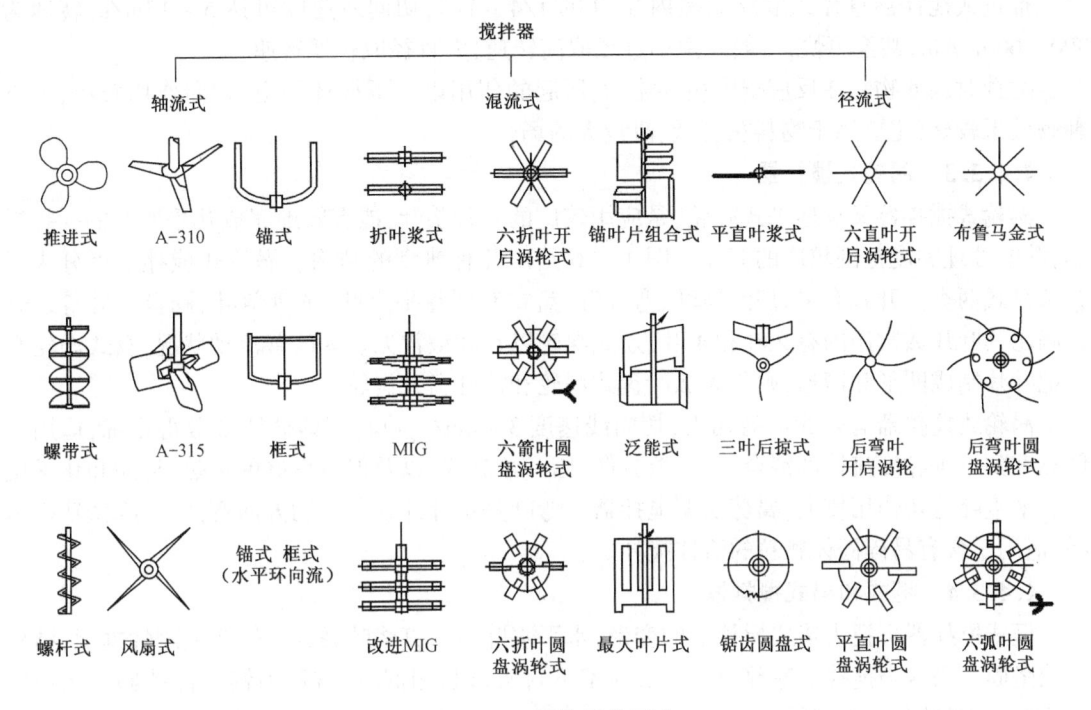

图 4-33 搅拌器的图谱

桨式搅拌器的运转速度较慢,一般为 20~80r/min,圆周速度在 1.5~3m/s 内比较合适,广泛用于促进传热、可溶固体的混合与溶解以及需在慢速搅拌的情况下,如搅拌被混合的液体及带有固体颗粒的液体都是很有效果的。

在料液层比较高的情况下,为了将物料搅拌均匀,常装有几层桨叶,相邻两层搅拌叶常交叉呈 90°安装。桨式搅拌器直径 D 约取反应釜内径的 1/3~2/3,不宜采用太长的桨叶,因为搅拌器消耗的功率与桨叶直径的五次方成正比。

4.4.3.2 推进式搅拌器

推进式搅拌器如图 4-35 所示,它通常采用铸铁、铸钢整体锻造而成,加工方便,采用焊接时,需模锻后再与轴套焊接,加工较困难。制造时应做静平衡试验。搅拌器可用轴套以平键或紧定螺钉与轴连接。

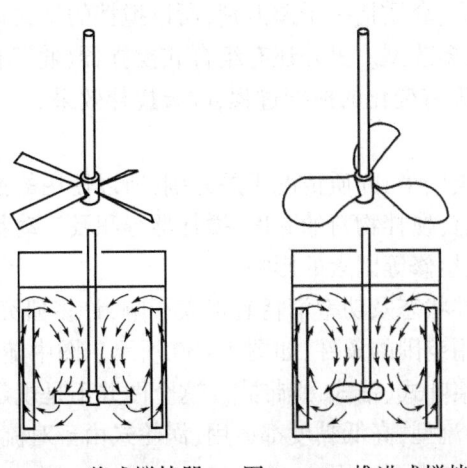

图 4-34 桨式搅拌器　图 4-35 推进式搅拌器

— 201 —

推进式搅拌器直径约取反应釜内径 D 的 $1/4 \sim 1/3$，切向线速度可达 $5 \sim 15 m/s$，转速为 $300 \sim 600 r/min$，甚至更快，一般来说小直径取高转速，大直径取较低转速。

搅拌时能使物料在反应釜内循环流动，所起的作用以上下循环为主，切向作用较小，上下翻腾效果较好，主要用于物料黏度低、流量大的场合。

4.4.3.3 涡轮式搅拌器

涡轮式搅拌器又称透平式叶轮，是应用较广的一种桨叶，能有效地完成几乎所有的搅拌操作，并能处理黏度范围较广的流体。图 4-36 给出几种典型的结构。涡轮式搅拌器可分为开式和盘式两类。开式有平直叶、斜叶、弯叶等，盘式有圆盘平直叶、圆盘斜叶、圆盘弯叶等。开式涡轮其叶片数常用的有 2 叶和 4 叶，盘式涡轮以 6 叶最常见。为改善流动状况，盘式涡轮有时把叶片制成凹形和箭形，则称为弧叶盘式涡轮和箭叶盘式涡轮。

涡轮式搅拌器有较大的剪切力，切向线速度 $3 \sim 8 m/s$，可将流体微团分散得很细，适用于低黏度到中等黏度流体的混合、气—液分散、固—液悬浮，以及促进良好的传热、传质和化学反应。平直叶剪切作用较大，属剪切型搅拌器。弯叶是指叶片朝着流动方向弯曲，可降低功率消耗，适用于含有易碎固体颗粒的流体搅拌。

4.4.3.4 框式和锚式搅拌器

框式搅拌器可视为桨式搅拌器的变形，水平桨叶与垂直桨叶联成一体构成刚性框架，结构比较坚固。当这类搅拌器底部形状和反应釜下封头形状相似时，常称为锚式搅拌器。两种搅拌器的结构如图 4-37 所示。

搅拌叶可用扁钢或角钢弯制，加筋后桨叶断面呈 T 字形，既有利于提高桨叶强度，又节约了不锈钢材且便于加工制造。在有些场合，可采用管材制造，外表进行搪瓷、覆胶或覆其他保护性覆盖层，以防腐蚀。

框式或锚式搅拌器的框架或锚架直径往往较大，通常框架或锚架的直径 D 取反应釜内径 D_1 的 $2/3 \sim 9/10$，线速度约 $0.5 \sim 1.5 m/s$，转速为 $50 \sim 70 r/min$，最高也有达 $100 r/min$ 左右的，但应用较少。

4.4.3.5 螺带式搅拌器

螺带式搅拌器主要由一定螺距的螺旋带、轴套和连接两者的支承杆组成，如图 4-38 所示。螺带外径尽量与筒体内壁靠近，有时间距仅几毫米。搅动时液体呈复杂的螺旋运动，至上部再沿轴而下。螺带式搅拌器常用于高分子化合物的聚合反应器内，也可用于高黏度物料。有时搅拌轴上装两根螺带。外缘圆周线速度一般小于 $2 m/s$。

由于搅拌过程种类繁多，介质情况千差万别，所以搅拌的型式也是多种多样。在典型的搅拌器的基础上，还出现了许多改型。另外还有组合式搅拌器（将不同搅拌器组合在一起，以利用各自的长处），可适用黏度有变化的搅拌过程，改善搅拌效果。

4.4.4 搅拌器的选型

目前由于搅拌过程种类繁多，介质情况千差万别，所以使用的搅拌器型式多种多样。搅拌器选型时考虑的因素主要有：搅拌物料的黏度，搅拌器容积及流动状态，同时综合考虑功耗、安全性能及操作、制造、维护、检修等因素的影响。

由于液体的黏度对搅拌状态及功率消耗有很大影响，许多研究者及规范制定者都以液体黏度的大小作为搅拌器使用范围的条件，如图 4-39 所示。图中随黏度增高，各种搅拌器的使用顺序是推进式、涡轮式、桨叶式、锚式、螺带式。这个图并不是规定得很严格的。例如桨叶式由于结构简单，挡板可改善流型，高低黏度都适用；涡轮式由于对流循环能力、湍流扩散和剪切力都较强，所以整个黏度范围都可应用。

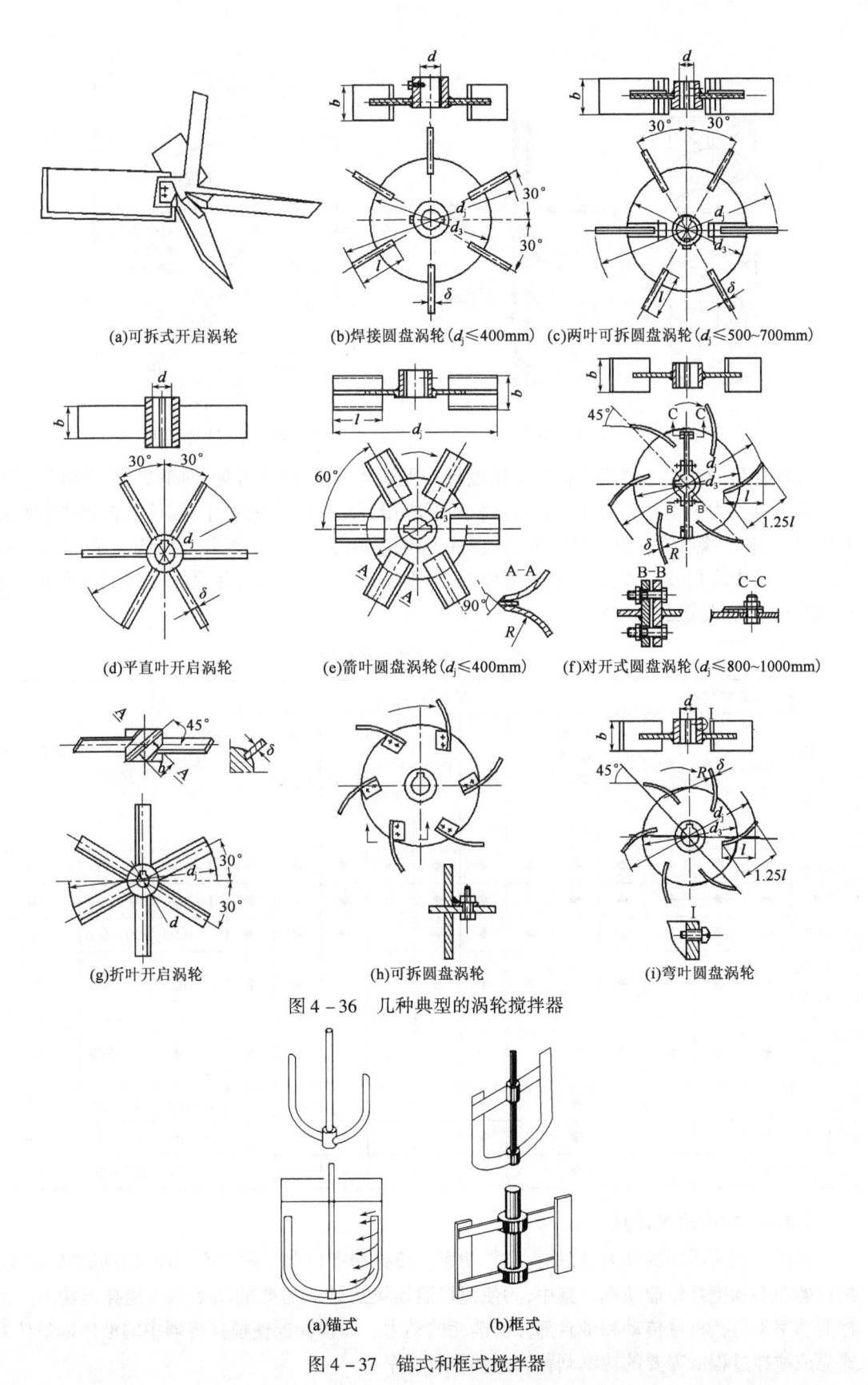

(a)可拆式开启涡轮　　(b)焊接圆盘涡轮(d_j≤400mm)　　(c)两叶可拆圆盘涡轮(d_j≤500~700mm)

(d)平直叶开启涡轮　　(e)箭叶圆盘涡轮(d_j≤400mm)　　(f)对开式圆盘涡轮(d_j≤800~1000mm)

(g)折叶开启涡轮　　(h)可拆圆盘涡轮　　(i)弯叶圆盘涡轮

图4-36　几种典型的涡轮搅拌器

(a)锚式　　(b)框式

图4-37　锚式和框式搅拌器

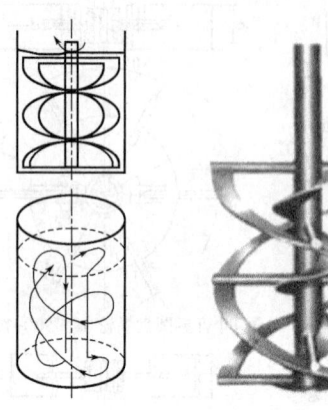

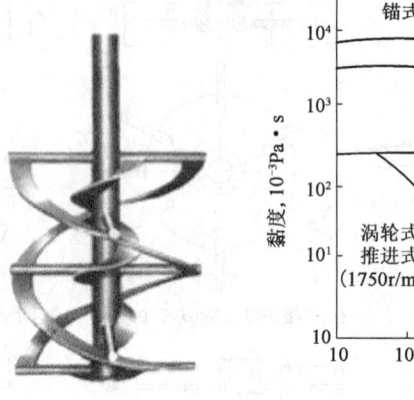

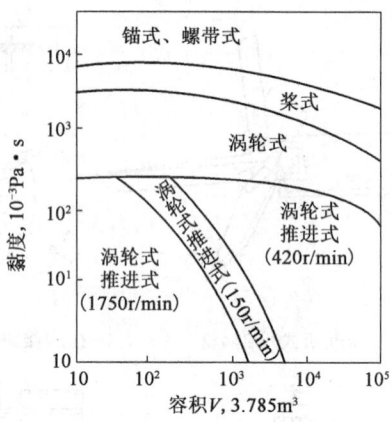

图 4-38　螺带式搅拌器　　　　图 4-39　根据黏度选型

按操作目的和搅拌器流动状态选用搅拌器见表 4-6。由表可见，对低黏度流体的混合，推进式搅拌器由于循环能力强，动力消耗小，可应用到很大容积的釜中；涡轮式搅拌器应用的范围最广，各种搅拌操作都适用，但流体黏度不超过 50Pa·s；桨式搅拌器结构简单，在小容积的流体混合中应用较广，对大容积的流体混合，则循环能力不足；对于高黏流体的混合则以锚式、螺杆式、螺带式更为合适。

表 4-6　搅拌器型式选择

搅拌器型式	流动状态 对流循环	湍流扩散	剪切流	搅拌目的 低黏度液混合	高黏度液混合传热反应	分散	溶解	固体悬浮	气体吸收	结晶	传热	液相反应	搅拌容器容积 m³	转速范围 r/min	最高黏度 Pa·s
涡轮式	◆	◆	◆	◆	◆	◆	◆	◆	◆	◆	◆	◆	1~100	10~300	50
桨式	◆	◆	◆	◆		◆	◆	◆		◆	◆	◆	1~200	10~300	50
推进式	◆	◆		◆				◆			◆	◆	1~1000	100~500	2
折叶开启涡轮式	◆	◆	◆	◆				◆			◆	◆	1~1000	10~300	50
布尔马金式	◆	◆	◆	◆		◆					◆	◆	1~100	10~300	50
锚式	◆				◆		◆						1~100	1~100	100
螺杆式	◆				◆								1~50	0.5~50	100
螺带式	◆				◆		◆						1~50	0.5~50	100

4.4.5　搅拌功率计算

搅拌过程所需要的动力，统称为搅拌功率。搅拌功率包含了两个不同而又有联系的功率：搅拌器功率和搅拌作业功率。其中，为使搅拌器连续运转所需要的功率称为搅拌器功率。搅拌器功率不包括机械传动和轴封部分所消耗的动力。而搅拌器使搅拌容器中的液体以最佳方式完成搅拌过程所需要的功率则称为搅拌作业功率。

在处理搅拌过程的功率问题时,最理想的状况当然是搅拌器功率正好就等于搅拌作业功率,这就可以达到以最佳的节能方式完成搅拌过程。若搅拌器功率小于搅拌作业功率,就可能使过程无法完成,而搅拌器的功率过大则可能消耗过多的能量而对搅拌过程无益,即所谓的"大马拉小车"现象。生产实践中搅拌器功率不足的问题易于引起注意,而搅拌器功率过大造成浪费的问题则容易被忽视。目前影响搅拌器功率的因素很多,这些因素的影响各不相同,有时甚至互相矛盾,因而开展这方面的研究十分必要。

由此可见,搅拌功率是指搅拌器以一定转速进行搅拌时,对液体做功并使之发生流动所需的功率。计算搅拌功率的目的,一是用于设计或校核搅拌器和搅拌轴的强度和刚度,二是用于选择电动机和减速机等传动装置。

影响搅拌功率的因素很多,主要有以下几个方面:

(1)搅拌器的几何尺寸和转速——搅拌器的直径、桨叶宽度、桨叶倾斜角、转速、单个搅拌器叶片数、搅拌器与容器底部的距离等;

(2)搅拌器的结构——容器内径、液面高度、挡板数、挡板宽度、导流筒的尺寸等;

(3)搅拌介质的特性——液体的密度和黏度;

(4)重力加速度。

上述影响因素的关系可用以下经验公式表示:

$$N_p = \frac{P}{\rho n^3 d_j^5} = K(Re)^r (Fr)^q f\left(\frac{d_j}{D}, \frac{B}{D}, \frac{h}{D}, \cdots\right) \quad (4-6)$$

其中
$$Fr = \frac{n^2 d_j}{g}$$

$$Re = \frac{d_j^2 n \rho}{\mu}$$

式中　N_p——功率准数;

P——搅拌功率,W;

ρ——密度,kg/m³;

n——转速;s⁻¹;

K——系统几何构型的总形状系数;

Fr——弗劳德数;

Re——雷诺数;

μ——黏度,Pa·s;

r,q——指数;

d_j——搅拌器直径,m;

D——搅拌容器内径,m;

B——桨叶宽度,m;

h——液面高度,m。

一般情况下弗劳德数 Fr 的影响较小,此外容器内径 D、挡板宽度 B 等几何参数的影响都可以放到系数 K 中统一加以考虑,简化式(4-6)可得搅拌功率 P 为

$$P = N_p \rho n^3 d_j^5 \quad (4-7)$$

式中 ρ、n、d_j 为已知数，因而计算搅拌功率的关键就是求得功率准数 N_p 的值。Reshton 等人通过在特定的搅拌装置上对多种型式的搅拌器在液体黏度 1~40000cP 以内，Re 在 10^6 以内进行了实验，测得功率准数 N_p 与雷诺数 Re 间的关系，并在双对数坐标图中绘出其功率准数 N_p 与雷诺数 Re 间的算图，如图 4-40 所示。该图绘出了 12 种搅拌器的功率曲线。由此图可见：功率准数 N_p 随雷诺数 Re 变化，在低雷诺数（$Re \leq 10$）的层流区内，流体基本上不会打漩，重力影响可忽略，功率曲线的斜率为 -1 的直线；当 $10 \leq Re \leq 10^5$ 时为过渡流区，功率曲线为一下凹曲线，这时功率准数曲线随 Re 而变化，各种搅拌器的斜率不为常量，而是随着 Re 数而变化。当 $Re > 10^5$ 时，流体进入充分湍流区，功率曲线呈一水平直线，即 N_p 与 Re 无关，保持不变。用式(4-7)计算搅拌功率时，功率准数 N_p 可直接从图 4-40 查出。

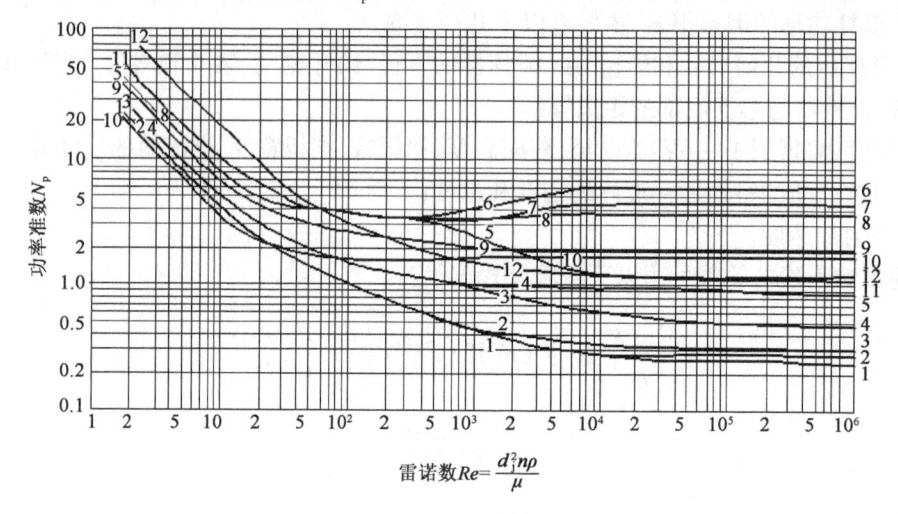

图 4-40 功率曲线图

曲线：1—三叶推进式 $S=d_j$，NBC；2—三叶推进式 $S=d_j$，BC；3—三叶推进式 $S=2d_j$，NBC；
4—三叶推进式 $S=2d_j$，BC；5—6 片平直叶圆盘涡轮，NBC；6—6 片平直圆盘涡轮，BC；
7—6 片弯叶圆盘涡轮，BC；8—6 片平箭叶圆盘涡轮，BC；9—8 片折叶开启涡轮（45°），BC；
10—双叶平桨，BC；11—6 片闭式涡轮，BC；12—6 片闭式涡轮，带有 20 叶的静止导向器。

注：NBC——无挡板；BC——有挡板（$Z_1=4$，$B=0.1D$），（Z_1——挡板数）；
曲线 5、6、7、8、11、12 为 $d_j : l : B = 20 : 5 : 4$（l——桨叶的有效长度）；
曲线 10 为 $B/d_j = 1/6$；各曲线符合 $D/d_j \approx 3$，$C/D = 1/3$，$H = D$；（C、H 的意义参考图 4-28）

需要指出，图 4-40 所示的功率曲线只适用于图示几种搅拌器的几何比例关系。如果比例关系不同，功率准数 N_p 也不同，需要参考其他文献来确定。

4.4.6 搅拌轴设计

4.4.6.1 搅拌轴直径的确定

搅拌轴的材料常用 45 钢，有时需要进行适当的热处理，以提高轴的强度和耐磨性。对于要求较低的搅拌轴可采用普通碳素钢（如 Q235A）制造。当耐磨性要求较高或釜内物料不允许被铁离子污染时，应当采用不锈钢或采取防腐措施。

搅拌轴受到扭转和弯曲的组合作用，其中以扭转为主，所以工程上采用近似的方法来确定搅拌轴的直径，即假定搅拌轴只承受扭矩的作用，然后用增大安全系数以降低材料许用应力的方法来弥补由于忽略搅拌轴受弯曲作用所引起的误差。

1. 搅拌轴的强度计算

搅拌轴的扭转强度条件为

$$\tau_{\max} = \frac{M_T}{W_\rho} \leqslant [\tau] \tag{4-8}$$

式中　$\tau_{\max}$——搅拌轴横截面上的最大剪应力，MPa；

　　　W_ρ——搅拌轴的抗扭截面模量，mm^3；

　　　M_T——搅拌轴所传递的扭矩，N·mm；

　　　$[\tau]$——降低后的材料的许用应力，MPa，对 45 钢取 30~40MPa，对 Q235A 取 12~20MPa。

而

$$M_T = 9.55 \times 10^6 \frac{P}{N} \tag{4-9}$$

对于实心搅拌轴，有

$$W_\rho = \frac{\pi d^3}{16} \tag{4-10}$$

综上可得

$$d \geqslant 365 \sqrt[3]{\frac{P}{n[\tau]}} \tag{4-11}$$

式中　d——搅拌轴直径，mm^3；

　　　P——搅拌轴传递的功率，kW；

　　　n——搅拌轴转速，r/min。

2. 搅拌轴的刚度计算

为了防止搅拌轴产生过大的扭转变形，从而在运转中引起振动，影响正常工作，应把搅拌轴的扭转变形限制在一个允许的范围内，即规定一个设计的扭转刚度条件。工程上以单位长度的扭转角 θ 不得超过许用扭转角 $[\theta]$ 作为扭转的刚度条件，即

$$\theta = \frac{M_T}{GJ_\rho} \times 10^3 \times \frac{180}{\pi} \leqslant [\theta] \tag{4-12}$$

式中　θ——搅拌轴扭转变形的扭转角，°/m；

　　　G——搅拌轴材料的剪切弹性模量，MPa，对于碳钢及合金钢为 8.1×10^4 MPa；

　　　J_ρ——搅拌轴截面的极惯性矩，mm^4，对于实心搅拌轴 $J_\rho = \frac{\pi d^2}{32}$；

　　　$[\theta]$——许用扭转角，°/m，对于一般传动，取 $(0.5~1.0)$°/m。

由上式可导出实心搅拌轴的直径为

$$d \geqslant 1537 \sqrt[4]{\frac{P}{Gn[\theta]}} \tag{4-13}$$

搅拌轴的直径应同时满足强度和刚度两个条件，取二者中的较大值。考虑到搅拌轴上的键槽或孔对搅拌轴横截面的局部削弱以及介质对搅拌轴的腐蚀，应将计算直径适当增大并圆整到适当的轴径后作为搅拌轴直径，以便与其他零件相配合。

4.4.6.2 搅拌轴的临界转速

当搅拌轴的转速达到轴自振频率时会发生强烈振动,并出现很大弯曲,这个转速称为临界转速,记作 n_c。在靠近临界转速运转时,轴常因强烈振动而损坏,或破坏轴封而停产,因此工程上要求搅拌轴的工作转速避开临界转速,工作转速低于第一临界转速的轴称为刚性轴,要求 $n<0.7n_c$;工作转速大于第一临界转速的轴称为柔性轴,要求 $n>1.3n_c$。一般搅拌轴的工作转速较低,多为低于第一临界转速下工作的刚性轴。

临界转速与支承方式、支承点距离及轴径有关,不同形式支承轴的临界转速的计算方法不同。

对于常用的双支撑、一端外伸单层及多层搅拌器(图4-41),其第一临界转速 n_c 按下式计算:

$$n_c = \frac{30}{\pi}\sqrt{\frac{30EJ_p}{m_D L_1^2(L_1+B)}} \qquad (4-14)$$

其中 $m_D = m_1 + m_2(L_2/L_1)^3 + m_3(L_3/L_1)^3 + m_0 A$

式中 n_c——临界转速,r/min;

E——搅拌轴材料的弹性模量,Pa;

J_p——轴的惯性矩,m^4;

m_D——等效质量,kg;

m_0——轴外伸部分的质量,kg;

A——系数,随外伸部分长度与支撑点距离的比值 L_1/B 的变化而变化,从表4-7中查取;

m_1、m_2、m_3——搅拌器的质量,kg。

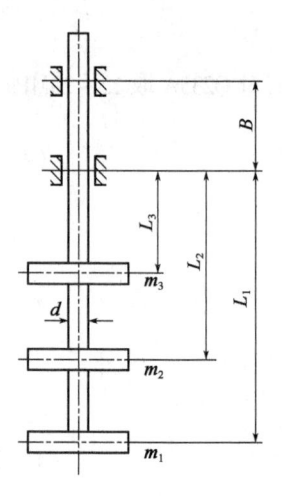

图4-41 搅拌轴临界转速计算

表4-7 双支撑、一端外伸等截面轴的系数 A

L_1/B	1.0	1.1	1.2	1.4	1.6	1.8	2.0	2.5	3.0	3.5	4.0	5.0
A	0.279	0.277	0.275	0.271	0.268	0.266	0.264	0.259	0.256	0.254	0.252	0.249

从临界转速计算式可以看出,减小轴端挠度、提高搅拌轴临界转速的措施有:

(1)缩短悬臂段搅拌轴的长度。

受到端部集中力作用的悬臂梁,其端点挠度与悬臂长度的三次方成正比。缩短搅拌轴悬臂长度,可以降低轴端的挠度.这是减小挠度最简单的方法,但这会改变设备的高径比,影响搅拌效果。

(2)增加轴径。

轴径越粗,轴端挠度越小。但轴径增加,与轴连接的零部件均需加大规格,如轴承、轴封、联轴器等,导致造价增加。

(3)设置底轴承或中间轴承。

设置底轴承或中间轴承改变了轴的支承方式,可减小搅拌轴的挠度。但底轴承和中间轴承浸没于物料中,可能发生润滑不良的现象,如果物料中有固体颗粒、更易导致轴承的磨损,增加了维修成本和时间,影响生产。因此目前的发展趋势是尽量避免采用底轴承和中间轴承。

(4)设置稳定器。

安装在搅拌轴上的稳定器的工作原理是:稳定器受到的介质阻尼作用力的方向与搅拌器对搅

拌轴施加的水平作用力的方向相反,从而减少轴的摆动量。稳定器摆动时,其阻尼力与承受阻尼作用的面积有关,迎液面积越大,阻尼作用越明显,稳定效果越好。采用稳定器可改善搅拌设备的运行性能,延长轴承的寿命。

稳定器有圆筒型和叶片型四种结构型式。圆筒型稳定器为空心圆筒,安装在搅拌器下面,如图4-42所示。叶片型稳定器有多种安装方式,有的叶片切向布置在搅拌器下面,如图4-43(a)所示;有的叶片安装在轴上,并与轴垂直,如图4-43(b)、(c)、(d)所示。安装在轴上的叶片,出于距离上部轴承较近,阻尼产生的反力矩较小,稳定效果较差。稳定叶片的尺寸一般取为:$n/d=0.25$,$h/d=0.25$。圆筒型稳定器的应用效果较好,主要是因为稳定筒的迎液面积较大,所产生的阻尼力也较大,且位于轴下端。

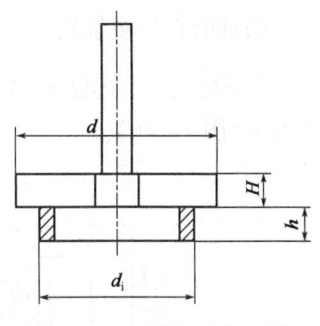

图4-42 圆筒型稳定器

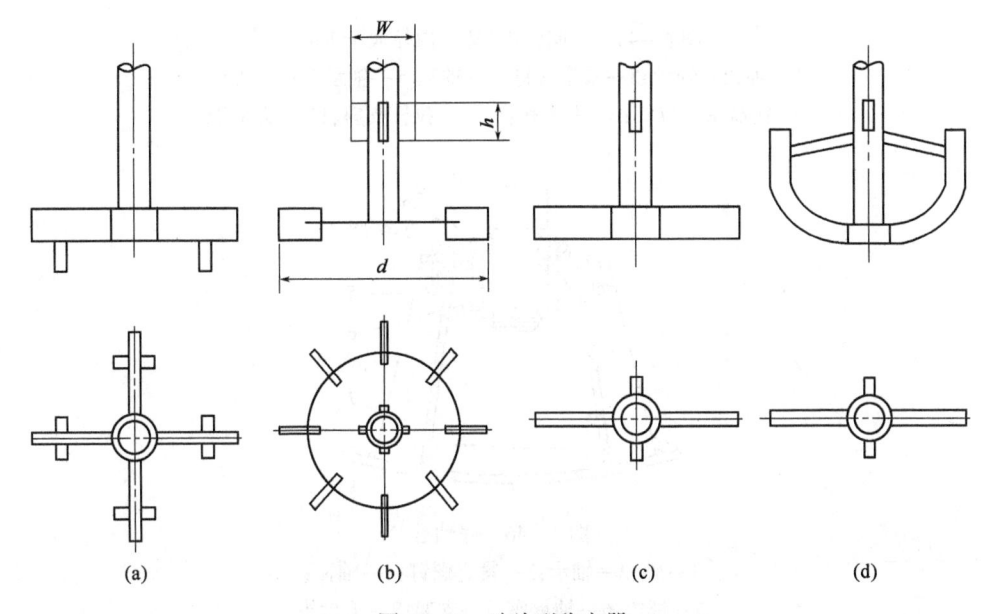

图4-43 叶片型稳定器

4.4.6.3 搅拌轴的支撑

在一般情况下,搅拌轴依靠减速机内的一对轴承支撑。但是,由于搅拌轴往往较长而且悬伸在反应釜内进行搅拌操作(图4-44),因此运转时容易发生振动,导致轴扭弯,甚至完全破坏。

为保持悬臂搅拌轴的稳定,悬臂轴长度 L_1、搅拌轴直径 d、两轴承间的距离 B 之间应满足以下条件:

$$\frac{L_1}{B} \leq 4 \sim 5 \quad (4-15)$$

$$\frac{L_1}{d} \leq 40 \sim 50 \quad (4-16)$$

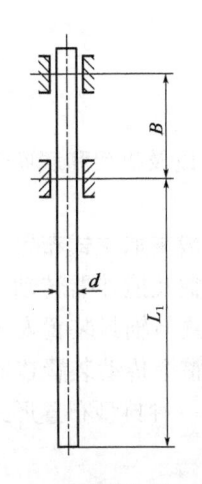

图4-44 搅拌轴支撑结构示意

当轴的直径裕量较大、搅拌器经过平衡及处于低转速时，$\dfrac{L_1}{B}$ 及 $\dfrac{L_1}{d}$ 可取偏大值。

当不能满足上述要求，或搅拌转速较快而密封要求较高时，可考虑安装中间轴承(图 4 - 45)或底轴承(图 4 - 46)。

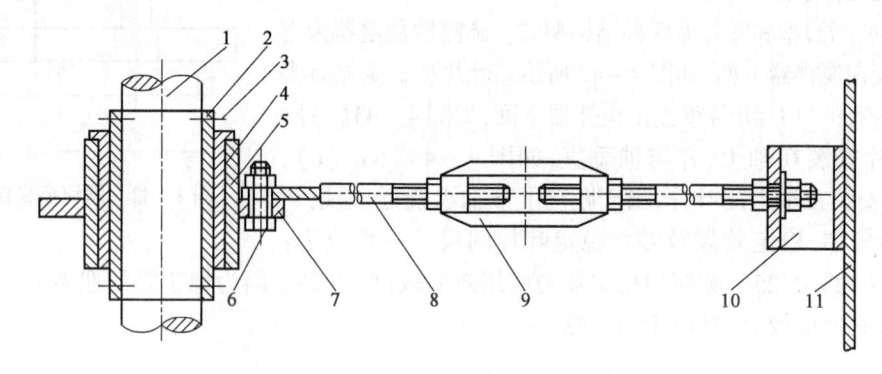

图 4 - 45　中间轴承(釜体内径大于 1m)
1—轴；2—轴承；3—紧定螺钉；4—轴瓦；5—轴承座；6—螺栓；
7—托盘；8—拉杆；9—左右螺栓；10—拉杆支座；11—设备筒体

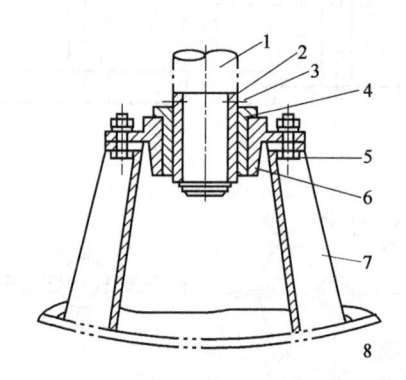

图 4 - 46　底轴承
1—轴；2—轴承；3—紧定螺钉；4—轴瓦；
5—螺栓；6—轴承座；7—支架；8—下封头

4.5　传动装置的设计

搅拌反应器传动装置的设计包括电动机、减速器和联轴器的选用，以及机架和底座选用或设计等内容。

搅拌反应器的传动装置通常安装在反应器的顶盖(上封头)上，一般采取立式布置。电动机经减速器将转速减至工艺要求的搅拌转速，再通过联轴器带动搅拌轴及搅拌器转动。通常减速器下设置一个机座，以便安装在反应器的封头上。考虑到传动装置与轴封装置安装时要求保持一定的同轴度以及为方便装卸与检修，常在封头上焊一底座。整个传动装置连同机座及轴封装置都一起安装在底座上。图 4 - 47 为搅拌反应器传动装置的一种典型布置形式。

4.5.1　电动机的选用

搅拌反应器用的电动机绝大部分与减速器配合使用，只有在搅拌转速很高时，才由电动机直接驱动搅拌轴,因此,电动机的选用一般考虑与减速器的选用互相配合。很多场合下,电动机与减速器一并配套供应,设计时可根据确定的减速器选用配套的电动机。

电动机的功率主要根据搅拌所需的功率及传动装置的传动效率等确定。搅拌所需的功率一般由工艺要求提出,首先应考虑到在物料搅拌启动时的需要,当根据计算所得到的搅拌轴计算功率与实际情况有较大出入时,还要参考相近物料、相近搅拌情况下所需的功率。传动效率根据所选传动装置的类型不同而不同。其数值可在《机械设计手册》的有关资料中查到。此外还应考虑搅拌轴通过轴封装置时由摩擦而损耗的功率等因素。因此由搅拌功率计算出的电动机功率可由下式求出:

$$P_d = \frac{P_0 + P_s}{\eta} \tag{4-17}$$

式中　P_d——电动机功率,kW;

　　　P_0——工艺要求的搅拌功率,kW;

　　　P_s——轴封因摩擦而消耗的功率,kW;

　　　η——传动系统的机械效率,kW。

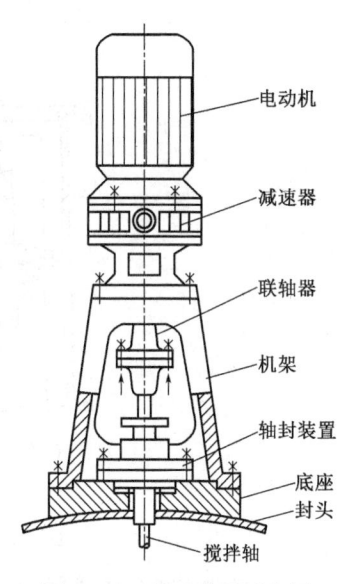

图 4-47　传动装置示意图

4.5.2　减速器的选用

我国目前反应器常用的立式减速器主要有摆线针轮减速器、行星齿轮减速器、两级齿轮减速器、三角皮带减速器等。搅拌反应器往往在载荷变化、有振动的环境下连续工作,选择减速机的型式时应考虑这些特点。一般根据功率、转速来选择减速机。选用时应优先考虑传递效率高的齿轮减速机和摆线针轮行星减速机。由于工业化生产用的减速器已经标准化,因此有关各种型号的减速器的基本参数可查阅有关手册即可获得。

4.5.3　机架的选用或设计

搅拌反应器传动装置的机架上端与减速器装配,下端与底座相连。一般来讲,机架上还需要有容纳联轴器、轴封装置等部件及其安装所需要的空间。有时,机架中间还要安装中间轴承,以改善搅拌轴的支承条件。设计时,首先考虑上述要求,然后根据所选减速器的输出轴轴径及安装定位面的尺寸选配或设计合适的机座。

机架可以分为多种结构形式,常用的有无支点机架、单支点机架、双支点机架,如图 4-48 所示。无支点机架一般仅适用于传递小功率和小的轴向载荷的条件。单支点机架适用于电动机或减速机可作为一个支点,或容器内可设置中间轴承和底轴承的情况。双支点机架适用于悬臂轴。

搅拌轴的支承有悬臂式和单跨式。由于筒体内不设置中间轴承或底轴承,维护检修方便,特别对卫生要求高的生物反应器,减少了筒体内的构件。因此应优先采用悬臂轴,对悬臂轴选用机架时应考虑以下几点:

(1)当减速机中的轴承完全能够承受液体搅拌所产生的轴向力时,可在轴封下面设置一个滑动轴承来控制轴的横向摆动,此时可选无支点机架。计算时,这种支座条件可看作是一个支点在减速机出轴上的滚动轴承,另一个支点为滑动轴承的双支点支承悬臂式轴,减速机与搅拌轴的连接用刚性联轴器。

(a)单支点机架　　　　　　(b)双支点机架

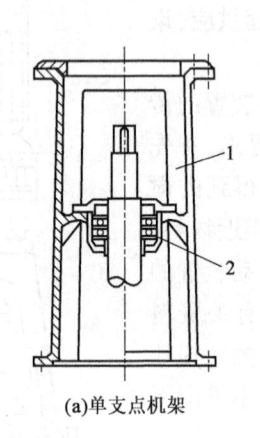

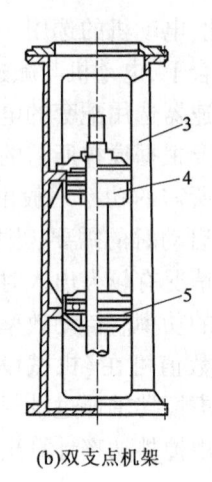

图4-48　常用机架的结构形式
1—机架；2—轴承；3—机架；4—上轴承；5—下轴承

(2) 当减速机的轴承能承受部分轴向力。可采用单支点机架，机架上的滚动轴承承担部分轴向力。搅拌轴与减速机出轴的连接采用刚性联轴器。计算时，这种支承看作是一个支点在减速机上的滚动轴承，另一个支点在机架上的滚动轴承组成的双支点支承悬臂式结构。

(3) 当减速机中的轴承不能承受液体搅拌所产生的轴向力时，应选用双支点机架，由机架上两个支点的滚动轴承承受全部轴向力。这时搅拌轴与减速机出轴的连接采用了弹性联轴器。有利于搅拌轴安装对中要求，确保减速机只承受扭矩作用。对于大型设备，对搅拌密封要求较高的场合以及搅拌轴载荷较大的情况，一般都推荐采用双支点机架。

4.5.4　底座设计

底座焊接在釜体的上封头上，如图4-47所示。减速机的机座和轴封装置的定位安装面均在底座上，这样可使二者在安装时有一定的同心度，保证搅拌轴既可与减速机顺利连接，又可使搅拌轴穿过轴封装置，进而能够良好运转。视釜内物料的腐蚀情况，底座有不衬里和衬里两种。不衬里的底座材料可用Q235A；要求衬里的，则在与物料可能接触的表面衬一层耐腐蚀材料，通常为不锈钢。图4-49为一种带有耐腐蚀衬里的整体底座，车削应在焊好后进行。安装时，先将搅拌轴、减速机及机座与轴封装置同底座装配好，放在上封头上，位置找准试运转顺利后才将底座点焊定位于封头上，然后卸去整个传动装置和轴封装置，再将底座与封头焊牢。底座下端形状按封头曲率加工，也可做成图4-50的形式，以简化底座下端的加工。

有时轴封装置的箱体采取直接焊在封头上的方式，如图4-51所示。此时底座只需安装机座，但为了保证机座与轴封装置的同心度，要求机座定位肩尺寸D和轴封箱体上决定搅拌轴定位的孔径D_1应有一定的同心度，因此需在焊好后连封头一起装在车床上，再车削这两个定位面。

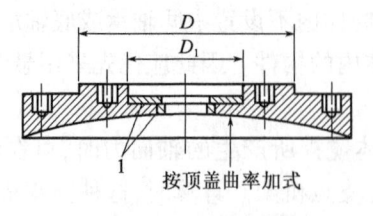

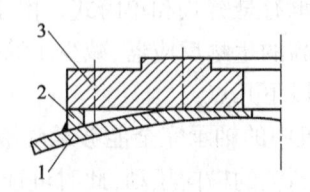

图4-49　简化底座　　　　图4-50　衬里底座
1—衬里　　　　　　　1—封头；2—支撑块；3—底座

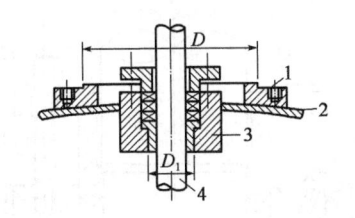

图4-51 焊接底座
1—底座；2—封头；3—填料箱；4—搅拌轴

4.6 轴封装置的设计

反应器中介质的泄漏会造成物料浪费并污染环境,且易燃、易爆、剧毒、腐蚀性介质的泄漏会危及人身和设备的安全。因此,选择合理的密封装置对反应器的设计来说是非常重要的。

密封装置按密封面间有无较大的相对运动,分为静密封和动密封两大类。搅拌反应器上法兰面之间是相对静止的,它们之间的密封属于静密封。静止的反应器顶盖(上封头)和旋转的搅拌轴之间存在相对运动,介质从转动轴与封头之间的间隙可能发生泄漏,它们之间的密封属于动密封,通常简称为轴封。反应器中使用的轴封装置主要有填料密封和机械密封两种。

4.6.1 填料密封

填料密封是搅拌反应器最早采用的一种轴封结构,其特点是结构简单、易于制造,并适用于低压、低温的场合。

4.6.1.1 填料密封的结构和工作原理

填料密封结构如图4-52所示。它由底环(衬套)、箱体、油环(圈)、填料、螺柱、压盖及油杯等组成。旋紧压盖螺母12时,压盖11压缩填料10使其产生径向扩张,对搅拌轴表面施加径向压紧力,压缩填料使之充满径向间隙,从而阻止介质的泄漏。

填料中含有一定量的润滑剂,因此,在对搅拌轴产生径向压紧力的同时形成一层极薄的液膜,它一方面使搅拌轴得到润滑,另一方面也起到阻止设备内流体逸出或外部流体渗入的作用。填料中的润滑剂,因其数量有限且在运转中不断消耗,故填料箱上常设置添加润滑油的油杯。由于填料密封难以避免微量泄漏的现象,为保证操作过程中密封可靠,需通过旋转螺柱调整压盖的压紧力,并定期更换填料。

4.6.1.2 填料

填料是保证密封的主要零件。填料选用正确与否对填料的密封性能起着关键性的作用。对填料基本的要求是:(1)要富有弹性,这样在压紧压盖后,填料能贴紧搅拌轴并产生一定的径向力;(2)良好的耐磨性;(3)与搅拌轴的摩擦系数要小,以便降低摩擦功率损耗,延长填料寿命;(4)良好的导热性,使摩擦产生的热量能较快地传递出去;(5)耐介质及润滑剂的浸泡和腐蚀。此外,对用于高温高压下的填料还要求耐高温及有足够的机械强度。

填料的选用应根据反应器内介质的特性(包括对材料的腐蚀性)、操作压力、操作温度、转轴直径、转速等进行选择。

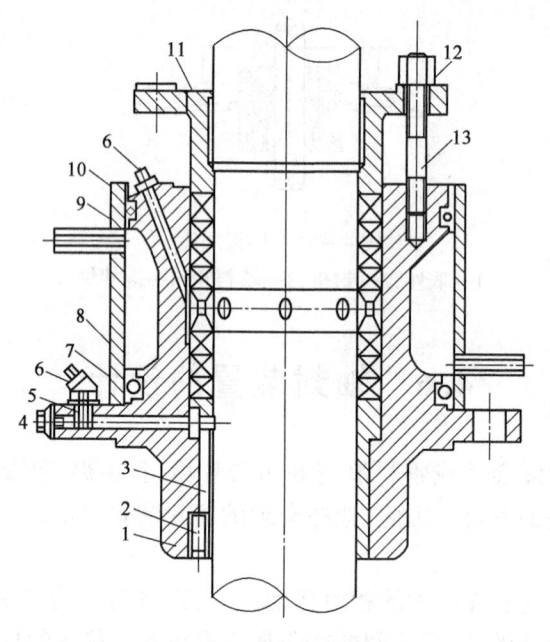

图 4-52 填料密封结构

1—箱体;2—螺钉;3—衬套;4—螺塞;5—油圈;6,9—油杯;7—O 形密封圈;
8—水夹套;10—填料;11—压盖;12—螺母;13—双头螺柱;

有关具体填料的选用,可参考相关手册,在此不再赘述。

4.6.1.3 填料箱

填料箱即为安装填料的箱体。填料箱体有的用铸铁铸造,有的用碳钢或不锈钢焊接而成。通常用螺栓将填料箱固定在封头的底座上,填料法兰与底座采用凹凸密封面连接,填料箱为凸面,底座为凹面。当反应器内操作温度大于或等于 100℃ 或搅拌轴线速度大于或等于 1m/s 时,填料箱应带水夹套,其作用是降低填料温度,保持填料具有良好的弹性,延长填料使用寿命。

填料箱中设置油环的作用是使从油杯注入的油通过油环润滑填料和搅拌轴的密封面,以提高密封性能,减少轴的磨损,延长使用寿命。

在填料箱底部设置衬套,使安装搅拌轴时容易对中,尤其是对悬臂较长的轴可起到支撑作用。对于常用的填料箱,已经标准化,选用时可查有关标准。

4.6.2 机械密封

填料密封属于轴向密封,其密封面是轴和填料的接触面,而机械密封是把转轴的密封面从轴向改为径向,通过动环和静环两个密封元件的端面相互贴合、并做相对运动来达到密封效果的装置,故又称端面密封。机械密封较填料密封的泄漏率低,密封性能可靠,功耗小,使用寿命长,在搅拌反应器中得到了广泛的应用。

4.6.2.1 机械密封的结构和工作原理

图 4-53 是一种典型反应器用机械密封的结构示意图。从图中可以看出,静环 14 依靠螺母 1、双头螺栓 2 和静环压板 16 固定在静环座 17 上,静环座与反应器底座连接。当搅拌轴 7 转动时,弹簧 4 依靠紧定螺钉 10 固定在轴上,而双头螺栓 6 对弹簧压板 11 与弹簧座 9 进行轴向固定,固定螺钉 3 又使动环 13 与弹簧压板实现周向固定。所以当轴转动时,带动了弹簧座、

弹簧压板、动环等零件一起旋转。由于弹簧力的作用,使动环紧紧压在静环上,而静环静止不动。这样动环和静环相接触的环形端面就阻止了介质的泄漏。

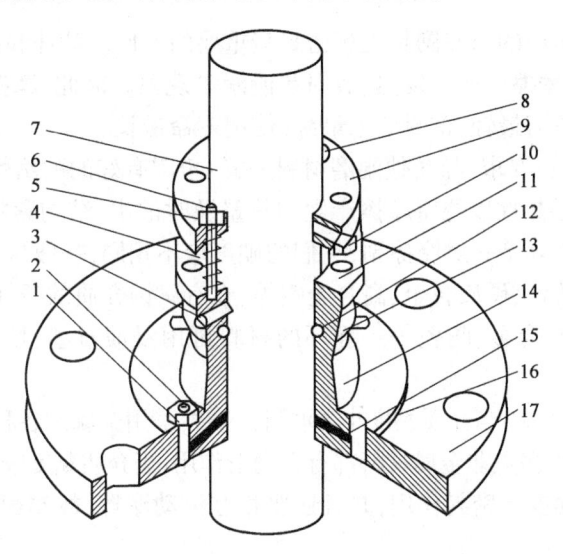

图 4-53 机械密封结构图
1—螺母;2—双头螺栓;3—固定螺钉;4—弹簧;5—螺母;6—双头螺栓;7—搅拌轴;8—弹簧固定螺钉;
9—弹簧座;10—紧定螺钉;11—弹簧压板;12,15—密封圈;13—动环;14—静环;
16—静环压板;17—静环座

机械密封有四个密封点,如图4-54所示。A点是静环座和反应器底座之间的密封,属静密封。通常反应器底座做成凹面,静环座做成凸面,形成凹凸密封面,中间用一般垫片密封。B点是静环与静环座之间的密封,也属静密封,通常采用各种具有弹性形状的密封圈;C点是动环和静环间有相对旋转运动的两个端面密封,是机械密封的关键部分,属动密封,依靠弹性元件及介质的压力使两个光滑而平直的端面紧密接触,而在端面间形成一层极薄的液膜以达到密封的作用。D点是动环与搅拌轴或轴套之间的密封,也属静密封,常用的密封元件是O形环。

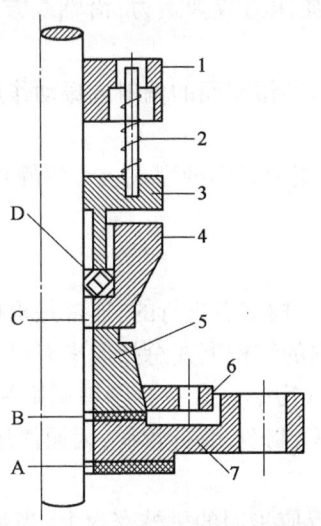

图 4-54 单端面机械密封
1—弹簧座;2—弹簧;3—弹簧压板;4—动环;5—静环;6—静环压板;7—静环座

4.6.2.2 基本构件

1. 动环和静环

由动环和静环所组成的摩擦副是机械密封最重要的元件。动环和静环是在介质中作相对的旋转摩擦滑动,由于摩擦会产生发热、磨损和泄漏等现象。因此,摩擦副设计应使密封在给定的条件下使得工作负荷最轻,密封效果最好,使用寿命最长。

(1)对动静环的材料要求:与其他耐磨材料一样,希望有好的耐磨性;能有减摩作用(摩擦系数小);具有良好的导热性以便将摩擦产生的热量及时散出;结构紧密,孔隙率小,以免介质在压力下有渗透。动静环是一对摩擦副,它们的硬度应不相同,一般认为动环的硬度应比静环大。动环的材料可用铸铁、硬质合金、高合金钢等,在有腐蚀介质的条件下可用不锈钢、或不锈钢表面(端面)堆焊硬质合金、陶瓷等。静环的材料可用浸渍石墨、填充聚四氟乙烯、巴氏合金、磷青铜、铸铁等。

(2)动静环的配对方法:当介质黏度小,润滑性差时,采用金属配各种非金属(石墨、浸渍墨、氟塑料、陶瓷等),因为大多数非金属材料都有自润滑作用;当介质黏度较大时,采属与金属相配。

由于摩擦副的端面要起密封作用,并且还要相互滑动摩擦,故端面的加工精度,影响着密封效果和使用寿命。

2. 弹簧加荷装置

它是机械密封中重要组成部分,它的作用是产生压紧力,保持动静环端面的紧密接触。并且在介质压力下或介质压力降低,甚至消失时都能保持摩擦面的紧密接触,同时,在端面受到磨损后仍能维持紧密贴合。它又是一个缓冲元件,可以补偿轴的跳动及加工误差而引起的摩擦面不贴合,在这些结构中,还起扭矩的传递作用。

弹簧加荷装置是由弹簧、弹簧座、弹簧压板等组成。

3. 辅助密封元件

辅助密封元件主要是指动环密封圈及静环密封圈,用来密封动环与转轴及静环与静环座之间的缝隙。动环密封圈随轴和动环一起转动,故对轴和动环是相对静止的。但是在端面磨损时,依靠作用在动环背面的介质压力或弹簧力,沿轴线方向有微量滑动,但继续保持密封。静环密封圈则是完全静止的。

除此以外,辅助密封元件尚可补偿端面的偏斜或振动作用,以保证动静环在任何时候都紧密贴合。

辅助密封元件有 O 形、V 形、矩形等多种型式。常用静环密封圈为平橡胶垫片;动环密封圈为 O 形环。

4.6.2.3 机械密封的分类

机械密封的分类主要是根据结构特点进行的,通常是根据摩擦副的对数、介质在端面上所引起的压力情况等加以区分的,它的结构型式总括起来有以下两种:

(1)单端面与双端面。密封机构中只有一对摩擦副则为单端面。有两对(有两个动环与静环)者为双端面。前者结构简单,制造、装拆较易,因而使用普遍用于密封要求一般、压力较低的场合。

(2)平衡型与非平衡型。在反应釜用的机械密封上,当弹簧压紧力一定时,根据介质压力在端面上所引起的比压(端面上单位面积所受的力)的卸载情况,可将密封分为平衡型与非平衡型两种类型。

搅拌反应器用机械密封已有相关的标准,产品已形成了标准系列,可根据具体要求来选用或计算。

4.6.3 填料密封与机械密封的比较

通过以上讨论,可以看出机械密封与填料密封有着很大的区别。首先,从密封面的位置来看,在填料密封中轴和填料的接触是圆柱形表面;而在机械密封中,动环和静环接触是环形平面。其次,从密封力来看,在填料密封中,密封力是靠拧紧螺栓后,使填料在径向胀出而产生的。在轴的运转过程中,伴随着填料与轴的摩擦,发生了磨损,从而减小了密封力,因此介质就容易泄漏。但是,在机械密封中,密封力是依靠弹簧压紧动环与静环而产生的。当这两个环有微小磨损后,密封力(弹簧力)基本上可保持不变,因而介质就不容易泄漏。从表4-8中列出的几个方面的比较,可以得出结论,机械密封较填料箱密封优越得多。因此广泛推广机械密封或对填料箱密封的改造,这对于改善化工生产安全操作和劳动保护条件(防火、防爆、防毒和改善慢性疾病的控制等)意义重大。

表4-8 填料箱密封和机械密封的比较

比较项目	填料箱密封	机械密封
泄漏量	180~450mL/h	一般平均泄漏量为填料密封的1%
摩擦功损失	机械密封为填料箱密封的10%~50%	
轴磨损	有磨损,用久后轴要换	几乎无磨损
维护及寿命	需要经常维护,要换填料,个别情况8小时(每班)更换一次	寿命0.5~1年或更长,很少需要维护
高参数	高压、高温、高真空、高转速、大直径密封很难解决	可以
加工及安装	加工要求一般,填料更换方便	动环、静环表面粗糙程度及平直度要求高,不易加工,成本高;装拆不便
对料料要求	一般	动环、静环要求较高减摩性能

内 容 小 结

(1)搅拌的目的是促进混合,以强化传热、传质和化学反应。

(2)罐体的长径比选择主要考虑其对搅拌功率的影响、对传热的影响及物料反应对长径比的要求。

(3)夹套的主要结构形式有整体夹套、型钢夹套、蜂窝夹套和半圆管夹套等。

(4)搅拌容器内的流型取决于搅拌器的形状、搅拌容器和内构件的几何特征,以及流体性质、搅拌器转速等因素。

(5)搅拌器选型时考虑的因素主要有搅拌物料的黏度、搅拌器容积及流动状态,同时综合考虑功耗、安全性能及操作、制造、维护、检修等因素的影响。

(6)搅拌反应器传动装置的设计包括:电动机、减速机和联轴器的选用,以及机座和底座选用或设计等内容。

(7)填料密封属于轴向密封,其密封面是轴和填料的接触面,而机械密封是把转轴的密封面从轴向改为径向,通过动环和静环两个密封元件的端面相互贴合、并做相对运动来达到密封效果的装置。

思 考 题

1. 常用的反应器有哪几种？按结构型式可分为哪几类？各有何特点？
2. 机械搅拌反应设备是由哪些主要部件组成的？各部分的作用是什么？
3. 简述釜式反应器的工作原理。其中挡板与导流筒的作用是什么？
4. 常用的搅拌器有哪些结构形式？各有何特点？适用何种场合？
5. 搅拌容器的传热元件有哪几种？各有什么特点？
6. 搅拌器在容器内的安装方法有哪几种？对于搅拌器顶插式中心安装的情况，其流型有什么特点？
7. 涡轮式搅拌器在容器中的流型及其应用范围是什么？
8. 设计搅拌轴时主要需要考虑哪些因素？
9. 搅拌轴的密封装置有几种？各有什么特点？
10. 搅拌容器内筒体的高径比与哪些因素有关？

第5章 储存设备设计

> **学习目标**
>
> (1) 了解储存设备在工业生产中的应用;
> (2) 熟悉储存设备的分类;
> (3) 掌握立式圆筒形储罐的结构、特点及设计方法;
> (4) 掌握球罐的结构、特点及设计方法。

5.1 概 述

5.1.1 储存设备的应用

储存设备,又称储罐,主要是指用于储存气体、液体、液化气体等介质的设备,如石油储罐、液化石油气储罐、液氨罐、压缩天然气储罐、气柜等。在产品生产、处理、加工、运输和使用的过程中,储存设备必不可少。

储存设备在国民经济发展中起着重大的作用,不仅石油、化工、能源、交通运输等领域,甚至连我们的日常生活,均离不开大大小小的储罐,特别是石油化工企业,没有储罐,就无法生产。储罐作为储备原料油及成品油的专用设备,无论是大陆或海洋开采的原油,还是炼油厂加工炼制的成品油,不论是长输管道的泵站、运销油库和军用油料油库,还是国家物资储备与战略储备,都需要建设储油设施,都离不开各种容量和类型的储罐。

5.1.2 储存设备的分类

储罐种类繁多,通常可根据它们所处位置、罐体材料、介质温度、几何形状等进行分类和命名。

5.1.2.1 按所处位置分

按所处位置划分,储存设备可分为地面储罐、地下储罐、半地下储罐和海上储罐等。

地面储罐主要以立式圆筒形钢储罐为主,是石化行业量大、面广的一种容器储存设备,它易于建造,便于管理和维修,但蒸发损耗大,着火危险性较大。地下储罐损耗低,着火危险性小,一般多以卧式圆筒形为主,由于放在地面以下,一般除了要做好防渗等措施外,在罐体本身构造上与地面储罐差别不大。地下储罐采用双层罐时,外罐就成为内罐(储存介质)的防渗措施之一,当地下罐采用单层罐时,通常就需要在罐的外围增加钢筋混凝土的防渗罐池,池内用填料填充。

5.1.2.2 按罐体材料分

按罐体材料划分,储存设备可分为金属储罐、非金属储罐和复合材料储罐三大类。

金属储罐主要有碳钢和不锈钢储罐,它是由钢板焊接而制成薄壳容器,具有造价低、不渗漏、施工方便、易于清洗和检修、安全可靠、适宜存储各类油品等优点,因此最为常用。油、气储罐绝大部分使用碳钢结构。本书将着重介绍金属储罐的结构及设计方法。

非金属储罐主要有钢筋混凝土储罐、塑料储罐、玻璃钢储罐等。

复合材料储罐主要有钢衬聚乙烯储罐、钢衬聚烯储罐等。

非金属储罐和复合材料储罐具有较强的抗腐蚀能力,一般容积较小,很少用于油、气的存储。

5.1.2.3 按存储温度分

按存储温度划分,储存设备可分为深冷储罐(< -100℃)、低温储罐(-100 ~ -20℃)、常温储罐(<90℃)和高温储罐(90 ~ 250℃)。深冷储罐、低温储罐、高温储罐与常温储罐的不同主要体现在两个方面:一是要使用专门材料,满足强度、保温、防止脆断的要求;二是温度应力不可忽略。

5.1.2.4 按储存压力分

按储存压力划分,储存设备可分为常压储罐、低压储罐和压力储罐等。

(1)常压储罐:设计压力≤6.9kPa(罐顶表压)的储罐;

(2)低压储罐:设计压力 >6.9kPa 且 <0.1MPa(罐顶表压)的储罐;

(3)压力储罐:设计压力≥0.1MPa(罐顶表压)的储罐。

5.1.2.5 按罐体的几何形状分

按罐体的几何形状划分,储存设备主要分为立式圆筒形储罐、卧式圆筒形储罐和球形储罐三大类。

1. 立式圆筒形储罐

立式圆筒形储罐是目前国内外应用最为广泛、最普遍的一种储罐,主要由罐底、罐壁、罐顶及附件四大部分构成。

根据罐顶结构的不同,立式圆筒形储罐可分为固定顶储罐和浮顶储罐。

1)固定顶储罐

固定顶储罐的罐顶和罐壁焊接在一起,按其罐顶的形式不同可分为锥顶储罐、拱顶储罐、伞顶储罐和网壳顶储罐,其中应用最为广泛的为拱顶储罐。

图 5-1 所示为拱顶罐结构简图,其罐顶由多块扇形板组对焊接而成,类似于球冠形封头。

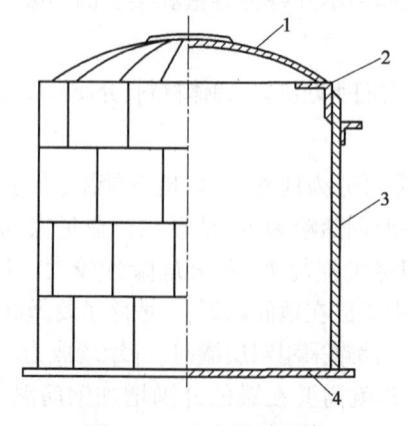

图 5-1 自支撑拱顶罐
1—拱顶;2—包边角钢;3—罐壁;4—罐底

拱顶罐可承受较高的饱和蒸气压,蒸发损耗较少,除了罐顶板的制作较复杂外,其他部位的制作较容易,造价较低,故在国内外应用较为广泛。

2)浮顶储罐

(1)浮顶储罐的分类。

浮顶储罐可分为外浮顶罐和内浮顶罐。

①外浮顶罐。

外浮顶储罐简称浮顶罐,由可漂浮的浮顶、立式圆柱形罐壁和圆形罐底所构成,如图 5-2、图 5-3 所示。

该类型储罐的浮顶漂浮在介质表面上,浮顶外缘与罐壁之间有一个环形空间,环形空间内装有密封元件。浮顶与密封元件一起构成储液面上的覆盖层,随着储液上下浮动,使得罐内的液体与大气完全隔开,减少了介质储存过程中的蒸发损耗,保证安全,并减少大气污染。通常,采用浮顶罐储存油品可比采用固定顶罐减少油品损失80%左右。

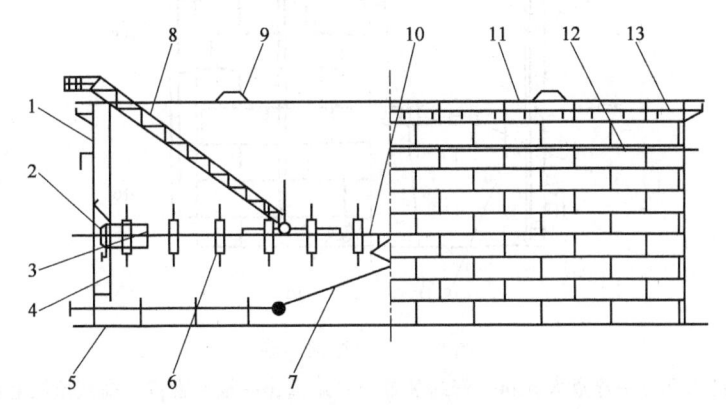

图 5-2 单盘式浮顶罐

1—罐壁;2—密封装置;3—浮船;4—量液管;5—罐底板;6—浮顶立柱;
7—中央排水管;8—转动扶梯;9—消防泡沫挡板;10—单盘板;
11—包边角料;12—加强圈;13—抗风圈

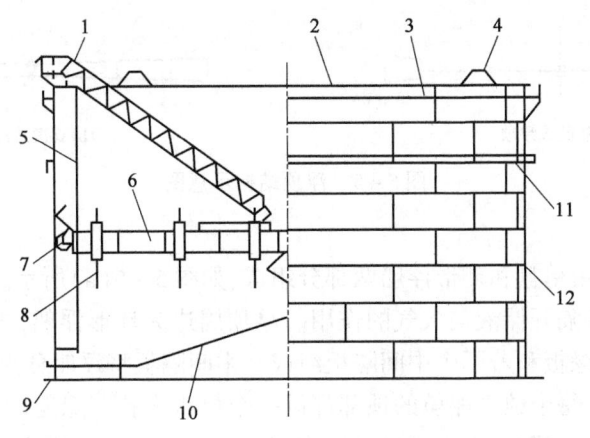

图 5-3 双盘式浮顶罐

1—转动扶梯;2—包边角钢;3—抗风圈;4—消防泡沫挡板;5—量油管;6—双盘式浮顶;
7—密封装置;8—浮顶立柱;9—底板;10—中央排水管;11—加强圈;12—罐壁

②内浮顶罐

内浮顶储罐的顶部是拱顶与浮顶的结合,外部为拱顶,内部为浮顶,如图 5-4 所示。

内浮顶储罐的优点在于：(1)内浮盘漂浮在液面上，消除了蒸气空间，可减少蒸发损失85%~96%，这样既减少了空气污染，减少着火爆炸危险，同时保证了储液品质。(2)与外浮顶罐相比，能有效防止风、砂、雨、雪或灰尘侵入，利于保证储液的品质；同时可省去浮盘上的中央排水管、转动扶梯等附件。

内浮顶罐常用于储存航空汽油、汽油、溶剂油、喷气燃料等易挥发油品以及醛类(如乙醛)、醇类(如甲醇、乙醇)、酮类(如丙酮)、苯(如苯、甲苯、二甲苯、苯乙烯)类等液体化学品。

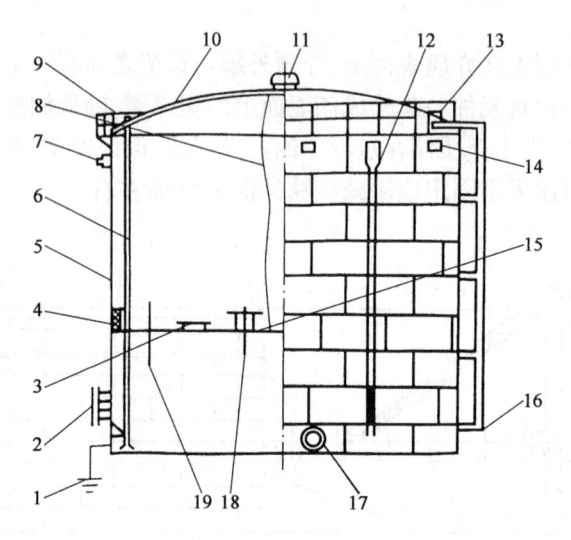

图 5-4 内浮顶储罐

1—接地线；2—带芯人孔；3—浮盘人孔；4—密封装置；5—罐壁；6—量油管；7—高液位报警器；8—静电导线；9—手工量油口；10—固定罐顶；11—罐顶通气孔；12—消防口；13—罐顶人孔；14—罐壁通气孔；15—内浮盘；16—液面针；17—罐壁人孔；18—自动通气阀；19—浮盘立柱

(2)浮顶形式。

最为常用的浮顶形式主要为单盘式和双盘式两类，其结构如图 5-5 所示。

图 5-5 浮顶结构示意图

①单盘式浮顶。

单盘式浮顶主要由单盘和环形浮船两部分组成，如图 5-5(a)所示。浮顶中间为单盘，它是一层薄钢板，主要起隔开储液与大气的作用。浮顶周边为环形浮船，主要由船舱顶板、船舱底板、内边缘板、外边缘板和若干个中间隔板组成。中间隔板将浮船分为若干个互不渗漏的舱室，防止泄漏后渗油。每个独立船舱的顶部都设一个检查人孔。船舱的数目常根据储罐容积大小而定，一般 10000m³ 罐为 14 个，20000m³ 罐为 18 个，50000m³ 罐为 32 个。有时为增加浮船的承载能力及整体稳定性，在每个封闭舱内还隔设有斜撑。

在外浮顶罐的单盘式浮顶上还设有浮顶立柱、中央排水管、自动通气阀、导向装置、转动浮梯及轨道、浮顶人孔及船舱人孔、密封及静电导出装置等，如图 5-2 所示。有暴雨的地区，浮顶上还应设置紧急排水装置。对于内浮顶罐的单盘式浮顶，可通过罐壁上的高位带芯人孔进人检修,所以一般不设置转动浮梯及轨道。

单盘式浮顶的优点是结构简单,钢材耗用量少,造价低,维修方便,常用于容量大于 $5000m^3$ 的浮顶罐。

②双盘式浮顶。

双盘式浮顶是由直径比储罐内径小 400mm 的顶板、底板和两板之间的竖向边缘环板焊接而成,如图 5-5(b)所示。顶、底板之间设有若干竖向安装的环向隔板和径向隔板,将浮顶分为若干不相通的隔舱,以免底板出现局部泄漏时液体漫流到整个浮盘,导致浮盘沉没。

双盘式结构刚度大、隔热效果好,但钢材消耗量大,加工费较高,故一般用于容积不超过 $5000m^3$ 的中小型浮顶罐。

2. 卧式圆筒形储罐

卧式圆筒形储罐主要由筒体、封头、支座、接管、安全附件等组成,如图 5-6 所示。与立式圆筒形储罐相比,卧式圆筒形储罐的容量小(一般不超过 $150m^3$),承压能力范围大。

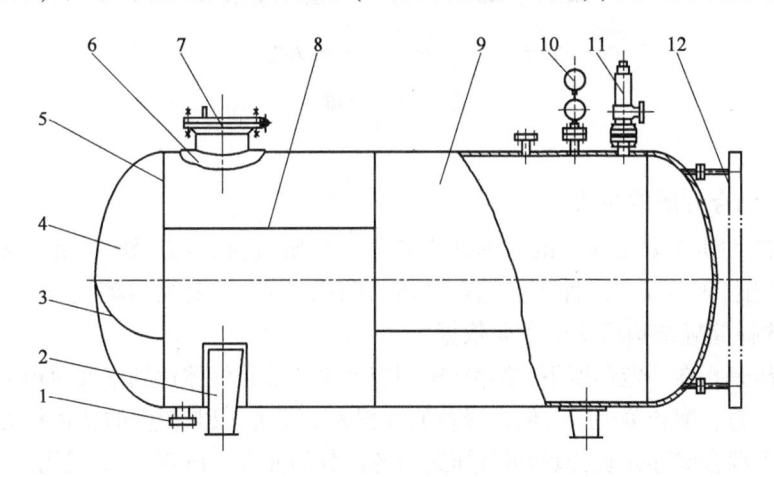

图 5-6 卧式圆筒形储罐

1—法兰;2—支座;3—封头拼接焊缝;4—封头;5—环焊缝;6—补强圈;7—人孔;
8—纵焊缝;9—筒体;10—压力表;11—安全阀;12—液面计

3. 球形储罐

如图 5-7 所示,球形储罐(简称球罐)是由球壳、支座(包括支柱、拉杆等)及其附件(包括人孔、接管、梯子、平台等)组成。其中球壳是球罐的主体,主要用于储存物料并承受物料工作压力和液体静压力。支座是球罐中用以支撑本体质量和储存物料质量的结构部件。

与圆筒形储罐相比,球罐具有表面积小、承载能力强、占地面积小等优点,但由于其制造安装较困难、制造成本高,因此它又不可能全部取代圆筒形储罐。

在过程工业中,球罐可用作液化气体的储存,例如液化石油气(LPG)、液化天然气(LNG)、液氧、液氮、液氢、液氨等产品或中间介质;也可用作压缩气体的储存,例如空气、氧气、氢气、城市煤气等。

5.1.3 储罐设计需考虑的因素

在确定储罐形式时,必须满足各种给定的工艺要求,并综合考虑储存介质的性质、容量大小、设置场所、设备重量以及施工条件等;在设计中还应考虑使用地区的环境条件,包括环境温度、风载荷、地震载荷、雪载荷、地基条件等,再根据相关规范标准开展设计,以确保储罐的

图 5-7 球罐

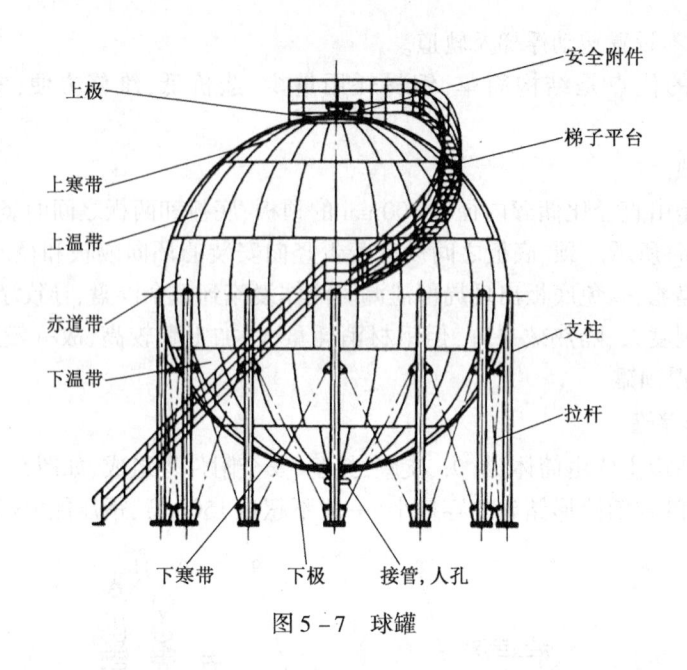

安全。

5.1.3.1 储存介质的性质

储存介质的性质主要指介质的物理性质和化学性质,包括闪点、沸点、饱和蒸气压、密度、腐蚀性、毒性程度、化学反应活性等。储存介质的闪点、沸点以及饱和蒸气压与介质的可燃性密切相关,是选择储罐结构形式的主要依据。

饱和蒸气压是指在一定温度下,储存在密闭容器中的液化气体达到气液两相平衡时,气液分界面上的蒸气压力。饱和蒸气压与储存设备的容积大小无关,仅与温度的变化相关,随温度的升高而增大。对于混合储存介质,饱和蒸气压还与各组分的混合比例有关,如民用液化石油气就是一种以丙烷和异丁烷为主的混合液化气体,其饱和蒸气压由丙烷和异丁烷的百分比决定。

储存介质的密度将直接影响罐体的载荷分布及其应力大小。介质的腐蚀性是选择罐体材料的首要依据,将直接影响制造工艺和设备造价。而介质的毒性程度则直接影响储存、制造与管理的等级和安全附件的配置。

另外,介质的黏度与冰点也直接关系到储存设备的运行成本。当介质为高黏度或高冰点的液体时,为保持其流动性,就需要对储存设备进行加热或保温,使其保持易于输送的状态。

5.1.3.2 最大充装量

当储罐用于盛装液化气体时,还应考虑液化气体的膨胀性和压缩性。液化气体的体积会随温度的上升而膨胀,随温度的降低而收缩。当容器装满液态液化气体时,如果温度升高,内部压力也随之升高。压力的变化程度与液化气体的膨胀系数和温度变化量成正比,而与压缩系数成反比。以液化石油气储罐为例,在满液情况下,温度每升高1℃,储罐压力就会上升1~3MPa。充满液化石油气的储罐,只要环境温度超过设计温度一定数值,就可能因超压而爆破。为此,液化气体储运设备充装时,必须严格控制罐体内部的最大充装量。液化气体罐体的最大充装量应符合式(5-1)的规定:

$$W = \phi V \rho_i \tag{5-1}$$

式中 W——最大充装量,kg;

ϕ——装量系数,盛装液化气体(含液化石油气)的固定式压力容器装量系数一般取 0.90。

V——储罐的容积,m^3;

ρ_i——设计温度下的饱和液体密度,kg/m^3。

5.1.3.3 环境温度

对于常温储罐,当正常工作条件下大气环境温度对储罐罐壁金属温度有影响时,其最低设计温度不得高于该地区历年来月平均最低气温的最低值。月平均最低气温是指当月各天的最低气温值相加后除以当月的天数。

对于液化气体储罐,随着温度升高,液化气体的饱和蒸气压呈增大趋势,其压力主要由可达到的最高工作温度下液化气体的饱和蒸气压决定。一般无保温或无保冷设施时,设计温度不得低于50℃;若储罐安装在天气炎热的南方地区,则在夏季中午时分必须对储罐进行喷淋冷却降温,以防止储罐金属壁温超过50℃。当所在地区的最低设计温度较低时,还应进行罐体的稳定性校核,以防止因温度降低使得罐内的压力低于大气压时发生真空失稳。

5.2 立式圆筒形储罐设计

我国立式圆柱形钢制储罐的设计主要依据 GB 50341—2014《立式圆筒形钢制焊接油罐设计规范》进行。

5.2.1 罐壁设计

对于常压储罐,正常操作时的设计压力与液体静压力相比很小,因此在设计罐壁厚度时常常忽略。若设计压力超出了常压范围,则计算罐壁上受到的压力时需要计入设计压力。

在接近常压条件下储存液体时,立式圆筒形储罐的罐壁主要承受储液的静压力的作用,如图 5-8 所示,此静压力沿罐壁由上至下逐渐增大呈三角形分布,故理想情况下罐壁厚度也应由上至下逐渐增厚。在实际设计罐壁时,罐壁板不可能采用厚度连续变化的钢板,所以只能根据钢板规格,采用逐级增厚的阶梯状变截面壁板组焊成罐壁,如图 5-9 所示。

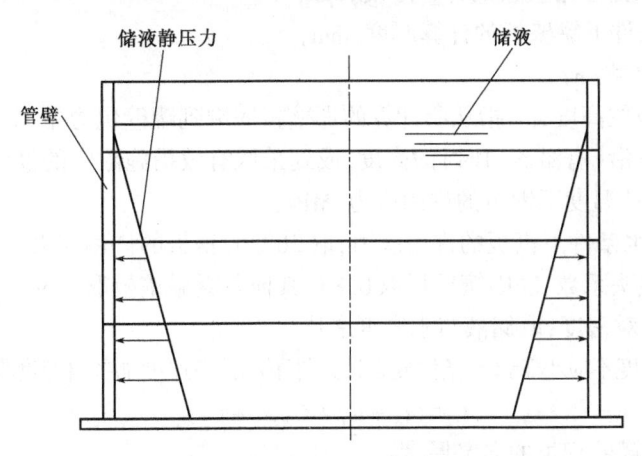

图 5-8 储罐承受的储液静压力

除在储罐直径较小的情况下,由于各层罐壁计算厚度小于满足刚性需要的厚度,罐壁厚度按刚性条件,并为了备料的方便而设计成等壁厚外,通常情况下各层罐壁板的厚度是根据罐壁的强度条件设计成沿罐壁由上到下壁厚逐层增大。

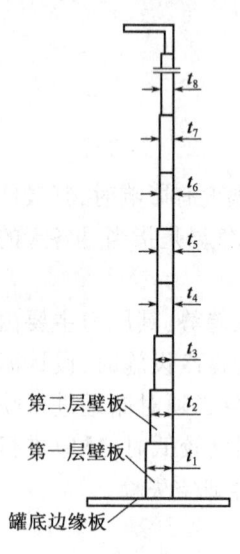

5.2.1.1 罐壁厚度设计

罐壁厚度通常按照液压荷载产生的最大环向应力进行初步设计,然后对罐壁的抗风稳定性和抗震性能进行校核。

对于罐壁厚度的计算,目前最为常见的方法有两种:定点法和变点法。当油罐直径小于或等于60m时,宜采用定点法;当油罐直径大于60m时,宜采用变点法。

1. 定点法

罐壁上虽然存在边缘应力,但环向应力占主导作用,因此,罐壁壁厚是根据环向应力确定的。每一圈罐壁板上的最大环向应力不应超过材料的许用应力。

如果忽略每层壁板的边缘应力,只考虑静液压力产生的环向应力,则最大环向应力位于每圈壁板的最下端,但由于上下圈板连接处因截面变化而产生的弯矩和剪力将使各圈罐壁下端的环向力减小,因而使各圈环向应力的最大值不在最下端,而在距圈板下端以

图 5-9 立式储罐罐壁结构

上某一个位置上。国内外广泛采用每圈罐壁板下端以上0.3m处作为折减高度,即以此处液体静压力作为该圈罐壁的计算压力,这种罐壁厚度计算方法称为"定点法"。

根据 GB 50341—2014 规定,当采用定点法设计时,罐壁厚度应按式(5-2)和式(5-3)计算。

设计条件下:

$$t_d = \frac{4.9D(H-0.3)\rho}{[\sigma]_d \varphi} \tag{5-2}$$

试水工况下:

$$t_t = \frac{4.9D(H-0.3)}{[\sigma]_t \varphi} \tag{5-3}$$

式中 t_d——设计条件下罐壁板的计算厚度,mm;

t_t——试水条件下罐壁板的计算厚度,mm;

D——油罐内径,m;

H——计算液位高度,m,指从所计算的那壁板底端到罐壁包边角钢顶部的高度,或到溢流口下沿(有溢流口时)的高度,或到采取有效措施限定的设计液位高度;

$[\sigma]_d$——设计温度下钢板的许用应力,MPa;

$[\sigma]_t$——试水条件下钢板的许用应力,取20℃时钢板的许用应力,MPa;

φ——焊接接头系数,底圈罐壁板取0.85,其他各圈罐壁板取0.9;

ρ——储液相对密度,取储液与水密度之比。

罐壁板的名义厚度不应小于试水条件或设计条件下的计算厚度加各自厚度附加量的较大值,即

$$t_i \geq (t_d + C_1 + C_2, t_t + C_1) \tag{5-4}$$

式中 t_i——第 i 圈罐壁钢板的名义厚度;

C_1——钢板厚度负偏差,mm;

C_2——腐蚀裕量,mm。

按照上述公式计算出的壁厚,要适当向上圆整到钢材标准规格的厚度;同时,储罐的壁厚

还应不小于表 5-1 的规定。

表 5-1 罐壁板的最小名义厚度

油罐内径,m	罐壁板的最小名义厚度,mm
$D < 15$	5
$15 \leqslant D < 36$	6
$36 \leqslant D \leqslant 60$	8
$60 < D \leqslant 75$	10
$D > 75$	12

2. 变点法

定点法能在一定的范围内较好地反映各圈罐壁板的实际应力水平,计算简单,应用较为广泛。但是,罐壁各圈壁板在边缘力系的影响下,最大环向应力的位置不一定都是在距圈板下端 0.3m 处。若储罐容量较大,就应该更为精确地确定最大环向应力的位置并计算壁厚,以减少罐壁的用钢量。

变点法在确定各圈环向应力最大处的位置时,考虑了罐底板约束对罐壁内受力的影响,同时也考虑了下层厚壁板对上层薄壁板的影响。变点法也是按各圈板的最大环向应确定壁厚,但是,计算各圈壁厚时使用的计算点位置不同。使用变点法时需满足以下条件:

$$\frac{(500Dt_1)^{0.5}}{H} \leqslant \frac{1000}{6} \tag{5-5}$$

式中 H——计算液位高度,m;

t_1——底圈罐壁的有效厚度(不包括厚度附加量),mm;

D——储罐内径,m。

1) 底圈罐壁板的厚度计算

要计算最底圈罐壁板的厚度,首先应根据定点法计算公式,分别计算出在设计条件和试水条件下底圈壁板的初步厚度 t_{pd} 和 t_{pt}。

然后按下列公式分别计算出设计条件和试水条件下底圈罐壁板计算厚度 t_{1d} 和 t_{1t}:

$$t_{1d} = \left(1.06 - \frac{0.0696D}{H}\sqrt{\frac{H\rho}{[\sigma]_d \varphi}}\right)\left(\frac{4.9HD\rho}{[\sigma]_d \varphi}\right) \tag{5-6}$$

$$t_{1t} = \left(1.06 - \frac{0.0696D}{H}\sqrt{\frac{H\rho}{[\sigma]_t \varphi}}\right)\left(\frac{4.9HD\rho}{[\sigma]_t \varphi}\right) \tag{5-7}$$

式中 t_{1d}——设计条件下的底圈罐壁板计算厚度,mm;

t_{1t}——试水条件下的底圈罐壁板计算厚度,mm。

设计条件下,底圈罐壁板的计算厚度取 t_{1d}、t_{pd} 中的较小值,再加上腐蚀裕量;试水条件下,底圈罐壁板的计算厚度取 t_{1t}、t_{pt} 中的较小值。底圈壁板的最终计算厚度取设计条件和试水条件下的较大值。

2) 第二圈罐壁板的厚度计算

第二圈罐壁板的壁厚与储罐半径、底圈壁板的壁厚及高度有关。因此,为计算第二圈壁板在设计条件和试水条件下的壁厚,首先应计算出底圈板的比值 ψ。

$$\psi = \frac{h_1}{\sqrt{Rt_1}} \tag{5-8}$$

式中 h_1——底圈罐壁板的高度,mm;
t_1——底圈罐壁板的计算厚度(设计条件下不包含腐蚀裕量),mm;
R——储罐内半径,mm。

底圈壁板设计条件下的 t_1 用于计算设计条件下的 t_2,试水条件下的厚度 t_1 用于计算试水条件下的 t_2。

当 $\psi \leqslant 1.375$ 时,取 $t_2 = t_1$。此时,底圈壁板高度相对较小,储罐容量较大,最大应力点落在第二圈壁板上,因此,第二圈壁板应与底圈壁板等厚。

当 $\psi \geqslant 2.625$ 时,则取 $t_2 = t_{2a}$。此时,底圈壁板高度相对较大,储罐容量较小,底板的约束对第二圈壁板影响较小,底圈壁板的最大应力靠下,因此,第二圈壁板可与第三圈、第四圈……的壁板同等对待,不受罐底的影响,只要考虑下圈圈板的影响即可。

当 $1.375 < \psi < 2.625$ 时,则

$$t_2 = t_{2a} + (t_1 - t_{2a}) \left[2.1 - \frac{h_1}{1.25(Rt_1)^{0.5}} \right] \tag{5-9}$$

式中 t_2——第2圈罐壁板的计算厚度(不包括腐蚀裕量),mm;
t_{2a}——第2圈罐壁板的厚度(不包括腐蚀裕量),mm,用于计算第2圈及以上圈罐壁板的厚度。

对设计条件和试水条件两种情况,在分别计算第二圈壁板厚度 t_2 时,都将用到对应的 t_{2a} 和 t_1 值。

对于第三种情况,底板的约束对第二圈壁板有一定的影响,最大应力点仍落在底层圈板上,但位置靠上,因此,第二圈壁板不必与底圈板等厚,也不能与第三圈、第四圈……的壁板同等对待。

3) 第三圈以上各圈壁板的厚度计算

使用变点法时,所计算圈板的最大环向应力的位置不再是 $(H-0.3)$,而是 $(H-x)$,x 是可变设计点离该圈壁板底端的距离,它与储罐半径、计算液位高度及该圈与相邻下圈壁板的厚度比值等因素有关。因事先并不知道该圈壁板的厚度,因此必须进行试算才能确定该层的准确壁厚。计算分设计和试水两种情况,步骤如下:

首先根据定点法计算公式、确定该圈罐壁板厚度的初始值 t_u。

(1)确定变设计点距该圈壁板底端的距离 x:

$$x_1 = 0.61\sqrt{Rt_u} + 320MH \tag{5-10}$$

$$x_2 = 1000MH \tag{5-11}$$

$$x_3 = 1.22\sqrt{Rt_u} \tag{5-12}$$

其中
$$M = [K^{0.5}(K-1)]/(1+K^{1.5}) \tag{5-13}$$

$$K = \frac{t_L}{t_u} \tag{5-14}$$

式中 t_u——该圈罐壁板的厚度初始值,mm;
t_L——该圈壁板下面一圈的罐壁板厚度,mm。

以三式中所算得的最小值作为变设计点距该圈壁板底端的距离 x,即

$$x = \min(x_1, x_2, x_3) \tag{5-15}$$

(2)应用下列公式计算设计条件和试水条件下的罐壁板厚度:

$$t_{dx} = \frac{4.9D\left(H - \dfrac{x}{1000}\right)\rho}{[\sigma]_d \varphi} \tag{5-16}$$

$$t_{tx} = \frac{4.9D\left(H - \dfrac{x}{1000}\right)}{[\sigma]_t \varphi} \tag{5-17}$$

式中 t_{dx}——在设计条件下,距该圈罐壁底部距离为 x 的罐壁板计算厚度,mm;

t_{tx}——在试水条件下,距该圈罐壁底部距离为 x 的罐壁板计算厚度,mm。

(3)用计算出的 t_{dx} 或 t_{tx} 代替 t_u 重复步骤(1)和(2),重新计算 x,并进行迭代,直至相继计算出的 t_{dx} 或 t_{tx} 值,连续两次之间的差别很小为止,一般迭代次数为 3 次及以上。此时得到的 x 为所考虑的那圈罐壁设计点较准确位置,因而得到的壁厚也较为准确。

各圈所选的计算厚度应为设计工况和试水工况的较大值,各圈壁板的最终厚度还应满足最小壁厚要求。

若式(5-5)得不到满足,这时罐壁厚度应采用弹性分析方法计算,环向应力不应超过许用应力。该分析法的边界条件应假设罐壁底部壁板上受到因屈服而产生的完全塑性弯矩且径向变形为零。

5.2.1.2 罐壁排板与连接

如前所述,罐壁的上圈壁板厚度不得大于下圈壁板厚度。罐壁板之间的连接常采用与内表面对齐的方式对接,且采用全焊透结构,焊接接头的设计宜符合现行国家标准 GB/T 985.1—2008《气焊、焊条电弧焊、气体保护焊和高能束焊的推荐坡口》和 GB/T 985.2—2008《埋弧焊的推荐坡口》的有关规定。纵向焊缝和环向焊缝的对接接头形式如图 5-10、图 5-11 所示。

对于纵向焊缝,相邻两圈壁板的纵向焊缝应相互错开,且距离不应小于 300mm。

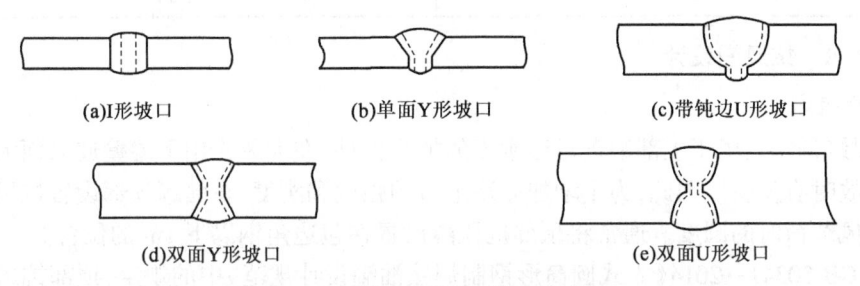

(a)I形坡口　　(b)单面Y形坡口　　(c)带钝边U形坡口

(d)双面Y形坡口　　(e)双面U形坡口

图 5-10　罐壁纵向焊缝的对接接头

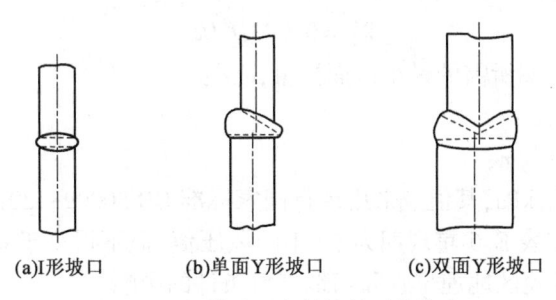

(a)I形坡口　　(b)单面Y形坡口　　(c)双面Y形坡口

图 5-11　罐壁环向焊缝的对接接头

5.2.1.3 罐壁包边角钢

罐顶与罐壁之间常采用包边角钢进行连接。包边角钢与罐壁的连接可采用全焊透对接结构或搭接结构,如图 5-12 所示。当采用对接时,应采用全焊透结构。对于浮顶罐,罐壁包边角钢的水平肢应设置在罐壁外侧。

固定顶油罐罐壁和浮顶油罐罐壁包边角钢的最小尺寸应符合表 5-2 和表 5-3 的规定。

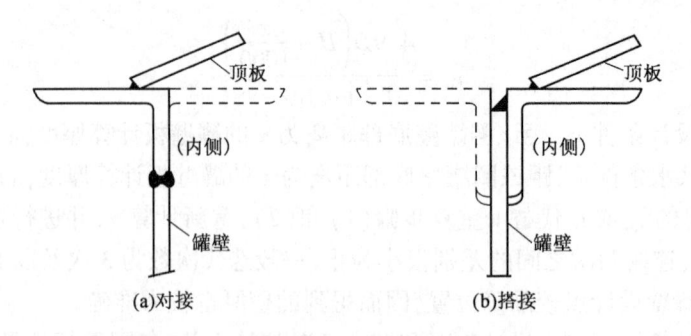

图 5-12　包边角钢与罐壁连接接头

表 5-2　固定顶油罐罐壁包边角钢的最小尺寸

油罐内径 D,m	包边角钢尺寸,mm
$D \leq 10$	L50×5
$10 < D \leq 18$	L63×8
$18 < D \leq 60$	L75×10
$D > 60$	L90×10

表 5-3　浮顶油罐罐壁包边角钢的最小尺寸

最上图罐壁板名义厚度,mm	包边角钢尺寸,mm
5	L63×6
>5	L75×6

5.2.1.4　抗风圈设计

1. 顶部抗风圈

对于敞口储罐,由于上部缺乏足够刚度的加强构件,在大风作用下罐壁迎风面大面积向内凹陷的事故时有发生。因此,为了增加储罐上口的强度和刚度,在储罐顶部设置抗风圈以保持储罐经受风载荷时的圆度。通常将顶部抗风圈设置在包边角钢以下 1m 的位置。

根据 GB 50341—2014《立式圆筒形钢制焊接油罐设计规范》中的规定,顶部抗风圈所需的最小截面抗弯模量 W_Z 按下式计算:

$$W_Z = 0.083 D^2 H \omega_0 \tag{5-18}$$

式中　W_Z——顶部抗风圈所需的最小截面模量,cm^3;

　　　D——储罐内径,m;

　　　H——罐壁总高度,m;

　　　ω_0——基本风压,kPa,其值应采用现行国家标准 GB 50009—2012《建筑结构荷载规范》附录 E 中表 E.5 重现期为 50 年的风压值,但不得小于 0.3kPa,除此之外,还应考虑建罐地区地理位置和当地气象条件的影响。

在选择抗风圈截面时,应满足使抗风圈的实际截面模量不小于 W_Z。当设置一道顶部抗风圈不能满足要求时,可设置多道。

顶部抗风圈与罐壁连接处上、下两侧各 16 倍罐壁厚度范围内,可以认为能与抗风圈同时工作,因此,在计算顶部抗风圈的实际截面模量时,应计入这部分面积。当罐壁有厚度附加量时,计算时应扣除厚度附加量。

抗风圈的外周边缘可以是圆形的,也可以是多边形的。当抗风圈兼作走道时,其最小净宽度不应小于650mm,抗风圈上表面不得存在影响行走的障碍物。

抗风圈结构形式可采用钢板、型钢或两者组合焊接而成;钢板最小名义厚度应为5mm,角钢的最小规格应为63mm×6mm,槽钢的最小规格应为160mm×60mm×6.5mm。常用的抗风圈结构形式如图5-13所示。

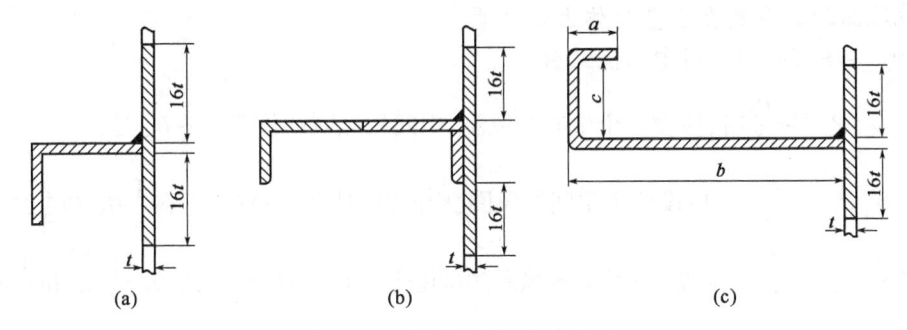

图5-13 常用抗风圈结构形式

抗风圈自身部件的对接接头应采用全焊透对接结构,对接焊缝下部宜加垫板,且距罐壁纵焊缝的距离不应小于150mm;抗风圈与罐壁的连接,上侧应采用连续焊,下侧可采用间断焊,且距罐壁环焊缝的距离不应小于150mm。

当抗风圈有可能积存雨水时(如外缘向上形式),应开设适当数量的排液孔。

2. 中间抗风圈

设置了顶部抗风圈后,罐体的上部保持了圆度,但顶部抗风圈下面的筒体仍有可能局部被吹瘪。为了解决这个问题,需在下部适当的位置设置中间抗风圈(即加强圈)。对于设有固定顶的储罐,应将罐壁全高作为风力稳定性核算区间。对于敞口储罐,应将顶部抗风圈以下罐壁作为核算区间。

1) 罐壁筒体许用临界压力

核算区间的罐壁筒体许用临界压力应按下列公式计算:

$$[P_{cr}] = 16.48 \frac{D}{H_E} \left(\frac{t_{min}}{D}\right)^{2.5} \tag{5-19}$$

$$H_E = \sum H_{ei} \tag{5-20}$$

$$H_{ei} = h_i \left(\frac{t_{min}}{t_i}\right)^{2.5} \tag{5-21}$$

式中 $[P_{cr}]$——核算区间罐壁筒体的许用临界应力,kPa;
H_E——核算区间罐壁筒体的当量高度,m;
t_{min}——核算区间最薄圈罐壁板的有效厚度,mm;
t_i——第 i 圈罐壁板的有效厚度,mm;
h_i——第 i 圈罐壁板的实际高度,m;
H_{ei}——第 i 圈罐壁板的当量高度,m。

2) 罐壁筒体的设计外压

对于敞口的外浮顶油罐: $P_0 = 3.375\mu_Z\omega_0$ (5-22)

对于与大气连通的内浮顶油罐: $P_0 = 2.25\mu_Z\omega_0$ (5-23)

对于存在内压的固定顶油罐: $P_0 = 2.25\mu_Z\omega_0 + q$ (5-24)

式中 P_0——罐壁筒体的设计外压,kPa;

ω_0——基本风压,kPa;

μ_Z——风压高度变化系数,取值参见 GB 50341—2014《立式圆筒形钢制焊接油罐设计规范》规定;

q——设计真空负压,kPa,不得超过 0.25 kPa。

3) 抗风圈的数量及在当量筒体上的位置

当 $[P_{cr}] \geq P_0$ 时,可不设中间抗风圈;

当 $P_0 > [P_{cr}] \geq \dfrac{P_0}{2}$ 时,应设一个中间抗风圈,中间抗风圈的位置在 $\dfrac{1}{2}H_E$ 处;

当 $\dfrac{P_0}{2} > [P_{cr}] \geq \dfrac{P_0}{3}$ 时,应设两个中间抗风圈,中间抗风圈的位置分别在 $\dfrac{1}{3}H_E$ 和 $\dfrac{2}{3}H_E$ 处;

当 $\dfrac{P_0}{3} > [P_{cr}] \geq \dfrac{P_0}{4}$ 时,应设三个中间抗风圈,中间抗风圈的位置分别在 $\dfrac{1}{4}H_E$、$\dfrac{1}{2}H_E$ 和 $\dfrac{3}{4}H_E$ 处;

当 $\dfrac{P_0}{4} > [P_{cr}] \geq \dfrac{P_0}{5}$ 时,应设四个中间抗风圈,中间抗风圈的位置分别在 $\dfrac{1}{5}H_E$、$\dfrac{2}{5}H_E$、$\dfrac{3}{5}H_E$ 和 $\dfrac{4}{5}H_E$ 处;

当 $\dfrac{P_0}{5} > [P_{cr}] \geq \dfrac{P_0}{6}$ 时,应设五个中间抗风圈,中间抗风圈的位置分别在 $\dfrac{1}{6}H_E$、$\dfrac{1}{3}H_E$、$\dfrac{1}{2}H_E$、$\dfrac{2}{3}H_E$ 和 $\dfrac{5}{6}H_E$ 处。

上述是中间抗风圈在当量筒体上的位置,需换算到罐壁上实际位置:当中间抗风圈位于最薄的罐壁板上时,它到上面一个加强截面(顶部抗风圈或中间抗风圈)的实际距离,不需要换算;当中间抗风圈不在最薄罐壁板上时,其到上面一个加强截面的实际距离应按 $h_i = H_{ei} \left(\dfrac{t_i}{t_{\min}}\right)^{2.5}$ 进行换算。中间抗风圈离罐壁环焊缝的距离不应小于 150mm。

中间抗风圈的最小截面尺寸应符合表 5-4 的规定。中间抗风圈与罐壁的连接应使角钢长肢保持水平,短肢朝下,长肢端与罐壁相焊。

表 5-4 中间抗风圈的最小截面尺寸

油罐内径 D,m	最小截面尺寸,mm
$D \leq 20$	L100×63×8
$20 < D \leq 36$	L125×80×8
$36 < D \leq 48$	L160×100×10
$48 < D \leq 60$	L200×125×12
$D > 60$	L200×200×14

5.2.2 罐顶设计

常见的罐顶结构有固定顶和浮顶。本章主要以固定顶中应用最广的拱顶为例介绍其罐顶设计方法。

5.2.2.1 固定顶的一般要求

1. 罐顶载荷的计算

罐顶的外载荷由球壳的自重、罐内在操作条件下可能产生的真空度、雪载、活载荷组成。

对外载荷估计不足,会使球壳受压失稳,也会使包边角钢被拉坏;估计过高,又会造成材料上的浪费,因而正确估计是很重要的。

$$T = \{D_L + (L_r \text{ 或 } S_0) + 0.4P_e ; D_L + 0.4(L_r \text{ 或 } S_0) + P_e\}_{max} \quad (5-25)$$

式中 T——作用于罐顶上的外载荷,kPa;

D_L——固定载荷,包括厚度附加量在内的罐体和附件重量。固定顶固定载荷为罐顶板及其加强构件的重力载荷,当有隔热层时,尚应计入隔热层的重力载荷;

L_r——固定顶活载荷(水平投影面上的活荷载),取值不应小于1.0kPa;

S_0——基本雪压,由现行国家标准GB 50009《建筑结构荷载规范》查取;

P_e——设计真空外压;除设有环向通气孔的内浮顶罐$P_e = 0$外,设计真空外压不应小于0.25kPa;

2. 罐顶板与罐壁的连接

罐顶与罐壁的连接宜采用图5-14所示结构,结构件和壳板自身的拼接焊缝应为全焊透对接结构。罐顶与罐壁连接处有效截面的大小,需要根据罐顶的结构和外载荷确定。

为了事故状态下储罐能够安全泄放,罐顶板与罐壁可采用弱连接结构,以便内压产生举升力将抬起而尚未抬起罐底时,弱连接处能发生塑性失稳而有效泄压。

弱连接处应符合下列规定:

(1)连接处的罐顶坡度不应大于1/6;

(2)罐顶支撑构件不得与罐顶板连接;

(3)顶板与包边角钢仅在外侧连续角焊,且焊脚尺寸不应大于5mm,内侧不得焊接;

(4)连接结构仅限于图5-14中(a)、(b)、(c)、(d)四种情况,且应满足下式要求:

$$A \leqslant \frac{m_t g}{1415 \tan \theta} \quad (5-26)$$

式中 A——罐顶与罐壁连接处有效截面面积,mm^2;

m_t——罐壁和由罐壁、罐顶所支撑构件(不包括罐顶板)的总质量,kg;

θ——罐顶与罐壁连接处罐顶与水平面之间的夹角,(°);

g——重力加速度,取$g = 9.81 m/s^2$;

5.2.2.2 拱顶设计

拱顶是目前中小型立式圆筒形储罐中使用很广的一种罐顶形式,常用容积范围100~10000m^3。拱顶的设计内容包括拱顶结构尺寸设计和拱顶的稳定性校核。对于常压或微正压储罐,正常设计的拱顶具有足够的强度,一般无须再专门进行强度校核。

1. 拱顶结构及尺寸计算

1)拱顶的结构

拱顶是球壳的一部分,它由中心顶板、扇形顶板组成,如图5-15所示。当储罐直径较大、顶板较薄时,顶板内侧还焊有加强肋。

中心顶板也称中心盖板,扇形顶板俗称瓜皮板。顶板间的连接可采用对接或搭接。一般小块板拼成大块瓜皮板多采用对接,大块板之间大都采用搭接。采用搭接时,搭接宽度不小于5倍板厚,且不小于25mm;顶板外表面的搭接焊缝应采用连续满角焊,内表面的搭接焊缝可根据使用要求及结构受力情况确定焊接形式。

中心盖板搭接在瓜皮板上,搭接宽度一般取50mm。

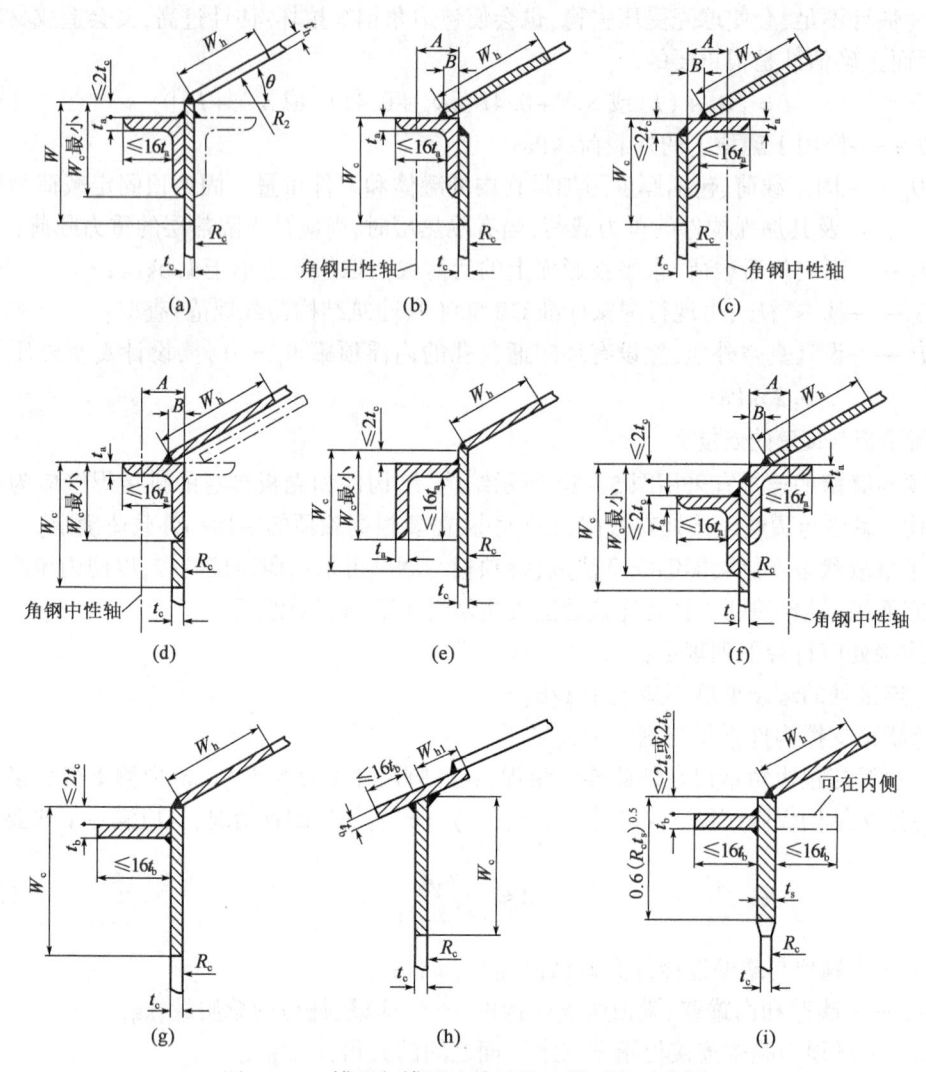

图 5-14 罐顶与罐壁连接处的有效面积示意图

t_a—角钢水平肢厚度；t_b—加强钢厚度；t_c—顶部壁板厚度；

t_h—罐顶板的厚度；t_s—罐壁上端加厚壁板厚度；R_c—顶部罐壁内半径；

R_2—罐顶与罐壁连接处罐顶板的曲率半径，$R = R_c/\sin\theta$；

θ—罐顶与罐壁连接处罐位与水平面之间的夹角；

W_c—罐壁剖面线部分的最大宽度，$W_c = 0.6(R_c t_c)^{0.5}$；

W_h—罐顶板剖面线部分的最大宽度，取 $W_h = 0.3(R_2 t_h)^{0.5}$ 与 300 的较小值；

W_{h1}—宜取 $0.6(R_2 t_b)^{0.5}$，但不应大于 $0.9(R_2 t_b)^{0.5}$

（图中长度单位为 mm，角度单位为（°）；承受内压时为抗压环，承受外压时为抗拉环）

2）拱顶曲率半径计算

因为在气体压力作用下，拱顶与储罐壁厚相等时，拱顶的强度为等直径立式圆柱形罐壁强度的 2 倍。为了取得等强度，拱顶直径等于罐壁直径的 2 倍，即取拱顶的曲率半径 R_s 等于储罐直径 D。工程上，尚需兼顾其他方面的要求，一般取拱顶曲率半径与储罐直径的差值不超过 20%，即

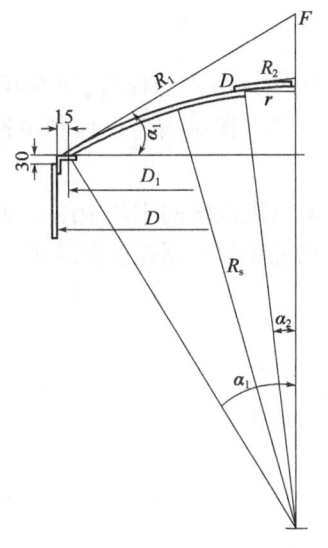

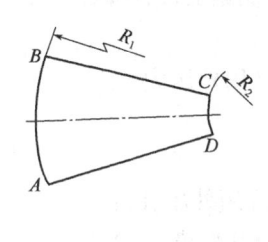

(a)拱顶的几何尺寸　　　　(b)瓜皮板展开图

图 5-15　拱顶的几何尺寸

$$R_s = (0.8 \sim 1.2)D \tag{5-27}$$

3）瓜皮板设计

在确定瓜皮板尺寸之前，首先确定 α_1、α_2 角（以弧度计）：

$$\sin\alpha_1 = \frac{D_1}{2R_s} \tag{5-28}$$

$$\sin\alpha_2 = \frac{r}{2R_s} \tag{5-29}$$

式中，r 为拱顶中心孔的半径（可参考表 5-5 选取）。

表 5-5　拱顶中心孔半径

油罐公称容积，m³	r, mm
$100 \leq V < 1000$	750
$1\,000 \leq V < 10000$	1000
$V > 10000$	1050

瓜皮板的展开形状如图 5-15 所示。图中 R_1、R_2 按下式计算：

$$R_1 = R_s \tan\alpha_1 \tag{5-30}$$

$$R_2 = R_s \tan\alpha_2 \tag{5-31}$$

图 5-15 中 AD、AB、CD 弧可分别按下式计算：

$$AD = \frac{2\pi R_s}{360}(\alpha_1 - \alpha_2) \tag{5-32}$$

$$AB = \frac{\pi D_1}{n} + \Delta \tag{5-33}$$

$$CD = \frac{2\pi r}{n} + \Delta \tag{5-34}$$

式中　n——瓜皮板的块数，为便于排版，一般取偶数；

Δ——搭接宽度。

2. 拱顶的稳定性校核

拱顶顶板厚度与罐的大小有关。对于容积小于1000m³的储罐,可采用光面球壳(不加肋)。直径大于1000m³的储罐采用加肋拱顶较为经济,其在满足拱顶稳定性的条件下,拱顶自身的重量最轻。

由于罐顶的径厚比很大,容易发生屈曲凹瘪,所以拱顶罐的拱顶板厚根据稳定性条件进行设计。一般来说,储罐的设计荷载较小,对于罐顶来说无须根据强度要求进一步校核。

1)光面球壳

光面球壳的许用外压为

$$[p_{cr}] = 0.1E\left(\frac{t_h}{R_s}\right)^2 \quad (5-35)$$

式中　$[p_{cr}]$——许用外压,Pa;
　　　E——钢材弹性模量,Pa;
　　　R_s——球壳的曲率半径,mm;
　　　t_h——球壳的有效厚度,mm。

当储罐受到的外压满足$T<[p_{cr}]$时,则认为罐顶安全,不会失稳。否则应当加球壳的厚度或加肋。

基于上述公式,我国GB 50341—2014提出,光面球壳顶板厚度不得小于下式计算值,且最大名义厚度不应大于12mm。

$$t_{min} = \frac{R_s}{2.4}\sqrt{\frac{T}{2.2}} \quad (5-36)$$

式中　t_{min}——罐顶板的最小计算厚度,mm;
　　　T——作用于罐顶的外载荷,kPa。

2)带肋球壳

带肋球壳板如图5-16所示,肋条沿长度方向可拼接。采用对接时,焊缝应焊透,且必须加垫板。采用搭接时,搭接长度不小于肋条宽度的2倍,且应双面满脚焊,经向肋条和纬向肋条之间的T形接头应采用双面满脚焊,顶板与肋条的连接应采用双面间断焊,焊角的尺寸应等于顶板的厚度。

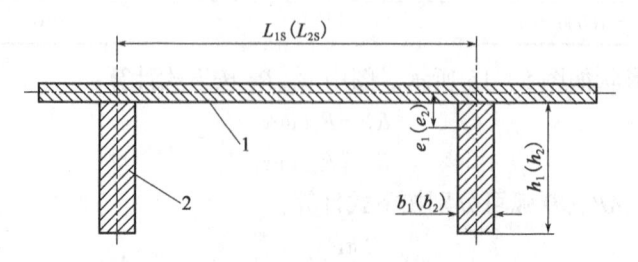

图5-16　带肋球壳板
1—顶板;2—肋条

带肋球壳的曲率半径不宜大于40m,且储罐直径不宜大于40m。肋条间距不应大于1.5m。肋条高厚比不宜大于12。

带肋球壳的许用外荷载应按下式计算:

$$[P] = 0.0001E \left(\frac{t_m}{R_s}\right)^2 \left(\frac{t_h}{t_m}\right)^{0.5} \tag{5-37}$$

式中 $[P]$——带肋球壳的许用外荷载,kPa;
E——设计温度下钢材的弹性模量,MPa;
R_s——球壳的曲率半径,m;
t_h——罐顶板的有效厚度,mm;
t_m——带肋球壳的折算厚度,mm。

带肋球壳的折算厚度应按公式计算:

$$t_m = \sqrt[3]{\frac{t_{1m}^3 + 2t_h^3 + t_{2m}^3}{4}} \tag{5-38}$$

其中

$$t_{1m}^3 = 12\left[\frac{h_1 b_1}{L_{1s}}\left(\frac{h_1^2}{3} + \frac{h_1 t_h}{2} + \frac{t_h^2}{4}\right) + \frac{t_h^3}{12} - n_1 t_h e_1^2\right] \tag{5-39}$$

$$t_{2m}^3 = 12\left[\frac{h_2 b_2}{L_{2s}}\left(\frac{h_2^2}{3} + \frac{h_2 t_h}{2} + \frac{t_h^2}{4}\right) + \frac{t_h^3}{12} - n_2 t_h e_2^2\right] \tag{5-40}$$

$$n_1 = 1 + \frac{h_1 b_1}{t_h L_{1s}} \tag{5-41}$$

$$n_2 = 1 + \frac{h_2 b_2}{t_h L_{2s}} \tag{5-42}$$

式中 t_{1m}——纬向肋与顶板组合截面的折算厚度,mm;
h_1——纬向肋宽度,mm;
b_1——纬向肋有效厚度,mm;
L_{1s}——纬向肋在经向的间距,mm;
n_1——纬向肋与顶板在经向的面积折算系数;
e_1——纬向肋与顶板在经向的组合截面形心到顶板中面的距离,mm;
t_{2m}——经向肋与顶板组合截面的折算厚度,mm;
h_2——经向肋宽度,mm;
b_2——经向肋有效厚度,mm;
L_{2s}——经向肋在纬向的间距,mm;
n_2——经向肋与顶板在纬向的面积折算系数;
e_2——经向肋与顶板在纬向的组合截面形心到顶板中面的距离,mm。

带肋球壳的稳定性验算应满足下式要求:

$$T < [P] \tag{5-43}$$

式中 T——固定顶的设计外荷载(kPa)。

5.2.3 罐底设计

立式圆柱形储罐的罐底一般直接放在基础的砂垫层上。罐底的中间部分,相当于一个铺在弹性基础上的薄板,一般直接将罐内介质的重量传递给地基。只有基础有较大的沉降时,罐底中间部分才会受到较大应力。罐底的边缘部分,则由于罐壁的作用,会受到很大的应力。

考虑到不同大小的储罐由于地基沉陷的影响和经济要求,各种规范都对储罐的罐底的结构(如排板方式、底板的厚度以及搭接连接的方式等)提出了要求。

5.2.3.1 罐底排板

罐底板的排板方式通常根据储罐大小而定。罐底排板结构如图 5-17 所示,罐底中间部分称为中幅板,外周较厚的一圈底板称为边缘板。环形边缘板外缘应为圆形,内缘应为正多边形或圆形;内缘为正多边形时,其边数应与环形边缘板的块数相等。

根据 GB 50341—2014,当储罐内径小于 12.5m 时,可采用条形排板方式,如图 5-17(a) 所示,罐底由矩形的中幅板和非环形的边缘板组成,可不设环形边缘板。当储罐内径≥12.5m 时,宜设环形边缘板,如图 5-17(b) 所示。

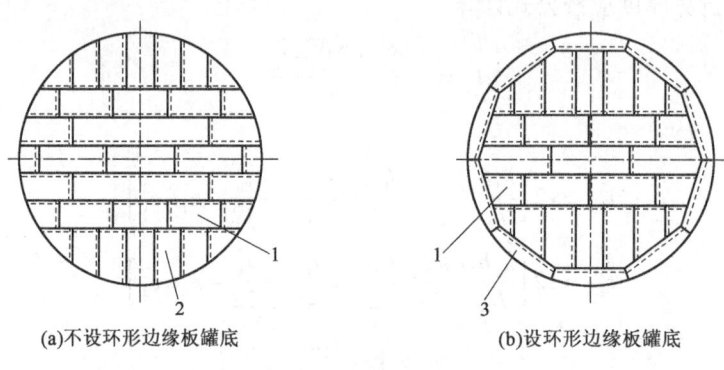

(a)不设环形边缘板罐底　　(b)设环形边缘板罐底

图 5-17 罐底排板结构
1—中幅板;2—非环形边缘板;3—环形边缘板

5.2.3.2 罐底坡度

储罐罐底直接与基础接触,在液压长期作用下,罐底中心部位的下沉量最大,当超过限度时,会造成钢板焊缝开裂。为消除或补偿因基础下沉而引起的中部凹陷,同时也便于排除残液,底板应具有和基础同样的(中心高,四周低)坡度,如图 5-18 所示。一般情况下坡度取为 15‰,对软弱地基不大于 30‰。对有些直径不太大的化工储罐,为了便于排出残液,也可做成向一面倾斜的罐底形式。

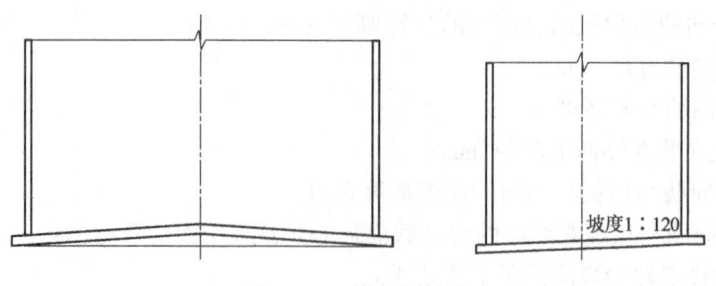

图 5-18 罐底板坡度

5.2.3.3 罐底板尺寸

除腐蚀裕量外,罐底中幅板的最小公称厚度不应小于表 5-6 的规定。

表 5-6 中幅板最小公称厚度

油罐内径,m	罐底板厚度,mm
$D \leqslant 10$	5
$D > 10$	6

边缘板的受力情况十分复杂,其厚度比中幅板略有增加。除腐蚀裕量外,罐底环形边缘板的最小公称厚度不应小于表5-7的规定。

表5-7　环形边缘板的最小公称厚度　　mm

底圈罐壁板名义厚度	环形边缘板厚度	
	底圈罐壁板标准屈服强度下限值,MPa	
	≤390	>390
≤6	6	—
7~10	7	—
11~20	9	—
21~25	11	12
26~30	12	16
31~34	14	18
35~39	16	20
≥40	—	21

底圈罐壁外表面沿径向至边缘板外缘的距离不应小于50mm,且不宜大于100mm。罐壁内表面至边缘板与中幅板之间的连接焊缝的最小径向距离不应小于下式的计算值,且不应小于600mm。

$$L_\mathrm{m} = \frac{215 t_\mathrm{b}}{\sqrt{H_\mathrm{w} \rho}} \tag{5-44}$$

式中　L_m——罐壁内表面至环形边缘板与中幅板连接焊缝的最小径向距离,mm;
　　　t_b——罐底环形边缘板的名义厚度(不包括腐蚀裕量),mm;
　　　H_w——设计液位高度,m;
　　　ρ——储液相对密度。

5.2.3.4　罐底板间的连接

罐底板可采用搭接、对接或二者的组合(图5-19、图5-20),较厚板宜选用对接。

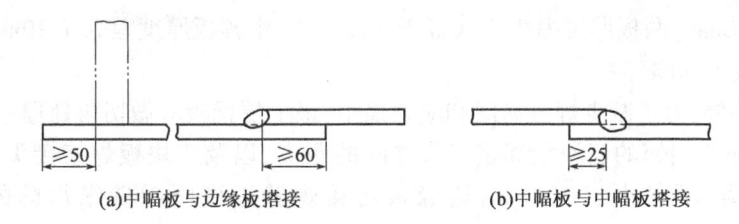

图5-19　罐底板的搭接接头

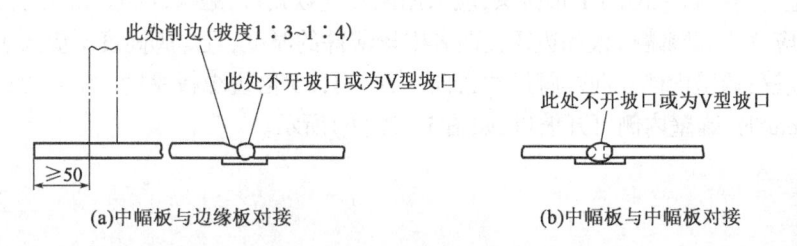

图5-20　罐底板的对接接头

采用搭接时,中幅板之间的搭接宽度宜为5倍板厚,且实际搭接宽度不应小于25mm;中幅板宜搭接在环形边缘板的上面,实际搭接宽度不应小于60mm。

采用对接时,焊缝下面应设厚度不小于4mm的垫板,垫板应与罐底板贴紧并定位。

厚度不大于6mm的罐底边缘板对接时,焊缝可不开坡口,焊缝间隙不宜小于6mm,如图5-21(a)所示;厚度大于6mm的罐底边缘板对接时,焊缝应采用V形坡口,如图5-21(b)所示,边缘板与底圈壁板相焊的部位应做成平滑支撑面。

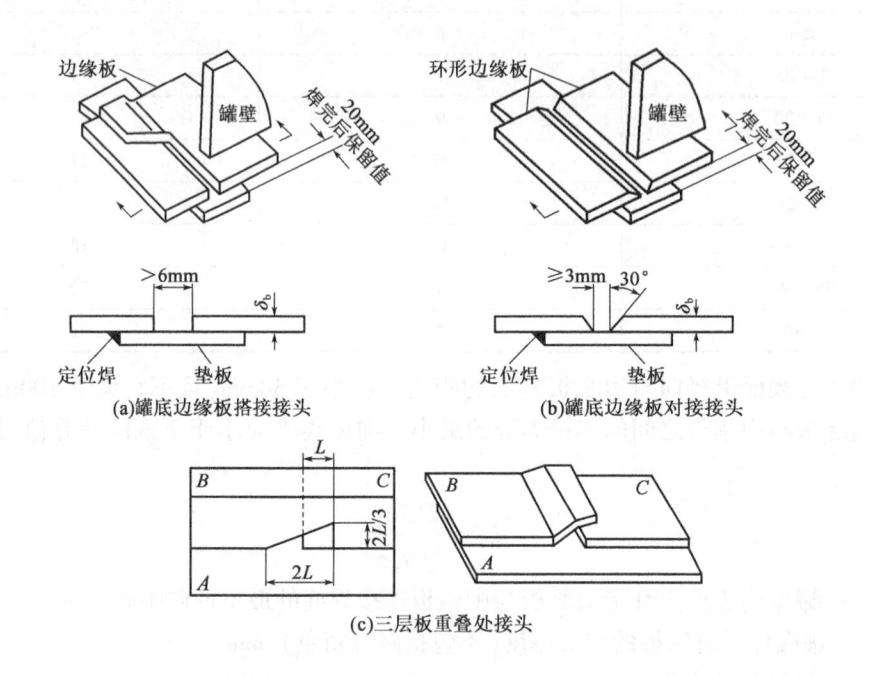

图5-21 罐底接头形式

中幅板、边缘板自身的搭接焊缝以及中幅板与边缘板之间的搭接焊缝,应采用单面连续角焊缝,焊角尺寸应等于较薄件的厚度。

当边缘板与中幅板对接时,凡属下列情况,均按图5-20的要求削薄厚板边缘:(1)中幅板厚度不大于10mm,两板厚度差大于或等于3mm;(2)中幅板厚度差大于10mm,两板厚度差大于中幅板厚度的30%。

三块板重叠处,为了减少焊缝高度和应力集中,最上层钢板应做切角处理,如图5-21(c)所示。罐底板任意相邻的三块板焊接接头之间的距离,以及三块板焊接接头与边缘板对接接头之间的距离,不得小于300mm;边缘板对接焊缝至底圈罐壁纵焊缝的距离不得小于300mm。

底圈罐壁与边缘板之间的T形接头,应采用两侧连续角焊;罐壁外侧焊角尺寸及罐壁内侧竖向焊脚尺寸,应等于底圈罐壁板和边缘板两者中较薄件的厚度,且焊脚高度不应大于13mm,角焊缝应有圆滑过渡;罐壁内侧径向焊脚尺寸,宜取1.0~1.35倍边缘板厚度(图5-22)。当边缘板厚度大于13mm时,罐壁内侧可开坡口,如图5-22(b)所示。

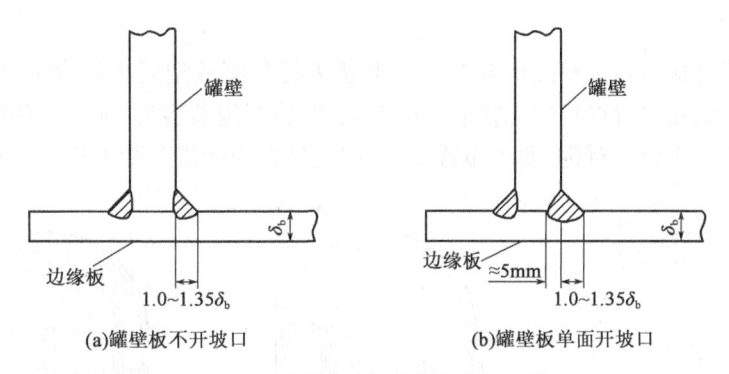

(a)罐壁板不开坡口　　　　　(b)罐壁板单面开坡口

图 5-22　底圈罐壁与边缘板之间的接头

5.3　球 罐 设 计

球罐的结构并不复杂,但它的制造和安装较之其他形式储罐困难。主要原因是它的壳体为空间曲面,压制成型、安装组对及现场焊接难度较大。而且,由于球罐大多数是压力或低温容器,它盛装的物料又大部分是易燃、易爆物,且装载量又大,一旦发生事故,后果不堪设想。因此,球罐结构设计要围绕着如何保证安全可靠来实施。

球罐结构的合理设计必须考虑各种因素:装载物料的性质、设计温度和压力、材质、制造设备和技术水平、安装方法、焊接与检验要求、操作方便可靠、自然环境的影响(如风载荷与地震载荷的作用,大气的自然侵蚀)等。所设计的球罐要求能满足各项工艺要求,有足够的强度和稳定性,且结构尽可能简单,使其压制成型、安装组对、焊接和检验、操作、监测和检修容易实施。

球罐的结构设计应该包括如下主要内容:
(1)根据工艺参数的要求确定球罐结构的类型;
(2)确定球罐的分割方法(分带、分片);
(3)球壳设计,包括球瓣的几何尺寸及球壳壁厚的确定;
(4)支座设计;
(5)附件设计,包括人孔和工艺接管的选定、布置以及开孔补强的设计,梯子平台设计,隔热保冷结构设计,抗震结构设计,液位测量、压力测量、安全阀、检测设备等设施的设计选型等。

5.3.1　球壳设计

球壳是球形储罐的主体,主要用于储存物料、承受物料工作压力和液柱静压力。球壳通常由许多块在工厂预制成一定形状的钢板,在现场组装、焊接而成的。

球壳设计须按照如下的设计准则进行:
(1)必须满足所储存物料在容量、压力、温度方面要求,且安全可靠;
(2)受力状况最佳;
(3)考虑瓣片加工机械(油压机或水压机)的跨度大小、运输条件的可能,尽量采用大的瓣片结构,使焊缝长度最小,减少安装工作量;
(4)考虑钢板的规格,增强球壳板的互换性,尽量提高板材的利用率。

5.3.1.1　球壳的结构形式

球壳按其组合结构常分为以下几种:

1. 橘瓣式球壳

橘瓣式球壳是指球壳全部按橘瓣瓣片的形状进行分割成型后再组合的结构,如图 5-23 所示。纯橘瓣式球壳的特点是球壳拼装焊缝较规则,施焊组装容易,加快组装进度并可对其实施自动焊。由于分块分带对称,便于布置支柱,因此球壳焊接接头受力均匀,质量较可靠。

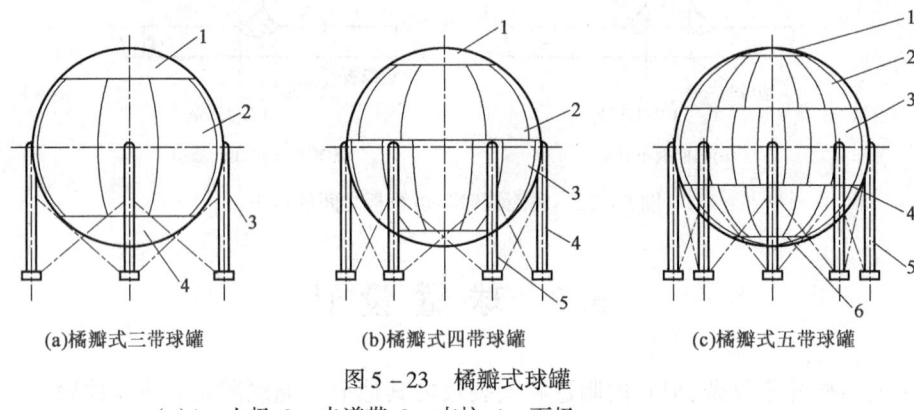

图 5-23 橘瓣式球罐

(a) 橘瓣式三带球罐　(b) 橘瓣式四带球罐　(c) 橘瓣式五带球罐

(a) 1—上极;2—赤道带;3—支柱;4—下极
(b) 1—上极;2—上温带;3—赤道带;4—支柱;5—下极
(c) 1—上极;2—上温带;3—赤道带;4—下温带;5—支柱;6—下极

这种球壳适用于各种容积大小的球罐,为世界各国普遍采用。我国自行设计、制造和组焊的球罐多为纯橘瓣式结构。

这种球壳的缺点是:球瓣在各带位置尺寸大小不一,只能在本带内或上、下对称的带之间进行互换;下料及成型较复杂,板材的利用率低;球极板往往尺寸较小。当需要布置人孔和众多接管时可能出现接管拥挤,有时焊缝不易错开的情况。

2. 足球瓣式球壳

足球瓣式球壳的划分和足球一样,所有的球壳板片大小相同,它可以由尺寸相同或相似的四边形或六边形球瓣组焊而成,如图 5-24 所示。这种球壳的优点是每块球壳板尺寸相同,下料成型规格化,材料利用率高,互换性好,组装焊缝较短,焊接及检验工作量小。缺点是焊缝布置复杂,施工组装困难,对球壳板的制造精度要求高。

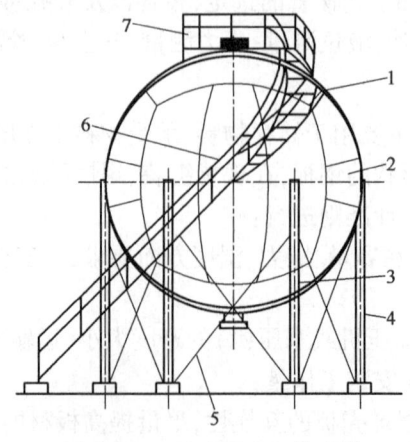

图 5-24 足球瓣式三带球罐
1—顶部极板;2—赤道板;3—底板极板;4—支柱;5—拉杆;6—扶梯;7—顶部操作平台

由于受钢板规格及自身结构的影响,一般只适用于制造容积小于120m³的球罐。国内目前很少采用足球瓣式球罐。

3. 混合式球壳

混合式球壳的组成是:赤道带和温带采用橘瓣式,而极板采用足球瓣式结构,如图5-25所示。由于这种结构取橘瓣式和足球瓣式两种结构之优点,材料利用率较高,焊缝长度缩短,球壳板数量减少,且特别适合于大型球罐。极板尺寸比纯橘瓣式大,容易布置人孔及接管。与足球瓣式球壳相比,可避开支柱搭在球壳板焊接接头上,使球壳应力分布比较均匀。

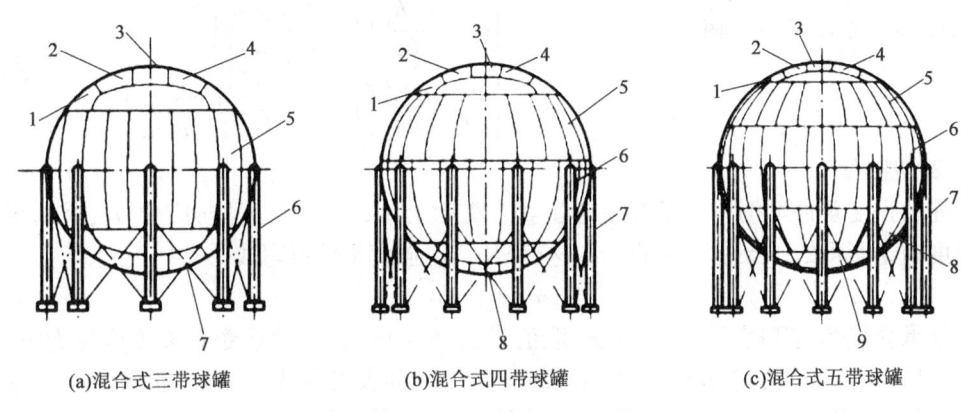

(a)混合式三带球罐　　　　(b)混合式四带球罐　　　　(c)混合式五带球罐

图 5-25　混合式球罐

(a)1—极边板;2—极侧板;3—极中板;4—上极;5—赤道带;6—支柱;7—下极
(b)1—极边板;2—极侧板;3—极中板;4—上极;5—上温带;6—赤道带;7—支柱;8—下极
(c)1—极边板;2—极侧板;3—极中板;4—上极;5—上温带;6—赤道带;7—支柱;8—下温带;9—下极

该结构在国外已广泛采用,随着我国石油、化工、城市煤气等工业的迅速发展,掌握了该种球罐的设计、制造、组装和焊接技术,混合式罐体将在大型球罐上得到更广泛的应用。

球壳基本参数见 GB/T 17261—2011《钢制球形储罐与基本参数》。

5.3.1.2　球壳壁厚设计

1. 球壳应力

产生球壳应力的因素很多,气体内压力、储存的液体介质的液柱静压力、球壳内外壁的温度差、安装与使用时的温度差、自重、局部外载荷以及安装施工等因素都会使球壳产生应力。这一节所涉及的是由两个主要因素——气体内压力和液柱静压力所产生的球壳应力。

1) 内压力形成的球壳应力

石油化工企业中常用的球罐,多属薄壁球罐。在气体内压力 p 作用下,对于平均直径为 D_m、厚度为 δ 的球壳,由于它们的几何形状对称于球心,其应力也就完全是均匀的。两个方向应力——经向和周向薄膜应力相等,可由下式求得:

$$\sigma_\varphi = \sigma_\theta = \frac{pD_m}{4\delta} \tag{5-45}$$

2) 液体静压力形成的球壳应力

储存液体介质的大容量球罐,由液体静压力形成的球壳应力在强度计算中一般不可忽略。容器直径越大,其影响越显著。

如果把赤道部位视为球壳的支撑带,那么,对于平均半径为 R_m、厚度为 δ、储满密度为 ρ 的液体介质的球壳,由旋转薄壳的无力矩理论的平衡方程,可直接求得在角度为 φ 的部位

（图5-26）由液体静压力所形成的经向和周向薄膜应力。

在赤道以上区域：

$$\begin{cases} \sigma_\varphi = \dfrac{\rho g R_m^2}{6\delta}\left(1 - \dfrac{2\cos^2\varphi}{1+\cos\varphi}\right) \\ \sigma_\theta = \dfrac{\rho g R_m^2}{6\delta}\left(5 - 6\cos\varphi + \dfrac{2\cos^2\varphi}{1+\cos\varphi}\right) \end{cases} \quad (5-46)$$

在赤道以下区域：

$$\begin{cases} \sigma_\varphi = \dfrac{\rho g R_m^2}{6\delta}\left(5 + \dfrac{2\cos^2\varphi}{1-\cos\varphi}\right) \\ \sigma_\theta = \dfrac{\rho g R_m^2}{6\delta}\left(1 - 6\cos\varphi - \dfrac{2\cos^2\varphi}{1-\cos\varphi}\right) \end{cases} \quad (5-47)$$

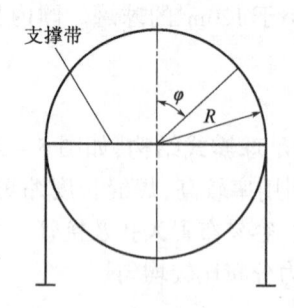

图5-26 球壳应力计算分析图

3）强度条件

球壳的强度条件可按第一强度理论建立。实际上，由于不考虑径向应力 σ_3，其结果与按第三强度理论所得的结果是一致的。在这种情况下，强度条件可写成：

$$\sigma_{\mathrm{I}} \leqslant [\sigma] \quad (5-48)$$

在仅承受气体内压时，当量应力 σ_{I} 取值于式(5-45)。同时承受有液体静压力时，球壳各带的当量应力 σ_{I} 取值于式(5-46)或式(5-47)中的大者和式(5-45)的叠加。在求取各带的应力值时，诸式中的 δ 应是各带实际壁厚扣除厚度附加量后的数值。

球壳材料的许用应力 $[\sigma]$ 可查 GB12337 中相关规定确定。

2. 球壳壁厚计算

球壳在设计压力 p 作用下所需的厚度为：

$$\delta = \dfrac{pD_i}{4[\sigma]\varphi - p} + C \quad (5-49)$$

其中

$$D_i = D_m - \delta$$

式中 D_i——球壳直径；

C——壁厚附加量；

φ——焊缝接头系数。

对于储存液体介质的球壳，运用等强度的原则来确定各带壁厚，以节约用材和减轻结构重量，因而上式中的设计压力需反映各带不同的液体静压力的影响。设计压力 p 可近似地由工作压力而定的设计压力加上相应的液体静压力 $\rho g H_i$ 确定。其中，H_i 为第 i 带下边缘以上的液体高度，ρ 为装填的液体介质的密度，kg/m³。

3. 球壳的稳定性验算

对于大直径、薄壁的球罐，当外载荷对其产生压应力时，不仅需要按式(5-49)确定球壳厚度以及按式(5-48)校核其应力，且为保证安全运行起见，尚须作下述两个方面的稳定性验算。

1）球壳的许用外压力

球壳的许用外压力可用图算法。其方法可见 GB/T 150.1～GB/T 150.4—2024《压力容器》的相关内容。

2）球壳赤道壁压应力校核

球壳在水压试验或储存液体介质的情况下，由于液体重量和球壳的自重作用，当液体介质充填至半球时,赤道部位的球壳中将产生压应力。此压应力达到一定程度时,有可能导致球壳在赤道部位的失稳。为保证球壳不出现失稳所必须具有的足够的刚性,就要作压应力校核。

(1)负压下储存介质半充满时赤道壁压应力。

球罐在工况条件下有可能出现不正常情况。此时,球壳的失稳出现在承受负压且储存介质半充满的条件下。

赤道处球壳板的压应力为

$$\sigma = \frac{0.5(m_1 + m_2' + m_5)g}{\pi D_m \delta_e} + \frac{[p]D_m}{4\delta_e} \tag{5-50}$$

$$m_1 = \pi D_m^2 \delta_n \rho_1 \times 10^{-9}$$

$$m_2' = \frac{1}{6}\pi D_i^3 \rho_2 \times 10^{-9}$$

$$m_5 = \pi(D_0 + t)^2 t\rho_5 \times 10^{-9}$$

式中 $[p]$——球壳的许用外压,MPa;

$0.5m_1$——下半球壳的质量,kg;

$0.5m_2'$——下半球储存介质质量,kg;

$0.5m_5$——下半球保温隔热材料质量,kg;

δ_e——球壳板(赤道带)有效厚度,mm;

δ_n——球壳板(赤道带)名义厚度,mm;

t——保温隔热材料的厚度,mm;

D_i、D_0、D_m——球壳的内径、外径、平均直径,mm;

ρ_1、ρ_2、ρ_5——球壳材料、储存介质和保温隔热材料的密度,kg/m³。

(2)液压试验条件下的赤道处球壳板压应力。

在水压试验条件下,赤道处球壳板的压应力 σ' 的最大值出现在水充至半球时,此时的压应力为

$$\sigma' = \frac{0.5(m_1 + m_3 + m_5)g}{\pi D_m \delta_e} \tag{5-51}$$

其中 $m_3 = \frac{1}{6}\pi D_i^3 \rho_3 \times 10^{-9}$

式中 $0.5m_3$——下半球水的质量,kg;

ρ_3——水的密度,kg/m³。

(3)压应力校核条件:

$$\max(\sigma, \sigma') \leq [\sigma]_{cr} \tag{5-52}$$

其中,$[\sigma]_{cr}$、σ_{kp} 分别按式(5-53)、式(5-54)确定:

$$[\sigma]_{cr} = \frac{\sigma_{kp}}{n_s} \tag{5-53}$$

$$\sigma_{kp} = 0.18E\frac{\delta_e}{R_m} \tag{5-54}$$

式中 E——球壳材料的弹性模量,MPa;

n_s——安全系数,一般取 $n_s = 3$;

σ_{kp}——赤道处球壳板的临界压应力,MPa;

$[\sigma]_{cr}$——许用临界压应力,MPa;

R_m——赤道处球壳板的平均半径，mm。

5.3.2 支座设计

支座可分为柱式支座和裙式支座两大类。柱式支座中主要包括赤道正切柱式支座、V形柱式支座和三柱合一式支座，如图5-27所示。裙式支座包括圆筒裙式支座、锥形支座、钢筋混凝土连续基础支座、半埋式支座及锥底支座等。其中以赤道正切柱式支座用得最多，本章将重点讲解此类支座的设计。

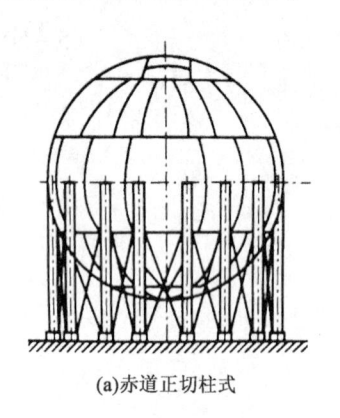

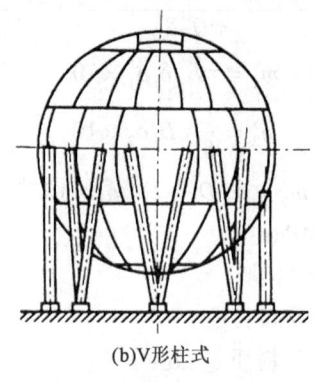

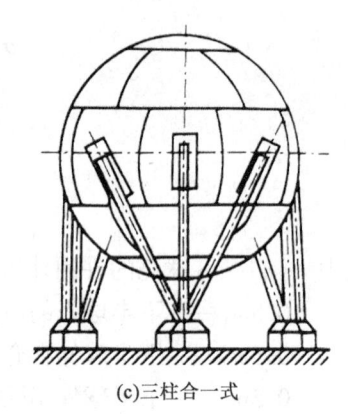

(a)赤道正切柱式　　　　(b)V形柱式　　　　(c)三柱合一式

图5-27 球罐柱式支座

5.3.2.1 赤道正切柱式支座设计要求

赤道正切柱式支座设计须满足以下要求：

(1)赤道正切柱式支座必须能够承受作用于球罐的各种载荷(静载荷包括壳体及附件重量、储存物料重量；动载荷包括风载荷和地震载荷)，支承构件要有足够的强度和稳定性。

(2)支座与球壳连接部分，既要能充分地传递应力，又要求局部应力水平尽量低，因此焊缝必须有足够的焊接长度和强度，并要采取措施减少应力集中。

(3)支座要能经受由于焊后整体热处理或热胀冷缩而造成的径向浮动。

(4)支座上部柱头的材质要选择得当。由于相当数量的球罐用于储存低温物料，低温球罐要求球壳材质能耐低温，因而同样要求柱头也采用耐低温材料。因此，赤道正切柱式支座要有分段结构问题，如果不是特殊材质的球罐，则可采用不同材质制造支柱上的柱头及球壳。

(5)支柱必须考虑防火隔热问题，要设置防火隔热层，以保证在球罐区发生火灾场合下，使球罐不至于在短时间内塌毁而造成更大的灾难。

5.3.2.2 赤道正切柱式支座结构

赤道正切柱式支座结构特点是：球壳有多根圆柱状的支柱在球壳赤道部位等距离布置，球壳相切或近似相切(相割)而焊接起来。支柱支承球的重量，为了承受风载荷和地震载荷，保证球罐的稳定性，在支柱之间设置拉杆相连。支柱的数目一般为赤道带分瓣数的一半，支柱高度按使球罐底距地面的距离不小于1.5m来确定。

这种支柱的优点是受力均匀，弹性好，安装方便，施工简单，调整容易，现场操作和检修方便；它的缺点主要是重心高，稳定性较差。

1. 支柱结构

支柱由圆管、底板、端板三部分组成，分单段式和双段式两种。图5-28为典型的支柱结构图。

1)单段式支柱

单段式支柱由一根圆管或圆筒组成，其上端加工成与球壳相接的圆弧状(为达到密切接合也有采用翻边形式),下端与底板焊好,然后运到现场与球瓣进行组装和焊接。单段式支柱主要用于常温球罐。

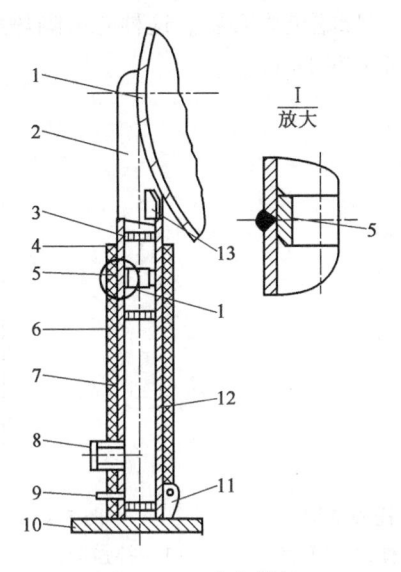

图 5-28 支柱结构

1—球壳;2—上支柱;3—内部筋板;4—外部端板;5—内部导环;6—防火隔热层;7—防火层夹子;8—易熔塞;9—接地板;10—底板;11—下支耳;12——下支柱;13—上支耳

2)双段式支柱

双段式支柱适用于低温球罐(设计温度为 -100 ~ -20℃)的特殊材质的支座。按低温球罐设计要求,与球壳相连的支柱必须选用与壳体相同的低温材料。因此,支柱分成的两段,上段采用与壳体同样的低温材料,其设计高度一般为支柱总高度的 30% ~40%,该段支柱一般在制造厂内与球壳进行组对焊接,并对连接焊缝进行焊后消除应力热处理。上、下两段支柱采用相同尺寸的圆管或圆筒组成,在现场进行地面组对。下段支柱可采用一般材料。

在常温球罐中也有出于安装方便,希望改善柱头部分支座与球壳连接的应力状况,而采用双段式支柱结构。这时,不要求上段采用与壳体相同的材质。

双段式支柱本身结构较为复杂,但它在与壳体相焊处焊缝的受力水平较低,故在国外得到广泛应用。

2. 支柱与球壳的连接

支柱与球壳的连接主要分为有垫板和无垫板两种类型,如图 5-29、图 5-30 所示。有垫板结构(又称补强板)可增加球壳板的刚性,但又增加了球壳上的搭接焊缝,在低合金高强度钢的施焊中由于易产生裂纹,探伤检查又困难,故应尽量避免采用垫板结构。

支柱与球壳连接端部结构,分为平板式(图 5-29)及半球式(图 5-30)两种。半球式结构受力较合理,抗拉断能力较强;平板式结构易造成高应力的边角,结构不合理。

支柱与球壳连接的下部结构,分为直接连接和有托板连接两种。有托板结构,可以改善支承和焊接条件,便于焊缝检验。

3. 支柱的防火安全结构

支柱的防火安全结构主要是在支柱上设置防火层及可熔塞结构。当在罐区发生火灾时,为了防止球罐的支柱在很短的时间内被火烧塌,引起球罐破坏使事故加剧,除了对球罐采用防火水幕喷淋以外,对于高度为1m以上的支柱,用厚度50mm以上的耐热混凝土或具有相当性能的不燃性绝热材料覆盖(或用与储槽本体淋水装置能力相当的淋水装置加以有效的保护)。对于液化石油气或可燃性液化气球罐更为必要。这种防火隔热层的设置见图5-31。防火隔热层不应发生干裂,其耐火性必须在1h以上。

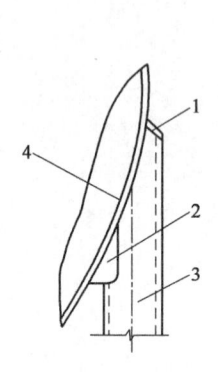

图5-29 无补强板有托板结构
1—端板;2—托板;3—支柱;4—球片

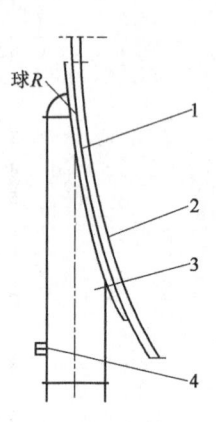

图5-30 有补强板无托板结构
1—补强板;2—赤道球瓣;3—支柱;4—可熔塞

每根支柱上开设排气孔,使支柱管子内部的气体在火灾时能够及时逸出,保护支柱。排气孔在支柱作严密性试验时可作为压缩空气接嘴。为了隔绝支柱管与外界接触,试压后在排气孔上采用可熔塞堵孔,可熔塞内填充以100℃以下温度时能自行熔化的金属材料,可熔塞直径在6mm以上。

支柱必须有较好的严密性,保证各处焊缝有足够的强度(尤其是在支柱与球壳接头处),组装施焊后的支柱必须进行0.5MPa压力的空气气密性试验。

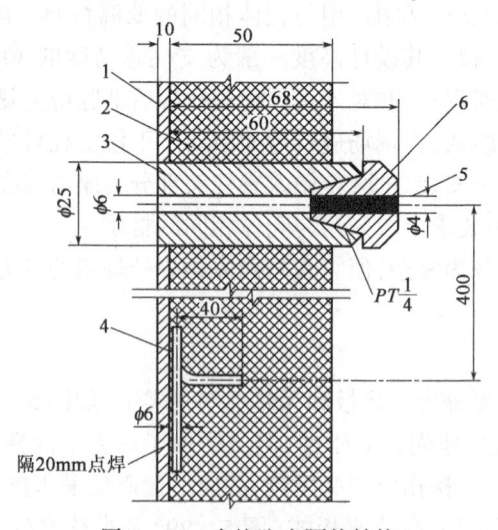

图5-31 支柱防火隔热结构
1—支柱壁;2—防火隔热层;3—可熔塞接管;4—防火层夹子;5—可熔塞;6—螺母

4. 拉杆结构

拉杆是作为承受风载荷和地震载荷的部件,增加球罐的稳定性而设置。拉杆结构可分为可调式和固定式两种。

1) 可调式拉杆

可调式拉杆分成长短两段,用可调螺母连接,以调节拉杆的松紧度。大多数采用高强度的圆钢或锻制圆钢制作。

可调式拉杆结构形式有多种：单层交叉可调式拉杆(图5-32)、双层交叉可调式拉杆(图5-33)、双拉杆或三拉杆可调式、相隔一柱的单层交叉可调式拉杆(这种结构改善了拉杆的受力状况,图5-34)。目前国内自行建造的球罐和引进的球罐的大部分都是采用可调式拉杆。

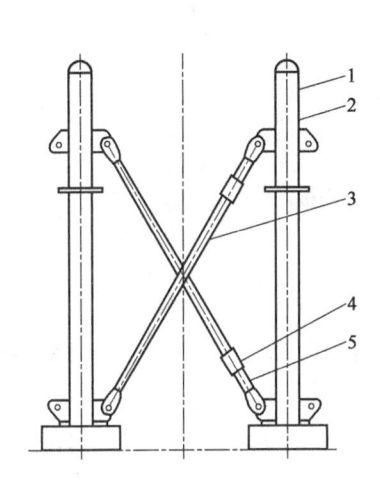

图5-32 单层交叉可调式拉杆
1—支柱;2—支耳;3—长拉杆;
4—调节螺母;5—短拉杆

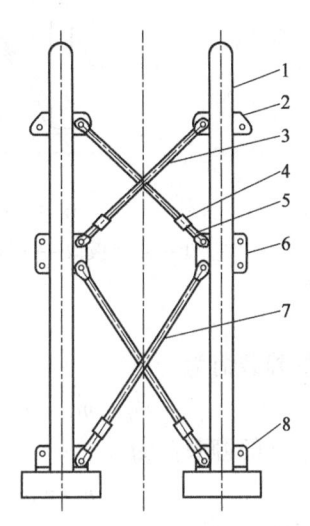

图5-33 双层交叉可调式拉杆
1—支柱;2—上部支耳;3—上部长拉杆;4—调节螺母;
5—短拉杆;6—中部支耳;7—下部支耳

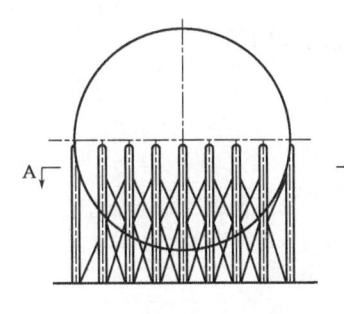

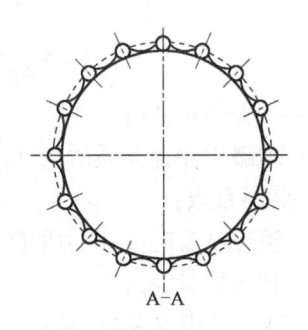

图5-34 相隔一柱的单层交叉可调式拉杆

2) 固定式拉杆

固定式拉杆(图5-35)用钢管制作,拉杆的一头焊死在支柱的上、下加强筋上,另一端焊死在交叉节点的固定板上。管状拉杆必须开设排气孔。

固定式拉杆结构采用粗的钢管制造,不可调节,目前应用比较少。

5.3.2.3 可调式拉杆、支柱设计

1. 载荷计算

球罐的支承附件(支柱和拉杆)在操作与非操作状况下都要承受多种形式的载荷,包括内压及温度作用下球壳膨胀而造成的支柱弯曲、施工建造过程中出现的一些附加载荷。然而,最主要的还是球罐结构和储存介质等重量组成的静载荷和由地震和风所形成的动载荷。

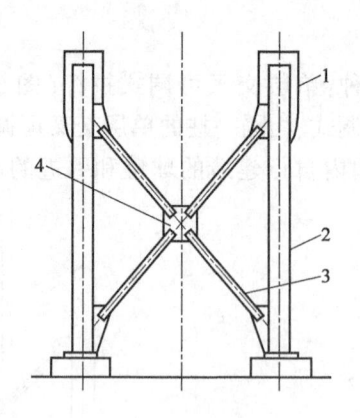

图 5-35　固定式拉杆
1—补强板；2—支柱；3—管状拉杆；4—中心板

1）静载荷

操作状态下的静载荷为

$$m_0 = m_1 + m_2 + m_4 + m_5 + m_6 + m_7 \tag{5-55}$$

液压试验状态下的静载荷为

$$m_T = m_1 + m_3 + m_6 + m_7 \tag{5-56}$$

球罐最小质量为

$$m_{\min} = m_1 + m_6 + m_7 \tag{5-57}$$

其中

$$m_2 = \frac{1}{6}\pi D_i^3 k_f \rho_2 \times 10^{-9}$$

$$m_4 = \frac{1}{4g}\pi D_0^2 S_0 C_s \times 10^{-6}$$

式中　m_1——球壳质量，kg；
　　　m_2——球罐中储存介质质量，kg；
　　　k_f——装料系数；
　　　m_3——液压试验时液体的质量，kg；
　　　m_4——积雪质量，kg；
　　　C_s——球面的积雪系数，取 $C_s = 0.4$；
　　　S_0——基本雪压值，N/m²，由表 5-8 查得；
　　　m_5——保温隔热材料质量，kg；
　　　m_6——支柱和拉杆的质量，kg；
　　　m_7——附件质量，包括人孔、液位计、内件、喷淋装置、安全阀、梯子平台等，kg。

附件质量一般以实际质量作为计算荷载。若无实际质量，则可参考有关图纸资料取值。对平台、扶梯分别按照 100kg/m²、80kg/m² 估算。

表 5-8　我国主要地区基本雪压值 S_0　　　　　　　　　　　N/m²

地区	雪压值	地区	雪压值	地区	雪压值
北京	300	抚顺	450	包头	250
上海	200	大连	400	呼和浩特	300
南京	400	吉林	750	太原	200

续表

地区	雪压值	地区	雪压值	地区	雪压值
徐州	300	四平	350	大同	250
南通	200	哈尔滨	400	兰州	150
杭州	400	济南	200	长沙	350
宁波	250	青岛	250	西安	200
衢县	400	郑州	250	延安	200
温州	150	洛阳	合肥	西宁	250
天津	250	合肥	500	拉萨	150
保定	250	蚌埠	450	丹东	400
石家庄	250	南昌	350	金山卫	200
沈阳	400	武汉	400	乌鲁木齐	750
长春	350				

注：山区基本雪压值应通过实际调查后确定，如无实测资料时，可按当地空旷平坦地面的基本雪压值 q 乘以系数 1.2。

2) 动载荷——地震载荷

当球罐遭受设防烈度(≥7度)的地震影响时，会导致不同程度的破坏。尤其是储存大量易燃易爆和有毒介质的球罐，破坏带来的危害更加严重。因此，对于安装在地震影响区的球罐，务必考虑地震荷载。

球罐可看作一个单质点体系，其基本自振周期可按下式计算：

$$T = 2\pi \sqrt{m_0 \xi \frac{H_0^3}{12 n E_s I} \times 10^{-3}} \qquad (5-58)$$

其中

$$I = \frac{\pi}{64}(d_0^4 - d_i^4) \qquad (5-59)$$

$$\xi = 1 - \left(\frac{l}{H_0}\right)^2 \left(3 - \frac{2l}{H_0}\right) \qquad (5-60)$$

式中 H_0——支柱计算长度(支柱底板底面至球壳中心的距离)，mm；
E_s——支柱材料的常温弹性模量，MPa；
I——支柱横截面惯性矩，mm⁴；
n——支柱数目；
ξ——由于拉杆的存在而引入的影响系数，可按式(5-60)计算或查表 5-9；
d_0——支柱外直径，mm；
d_i——支柱内直径，mm；
l——支柱底板底面至上支耳销子中心的距离，mm。

表 5-9 拉杆影响系数 ξ

l/H_0	0.90	0.80	0.75	0.70	0.65	0.60	0.50
ξ	0.028	0.104	0.156	0.216	0.282	0.352	0.50

注：中间值用内插法计算。

水平地震力 F_e 可按下式求解：

$$F_e = C_z \alpha_1 m_0 g \qquad (5-61)$$

C_z——球罐综合影响系数，取 $C_z = 0.45$；

g——重力加速度，取 $g = 9.81\text{m/s}^2$；

α_1——对应于基本振动周期 T 的地震影响系数，α_1 值可根据场地土类别和地震设防烈度确定。

3) 风载荷

风载荷是指一定风速造成的风压对球罐产生的水平风力。它以基本风压值作为计算依据，同时作为静力计算，还考虑了球罐的振动特性，因此风载荷为

$$F_w = \frac{1}{4}\pi(D_0 + 2t)^2 K_{w1}\beta_z\omega_0 K_z f_2 \times 10^{-6} \qquad (5-62)$$

其中
$$\beta_z = 1 + m\zeta$$

式中 ω_0——距地面 10m 高处的基本风压值，Pa，可查表选取或根据当地气象部门统计资料选取，但该值不得小于 250Pa；

K_{w1}——风载荷体型系数，取 $K_{w1} = 0.4$；

K_z——风压高度变化系数，根据相关资料查表选取；

f_2——球罐附件引起的受风面积增大系数，常取 $f_2 = 1.1$；

β_z——考虑球罐振动特性的风振系数。

其中风压脉动系数 m 是随高度变化的，对球罐可近似按 $m = 0.35$ 取值。ζ 为动载系数，与球罐的基本自振周期有关，见表 5-10。

表 5-10 动载系数 ζ

基本自振周期,s	<0.25	0.5	1.0	1.5	2.0	2.5	3	4	≥5
ζ	1	1.4	1.7	2.0	2.3	2.5	2.7	3.0	3.2

4) 弯矩计算

视地震载荷和风载荷为一作用于球壳中心的集中水平载荷，如图 5-36 所示，则由水平地震力和水平风力引起的最大弯矩为

$$M_{max} = F_{max}L \qquad (5-63)$$

其中
$$L = H_0 - l$$

式中 F_{max}——最大水平力，取 $(F_e + 0.25F_w)$ 与 F_w 的较大值，N；

L——力臂，mm。

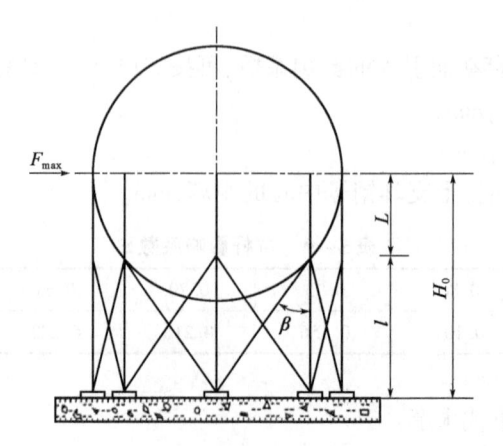

图 5-36 作用在球罐上的水平力

2. 支柱计算

1)单个支柱的垂直载荷

(1)重力载荷。

操作状态下的重力载荷为

$$G_0 = \frac{m_0 g}{n} \tag{5-64}$$

液压试验状态下的重力载荷为

$$G_T = \frac{m_T g}{n} \tag{5-65}$$

(2)最大弯矩对支柱产生的垂直载荷为

$$F_i = -\frac{2M_{max}\cos\theta_i}{nR} \tag{5-66}$$

式中 F_i——最大弯矩对 i 支柱产生的垂直载荷,N;

R——所有支柱中心所形成的圆半径;

θ_i——支柱的方位角,(°),见图 5-37、图 5-38,按式(5-67)、式(5-68)计算。

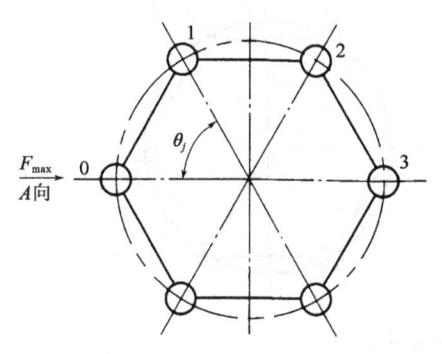

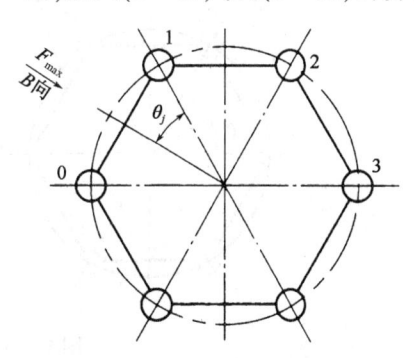

图 5-37 支柱的方位角

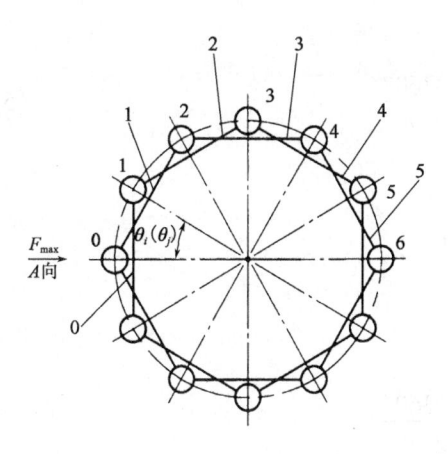

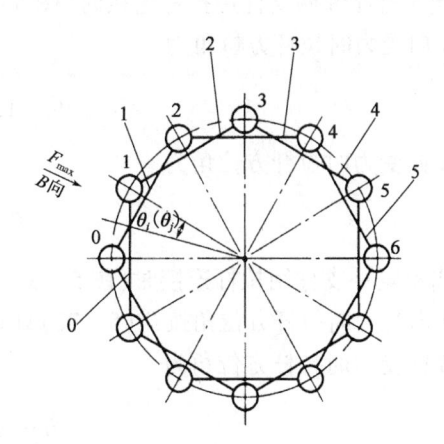

图 5-38 支柱和拉杆的方位角

A 向受力时支柱方位角为

$$\theta_i = i\frac{360°}{n} \tag{5-67}$$

B 向受力时支柱方位角为

$$\theta_i = \left(i - \frac{1}{2}\right)\frac{360°}{n} \qquad (5-68)$$

式中 i——支柱在 $0° \sim 180°$ 范围内的顺序号(图 5-37、图 5-38)。

(3)拉杆作用在支柱上的垂直载荷。

所有相邻两支柱间用拉杆连接时,拉杆作用在支柱上的垂直载荷为

$$P_{i-j} = \frac{lF_{\max}\sin\theta_j}{nR\sin\dfrac{180°}{n}} \qquad (5-69)$$

每隔一支柱用拉杆连接时,拉杆作用在支柱上的垂直载荷为

$$P_{i-j} = \frac{lF_{\max}\sin\theta_j}{nR\sin\dfrac{360°}{n}} \qquad (5-70)$$

式中,P_{i-j} 为 j 拉杆作用在 i 支柱上的垂直载荷,N;$i = j+1$,$j = 0,1,2,3\cdots$,θ_j 为拉杆 j 的方位角,(°),如图 5-38 和图 5-39 所示,按式(5-71)、式(5-72)、式(5-73)计算。

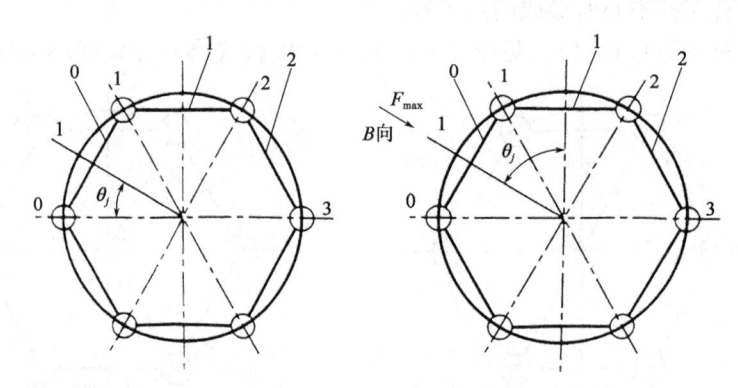

图 5-39 拉杆的方位角

当所有相邻两支柱用拉杆连接时(图 5-39):
A 向受力时拉杆方位角为

$$\theta_j = \left(j + \frac{1}{2}\right)\frac{360°}{n} \qquad (5-71)$$

B 向受力时拉杆方位角为

$$\theta_j = j\frac{360°}{n} \qquad (5-72)$$

当每隔一支柱用拉杆连接时(图 5-38):
A 向受力时拉杆方位角按式(5-72)计算;
B 向受力时拉杆方位角为

$$\theta_j = \left(j - \frac{1}{2}\right)\frac{360°}{n} \qquad (5-73)$$

式中,j 表示拉杆在 $0° \sim 180°$ 范围内的顺序号(图 5-38 和图 5-39)。

(4)支柱的最大垂直载荷。

操作状态下支柱的最大垂直载荷为

$$W_o = G_o (F_i + P_{i-j})_{\max} \qquad (7-74)$$

液压试验状态下支柱的最大垂直荷载为

$$W_{\mathrm{T}} = G_{\mathrm{T}} + 0.3\,(F_i + P_{i-j})_{\max} \frac{F_{\mathrm{w}}}{F_{\max}} \qquad (5-75)$$

式中 $(F_i + P_{i-j})_{\max}$——各支柱 $(F_i + P_{i-j})$ 中的最大值,N。

在 A 向或 B 向受力状态下,最大弯矩对支柱产生的垂直载荷的最大值 $(F_i)_{\max}$、拉杆作用在支柱上的垂直荷载的最大值及两者之和的最大值 $(F_i + P_{i-j})_{\max}$ 按表 5-11 的公式计算,最大值 $(F_i + P_{i-j})_{\max}$ 的支柱位置见表 5-11。

表 5-11 载荷 $(F_i)_{\max}$、$(P_{i-j})_{\max}$、$(F_i + P_{i-j})_{\max}$

拉杆连接方式	支柱数目,个	$(F_i)_{\max}$,N	$(P_{i-j})_{\max}$,N	$(F_i + P_{i-j})_{\max}$,N
所有相邻两支柱间用拉杆连接	4	$0.5000a$	$0.5000b$	$0.5000a + 0.5000b$(A 向 2 号柱)
	5	$0.3236a$	$0.3236b$	$0.3236a + 0.3236b$(A 向 2 号柱)
	6	$0.3333a$	$0.3333b$	$0.3333a + 0.3333b$(A 向 3 号柱)
	8	$0.2500a$	$0.3266b$	$0.1768a + 0.3018b$(A 向 3 号柱)
	10	$0.2000a$	$0.3236b$	$0.1176a + 0.3078b$(B 向 4 号柱)
	12	$0.1667a$	$0.3220b$	$0.0833a + 0.3110b$(A 向 4 号柱)
	14	$0.1429a$	$0.3210b$	$0.0620a + 0.3129b$(B 向 5 号柱)
	16	$0.1250a$	$0.3204b$	$0.0478a + 0.3142b$(A 向 5 号柱)
每隔一支柱用拉杆连接	8	$0.2500a$	$0.2500b$	$0.2500a + 0.2500b$(A 向 4 号柱)
	10	$0.2000a$	$0.2000b$	$0.2000a + 0.2000b$(A 向 5 号柱)
	12	$0.1667a$	$0.1667b$	$0.1667a + 0.1667b$(A 向 6 号柱)
	14	$0.1429a$	$0.1646b$	$0.1429a + 0.1429b$(A 向 7 号柱)
	16	$0.1250a$	$0.1633b$	$0.0694a + 0.1602b$(B 向 6 号柱)

注:$a = M_{\max}/R$;$b = lF_{\max}/R$。

2)单个支柱弯矩

支柱在操作或液压试验时,在内压力作用下,球壳直径增大,使支柱承受偏心弯矩和附加弯矩,如图 5-40 所示。

(1)偏心弯矩。

操作状态下支柱的偏心弯矩为

$$M_{\mathrm{o}1} = W_{\mathrm{o}} e = \frac{\sigma_{\mathrm{oe}} R_i W_{\mathrm{o}}}{E}(1-\nu) \qquad (5-76)$$

其中

$$\sigma_{\mathrm{oe}} = \frac{(p + p_{\mathrm{oe}})(D_i + \delta_e)}{4\delta_e} \qquad (5-77)$$

式中 E——球罐钢材的弹性模量;
ν——球罐钢材的泊松比;
σ_{oe}——操作状态下球壳赤道线的薄膜应力,MPa;
p_{oe}——操作状态下介质在赤道线的液柱静压力,MPa。

图 5-40 支柱顶部偏心距

液压试验状态下支柱的偏心弯矩为

$$M_{\mathrm{T}1} = \frac{\sigma_{\mathrm{Te}} R_i W_{\mathrm{T}}}{E}(1-\nu) \qquad (5-78)$$

其中

$$\sigma_{\mathrm{Te}} = \frac{(p_{\mathrm{T}} + p_{\mathrm{Te}})(D_i + \delta_e)}{4\delta_e} \qquad (5-79)$$

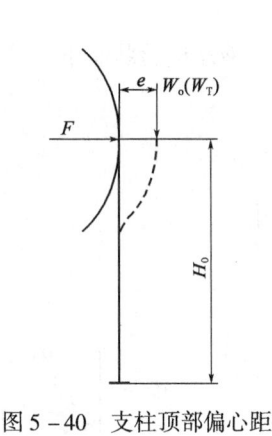

式中 σ_{Te}——液压试验状态下球壳赤道线的薄膜应力,MPa;

$$p_T = 1.25p \frac{[\sigma]}{[\sigma]_t}$$

p_{Te}——液压试验状态下液体在赤道线的液柱静压力,MPa;
p_T——液压试验时的试验压力,MPa。

(2)附加弯矩。

操作状态下支柱的附加弯矩为

$$M_{o2} = \frac{6E_s I \sigma_{oe} R_i}{H_0^2 E}(1-\nu) \tag{5-80}$$

液压试验状态下支柱的附加弯矩为

$$M_{T2} = \frac{6E_s I \sigma_{Te} R_i}{H_0^2 E}(1-\nu) \tag{5-81}$$

式中 E_s——支柱材料常温弹性模量。

(3)总弯矩。

操作状态下支柱的总弯矩为

$$M_o = M_{o1} + M_{o2} \tag{5-82}$$

液压试验状态下支柱的总弯矩为

$$M_T = M_{T1} + M_{T2} \tag{5-83}$$

3)支柱稳定性校核

操作状态下支柱的稳定性需满足:

$$\frac{W_o}{\Phi_p A} + \frac{M_o}{1.15 W_z \left(1 - 0.8 \frac{W_o}{W_{EX}}\right)} \leq [\sigma]_c \tag{5-84}$$

液压试验状态下支柱的稳定性需满足:

$$\frac{W_T}{\Phi_p A} + \frac{M_T}{1.15 W_z \left(1 - 0.8 \frac{W_T}{W_{EX}}\right)} \leq [\sigma]_c \tag{5-85}$$

其中

$$\bar{\lambda} \frac{H_0}{\pi} \sqrt{\frac{\sigma_s}{E_s} \cdot \frac{A}{I}}$$

$$\Phi_p = \begin{cases} 1 - \alpha_1 \bar{\lambda}^2 & \bar{\lambda} \leq 0.215 \\ \frac{1}{2\bar{\lambda}^2}\left[(\alpha_2 + \alpha_3 \bar{\lambda} + \bar{\lambda}^2) - \sqrt{(\alpha_2 + \alpha_3 \bar{\lambda} + \bar{\lambda}^2)^2 - 4\bar{\lambda}^2}\right] & \bar{\lambda} > 0.215 \end{cases} \tag{5-86}$$

$$W_{EX} = \frac{\pi^2 E_s I}{H_0^2}$$

式中 Φ_p——弯矩作用平面内的轴心受压支柱稳定系数;
$\bar{\lambda}$——换算长细比;
σ_s——支柱材料常温下的屈服点,MPa;
$\alpha_1, \alpha_2, \alpha_3$——系数,对轧制钢管截面,$\alpha_1 = 0.41$,$\alpha_2 = 0.986$,$\alpha_3 = 0.152$,对焊接钢管截面,$\alpha_1 = 0.65$,$\alpha_2 = 0.9651$,$\alpha_3 = 0.300$;

W_z——单个支柱的横截面模量，mm³；

W_{EX}——欧拉临界力，N；

$[\sigma]_c$——支柱材料的许用应力，MPa。

3. 拉杆设计计算

拉杆螺纹小径按下式计算：

$$d_T = 1.13\sqrt{\frac{F_T}{[\sigma]_T}} + C_T \tag{5-87}$$

$$F_T = \frac{(P_{i-j})_{\max}}{\cos\beta} \tag{5-88}$$

式中 d_T——拉杆螺纹小径，mm；

F_T——拉杆的最大拉力，N；

$[\sigma]_T$——拉杆材料的许用应力，MPa；

β——拉杆与支柱的夹角，(°)；

C_T——拉杆的腐蚀裕量，一般取 $C_T = 2$ mm。

5.4 储罐附件的选型设计

储罐附件种类较多，每一台具体的储罐需要配置哪些附件及其数量、规格等，要根据储罐的类型、功能、油品特性对作业的工艺要求等来确定。

5.4.1 立式圆筒形储罐的附件

储罐附件的作用各不相同，有的是完成正常收发作业，有的是保障储罐的安全，有的是为节能降耗，有的则是用于储罐的清理和检修，有些附件兼有两种功能。下面根据各附件的主要作用分类介绍。

5.4.1.1 正常作业与节能附件

1. 进出油接合管

进出油接合管焊在最底圈罐壁上，其直径与储罐进出支管相同，其管壁下缘距罐底一般不小于200mm，以防罐底的积水和杂质随油品排出；接合管外侧用法兰与进出储罐的支管相连，并用阀门控制储罐与管网的联系，其内侧与保险活门相连（有时也可不连接其他附件）。结合管的结构如图5-41所示。

2. 量油孔、量油管

量油孔是为人工检尺时测量油面高度、取样、测温而设置的。每一台拱顶储罐设置一个量油孔，安装在罐顶平台附近，量油孔直径为150mm，孔中心线距罐壁一般不小于1000mm。量油孔的结构如图5-42所示。

为防止关闭孔盖时撞击出火花，也为了增强孔盖的严密性，在孔盖内侧密封槽内镶嵌软金属（铜、铝、铅）、塑料或耐油橡胶制成的垫圈。量油孔内壁的一侧装有铝或钢制的导向槽，以便人工检尺时由导向槽下尺，既可减少测量误差，又可防止下尺时钢卷尺与孔壁摩擦产生火花。量油孔盖平时是关闭的，计量和取样时轻轻打开，以防油品蒸发损耗。

在浮顶储罐上则安装量油管，其作用与量油孔类似，同时还起防止浮盘水平扭转的限位作用。量油管的结构如图5-43所示。

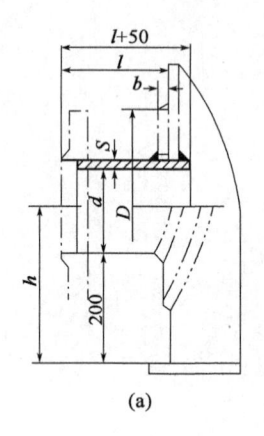

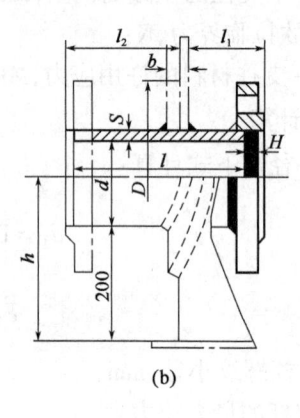

图 5-41 油罐进出口接合

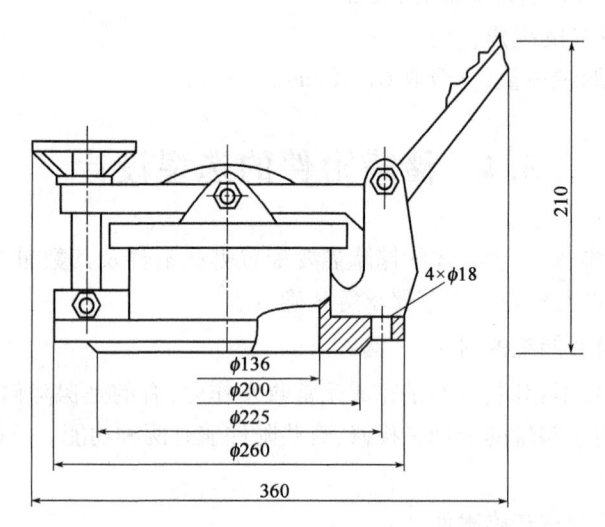

图 5-42 量油孔

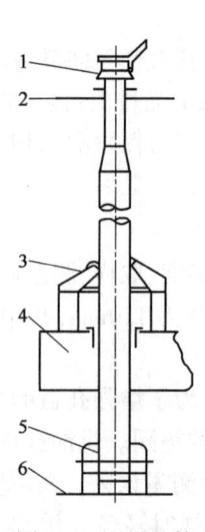

图 5-43 量油管
1—量油管;2—罐顶操作平台;3—导向轮;4—浮盘;5—固定肋板;6—罐底

3. 加热器

加热器是重质油罐和原油罐的专用设备,用来对油品加热或保温,以提高或保持其流动性和适当的黏度。油品加热通常以蒸汽为热载体,采用间接加热方式。常用的加热器是由 DN15～50mm 和 DN50～100mm 的无缝钢管作为传热管和汇总管焊接成梳状加热元件,如图 5-44 所示。若干组加热元件再经过串、并联的方式在罐内组成完整的加热器。加热器距罐底的高度为 200～600mm,为便于冷凝水的排出,冷凝水管要有 1/50～1/150 的坡度。

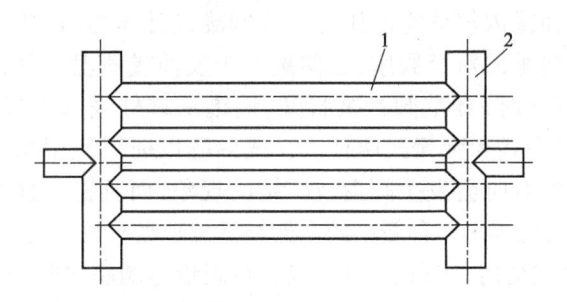

图 5-44 梳状管束加热器元件
1—加热管;2—汇总管

4. 呼吸阀挡板

呼吸阀挡板常与呼吸阀组合使用,它是一种安装于易挥发油品管呼吸阀接合管下边的附件,可用于减少油品的蒸发损耗,其结构如图 5-45 所示。挡板距罐顶距离约为呼吸阀结合管直径的 2 倍。

呼吸阀挡板的降耗原理是改变气流方向,削弱气流对罐内油气浓度的冲击和对流,使罐内油气产生分层现象。当新鲜空气被吸入罐内时,挡板可将气流挡住并折向与挡板成水平方向扩散,使空气均匀分布在罐内顶层空间;当罐内油气向外排放时,首先是顶层的低浓度油气向外排放,这样就降低了油品的蒸发损耗。据测试,在相同条件下,安装呼吸阀挡板的储罐比不安装挡板的储罐可减少油品蒸发损耗 20%～30%。近年来,在已投资的拱顶储罐上大多增设呼吸阀挡板,以减少损耗,提高效益。

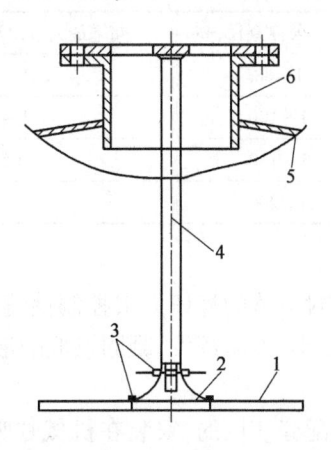

图 5-45 折叠式呼吸阀挡板
1—翼板;2—中心板;3—铰接销;4—吊杆;5—罐顶;6—呼吸阀接合管

5.4.1.2 安全附件

1. 机械呼吸阀

机械呼吸阀是原油、汽油等易挥发性油品储罐的专用附件,安装在拱顶储罐顶部,其作用是自动控制储罐气体通道的启闭,对储罐起到超压保护作用,同时也可减少油品蒸发损耗。

机械呼吸阀就其工作原理而言是压力控制阀和真空控制阀的组合体,当储罐由于进油或罐内油品受热蒸发,使罐内气体空间压力升到储罐设计压力时,压力阀盘被打开,储罐呼出气体,卸压后阀盘靠自重回落至阀座;当储罐由于发油或油温下降,罐内气体空间油气压力降低到储罐设计真空度时,真空阀盘被打开,储罐从罐外吸入空气。机械呼吸阀按其结构和压力控制方式有重力式和弹簧式两种。立式储罐以前都使用重力式呼吸阀,但这种呼吸阀在寒冷地区使用时,有时会发生阀盘被冻结的现象,而且密封性不够理想,体积也比较庞大。为克服以上缺点,近年来一种新型的全天候机械呼吸阀被广泛采用,其结构如图 5-46 所示。这种阀采用重叠式结构,体积小、重量轻。在阀盘与阀座之间采用空气垫的软接触,因而气密性好,不易结霜、冻结。机械呼吸阀的配置数目、规格与油罐的作业量有关,可参照表 5-12 选配。

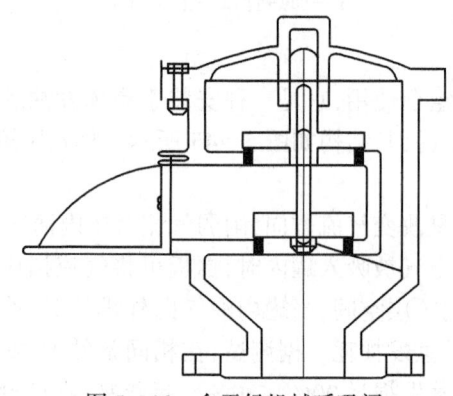

图 5-46 全天候机械呼吸阀

表 5-12 机械呼吸阀选用标准

储罐最大进出油流量, m³/h	个数×公称直径, mm	储罐最大进出油流量, m³/h	个数×公称直径, mm
<50	1×80	251~300	1×250
51~100	1×100	301~500	2×200
101~150	1×150	>50	2×250
151~250	1×200		

2. 液压安全阀

液压安全阀是利用阀中的密封液体的静压力来控制储罐内的压力,从而保证储罐安全的附件。密封液一般为沸点高、黏度小、不易挥发、凝固点低的液体,如 -10 号柴油、-20 号柴油或 20 号变压器油等。

液压安全阀与机械呼吸阀是配套使用的,安装在机械呼吸阀的旁边,平时是不动作的,只有当机械呼吸阀由于锈蚀、冻结而失灵时才工作,所以,液压安全阀压力和真空度的控制都高于机械呼吸阀 10%。当机械呼吸阀有可靠的防冻措施时,也可以不安装液压安全阀。液压安全阀的结构如图 5-47 所示。液压安全阀的选配方法与机械呼吸阀相同,见表 5-12。

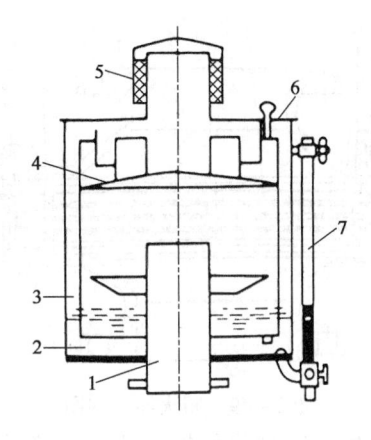

图 5-47 液压安全阀
1—接合管；2—盛液槽；3—悬式隔板；4—罩盖；5—带筒网的通风短管；6—装液管；7—液面指示器

液压安全阀的工作原理如图 5-48 所示,当罐内外压力相等时,阀内外环中液面持平；当罐内气体空间处正压状态时,气体将密封液从内环空间($D_1 - d$)压入外环空间($D_2 - D_1$),且随压力升高,内环液面随之降低,直至与悬式隔板的下缘持平时,罐内气体经悬式隔板下缘进入外环空间,并穿过密封液逸向大气,从而使罐内压力保持恒定。当罐内气体空间处于负压时,罐外大气把外环密封液压入内环空间,随罐内负压的增大,外环液面随之降低,直到与悬式隔板下缘持平时,空气进入罐内使罐内负压维持恒定。

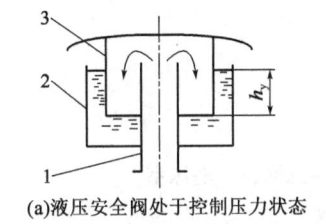

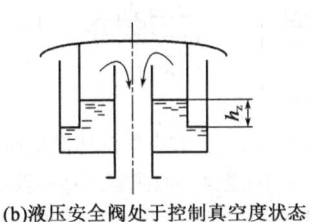

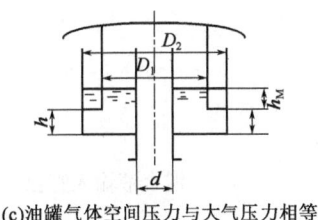

(a)液压安全阀处于控制压力状态　　(b)液压安全阀处于控制真空度状态　　(c)油罐气体空间压力与大气压力相等

图 5-48 液压安全阀工作原理
1—接合管；2—盛液槽；3—悬式隔板

液压安全阀和机械呼吸阀均应安装在罐顶中心顶板范围内,并力求与接合管顶面处于同一水平面上。

3. 阻火器

阻火器是防止罐外明火向罐内传播的附件,串联安装在机械呼吸阀或液压安全阀的下面。阻火器的结构如图 5-49 所示,主要由壳体和滤芯两部分组成。壳体应具有足够的强度,以承受爆炸时产生的冲击压力；滤芯是防止火焰传播的主要元件,用材质为不锈钢或铜-镍合金,厚度为 0.05~0.07mm、宽为 10mm 的平滑薄金属带和波纹薄金属带相间绕制而成,外形为方形或圆形。当外来火焰或火星通过呼吸阀进入防火器时,金属滤芯迅速吸收燃烧物质的热量,使火焰熄灭,达到防火的目的。

4. 泡沫发生器

泡沫发生器是固定在储罐上的灭火装置,其一端与泡沫管线相连,另一端在储罐顶层壁板上与罐内连通。

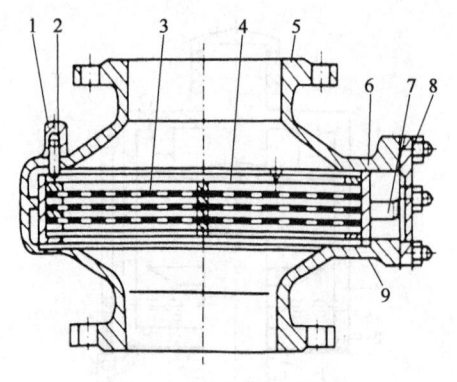

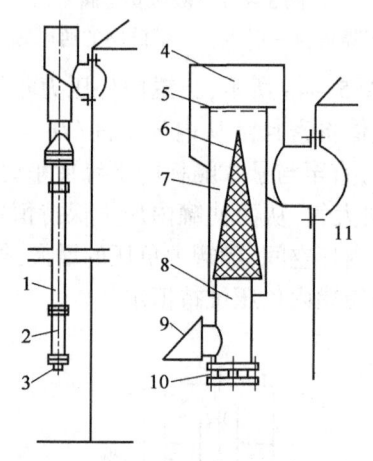

图 5-49 阻火器结构图
1—密封螺帽;2—紧固螺钉;3—隔环;4—滤芯元件;5—壳体;6—防火匣;7—手柄;8—盖板;9—软垫

图 5-50 立式空气泡沫发生器
1—混合液输入管;2—短管;3—闷盖;4—泡沫室盖;5—玻璃盖;6—滤网;7—泡沫室;
8—发生器;9—空气吸入口;10—孔板;11—导板

图 5-50 所示的立式空气泡沫发生器主要由发生器、泡沫室及和导板等组成。泡沫混合液（一般压力不低 0.5MPa，但也不宜过高）通过孔板节流，使发生器本体室内形成负压吸入大量空气，混合成空气泡沫并冲破隔离玻璃经喷射管段进入罐内，隔绝空气窒息火焰，达到灭火的目的。

5. 通气孔、自动通气阀

通气孔是设置在内浮顶油罐上的专用附件。内浮顶油罐由于内浮盘盖住了油面，基本消除了油气空间，因此油品蒸发损耗很少，所以罐顶不设机械呼吸阀和液压安全阀，但在实际应用中，由于浮顶与罐壁的环隙或其他附件接合处微小的泄漏等原因，使浮顶与拱顶间仍有少量油气，为避免其积聚达到危险程度，在拱顶和罐壁上部设置通气孔。罐顶通气孔安装在拱顶中心，直径不小于 250mm，上部有防雨罩，在防雨罩与通气孔短管的环形空间中安装金属网，通气孔短管通过法兰和与拱顶焊接的短管相连;罐壁通气孔安装在最上一层罐壁四周，距罐顶边沿 700mm 处，每个储罐开孔总数不少于 4 个，并应对称布置，孔口为长方形，孔口上也设有金属网。

自动通气阀是外浮顶储罐的专用附件，安装在浮盘上，其作用是当浮盘在距罐底较低处于支撑位置（被浮盘立柱支承）而不能继续下浮时，罐内浮盘以下进出油料时仍能正常呼吸，防止浮盘以下部分出现抽空导致浮盘破坏。自动通气阀的结构如图 5-51 所示。当浮盘正常升降时,阀盖和阀杆自身的重量使阀盖紧贴阀体,这时阀杆的绝大部分在浮盘下油层中,在浮盘下降到立柱的支承高度之前,阀杆首先触及罐底,使阀盖脱离阀体,随着油面的下降阀的开启度逐渐增大,直到浮盘完全由浮盘立柱支承时达到全开状态,使浮盘上下气压保持平衡;当浮盘上升时,阀体随之上移,自动通气阀被逐渐关闭,直至阀杆离开罐底时达全闭状态。

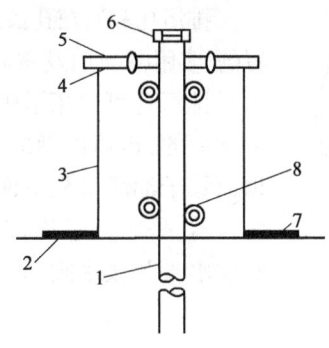

图5-51 自动通气阀
1—阀杆;2—浮盘板;3—阀体;4—密封圈、压紧圈;5—阀盖;
6—定位管销;7—补强圈;8—滑轮

6. 液位报警器

液位报警器是用来防止罐内液面超高或超低的一种安全报警装置,以便操作人员在规定的时间内完成切换储罐操作,避免发生溢油或抽空事故。一般来说,任何储罐都应安装高液位报警器和低液位报警器。低液位报警器一般只安装在炼油装置的原料罐上,以保证装置的连续运行。气动高液位报警器(图5-52)是靠浮子升降启闭气源,再通过气电转换元件发出报警信号。液位报警器的安装高度应满足从报警开始10~15min内油品不会从储罐内溢出,或者10~20min内输油泵不会抽空。

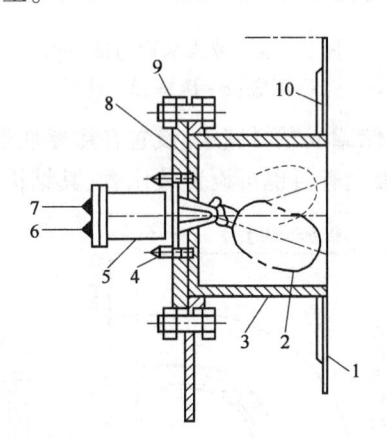

图5-52 气动高液位报警器
1—罐壁;2—浮子;3—密封管;4,9—密封垫圈;5—气动液位讯号器;6—出气管;
7—进气管;8—法兰盘;10—补强圈

5.4.1.3 清罐及检修附件

1. 放水管与排污、清扫孔

放水管是为了排放储罐底水保证原料油的加工要求或产品质量而设置的。放水管可以单独设置,也可附设在排污孔或清扫孔的封堵盖板上。单独设置的放水管主要用于轻质储罐,其结构如图5-53所示,放水管的直径视储罐的容积确定,当公称容量小于2000m³时,多采用公称直径50mm或80mm的放水管;公称容量为3000~10000m³时,宜采用公称直径100mm的放水管。

排污孔和清扫孔都是为了清除罐底的淤渣、污泥而设置的,多用在原油及重质油品罐上,其结构如图5-54所示。排污孔可以用沿轴线剖分的DN600钢管做成半圆形截面的,也可以做成500mm×700mm矩形截面的,其顶面置于油罐底板下面,伸出罐外一端装有可拆卸的排污孔盖,平时用螺栓拧紧,清罐时打开。排污孔盖上装有放水管及放水阀门,平时可用来排放储罐底水。

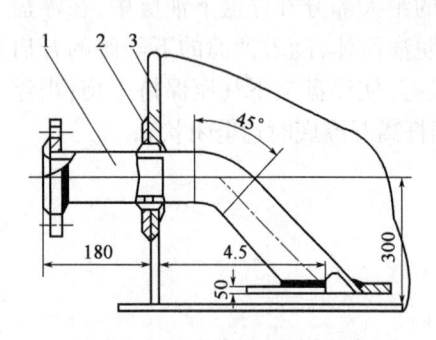

图5-53 单独设置的放水管
1—放水管;2—加强圈;3—罐壁

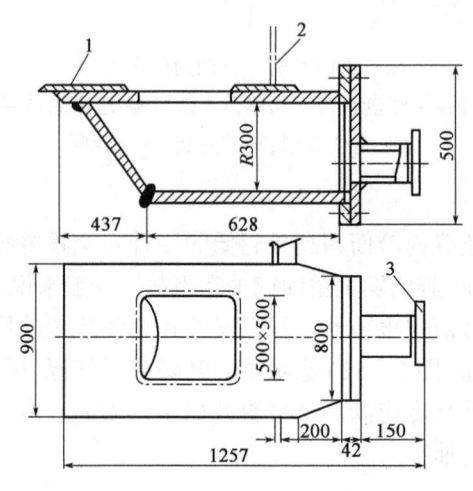

图5-54 带放水管的排污孔
1—罐底;2—罐壁;3—法兰

清扫孔主要用于大型原油储罐或燃料储罐,设置在罐壁底部,其下缘与罐底持平。清扫孔的形状有圆形和矩形两种,盖板上有时也可设置放水管,其结构如图5-55所示。

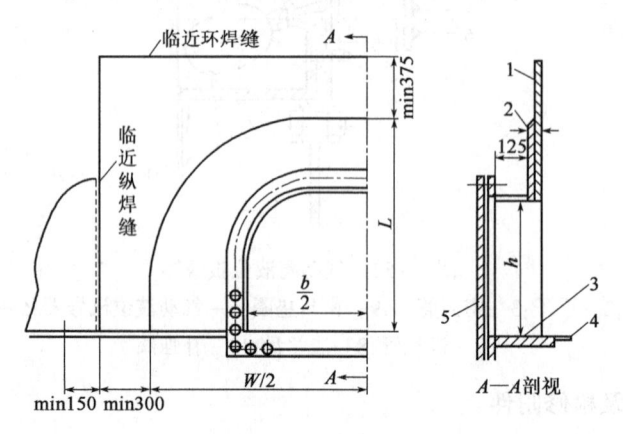

图5-55 清扫孔
1—罐壁;2—加强板;3—清扫孔;4—底板;5—盖板

2. 人孔、透光孔

人孔是每种储罐都不可缺少的,是为检修人员、材料、安装工具进出储罐而设置的,一般设置在最底圈壁板上,人孔中心距罐底750mm,人孔直径不小于500mm,人孔的外伸长度不小于125mm。每台储罐设置人孔数量及周向安装位置视储罐的容量而定,当公称容量在3000m³以下时,设一个人孔,装在进出油管的对面;当公称容量在3000～10000m³时,设两个人孔,其中一个仍装在进出油管对面,另一个与第一个错开90°以上;当公称容量大于10000m³时,设三个人孔,其中一个装在进出油管对面,另两个对称并与第一个错开90°以上。人孔的结构如图5-56所示。

当在内浮顶储罐浮盘上下浮动范围内的罐壁上设置人孔时,为防止人孔接合管伸入罐内影响浮盘的升降,则应采用带芯人孔,这种人孔与罐壁连接的短管未伸入罐内,而是在人孔盖内加设一层与罐壁弧度相等的芯板,并与罐壁平齐,如图5-57所示。带芯人孔在罐壁的安装位置为离罐底2.5m处,这个高度是按内浮盘处于最低位置时(支于立柱上)的高度为1.8m考虑的,此时人可以方便地进入浮盘上,而不必采用内直梯。

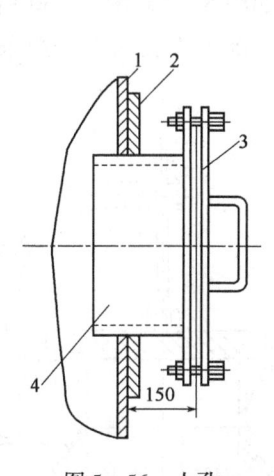

图5-56 人孔
1—罐壁;2—人孔补强圈;
3—人孔盖;4—人孔接合管

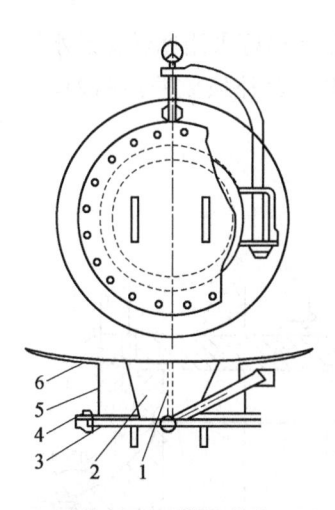

图5-57 带芯人孔
1—立板;2—筋板;3—盖;
4—密封垫圈;5—筒体;6—补强圈

透光孔是为储罐安装、检修、清洗时采光和通风而设置的,透光孔直径为500mm;若配置数个透光孔,则开孔位置与人孔相同,但周向应设在人孔的对面。透光孔的结构如图5-58所示。

除上述介绍的主要附件外,立式储罐附件还有供操作用的扶梯、平台、栏杆,为保障安全用的防雷击、防静电装置,为调和和搅拌油品用的调气喷嘴、搅拌器,浮顶管的浮盘立柱、中央排水管等。

5.4.2 球罐的附件

5.4.2.1 人孔

球罐的人孔是操作人员进、出球罐进行检验及维修用的,在现场组焊需要进行焊后整体热处理的球罐,人孔又成为进风口、燃烧口及烟气排出烟囱。因此人孔直径的选定必须考虑操作人员携带工具进出球罐方便(在北方还要考虑冬天作业时操作人员穿棉工作服能进出),以及热处理时工艺气流对截面的要求。一般选用DN500较适宜,小于DN500人员进出不便;大于DN500,开孔削弱较大,往往导致补强元件结构过大。

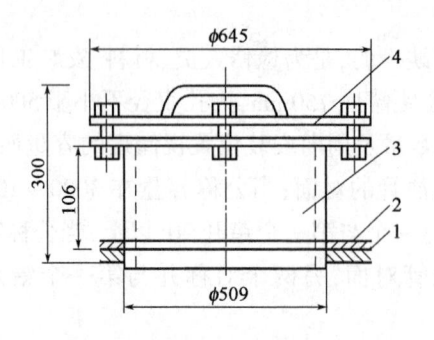

图 5-58 透光孔
1—油罐顶板；2—补强板；3—透光孔接气管；4—透光孔盖

通常球罐上应设有两个人孔,分别在上、下极带上(若球罐必须焊后整体热处理,则人孔应设置在上、下极带的中心)。人孔与球壳相焊部分应选用与球壳相同或相当的材质。

人孔结构在球罐上最好采用回转盖及水平吊盖两种,如图 5-59、图 5-60 所示。补强可采用整体锻件凸缘补强及补强板补强两种。在有压力的情况下人孔法兰一般采用带颈对焊法兰。

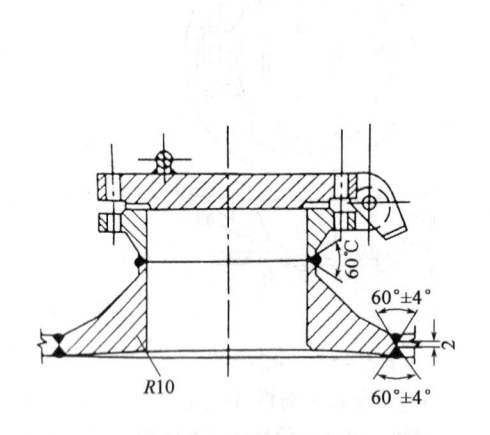

图 5-59 回转盖整体锻件凸缘补强人孔 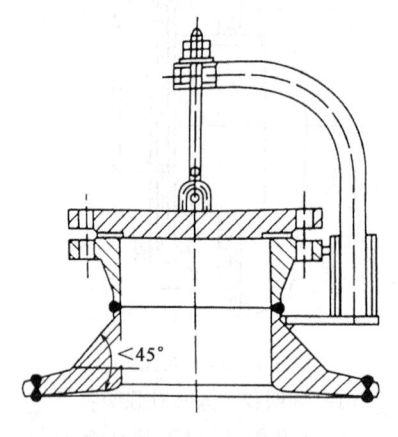　　图 5-60 顶部水平吊盖补强人孔

采用整体锻件凸缘补强的人孔结构较合理,因为它既保证因开孔削弱的强度得到充分补强,节省材料,而且可以避免补强处壁厚的突变,降低应力集中的程度。焊缝采用对接焊,便于进行射线检测或超声波检测,从而保证焊缝质量。采用补强板的人孔结构,由于与壳体焊缝采用角接焊,没有可靠的检验手段,焊缝质量不易保证。一般工作压力≥1.6 MPa、材质为低合金高强钢或低温球罐时,宜采用回转盖整体锻件凸缘补强人孔。这除了结构合理外,由于球罐极带配管集中,空间比较紧张也是一个主要原因。但是,由于人孔盖较厚,顶部人孔的开启和底部人孔的关闭是很费力的,所以若极带空间较宽裕的话,可选用水平吊盖人孔。

5.4.2.2 接管

由于工艺操作需要有各种接管,球罐接管部分是强度的薄弱环节,较多事故都是从接管焊接处发生的。为了提高该处安全性,国外制造的球罐采用厚壁管或整体锻件凸缘等补强措施,以及在接管上加焊筋条支承等办法来提高刚度和耐疲劳性能,值得借鉴。下面介绍几个与接管结构设计有关的问题。

1. 接管材料

与球壳相焊的接管最好选用与球壳相同的材料。低温球罐应选用低温用的钢管,并保证在低温下具有足够的冲击韧性,接管的补强结构材料,也应遵循同样要求。

2. 开孔位置

球罐开孔应尽量设计在上、下极带上,便于集中控制,并使接管焊接能在制造厂完成,便于进行焊后消除应力热处理,保证接管焊接部位的质量。

开孔应与焊缝错开,其间距应大于3倍的板厚,并且必须大于100mm。在球罐焊缝上不应开孔,如不得不在焊缝上开孔时,则被开孔中心两侧,各不少于1.5倍开孔直径的焊缝长度必须经100%检测合格。

5.4.2.3 梯子平台

如图5-61所示,球罐外部设有顶部平台、中间平台以及为了从地面进入这些平台的斜梯、直梯或盘梯。由于球罐的工艺接管及人孔绝大部分都设置在上极板处,顶部平台即作为工艺操作用的平台。中间平台的设置是为了操作人员上下顶部平台时中间休息,或者是作为检查球罐赤道部位外部情况用的。

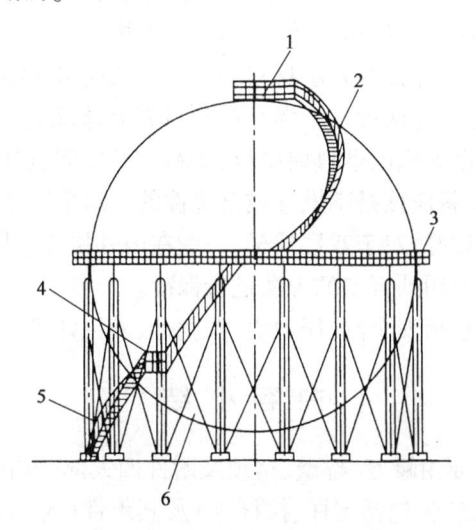

图5-61 球罐梯子和平台设置

1—顶部操作平台;2—上部盘梯;3—中部平台;4—中间平台;5—下部盘梯;6—球罐

平台和梯子的结构与球罐的数量、现场布局以及工艺操作有关系。对于大型球罐,一般一台球罐采用一个单独的梯子,梯子的结构分为上部盘梯和下部斜梯两部分。

5.4.2.4 水喷淋装置

球罐上装设水喷淋装置是为了储存液化石油气、可燃性气体及毒性气体(氯、氨除外)的隔热需要,同时也可起消防的保护作用。但是隔热和消防保护有不同的要求,一般淋水装置的构造为环形冷却水管或导流式淋水装置。对于隔热用的淋水装置(如对液化石油气球罐进行隔热),要求淋水装置可以向整个球罐表面均匀淋水,淋水量按罐体表面积每平方米2L/min计算;对于消防用的淋水装置,也要求能够向整个球罐表面均匀淋水,但其淋水量较前者大,要求按罐体表面积每平方米9L/min计算,并且要求有保证喷射20min以上的水源,能够在5m以外的地方操作。

5.4.2.5 隔热和保冷设施

1. 隔热设施

储存液化石油气、可燃性气体及其液化气,以及有毒气体(氯、氨除外)的球罐壳体和支柱,应该设置隔热设施。

隔热设施可采用水喷淋装置或采用不燃性绝热材料覆盖。

当采用不燃性绝热覆盖方式隔热时,对球罐本体用5mm以上的玻璃纤维或者具有同等以上性能的不燃性绝热材料覆盖,再在绝热材料外侧用0.6mm以上厚度的钢板或具有同等以上强度的材料覆盖。对高度为1m以上的支柱,用厚度50mm以上的耐热混凝土或具有同等以上性能的不燃性绝热材料覆盖。当支柱用绝热混凝土覆盖时,应使支柱的绝热层不发生干裂,其耐火性按1h的耐火时间考虑。常用的不燃性绝热材料有现场制作的混凝土、泡沫混凝土、铁丝网灰浆包括珍珠岩灰浆和硅石灰浆)、矿物质纤维、轻质压制板(泡沫混凝土板、珍珠岩压制板、硅酸钙板、石棉成型板)。

2. 保冷设施

在球罐中储存必须保持低温的物料(如储存乙烯、液化天然气、液氨等)时,应设置保冷装置,保冷结构应充分防止外界热量传入储罐本体。除此之外,保冷结构要在地震、风压力、雨、消防用水的压力等影响下,能保证绝热的效果,不至于破坏。

保冷材料的厚度原则上为保证在外层材料表面不凝结露水所需的厚度。

保冷材料有不燃性和难燃性两种。不燃性保冷材料有珍珠岩、石棉、成型玻璃棉、玻璃棉等;难燃性保冷材料有经难燃处理的塑料成型板、塑料布及发泡氨基甲酸乙酯。

覆盖在最外层的保冷材料应该是不燃性或自熄性的。对单层球罐的壳体保冷一般采用聚氨酯泡沫塑料,保冷性能比较好;对于双层球罐,一般在内外层之间用膨胀珍珠岩进行填充,或灌入聚氨基甲酸酯并固化,或用抽真空的方法进行保冷。

除上述附件外,球罐还包括安全阀、压力表、温度计、液位计等。

内 容 小 结

(1)立式圆筒形储罐主要由罐底、罐壁、罐顶及附件四大部分构成。

(2)球罐主要由球壳、支座(包括支柱、拉杆等)及其附件(包括人孔、接管、梯子、平台等)组成。

(3)确定储罐形式时,必须满足各种给定的工艺要求,并综合考虑储存介质的性质、容量大小、设置场所、设备重量、施工条件及使用地区的环境条件等。

(4)在进行立式圆筒形储罐壁厚计算时,若储罐直径小于或等于60m,宜采用定点法;若储罐直径大于60m,宜采用变点法。

(5)为增强立式圆筒形储罐的抗风能力,可在罐壁上设置顶部抗风圈和中部抗风圈。

(6)立式圆筒形储罐罐顶的外荷载由球壳的自重、罐内在操作条件下可能产生的真空度、雪载、活载荷组成。

(7)拱顶由中心顶板和扇形顶板组成。当储罐直径较大、顶板较薄时,顶板内侧焊有加强肋。

(8)为防止顶部发生屈曲凹瘪,拱顶板的厚度根据稳定性条件进行设计。

(9)混合式球壳的赤道带和温带采用橘瓣式,而极板采用足球瓣式结构。

（10）赤道正切柱式支座结构特点是球壳有多根圆柱状的支柱在球壳赤道部位等距离布置，球壳相切或近似相切而焊接起来。

（11）支柱的防火安全结构主要是在支柱上设置防火层及可熔塞结构。

（12）可调式拉杆分成长短两段，用可调螺母连接，以调节拉杆的松紧度。

思 考 题

1. 内浮顶罐由哪些零部件组成？它与外浮顶罐在结构和性能上各有何区别？
2. 外浮顶罐上的单盘式浮顶有哪些零部件组成？各零部件有何作用？单盘式浮顶常用于哪种场合？
3. 设计液化气体储存设备时，如何考虑环境对它的影响？
4. 拱顶的设计包括哪些方面的内容？
5. 立式圆筒形储罐的罐壁为何常采用不等壁厚？
6. 球罐有何特点？在设计球罐时应考虑哪些载荷？
7. 球壳有哪些结构形式？各有何优缺点？

参 考 文 献

[1] 谭蔚. 化工设备设计基础[M]. 4版. 天津:天津大学出版社,2021.
[2] 郑津洋,桑芝富. 过程设备设计[M]. 5版. 北京:化学工业出版社,2020.
[3] 史美中,王中铮. 热交换器原理与设计[M]. 7版. 南京:东南大学出版社,2022.
[4] 郭宏新. 高效换热器技术及工程应用[M]. 北京:化学工业出版社,2023.
[5] 党天伟. 热交换器原理与技术[M]. 西安:西北工业大学出版社,2019.
[6] 王学生,惠虎. 化工设备设计[M]. 2版. 上海:华东理工大学出版社,2017.
[7] 陈敏恒,潘鹤林,齐鸣斋. 化工原理[M]. 上海:华东理工大学出版社,2019.
[8] 宋红,史竞艳. 化工原理课程设计[M]. 武汉:华中科技大学出版社,2022.
[9] 王子宗. 石油化工设计手册(第三卷):化工单元过程[M]. 北京:化学工业出版社,2015.
[10] 朱晟,辛志玲,张萍. 化工原理课程设计(上册)[M]. 北京:冶金工业出版社,2021.
[11] 王振波,孙治谦,李强. 大气污染控制设备[M]. 北京:中国环境出版集团,2021.
[12] 张洪流,张茂润. 化工单元操作设备设计[M]. 上海:华东理工大学出版社,2011.
[13] 战洪仁. 热交换器原理与设计[M]. 北京:中国石化出版社,2015.
[14] 喻健良,王立业,刁玉玮. 化工设备机械基础[M]. 8版. 大连:大连理工大学出版社,2022.
[15] 刘仁桓,徐书根,蒋文春. 化工设备设计基础[M]. 北京:中国石化出版社,2015.
[16] 宋天民. 炼油厂静设备[M]. 北京:中国石化出版社,2015.07.
[17] 帅健. 管道及储罐强度设计[M]. 2版. 北京:石油工业出版社,2016.
[18] 吴德荣. 石油化工结构工程设计[M]. 上海:华东理工大学出版社,2018.
[19] 贾如磊主编. 油库工艺与设备[M]. 2版. 北京:化学工业出版社,2020.
[20] 张足斌,王海琴,银永明. 油气管道与储罐设计[M]. 东营:中国石油大学出版社,2012.
[21] 汤善甫,陈建钧. 化工设备机械基础[M]. 4版. 上海:华东理工大学出版社,2023.